JN296834

PRINCETON LECTURES IN ANALYSIS
プリンストン解析学講義
II

COMPLEX ANALYSIS
複素解析

ELIAS M.STEIN/RAMI SHAKARCHI
エリアス・M.スタイン
ラミ・シャカルチ
［著］

新井仁之
杉本　充
髙木啓行
千原浩之
［訳］

日本評論社

JCOPY ＜(社)出版者著作権管理機構 委託出版物＞

本書の無断複写は著作権法上での例外を除き禁じられています．
複写される場合は，そのつど事前に，
　(社)出版者著作権管理機構
　TEL：03-5244-5088, FAX：03-5244-5089, E-mail：info@jcopy.or.jp
の許諾を得てください．
また，本書を代行業者等の第三者に依頼してスキャニング等の行為によりデジタル化することは，
個人の家庭内の利用であっても，一切認められておりません．

COMPLEX ANALYSIS
by Elias M. Stein and Rami Shakarchi
Copyright © 2003 by Princeton University Press
Japanese translation published by arrangement with Princeton University Press
through The English Agency (Japan) Ltd.
All rights reserved.

No part of this book may be reproduced or transmitted in any form or by any means,
electronic or mechanical, including photocopying, recording
or by any information storage and retrieval system,
without permission in writing from the Publisher.

日本語版への序文

　本書ならびに本シリーズの他の巻を新井仁之氏，千原浩之氏，杉本充氏，高木啓行氏が日本語に翻訳するという計画を知ってたいへんうれしく思っています．私たちは，数学を学んでいる世界中のなるべく多くの学生が本シリーズの本を手にしてくれればと思い執筆してきましたので，この翻訳の話は特に喜ばしい限りです．私たちは本シリーズがこのような形でも，日本の解析学の長く豊かな伝統に多少なりとも貢献できることを願っています．この場を借りて，この翻訳のプロジェクトに関係した方々に感謝いたします．

2006 年 10 月

エリアス・M.スタイン
ラミ・シャカルチ

まえがき

2000年の初春から，四つの一学期間のコースがプリンストン大学で教えられた．その目的は，一貫した方法で，解析学の中核となる部分を講義することであった．目標はさまざまなテーマをわかりやすく有機的にまとめ，解析学で育まれた考え方が，数学や科学の諸分野に幅広い応用の可能性をもっていることを描き出すことであった．ここに提供する一連の本は，そのとき行われた講義に手を入れたものである．

私たちが取り上げた分野のうち，一つ一つの部分を個々に扱った優れた教科書はたくさんある．しかしこの講義録は，それらとは異なったものを目指している．具体的に言えば，解析学のいろいろな分野を切り離して提示するのではなく，むしろそれらが相互に固くつながりあっている姿を見せることを意図している．私たちは，読者がそういった相互の関連性やそれによって生まれる相乗作用を見ることにより，個々のテーマを従来より深く多角的に理解しようとするモチベーションをもてると考えている．こういった効果を念頭において，この講義録ではそれぞれの分野を方向付けるような重要なアイデアや定理に焦点をあてた (よりシステマティックなアプローチはいくらか犠牲にした)．また，あるテーマが論理的にどのように発展してきたかという歴史的な経緯もだいぶ考慮に入れた．

この講義録を4巻にまとめたが，各巻は一学期に取り上げられる内容を反映している．内容は大きくわけて次のようなものである．

I. フーリエ級数とフーリエ積分
II. 複素解析
III. 測度論，ルベーグ積分，ヒルベルト空間
IV. 関数解析学，超関数論，確率論の基礎などに関する発展的な話題から精選したもの．

ただし，このリストではテーマ間の相互関係や，他分野への応用が記されておらず，完全な全体像を表していない．そのような横断的な部分の例をいくつか挙げておきたい．第 I 巻で学ぶ (有限) フーリエ級数の基礎はディリクレ指標という概念につながり，そこから等差数列の中の素数の無限性が導出される．また X 線変換やラドン変換は第 I 巻で扱われる問題の一つであるが，2 次元と 3 次元のベシコヴィッチ類似集合の研究において重要な役割を果たすものとして第 III 巻に再び登場する．ファトゥーの定理は，単位円板上の有界正則関数の境界値の存在を保証するものであるが，その証明は最初の三つの各巻で発展させたアイデアに基づいて行われる．テータ関数は第 I 巻で熱方程式の解の中に最初に出てくるが，第 II 巻では，ある整数が二つあるいは四つの平方数の和で表せる方法を見出すことに用いられる．またゼータ関数の解析接続にも用いられる．

この 4 巻の本とそのもとになったコースについて，もう少し述べておきたい．コースは一学期 48 時間というかなり集中的なペースで行われた．毎週の問題はコースにとって不可欠なものであり，そのため練習と問題は本書でも講義のときと同じように重要な役割をはたしている．各章には「練習」があるが，それらは本文と直接関係しているもので，あるものは簡単だが，多少の努力を要すると思われる問題もある．しかし，ヒントもたくさんあるので，ほとんどの練習は挑戦しやすいものとなっているだろう．より複雑で骨の折れる「問題」もある．最高難度のもの，あるいは本書の範囲を超えているものには，アステリスクのマークをつけておいた．

異なった巻の間にもかなり相互に関連した部分があるが，最初の三つの各巻については最小の予備知識で読めるように，必要とあれば重複した記述もいとわなかった．最小の予備知識というのは，極限，級数，可微分関数，リーマン積分などの解析学の初等的なトピックや線形代数で学ぶ事柄である．このようにしたことで，このシリーズは数学，物理，工学，そして経済学などさまざまな分野の学部生，大学院生にも近づきやすいものになっている．

この事業を援助してくれたすべての人に感謝したい．とりわけ，この四つのコースに参加してくれた学生諸君には特に感謝したい．彼らの絶え間ない興味，熱意，そして献身が励みとなり，このプロジェクトは可能になった．またエイドリアン・バナーとジョセ・ルイス・ロドリゴにも感謝したい．二人にはこのコースを運営

するに当たり特に助力してもらい，学生たちがそれぞれの授業から最大限のものを獲得するように努力してくれた．それからエイドリアン・バナーはテキストに対しても貴重な提案をしてくれた．

以下にあげる人々にも特別な謝意を記しておきたい：チャールズ・フェファーマンは第一週を教えた(これはプロジェクト全体にとって大成功の出発だった！)．ポール・ヘーゲルスタインは原稿の一部を読むことに加えて，コースの一つを数週間教えた．そしてそれ以降，このシリーズの第二ラウンドの教育も引き継いだ．ダニエル・レヴィンは校正をする際に多大な助力をしてくれた．最後になってしまったが，ジェリー・ペヒトには，彼女の組版の完璧な技能，そして OHP シート，ノート，原稿など講義のすべての面で準備に費やしてくれた時間とエネルギーに対して感謝したい．

プリンストン大学の250周年記念基金とナチュラル・サイエンス・ファンデーションの VIGRE プログラム[1]の援助に対しても感謝したい．

エリアス・M. スタイン
ラミ・シャカルチ

プリンストン，ニュージャージー
2002 年 8 月

---

1) 訳注：VIGRE は Grants for Vertical Integration of Research and Education in the Mathematical Sciences(数理科学における研究と教育の垂直的統合のための基金) の略．VIGRE は 'Vigor' と発音する．

訳者まえがき

本書は「プリンストン解析学講義」全 IV 巻の中の第 II 巻《Complex Analysis》の翻訳である．原著は 2003 年に刊行されている．第 II 巻では複素数の初歩的な性質の解説から始まり，学部で学んでおくべき複素解析の基本的な概念，定理がていねいに解説されている．さらに複素解析のフーリエ解析への応用，ゼータ関数，テータ関数など興味深いテーマにも多くのページを割いている．本書は複素解析の基礎を学べるだけでなく，古典解析としての複素解析を十分に堪能することができる極めて優れた入門書である．

スタイン教授は調和解析学の碩学であり，古典的な調和解析学をはじめ表現論，多変数複素解析，偏微分方程式論，確率過程の解析学への応用など解析学の幅広い分野で深い業績を残されている．また，これまでに数多くの著書も著し，研究と後進の指導に当たっておられる．シャカルチ博士は 2000 年に学位をプリンストン大学で取得した研究者である．

本書の翻訳はまえがき，緒言，1 章，付録 B を新井仁之，2, 6, 7 章を千原浩之，3, 4, 5 章，付録 A を杉本充，8, 9, 10 章を高木啓行が担当した．

2009 年春

訳者を代表して
新井仁之

目 次

日本語版への序文	i
まえがき	iii
訳者まえがき	vii
緒言	xv

第1章　複素解析への序説　　1
   1　複素数と複素平面 …………………………………… 1
      1.1　基本的な性質 ………………………………… 2
      1.2　収束 …………………………………………… 5
      1.3　複素平面内の集合 …………………………… 6
   2　複素平面上の関数 …………………………………… 8
      2.1　連続関数 ……………………………………… 8
      2.2　正則関数 ……………………………………… 9
      2.3　ベキ級数 ……………………………………… 14
   3　曲線に沿った積分 …………………………………… 19
   4　練習 …………………………………………………… 24

第2章　コーシーの定理とその応用　　32
   1　グルサの定理 ………………………………………… 34
   2　原始関数の局所的存在と円板におけるコーシーの定理 ……… 37
   3　いくつかの積分値計算 ……………………………… 42

	4	コーシーの積分公式 ………………………………………	44
	5	さらに進んだ応用 …………………………………………	52
		5.1　モレラの定理 ………………………………………	52
		5.2　正則関数列 …………………………………………	52
		5.3　積分によって定義される正則関数 ………………	54
		5.4　シュヴァルツの鏡像原理 …………………………	56
		5.5　ルンゲの近似定理 …………………………………	59
	6	練習 …………………………………………………………	63
	7	問題 …………………………………………………………	67

第3章　有理型関数と対数　　71

	1	零点と極 ……………………………………………………	73
	2	留数の公式 …………………………………………………	76
		2.1　例 ……………………………………………………	78
	3	特異点と有理型関数 ………………………………………	83
	4	偏角の原理と応用 …………………………………………	89
	5	ホモトピーと単連結領域 …………………………………	93
	6	複素対数 ……………………………………………………	97
	7	フーリエ級数と調和関数 …………………………………	101
	8	練習 …………………………………………………………	103
	9	問題 …………………………………………………………	107

第4章　フーリエ変換　　111

	1	関数族 $\mathfrak{F}$ ………………………………………………	113
	2	$\mathfrak{F}$ 上でのフーリエ変換の作用 ………………………………	114
	3	ペーリー–ウィーナーの定理 ……………………………	121
	4	練習 …………………………………………………………	127
	5	問題 …………………………………………………………	132

第5章　整関数　　135

	1	イェンセンの公式 …………………………………………	136
	2	有限増大度をもつ関数 ……………………………………	139
	3	無限積 ………………………………………………………	142

		3.1 一般論	142
		3.2 例：正弦関数に対する乗積公式	144
	4	ワイエルシュトラスの無限積	146
	5	アダマールの因数分解定理	148
	6	練習	154
	7	問題	158

第6章 ガンマ関数とゼータ関数　　160

	1	ガンマ関数	161
		1.1 解析接続	162
		1.2 Γ のさらなる性質	164
	2	ゼータ関数	169
		2.1 関数等式と解析接続	169
	3	練習	175
	4	問題	180

第7章 ゼータ関数と素数定理　　182

	1	ゼータ関数の零点	184
		1.1 $1/\zeta(s)$ の評価	188
	2	関数 ψ および ψ_1 への帰着	190
		2.1 ψ_1 の漸近形の証明	195
	3	練習	201
	4	問題	204

第8章 等角写像　　206

	1	等角同値と例	207
		1.1 単位円板と上半平面	209
		1.2 いろいろな例	211
		1.3 帯領域上のディリクレ問題	215
	2	シュヴァルツの補題；単位円板と上半平面の自己同型	219
		2.1 単位円板の自己同型	220
		2.2 上半平面の自己同型	223
	3	リーマンの写像定理	225

		3.1	必要条件と定理の主張	225
		3.2	モンテルの定理	226
		3.3	リーマンの写像定理の証明	230
	4	多角形上への等角写像		233
		4.1	いくつかの例	233
		4.2	シュヴァルツ–クリストッフェル積分	237
		4.3	境界でのふるまい	240
		4.4	写像の公式	243
		4.5	楕円積分再考	248
	5	練習		250
	6	問題		256

第9章 楕円関数入門　　263

1	楕円関数			264
	1.1	リューヴィルの定理		267
	1.2	ワイエルシュトラスの $\wp$ 関数		269
2	楕円関数とアイゼンシュタイン級数のモジュラー性			275
	2.1	アイゼンシュタイン級数		276
	2.2	アイゼンシュタイン級数と約数関数		278
3	練習			281
4	問題			283

第10章 テータ関数の応用　　285

1	ヤコビのテータ関数に対する乗積公式			286
	1.1	他の変換法則		292
2	母関数			295
3	平方和に関する定理			299
	3.1	二平方和の定理		300
	3.2	四平方和の定理		307
4	練習			313
5	問題			317

付録 A：漸近挙動　　321

1	ベッセル関数 ………………………………………………	322
2	ラプラスの方法；スターリングの公式 …………………	326
3	エアリー関数 ………………………………………………	331
4	分割関数 ……………………………………………………	337
5	問題 …………………………………………………………	345

付録 B：単連結性とジョルダンの曲線定理　　348
1	単連結の同値な記述 ………………………………………	350
2	ジョルダンの曲線定理 ……………………………………	356
	2.1　コーシーの定理の一般形に対する証明 ……………	366

注と文献　　371

参考文献　　375

記号の説明　　379

緒言

> 実際，これらの関係を拡張し，変数として複素数を許すことにすると，それまで隠れていた調和と秩序が眼前に現出するのである．
>
> ——B. リーマン，1851

　複素解析の学習を始めると，私たちの前には輝かしい人知に満ち溢れた目もくらむばかりの世界が広がる．これから学んでいく定理のうち，最初の一連の定理がどのようなものかを説明しようとするときでさえ，「魔法のような」とか，あるいは「奇跡的な」と形容したくなる誘惑に襲われる．さらに学習を進めていくと，私たちは複素解析の美しさと深い広がりに，もはや驚嘆し圧倒され続けることになる．

　複素解析は，実数を変数とするような関数を複素変数に拡張することから始まる．つまり複素平面からそれ自身への関数

$$f : \mathbb{C} \to \mathbb{C},$$

あるいはより一般的に，$\mathbb{C}$ の開部分集合上で定義された複素数値関数が主な研究対象となる．第一印象としては，このような拡張をしても，任意の複素数 z は $x, y \in \mathbb{R}$ により $z = x + iy$ と表され，z は $\mathbb{R}^2$ の点と同一視できるから，何ら目新しいことは起こらないように思われるかもしれない．

　しかしながら f に対して，複素数の意味で微分可能であるという仮定を課してみると，この仮定は複素解析的に自然であるだけに，単純なものであるという誤解を招きやすいが，実にすべての様相が一変するのである．この微分可能性の条件は**正則性**と呼ばれており，これを軸に本書で述べる理論の大部分が構築されていく．

関数 $f: \mathbb{C} \to \mathbb{C}$ が点 $z \in \mathbb{C}$ で正則であるとは,極限
$$\lim_{h \to 0} \frac{f(z+h) - f(z)}{h} \quad (h \in \mathbb{C})$$
が存在することである.これは h として複素数をとるということ以外は,実変数の場合の微分可能性の定義と同じである.この仮定が幅広い応用をもたらす理由は,じつはこの中に多数の条件が包含されているからである.どういうことかというと,この条件には h がどの角度からも 0 に近づけるということが含まれているのである.

読者は正則関数に関する定理を実変数関数論的に証明してみようと試みたくなるかもしれない.しかしすぐに複素解析が実変数関数論とは異なる新しいもので,複素解析のもつ独特の特性に根ざした結果が証明されていることに気づくに違いない.実際,以下の章で述べられる正則関数の主要な性質の証明は,一般にとても短く,陽光に照らし出されたかのように極めて明確なものである.

本書では複素解析の学習を,何度も交差しあう二つの経路に沿った行程で行う.最初の行程では,正則関数全般に対して成り立つ普遍的な性質を学び,特定の例に対してはさほど注意を払わない.次の行程では,数学の他のさまざまな分野で特に興味をもたれている特定の関数の解析を行う.もちろん,どちらか一方の道をより遠くまで進むには,もう一方の道もいくらかは歩んでおかねばならない.まずは正則関数の一般的な特徴を学ぶことから始めよう.それらは次の三つの奇跡的な事実に帰着,包含されるものである.

1. <u>線積分</u> f が Ω で正則であるならば,Ω 内の適切な閉曲線 γ に対して
$$\int_\gamma f(z) dz = 0$$
が成り立つ.

2. <u>滑らかさ</u> f が正則ならば,f は無限回微分可能である.

3. <u>解析接続</u> 領域 Ω 内の正則関数 f と g が,Ω 内のある小さな円板上で一致するならば,Ω のいたるところで $f = g$ である.

これら三つの数学的な現象をはじめ正則関数の他の一般的な性質は,本書のはじめの数章で解説する.本巻の残りの内容であるが,総括した概説は控えて,いくつかのハイライトを簡単に述べることにする.

- ゼータ関数．これは無限級数
$$\zeta(s) = \sum_{n=1}^{\infty} \frac{1}{n^s}$$
で表される．この関数は級数の収束が保証される半平面 $\mathrm{Re}(s) > 1$ 上で定義され，正則になっている．ゼータ関数，ならびにその変形である L–関数は素数の理論で中心的なものであり，第 I 巻の第 8 章でディリクレの定理の証明をした際にすでに現れている．本書では ζ が $s=1$ を極とする有理型関数に拡張できることを証明する．$\zeta(s)$ の $\mathrm{Re}(s)=1$ に対する挙動 (そして特にその直線上で ζ が 0 にならないこと) が素数定理の証明に繋がっていくことを学ぶ．

- テータ関数
$$\Theta(z|\tau) = \sum_{n=-\infty}^{\infty} e^{\pi i n^2 \tau} e^{2\pi i n z}$$
は実際は z と τ の 2 複素変数関数であり，すべての z に対して正則，また $\mathrm{Im}(\tau) > 0$ なる τ に対して正則である．τ を固定すると，Θ は z の関数とみなせるが，それは楕円 (二重周期) 関数の理論と密接に関連している．一方，z を固定すると，Θ は上半平面上のモジュラー関数の特性を示す．関数 $\Theta(z|\tau)$ は第 I 巻において，円周上の熱方程式の基本解として現れた．これはゼータ関数の研究で再び登場する．また 6 章と 10 章では組み合わせ論，数論のある種の結果の証明にも使われる．

このほかに二つほど特筆しておくべきトピックがある．一つは線積分を介してフーリエ変換が複素解析とエレガントに結びつくことである．その結果としてポアソンの和公式の応用がある．もう一つは等角写像，特に逆写像がシュヴァルツ－クリストッフェルの公式によって与えられるような多角形の写像の話題である．これは多角形が長方形の場合，楕円積分と楕円関数に繋がっていく．

第1章　複素解析への序説

> 過去2世紀における数学の広範な発展は，その大部分が複素数を導入したことに因っている．つまり，逆説的にいえば，それは2乗して負になる数の存在という，一見不条理な概念を基礎においた発展なのである．
> ——— E. ボレル，1952

　この章では，本書を通じてよく使われる基本的で準備的なことを解説する．

　まず複素数の代数的，解析的性質を簡単に復習し，複素平面における集合の位相的な概念を説明する (第I巻第1章の章末にある練習も参照してほしい)．

　それから正則性という主要概念，これは複素解析的な意味での微分なのだが，その定義を詳しく述べる．この概念はコーシー–リーマンの方程式とベキ級数へとつながっていくものである．

　最後に曲線ならびに関数の曲線に沿った積分を定義する．特にある重要な定理を証明する．それは大雑把にいって次のようなものである：もしある関数 f が，正則関数 F の微分になっているという意味において原始関数をもつならば，任意の閉曲線 γ に対して

$$\int_\gamma f(z)dz = 0$$

となっている．これは複素関数論において中心的な役割を果たすコーシーの定理への第一歩となるものである．

1. 複素数と複素平面

　本節で述べる事実の多くはすでに第I巻で使ってきたものである．

1.1 基本的な性質

複素数とは，実数 x, y と $i^2 = -1$ をみたす虚数 i により $z = x + iy$ という形で表される数のことである．この x と y をそれぞれ z の**実部**と**虚部**と呼び，

$$x = \mathrm{Re}(z), \qquad y = \mathrm{Im}(z)$$

と表す．実数は虚部が 0 の複素数である．実部が 0 の複素数を**純虚数**という．

本書を通して，複素数全体のなす集合を $\mathbb{C}$ により表す．複素数は以下に述べるような単純な同一視により，通常のユークリッド平面として視覚化できる：複素数 $z = x + iy \in \mathbb{C}$ を点 $(x, y) \in \mathbb{R}^2$ と同一視する．するとたとえば 0 は原点に対応し，i は点 $(0, 1)$ に対応する．$\mathbb{R}^2$ の x 軸と y 軸は，それぞれ実数と純虚数に対応しているので，このことを反映させてこれらを**実軸**，**虚軸**と呼ぶ (図 1 参照).

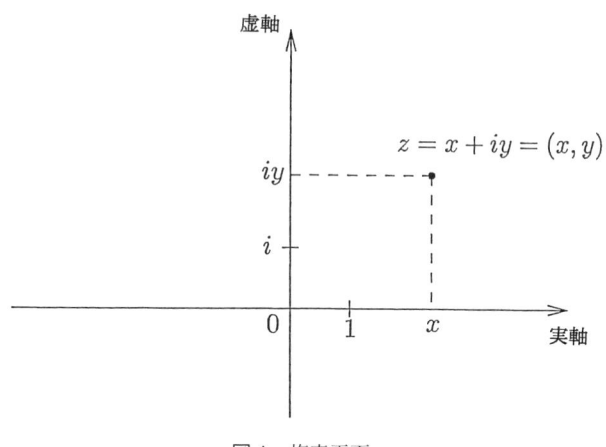

図 1　複素平面.

複素数の加法と乗法は $i^2 = -1$ を考慮に入れながら，すべての数を実数とあたかも同じであるかのように扱うのが自然であろう．$z_1 = x_1 + iy_1, z_2 = x_2 + iy_2$ とするとき，

$$\begin{aligned} z_1 + z_2 &= (x_1 + x_2) + i(y_1 + y_2), \\ z_1 z_2 &= (x_1 + iy_1)(x_2 + iy_2) \\ &= x_1 x_2 + ix_1 y_2 + iy_1 x_2 + i^2 y_1 y_2 \\ &= (x_1 x_2 - y_1 y_2) + i(x_1 y_2 + y_1 x_2). \end{aligned}$$

これらの結果を加法と乗法の定義と考えると，次のような望ましい性質を容易

に示すことができる．

- 可換性．すべての $z_1, z_2 \in \mathbb{C}$ に対して，$z_1 + z_2 = z_2 + z_1$, $z_1 z_2 = z_2 z_1$.
- 結合律．すべての $z_1, z_2, z_3 \in \mathbb{C}$ に対して，$(z_1 + z_2) + z_3 = z_1 + (z_2 + z_3)$, $(z_1 z_2) z_3 = z_1 (z_2 z_3)$.
- 分配律．すべての $z_1, z_2, z_3 \in \mathbb{C}$ に対して，$z_1 (z_2 + z_3) = z_1 z_2 + z_1 z_3$.

さて，複素数の加法は対応する $\mathbb{R}^2$ のベクトルの加法に対応する．一方，乗法は拡大・縮小と回転を組合せた変換に対応している．このことは複素数の極形式を導入すると一層はっきりとしてくる[1]．とりあえず i による乗法が角度 $\pi/2$ の回転に対応することに注意しておこう．

長さ，あるいは複素数の絶対値は，$\mathbb{R}^2$ におけるユークリッド的な長さと同じものである．詳しくいえば，複素数 $z = x + iy$ に対してその**絶対値**を

$$|z| = \left(x^2 + y^2\right)^{1/2}$$

により定義する．$|z|$ はちょうど原点から点 (x, y) への距離と同じである．特に次の三角不等式が成り立っている．

$$|z + w| \leq |z| + |w|, \quad z, w \in \mathbb{C}.$$

ここでその他の有用な不等式も記しておこう．すべての $z \in \mathbb{C}$ に対して $|\mathrm{Re}(z)| \leq |z|$ と $|\mathrm{Im}(z)| \leq |z|$ が成り立つ．また $z, w \in \mathbb{C}$ に対して

$$||z| - |w|| \leq |z - w|$$

が成り立つ．この不等式は，三角不等式

$$|z| \leq |z - w| + |w|, \quad |w| \leq |z - w| + |z|$$

より導かれる．

$z = x + iy$ の**複素共役**は

$$\bar{z} = x - iy$$

により定義される．これは平面の実軸についての鏡映と考えることができる．実際，複素数 z が実数ならば $z = \bar{z}$ であり，また純虚数ならば $z = -\bar{z}$ である．

読者は容易に

---

[1] 訳注：極形式は本小節の最後で導入される．

$$\mathrm{Re}(z) = \frac{z + \overline{z}}{2}, \qquad \mathrm{Im}(z) = \frac{z - \overline{z}}{2i}$$

が成り立つことを確認できるはずである．また

$$|z|^2 = z\overline{z}$$

であり，したがって $z \neq 0$ のときは

$$\frac{1}{z} = \frac{\overline{z}}{|z|^2}$$

であることも得られる．

0 でない任意の複素数 z は**極形式**

$$z = re^{i\theta}$$

で表すことができる．ただしここで $r > 0$ であり，$\theta \in \mathbb{R}$ (これは 2π の整数倍を除いて一意的に定まる) は z の**偏角**と呼ばれ，しばしば $\arg z$ と表される．また

$$e^{i\theta} = \cos\theta + i\sin\theta$$

である．

$|e^{i\theta}| = 1$ であるから，$r = |z|$ であり，θ は正の実軸から，原点を始点とし z を通る半直線までの間の (反時計周りを正の向きとしたときの) 角度を表していることがわかる (図 2 参照)．

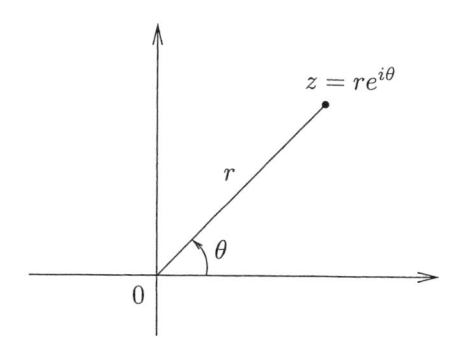

図 2 複素数の極形式．

最後に，$z = re^{i\theta}$, $w = se^{i\varphi}$ に対して

$$zw = rse^{i(\theta + \varphi)}$$

であることを注意しておく．これより複素数による乗法は $\mathbb{R}^2$ における相似変換

(すなわち拡大・縮小して回転する) に相当していることがわかる.

1.2 収束

これまで複素数の代数的, 幾何的性質を述べてきたが, 話題を変えて, 次に重要な概念, 収束と極限について述べる.

複素数からなる数列 $\{z_1, z_2, \cdots\}$ が $w \in \mathbb{C}$ に**収束**するとは
$$\lim_{n \to \infty} |z_n - w| = 0$$
となることであり, このことを
$$w = \lim_{n \to \infty} z_n$$
と表す. この収束の概念は目新しいものではない. 実際, $\mathbb{C}$ における絶対値は $\mathbb{R}^2$ におけるユークリッド距離と一致しているから, z_n が w に収束するのは, 複素平面内の対応する点列が w に対応する点に収束するとき, かつそのときに限られている.

練習問題として, 数列 $\{z_n\}$ が w に収束するのは, z_n の実部と虚部からなる数列がそれぞれ w の実部と虚部に収束するとき, かつそのときに限ることを証明してほしい.

数列の極限をすぐには求められないこともしばしばあるので (たとえば, $\lim_{N \to \infty} \sum_{n=1}^{N} 1/n^3$), 収束することと同値な条件を知っておくと便利である. 数列 $\{z_n\}$ が
$$|z_n - z_m| \to 0, \quad n, m \to \infty$$
をみたすとき, **コーシー列** (あるいは単に**コーシー**) であるという. 言い換えれば, 与えられた $\varepsilon > 0$ に対して, ある整数 $N > 0$ で, $n, m > N$ ならば $|z_n - z_m| < \varepsilon$ をみたすようなものが存在することである. 実解析における重要な事実の一つは, $\mathbb{R}$ が完備なこと, すなわち任意の実数からなるコーシー列がある実数に収束することである[2]. 数列 $\{z_n\}$ がコーシーであるのは, z_n の実部と虚部からなる数列がコーシーであるとき, かつそのときに限るので, $\mathbb{C}$ 内のコーシー列は $\mathbb{C}$ 内に極限をもつ. したがって次の定理が得られる.

---

[2] これはしばしばボルツァーノ–ワイエルシュトラスの定理と呼ばれている.

定理 1.1 $\mathbb{C}$, すなわち複素数全体からなる集合は完備である.

さて，今度は関数の研究に必要ないくつかの簡単な位相的考察をしておくことにしよう．といっても，読者は読んでいてすぐに気づくと思うが，新しい概念が導入されているわけではなく，むしろ既知の概念を新しい用語を使って記述しているのである．

1.3 複素平面内の集合

$z_0 \in \mathbb{C}$ と $r > 0$ に対して，z_0 との差の絶対値が r より真に小さいような複素数全体のなす集合を**半径** r, **中心** z_0 **の開円板**という．言い換えれば

$$D_r(z_0) = \{z \in \mathbb{C} : |z - z_0| < r\}$$

ということである．これは半径 r, 中心 z_0 の通常の意味での平面内の円板である．**半径** r, **中心** z_0 **の閉円板** $\overline{D}_r(z_0)$ は

$$\overline{D}_r(z_0) = \{z \in \mathbb{C} : |z - z_0| \leq r\}$$

により定義される．この開円板あるいは閉円板の境界は円周

$$C_r(z_0) = \{z \in \mathbb{C} : |z - z_0| = r\}$$

である．**単位円板** (すなわち原点が中心で，半径が 1 の開円板) は後の章で重要な役割を果たすので，しばしば $\mathbb{D}$ により表すことにする．すなわち

$$\mathbb{D} = \{z \in \mathbb{C} : |z| < 1\}$$

である．

与えられた集合 $\Omega \subset \mathbb{C}$ に対して，点 z_0 が Ω の**内点**であるとは，

$$D_r(z_0) \subset \Omega$$

をみたす $r > 0$ が存在することである．Ω の内点からなる集合を Ω の**内部**という．集合[3] Ω が**開**であるとは，この集合に属する点がすべて Ω の内点になっていることである．この定義は $\mathbb{R}^2$ の開集合の定義と同義なものである．

集合 Ω が**閉**であるとは，その補集合 $\Omega^c = \mathbb{C} - \Omega$ が開となることである[4]．この性質は極限点の概念を使って述べなおすことができる．ある点 $z \in \mathbb{C}$ が集合 Ω

---

[3] 訳注：本章では，集合といったときは，$\mathbb{C}$ の部分集合を表している．
[4] 訳注：集合の演算としての引き算．$A - B = \{x : x \in A, x \notin B\}$．

の極限点であるとは，ある点列 $z_n \in \Omega$ で，$z_n \neq z$, $\lim_{n\to\infty} z_n = z$ をみたすものが存在することである．読者は，ある集合が閉であるのは，その集合がその極限点をすべて含むとき，かつそのときに限ることを容易に証明できるであろう．集合 Ω の**閉包**とは，Ω とそのすべての極限点の和集合であり，しばしば $\overline{\Omega}$ により表す．

集合 Ω の**境界**とは，その閉包から内部を引いたものであり[5]，しばしば $\partial \Omega$ と表す．

集合 Ω が**有界**であるとは，ある $M > 0$ で，$z \in \Omega$ ならば $|z| < M$ をみたすようなものが存在することである．言い換えれば，集合 Ω がある大きな円板に含まれることである．Ω が有界であるとき，その**直径**を

$$\mathrm{diam}(\Omega) = \sup_{z,w \in \Omega} |z - w|$$

により定義する．

集合 Ω が**コンパクト**であるとは，閉かつ有界なことである．実変数の場合と同様に次のことを証明できる．

定理 1.2 集合 $\Omega \subset \mathbb{C}$ がコンパクトであるのは，任意の数列 $\{z_n\}$ が Ω 内のある点に収束するような部分列をもつとき，かつそのときに限る．

Ω の**開被覆**とは，開集合の族 $\{U_\alpha\}$ (これは可算個でなくともよい) で，

$$\Omega \subset \bigcup_\alpha U_\alpha$$

をみたすものである．$\mathbb{R}$ の場合からの類推で，コンパクト性と同値な次の条件を得る．

定理 1.3 集合 Ω がコンパクトであるのは，Ω の任意の開被覆が有限個の部分開被覆をもつとき，かつそのときに限る．

コンパクト性の興味深いもう一つの性質は**ネストされた集合**[6]の性質である．この結果は実際に本書における複素関数論の研究のごく最初の部分，詳しくいえば第 2 章のグルサの定理の証明において使う．

---

5) 訳注：集合の演算としての引き算．
6) 訳注：nested sets

命題 1.4 $\mathbb{C}$ の空でないコンパクト集合の列 $\Omega_1 \supset \Omega_2 \supset \cdots \supset \Omega_n \supset \cdots$ が
$$\mathrm{diam}\,(\Omega_n) \to 0, \qquad n \to \infty$$
をみたすならば，すべての n に対して $w \in \Omega_n$ をみたす点 $w \in \mathbb{C}$ が一意的に存在する．

証明 各 Ω_n から点 z_n をとる．条件 $\mathrm{diam}\,(\Omega_n) \to 0$ より，$\{z_n\}$ はコーシー列になっているから，極限をもつ．それを w とおく．各集合 Ω_n はコンパクトであるから，すべての n に対して $w \in \Omega_n$ である．次に w がこの性質をみたすただ一つの点であることを示す．もしそうでないなら，その性質をもち，かつ $w' \neq w$ である点 w' があり，$|w' - w| > 0$ であるから，$\mathrm{diam}\,(\Omega_n) \to 0$ が成り立たなくなってしまう． ∎

後の議論で必要となる概念のうち最後のものは連結性である．開集合 $\Omega \subset \mathbb{C}$ が**連結**であるとは，二つの交わらない空でない開集合 Ω_1 と Ω_2 で
$$\Omega = \Omega_1 \cup \Omega_2$$
をみたすものが存在しないことである．$\mathbb{C}$ 内の連結な開集合のことを**領域**と呼ぶ．同様に，閉集合 F が連結であるとは，交わらない空でない閉集合 F_1, F_2 により $F = F_1 \cup F_2$ と表せないことである．

開集合の連結性については，曲線を用いた同値な定義もあり，そちらの方が実用上有用なこともある．それによれば，開集合 Ω が連結であるのは，Ω 内の任意の 2 点が Ω に含まれるある曲線により結ばれるとき，かつそのときに限る．詳しくは練習 5 を参照してほしい．

2. 複素平面上の関数

2.1 連続関数

f を複素数の集合 Ω 上で定義された関数であるとする．f が点 $z_0 \in \Omega$ で**連続**であるとは，任意の $\varepsilon > 0$ に対して，ある $\delta > 0$ が存在し，$z \in \Omega$ かつ $|z - z_0| < \delta$ ならば $|f(z) - f(z_0)| < \varepsilon$ をみたすことである．これと同値な定義は，$\{z_1, z_2, \cdots\} \subset \Omega$ かつ $\lim z_n = z_0$ をみたす任意の点列に対して $\lim f(z_n) = f(z_0)$ が成り立つことである．

関数 f が Ω 上で連続であるとは，Ω の各点で連続なことである．連続関数の

和と積はまた連続である．

　複素数の収束と，$\mathbb{R}^2$ の点の収束は同じであるから，複素変数 $z = x + iy$ の関数 f が連続であるのは，この関数を x と y の 2 変数関数とみなして連続であるとき，かつそのときに限る．

　三角不等式より，f が連続ならば，実数値関数 $z \mapsto |f(z)|$ も連続であることは容易に示せる．f が点 $z_0 \in \Omega$ で**最大値**をとるとは，

$$|f(z)| \leq |f(z_0)|, \quad z \in \Omega$$

をみたすことである．この不等式を逆向きにしたものとして，**最小値**も定義される．

　定理 2.1　コンパクト集合 Ω 上の連続関数は有界であり，Ω において最大値と最小値をとる．

　この定理はいうまでもなく，実変数関数の場合と類似の結果である．その証明は簡単なので，ここでは特に繰り返さない．

2.2　正則関数

　さて，いよいよ複素解析における中心的な概念を述べる．これは今までの議論と違って，まさしく複素解析固有の定義である．

　Ω を $\mathbb{C}$ の開集合とし，f を Ω 上の複素数値関数とする．関数 f が $z_0 \in \Omega$ で**正則**であるとは，商

$$\tag{1} \frac{f(z_0 + h) - f(z_0)}{h}$$

が $h \to 0$ のときに極限をもつことである．ただしこの商が定義されるため $h \in \mathbb{C}$，$h \neq 0$，$z_0 + h \in \Omega$ であるとする．この商の極限は，それが存在する場合，$f'(z_0)$ と表し，f の z_0 に**おける微分**という．このとき

$$f'(z_0) = \lim_{h \to 0} \frac{f(z_0 + h) - f(z_0)}{h}$$

である．なおこの極限において，h はすべての方向から 0 に近づくような複素数であることに注意しておいてほしい．

　関数 f が Ω で**正則**であるとは，f が Ω の各点で正則なことである．C が $\mathbb{C}$ の閉部分集合の場合，f が C で**正則**であるとは，C を含むようなある開集合上で f が正則であることとする．最後になるが，f が $\mathbb{C}$ 全体で正則であるとき，f を**整関数**であるという．

正則という用語の代わりに，**レギュラー**あるいは**複素微分可能**という言い方が用いられることがある．後者の用語は (1) が通常の実変数関数に対する微分の定義を真似ているという点で自然である．しかしこの類似性にもかかわらず，複素変数の正則関数は実変数の可微分関数よりはるかに強い性質をもっている．たとえば，後で示すことであるが，正則関数は実際には任意の回数複素微分可能である．すなわち，1 階の微分の存在が，任意階の微分の存在を保証しているのである．これは可微分な実変数関数が 2 階の微分をもつとは限らないことと対照的である．じつはもっと強いことが成り立っている．正則関数は解析的，すなわち各点の近くでベキ級数展開できるのである (ベキ級数については次節で解説する)．この理由から，**解析的**という用語も正則と同義語として用いられる．このことはまた，無限回微分可能な実変数関数がベキ級数に展開できるとは限らないことと対照的である (練習 23 参照)．

例 1 関数 $f(z) = z$ は $\mathbb{C}$ 内の任意の開集合で正則であり，$f'(z) = 1$ である．さらに任意の多項式
$$p(z) = a_0 + a_1 z + \cdots + a_n z^n$$
は全平面で正則であり，
$$p'(z) = a_1 + \cdots + n a_n z^{n-1}$$
である．これは後述の命題 2.2 から得られる．

例 2 関数 $f(z) = 1/z$ は原点を含まない $\mathbb{C}$ 内の任意の開集合上で正則であり，$f'(z) = -1/z^2$ である．

例 3 関数 $f(z) = \overline{z}$ は正則ではない．実際
$$\frac{f(z_0 + h) - f(z_0)}{h} = \frac{\overline{h}}{h}$$
であるから，$h \to 0$ のときに極限をもたない．このことは，まず h が実数の場合に考え，次に h が純虚数の場合に考えてみればわかる．

後で詳しく述べるが，正則関数の重要な例はベキ級数である．それには e^z，$\sin z$ あるいは $\cos z$ のような関数があり，実際，ベキ級数は正則関数の理論において，前の小節でも述べたように，重要な役割を果たしている．後の章で扱う別の正則関数の例のいくつかは，本書の導入において述べておいた．

(1) より明らかに，関数 f が $z_0 \in \Omega$ で正則であるのは，ある複素数 a と，十分小さな任意の複素数 h に対して定義される関数 $\psi(h)$ で，$\lim_{h \to 0} \psi(h) = 0$ をみたし，

(2) $$f(z_0 + h) - f(z_0) - ah = h\psi(h)$$

をみたすようなものが存在するとき，かつそのときに限る．このことから，f が正則であれば連続となることは明らかである．実変数関数の場合と同様の議論で，以下にあげる正則関数の望ましい性質を容易に証明することができる．(たとえば) 連鎖律の場合 (2) を用いる．

命題2.2 f と g を Ω 上の正則関数であるとする．このとき次のことが成り立つ．
 (i) $f + g$ は Ω 上正則で，$(f + g)' = f' + g'$ である．
 (ii) fg は Ω 上で正則で，$(fg)' = f'g + fg'$．
 (iii) $g(z_0) \neq 0$ ならば f/g は z_0 で正則であり，
$$(f/g)' = \frac{f'g - fg'}{g^2}.$$

さらに，もし $f : \Omega \to U$ と $g : U \to \mathbb{C}$ が正則ならば，連鎖律
$$(g \circ f)'(z) = g'(f(z))f'(z), \qquad z \in \Omega$$
が成り立つ．

写像としての複素数値関数

ここで複素微分と実微分[7]の関係を明らかにしておこう．すでに述べた例3より，読者は複素微分が実2変数関数の通常の実変数の微分と著しく異なっていることを納得できるであろう．実際，$f(z) = \bar{z}$ に対応する写像 $F : (x, y) \mapsto (x, -y)$ は実変数の意味では微分可能である．その微分はヤコビアン，すなわち座標関数の偏微分からなる 2×2 行列により与えられる線形写像である．実際，F は線形写像であり，したがって F はその微分と一致している．このことは，F が実際には無限回微分可能であることを示している．したがって実変数の微分の存在は，f の正則性を保証するものではない．

この例をもとに，より一般的に複素数値関数 $f = u + iv$ を $\mathbb{R}^2$ から $\mathbb{R}^2$ への写

---

7) 訳注：real derivative. 実変数関数としての微分のこと．

像 $F(x, y) = (u(x, y), v(x, y))$ と結びつけて考えてみることにする．

ある点 $P_0 = (x_0, y_0)$ における関数 $F(x, y) = (u(x, y), v(x, y))$ の微分可能性の定義を思い起こしてみよう．それはある線形変換 $J : \mathbb{R}^2 \to \mathbb{R}^2$ が存在し，$|H| \to 0, H \in \mathbb{R}^2$ のとき

$$
(3) \qquad \frac{|F(P_0 + H) - F(P_0) - J(H)|}{|H|} \to 0
$$

が成り立つことである．このことは，次のように表しても同じことである．

$$
F(P_0 + H) - F(P_0) = J(H) + |H|\Psi(H),
$$

ただしここで $|H| \to 0$ のとき $|\Psi(H)| \to 0$．このような線形変換 J は一意的に定まる．これを F の P_0 における微分という．F が微分可能であるとき，u と v の偏微分も存在し，線形変換 J は $\mathbb{R}^2$ の標準基底による表示では F のヤコビアン行列によって

$$
J = J_F(x, y) = \begin{pmatrix} \partial u/\partial x & \partial u/\partial y \\ \partial v/\partial x & \partial v/\partial y \end{pmatrix}
$$

と表される．実微分の場合，微分は行列であるが，複素微分の場合は，微分は複素数 $f'(z_0)$ である．しかしこの二つの微分の間にはある繋がりがある．それはヤコビアン行列の成分，つまり u, v の偏微分がみたす特別な関係式として表される．その関係式を導くため，(1) における極限を h が実数の場合，たとえば $h = h_1 + ih_2, h_2 = 0$ の場合に考えてみる．このとき，$z = x + iy, z_0 = x_0 + iy_0, f(z) = f(x, y)$ と表すと，

$$
\begin{aligned}
f'(z_0) &= \lim_{h_1 \to 0} \frac{f(x_0 + h_1, y_0) - f(x_0, y_0)}{h_1} \\
&= \frac{\partial f}{\partial x}(z_0)
\end{aligned}
$$

が成り立つ．ただし $\partial/\partial x$ は x 変数に関する通常の偏微分である（y_0 を固定し，f を 1 実変数の複素数値関数と考えている）．次に，h としてたとえば $h = ih_2$ のような純虚数をとり，同様の議論をすると，

$$
\begin{aligned}
f'(z_0) &= \lim_{h_2 \to 0} \frac{f(x_0, y_0 + h_2) - f(x_0, y_0)}{ih_2} \\
&= \frac{1}{i}\frac{\partial f}{\partial y}(z_0)
\end{aligned}
$$

が成り立つ．ただしここで $\partial/\partial y$ は y 変数に関する偏微分である．したがって f が正則ならば

$$\frac{\partial f}{\partial x} = \frac{1}{i}\frac{\partial f}{\partial y}$$

が成り立っている．$f = u + iv$ と表せば，実部と虚部に分けて，$1/i = -i$ を用いれば，u, v の偏微分が存在し，次の非自明な関係式

$$\frac{\partial u}{\partial x} = \frac{\partial v}{\partial y}, \qquad \frac{\partial u}{\partial y} = -\frac{\partial v}{\partial x}$$

が成り立つことがわかる．これらの関係式を**コーシー–リーマンの方程式**という．これは実解析と複素解析を結びつけるものである．

この状況は次の二つの偏微分作用素を定義すると，一層明確にできる．

$$\frac{\partial}{\partial z} = \frac{1}{2}\left(\frac{\partial}{\partial x} + \frac{1}{i}\frac{\partial}{\partial y}\right), \qquad \frac{\partial}{\partial \overline{z}} = \frac{1}{2}\left(\frac{\partial}{\partial x} - \frac{1}{i}\frac{\partial}{\partial y}\right).$$

命題 2.3 f が z_0 で正則ならば，

$$\frac{\partial f}{\partial \overline{z}}(z_0) = 0, \qquad f'(z_0) = \frac{\partial f}{\partial z}(z_0) = 2\frac{\partial u}{\partial z}(z_0).$$

また $F(x, y) = f(z)$ と表すと，F は実変数の意味で微分可能であり，

$$\det J_F(x_0, y_0) = |f'(z_0)|^2.$$

証明 実部と虚部をとることにより，コーシー–リーマンの方程式が，$\partial f/\partial \overline{z} = 0$ と同値であることが容易にわかる．さらにすでに行った考察より

$$f'(z_0) = \frac{1}{2}\left(\frac{\partial f}{\partial x}(z_0) + \frac{1}{i}\frac{\partial f}{\partial y}(z_0)\right)$$
$$= \frac{\partial f}{\partial z}(z_0)$$

が得られ，またコーシー–リーマンの方程式より $\partial f/\partial z = 2\partial u/\partial z$ が与えられる．F が微分可能であることを証明するには，$H = (h_1, h_2)$, $h = h_1 + ih_2$ とするとき，コーシー–リーマンの方程式から

$$J_F(x_0, y_0)(H) = \left(\frac{\partial u}{\partial x} - i\frac{\partial u}{\partial y}\right)(h_1 + ih_2) = f'(z_0)h$$

が導かれることをみればよい．ただしここで複素数はその実部と虚部の組からなる $\mathbb{R}^2$ の点と同一視している．最後に再びコーシー–リーマンの方程式を使えば，上記の結果から

(4) $$\det J_F(x_0, y_0) = \frac{\partial u}{\partial x}\frac{\partial v}{\partial y} - \frac{\partial v}{\partial x}\frac{\partial u}{\partial y} = \left(\frac{\partial u}{\partial x}\right)^2 + \left(\frac{\partial u}{\partial y}\right)^2$$
$$= \left|2\frac{\partial u}{\partial z}\right|^2 = |f'(z_0)|^2$$

が得られる．

これまでは，f が正則であることを仮定して，実部と虚部のみたすべき性質を導いた．次の定理はその逆を含む重要なものである．これにより，ここで述べてきた一連の考え方は一巡りして終結したことになる．

定理 2.4 $f = u + iv$ を開集合 Ω 上で定義された複素数値関数とする．もし u と v が Ω 上で連続微分可能で，コーシー－リーマンの方程式をみたすならば，f は Ω 上で正則であり，$f'(z) = \partial f / \partial z$ をみたす．

証明

$$u(x+h_1, y+h_2) - u(x,y) = \frac{\partial u}{\partial x} h_1 + \frac{\partial u}{\partial y} h_2 + |h| \psi_1(h),$$

$$v(x+h_1, y+h_2) - v(x,y) = \frac{\partial v}{\partial x} h_1 + \frac{\partial v}{\partial y} h_2 + |h| \psi_2(h)$$

と表せる．ただしここで，$h = h_1 + ih_2$ が $|h| \to 0$ であるとき $\psi_j(h) \to 0$ ($j = 1, 2$) をみたしている．コーシー－リーマンの方程式を用いれば

$$f(z+h) - f(z) = \left(\frac{\partial u}{\partial x} - i \frac{\partial u}{\partial y} \right) (h_1 + ih_2) + |h| \psi(h)$$

が得られる．ただし $|h| \to 0$ のとき $\psi(h) = \psi_1(h) + i\psi_2(h) \to 0$ をみたしている．ゆえに f は正則であり，

$$f'(z) = 2 \frac{\partial u}{\partial z} = \frac{\partial f}{\partial z}$$

が成り立つ．

2.3 ベキ級数

ベキ級数の基本的な例は次に定義される複素指数関数である．$z \in \mathbb{C}$ に対して

$$e^z = \sum_{n=0}^{\infty} \frac{z^n}{n!}.$$

z が実数のとき，この定義は通常の指数関数と一致する．また $z \in \mathbb{C}$ に対してこの級数は絶対収束している．このことを見るため，

$$\left| \frac{z^n}{n!} \right| = \frac{|z|^n}{n!}$$

に注意すると，$|e^z|$ を級数 $\sum_n |z|^n / n! = e^{|z|} < \infty$ で押さえることができる．実際，この評価式は e^z を定義する級数が $\mathbb{C}$ 内の任意の円板上で一様収束している

ことを示している.

本節では e^z が $\mathbb{C}$ 全体で正則 (すなわち整関数) であり,その微分が級数の項別微分により得られることを証明する.項別微分できると,
$$(e^z)' = \sum_{n=1}^{\infty} n\frac{z^{n-1}}{n!} = \sum_{m=0}^{\infty} \frac{z^m}{m!} = e^z$$
となり,e^z は自分自身の微分に等しいことがわかる.

これとは対照的に,幾何級数
$$\sum_{n=0}^{\infty} z^n$$
は,円板 $|z| < 1$ においてのみ絶対収束し,その和は $\mathbb{C} - \{1\}$ における正則関数 $1/(1-z)$ になっている.この等式は,z が実数である場合と同様に証明される.実際,まず
$$\sum_{n=0}^{N} z^n = \frac{1 - z^{N+1}}{1 - z}$$
であることがわかり,さらに $|z| < 1$ ならば $\lim_{N \to \infty} z^{N+1} = 0$ でなければならない.

一般にベキ級数とは

(5) $$\sum_{n=0}^{\infty} a_n z^n$$

(ここで $a_n \in \mathbb{C}$) の形の展開式のことをいう.この級数が絶対収束かどうかをみるためには
$$\sum_{n=0}^{\infty} |a_n| |z|^n$$
を調べなければならないが,もしも級数 (5) がある点 z_0 で絶対収束していれば,円板 $|z| \leq |z_0|$ 内のすべての点 z で収束していることがわかる.そこでベキ級数が絶対収束するような開円板 (空集合であることも許す) が常に存在することを証明する.

定理 2.5 与えられたベキ級数 $\sum_{n=0}^{\infty} a_n z^n$ に対して,$0 \leq R \leq \infty$ で,次をみたすものが存在する.

(i) $|z| < R$ ならばこの級数は絶対収束する.

(ii) $|z| > R$ ならばこの級数は発散する.

さらに，便宜上 $1/0 = \infty$, $1/\infty = 0$ とすると，R はアダマールの公式
$$1/R = \limsup |a_n|^{1/n}$$
で与えられる．

この R をベキ級数の**収束半径**といい，領域 $|z| < R$ を**収束円**という．複素指数関数の場合は $R = \infty$ であり，幾何級数の場合は $R = 1$ である．

証明 R を定理の命題中の公式で与えられるものとし，$L = 1/R$ とおく．$L \neq 0, \infty$ であると仮定する (この二つの場合は簡単なので，読者の練習問題とする)．$|z| < R$ のとき，十分小さな $\varepsilon > 0$ を
$$(L+\varepsilon)|z| = r < 1$$
となるようにとれる．L の定義から，十分大きな任意の n に対して，$|a_n|^{1/n} \leq L + \varepsilon$ である．したがって
$$|a_n||z|^n \leq \{(L+\varepsilon)|z|\}^n = r^n$$
である．幾何級数 $\sum r^n$ と比較することにより，$\sum a_n z^n$ が収束していることが示される．

$|z| > R$ のとき，同様の議論から級数の項で，その絶対値が無限大に発散するものが存在することを示せる．したがって級数は発散する．■

注意 収束円の境界 $|z| = R$ 上では，状況はより複雑で，収束することも発散することもある (練習 19 を参照)．

複素平面全体で収束しているベキ級数の別の例として，いわゆる**三角関数**がある．これは次のように定義される．
$$\cos z = \sum_{n=0}^{\infty} (-1)^n \frac{z^{2n}}{(2n)!}, \quad \sin z = \sum_{n=0}^{\infty} (-1)^n \frac{z^{2n+1}}{(2n+1)!}.$$
これらは $z \in \mathbb{R}$ の場合，通常の余弦関数，正弦関数と一致する．簡単な計算により，これら二つの三角関数と指数関数に関する関係式
$$\cos z = \frac{e^{iz} + e^{-iz}}{2}, \quad \sin z = \frac{e^{iz} - e^{-iz}}{2i}$$
を示すことができる．これらは余弦関数と正弦関数に対する**オイラーの公式**と呼ばれている．

ベキ級数は解析関数のうち，とりわけ扱いやすい重要なものである．

定理 2.6 ベキ級数 $f(z) = \sum_{n=0}^{\infty} a_n z^n$ はその収束円内における正則関数を定義している．f の微分は，f を定める級数の項別微分によって得られるベキ級数に等しい．すなわち

$$f'(z) = \sum_{n=0}^{\infty} n a_n z^{n-1}$$

が成り立つ．さらに f' は f と同様の収束半径をもつ．

証明 f' の収束半径に関する主張は，アダマールの公式から導かれる．実際，$\lim_{n \to \infty} n^{1/n} = 1$ であるから，

$$\limsup |a_n|^{1/n} = \limsup |na_n|^{1/n}$$

が得られ，したがって $\sum a_n z^n$ と $\sum na_n z^n$ は同じ収束半径をもつ．ゆえに $\sum a_n z^n$ と $\sum na_n z^{n-1}$ も同じ収束半径をもつ．

最初の主張を証明するためには，級数

$$g(z) = \sum_{n=0}^{\infty} n a_n z^{n-1}$$

が f の微分を与えることを示さなければならない．そのため，R を f の収束半径とし，$|z_0| < r < R$ とする．

$$f(z) = S_N(z) + E_N(z),$$

ただし

$$S_N(z) = \sum_{n=0}^{N} a_n z^n, \qquad E_N(z) = \sum_{n=N+1}^{\infty} a_n z^n$$

とする．h を $|z_0 + h| < r$ をみたすようにとると，

$$\frac{f(z_0+h) - f(z_0)}{h} - g(z_0) = \left(\frac{S_N(z_0+h) - S_N(z_0)}{h} - S'_N(z_0) \right)$$
$$+ (S'_N(z_0) - g(z_0)) + \left(\frac{E_N(z_0+h) - E_N(z_0)}{h} \right).$$

$a^n - b^n = (a-b)(a^{n-1} + a^{n-2}b + \cdots + ab^{n-2} + b^{n-1})$ より $|z_0| < r$, $|z_0 + h| < r$ を用いれば

$$\left| \frac{E_N(z_0+h) - E_N(z_0)}{h} \right| \leq \sum_{n=N+1}^{\infty} |a_n| \left| \frac{(z_0+h)^n - z_0^n}{h} \right| \leq \sum_{n=N+1}^{\infty} |a_n| n r^{n-1}$$

を得る．g は $|z| < R$ 上で絶対収束しているから，上式の右辺は収束級数の末端部分であり，したがって与えられた $\varepsilon > 0$ に対して，ある N_1 を，$N > N_1$ ならば
$$\left| \frac{E_N(z_0 + h) - E_N(z_0)}{h} \right| < \varepsilon$$
をみたすようにとれる．また $\lim_{N \to \infty} S'_N(z_0) = g(z_0)$ であるから，$N > N_2$ ならば
$$|S'_N(z_0) - g(z_0)| < \varepsilon$$
をみたすような N_2 を見出すことができる．N を $N > N_1$ かつ $N > N_2$ をみたすようにとって固定する．このとき，多項式の微分は項別微分で与えられるから，ある $\delta > 0$ が存在し，$|h| < \delta$ ならば
$$\left| \frac{S_N(z_0 + h) - S_N(z_0)}{h} - S'_N(z_0) \right| < \varepsilon$$
が成り立つ．したがって，$|h| < \delta$ ならば
$$\left| \frac{f(z_0 + h) - f(z_0)}{h} - g(z_0) \right| < 3\varepsilon$$
となり，定理の証明が完了する． ∎

この定理を繰り返し用いることにより次を得る．

系 2.7 ベキ級数はその収束円上で無限回複素微分可能であり，高階の微分もベキ級数の項別微分により得られる．

これまで原点を中心とするベキ級数のみ扱ってきた．より一般的に $z_0 \in \mathbb{C}$ を中心とするベキ級数は
$$f(z) = \sum_{n=0}^{\infty} a_n (z - z_0)^n$$
のように表される．この場合，f の収束円は z_0 を中心とし，その半径もアダマールの公式により与えられる．実際，もしも
$$g(z) = \sum_{n=0}^{\infty} a_n z^n$$
であれば，単に $w = z - z_0$ により，$f(z) = g(w)$ として f は g を平行移動したものに過ぎない．したがって g に関して成り立つ事実は，適切な平行移動を施せば f に対しても成り立つ．たとえば連鎖律により，
$$f'(z) = g'(w) = \sum_{n=0}^{\infty} n a_n (z - z_0)^{n-1}$$

である．

開集合 Ω 上の関数 f が $z_0 \in \Omega$ で**解析的**(あるいは**ベキ級数展開可能**) とは，z_0 を中心とし，正の収束半径をもつベキ級数 $\sum a_n (z - z_0)^n$ が存在し，z_0 のある近傍内の任意の点 z において

$$f(z) = \sum_{n=0}^{\infty} a_n(z - z_0)^n$$

が成り立つことである．f が Ω 内の各点でベキ級数展開可能であるとき，f は Ω 上で**解析的**であるという．

定理2.6 より，Ω 上で解析的な関数は，そこで正則でもある．次章で証明することだが，この逆が成り立つという深い定理もある．つまり，正則関数は解析的なのである．このような理由から，正則，解析的という用語をわれわれは区別せずに使うことにする．

3. 曲線に沿った積分

曲線の定義において，(向き付けられた) 平面内における1次元の幾何的対象としての曲線と，それを閉区間から $\mathbb{C}$ への写像として表せるようにパラメータ付けたものとは概念上区別をする．ここでこの径数付けは一意的ではない．

パラメータ付けられた曲線とは，閉区間 $[a, b] \subset \mathbb{R}$ を複素平面へ写す関数 $z(t)$ のことである．パラメータ付けられた曲線に対して，いくつかのタイプの滑らかさに関する条件を課すが，これは本書で扱う設定では常に保証されているものである．パラメータ付けられた曲線が**滑らか**であるとは，$z'(t)$ が存在し，$[a, b]$ 上で連続であり，そして $t \in [a, b]$ に対して $z'(t) \neq 0$ をみたすことである．ただし点 $t = a$ と $t = b$ に対しては $z'(a), z'(b)$ により片側極限

$$z'(a) = \lim_{\substack{h \to 0 \\ h > 0}} \frac{z(a + h) - z(a)}{h}, \qquad z'(b) = \lim_{\substack{h \to 0 \\ h < 0}} \frac{z(b + h) - z(b)}{h}$$

を表す．一般にこれらはそれぞれ $z(t)$ の a における右側微分，$z(t)$ の b における左側微分と呼ばれている．

同じようにパラメータ付けされた曲線が**区分的に滑らか**であるとは，z が $[a, b]$ 上で連続であり，かつある点

$$a = a_0 < a_1 < \cdots < a_n = b$$

が存在し，$z(t)$ が各区間 $[a_k, a_{k+1}]$ において滑らかになっていることである．ただし，$k = 1, \cdots, n-1$ に対して a_k における右側微分は a_k における左側微分と一致しないこともありうる．

二つのパラメータ付け
$$z : [a, b] \to \mathbb{C}, \qquad \tilde{z} : [c, d] \to \mathbb{C}$$
が同値であるとは，$[c, d]$ から $[a, b]$ への連続微分可能な全単射 $s \mapsto t(s)$ が存在し，$t'(s) > 0$ かつ
$$\tilde{z}(s) = z(t(s))$$
をみたすことである．条件 $t'(s) > 0$ はいわば向きが保たれていることを示している．たとえば s が c から d へ移ると，$t(s)$ は a から b に移っている．滑らかなパラメータ付けされた曲線 $z(t)$ のパラメータ付けと同値なすべてのパラメータ付けの族は，z による $[a, b]$ の像としての，一つの**滑らかな曲線** $\gamma \subset \mathbb{C}$ を定める．ただしこれは t が a から b へ移るときに z により与えられる向きをもっている．この向きを逆にすることにより曲線 γ^- を (γ と γ^- が平面内の同じ点からなるように) 定義する．たとえば γ^- のパラメータ付けの一つ $z^- : [a, b] \to \mathbb{R}^2$ として
$$z^-(t) = z(b + a - t)$$
をとることができる．

区分的に滑らかな曲線をどのように定義すればよいかは明らかであろう．点 $z(a)$ と $z(b)$ は曲線の**端点**という．これはパラメータ付けにはよらないものである．γ は向きをもっているので，γ が $z(a)$ を始点とし，$z(b)$ を終点とするといってもよい．

滑らかな，あるいは区分的に滑らかな曲線が**閉**であるとは，任意のパラメータ付けに対して $z(a) = z(b)$ となることである．滑らかな，あるいは区分的に滑らかな曲線が**単純**であるとは，$s = t$ 以外の場合には $z(t) \neq z(s)$ となることである．ただし曲線が閉の場合には，$s = t$, あるいは $s = a$ かつ $t = b$ 以外の場合に $z(t) \neq z(s)$ となるとき，この曲線は単純であるという．

われわれが主に扱う対象は区分的に滑らかな曲線なので，記述を簡潔にするため，区分的に滑らかな曲線を**曲線**ということにする．

基本的な例は円周である．中心 z_0, 半径 r の円周 $C_r(z_0)$ を考える．これは集合

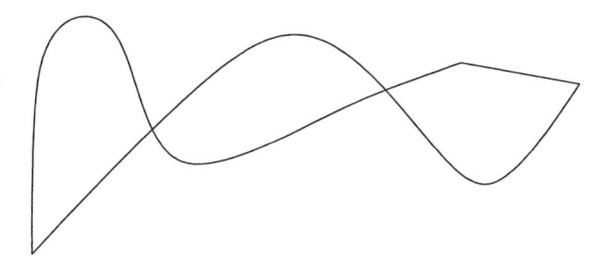

図3 区分的に滑らかな閉曲線の例.

$$C_r(z_0) = \{z \in \mathbb{C} : |z - z_0| = r\}$$

として定義される. **正の向き**(反時計回りの向き) は通常のパラメータ付け

$$z(t) = z_0 + re^{it}, \qquad t \in [0, 2\pi]$$

により与えられる. **負の向き**(時計回りの向き) は

$$z(t) = z_0 + re^{-it}, \qquad t \in [0, 2\pi]$$

により与えられる. 以下の章では, C により一般に正に向き付けられた円周を表す.

　正則関数の研究では曲線に沿った積分は基本的な道具の一つである. 複素解析における鍵となる重要な定理は, 荒っぽくいえば, ある関数 f がある単純閉曲線 γ で囲まれる内側で正則ならば,

$$\int_\gamma f(z)dz = 0$$

となることである. ここでは (コーシーの定理と呼ばれる) この定理の変形版に焦点を当てて述べていくことにしよう. 必要な範囲で積分の定義と性質を述べておく.

　$z : [a, b] \to \mathbb{C}$ により $\mathbb{C}$ 内のパラメータ付けられた滑らかな曲線 γ と γ 上の連続関数 f が与えられたとき, **γ に沿った f の積分**[8] を

$$\int_\gamma f(z)dz = \int_a^b f(z(t))z'(t)dt$$

により定義する. この定義が意味をもつには, 右辺の積分が γ のパラメータ付けには依存していないことを示さなければならない. たとえば $\tilde{z}$ を上記のものと同

---

8) 訳注:後の部分ではしばしば γ 上の積分とも記されているが, 同義である.

値なパラメータ付けとする．このとき積分の変数変換の公式と連鎖律から，
$$\int_a^b f(z(t))z'(t)dt = \int_c^d f(z(t(s)))z'(t(s))t'(s)ds = \int_c^d f(\tilde{z}(s))\tilde{z}'(s)ds$$
が成り立つ．このことから γ 上の f の積分の定義が意味をもっていることがわかる．

γ が区分的に滑らかなときは，γ 上の f の積分は，単に γ の滑らかな部分に沿っての f の積分の和として定義される．たとえば $z(t)$ を以前に記したパラメータ付けとするとき
$$\int_\gamma f(z)dz = \sum_{k=0}^{n-1} \int_{a_k}^{a_{k+1}} f(z(t))z'(t)dt$$
である．滑らかな曲線 γ の長さは，
$$\text{length}(\gamma) = \int_a^b |z'(t)|\,dt$$
である．すでに行ったような議論により，この定義もパラメータ付けに依存していないことは明らかである．また γ が区分的に滑らかな場合は，その長さは滑らかな部分の長さの和になっている．

命題 3.1 曲線上の連続関数の積分は次の性質をもつ．
 (i) 積分は線形である．すなわち $\alpha, \beta \in \mathbb{C}$ に対して
$$\int_\gamma (\alpha f(z) + \beta g(z))\,dz = \alpha \int_\gamma f(z)dz + \beta \int_\gamma g(z)dz.$$
 (ii) γ^- が γ を逆に向き付けた曲線であるとき，
$$\int_\gamma f(z)dz = -\int_{\gamma^-} f(z)dz.$$
 (iii) 次の不等式が成り立つ．
$$\left|\int_\gamma f(z)dz\right| \leq \sup_{z \in \gamma} |f(z)| \cdot \text{length}(\gamma).$$

証明 最初の性質は定義とリーマン積分の線形性による．2 番目の性質を示すことは読者の練習問題とする．3 番目の性質は次のように示される．
$$\left|\int_\gamma f(z)dz\right| \leq \sup_{t \in [a,b]} |f(z(t))| \int_a^b |z'(t)|\,dt \leq \sup_{z \in \gamma} |f(z)| \cdot \text{length}(\gamma). \blacksquare$$

すでに述べたように，コーシーの積分定理は，f が正則であるような開集合 Ω

内の適切な閉曲線に対して
$$\int_\gamma f(z)dz = 0$$
となることである．この現象を示す条件で，最初に述べるべきものは，原始関数の存在である．f を開集合 Ω 上の関数とする．f に対する Ω 上の**原始関数**とは，Ω 上の正則関数 F で，すべての $z \in \Omega$ に対して $F'(z) = f(z)$ をみたすようなものである．

定理 3.2 f が Ω 上連続であり，かつ原始関数 F をもち，γ が始点 w_1，終点 w_2 の Ω 内の曲線であるとき，
$$\int_\gamma f(z)dz = F(w_2) - F(w_1)$$
である．

証明 γ が滑らかであるときは，証明は連鎖律と微分積分の基本定理を単純に適用して得られる．実際，$z(t) : [a,b] \to \mathbb{C}$ を γ に対するパラメータ付けとすると，$z(a) = w_1$, $z(b) = w_2$ であり，
$$\begin{aligned}
\int_\gamma f(z)dz &= \int_a^b f(z(t))z'(t)dt \\
&= \int_a^b F'(z(t))z'(t)dt \\
&= \int_a^b \frac{d}{dt}F(z(t))dt \\
&= F(z(b)) - F(z(a))
\end{aligned}$$
である．γ が単に区分的に滑らかな場合は，すでに行ったように順次和をとって，
$$\begin{aligned}
\int_\gamma f(z)dz &= \sum_{k=0}^{n-1}\left(F(z(a_{k+1})) - F(z(a_k))\right) \\
&= F(z(a_n)) - F(z(a_0)) \\
&= F(z(b)) - F(z(a))
\end{aligned}$$
を得る． ∎

系 3.3 γ が開集合 Ω における閉曲線であり，f が連続かつ Ω で原始関数をもつならば，

$$\int_\gamma f(z)dz = 0$$

である.

これは閉曲線の端点が一致していることから,明らかである.

たとえば $f(z) = 1/z$ は開集合 $\mathbb{C} - \{0\}$ において原始関数をもたない.なぜなら C を $z(t) = e^{it}$, $0 \leq t \leq 2\pi$ でパラメータ付けされた単位円周とすると,

$$\int_C f(z)dz = \int_0^{2\pi} \frac{ie^{it}}{e^{it}} dt = 2\pi i \neq 0$$

である.この $\int_\gamma f(z)dz \neq 0$ をみたす関数 f と閉曲線 γ の例の単純計算が,じつは理論の核心を突いていることが,後の章でわかるであろう.

系 3.4 f が領域 Ω で正則であり,$f' = 0$ ならば f は定数である.

証明 点 $w_0 \in \Omega$ を固定する.任意の $w \in \Omega$ に対して,$f(w) = f(w_0)$ を示せば十分である.

Ω は連結であるから,任意の $w \in \Omega$ に対して,w_0 と w を結ぶ Ω 内の曲線 γ が存在する.f は明らかに f' の原始関数であるから,

$$\int_\gamma f'(z)dz = f(w) - f(w_0)$$

となる.仮定 $f' = 0$ より左辺の積分は 0 となり,求める結果 $f(w) = f(w_0)$ が証明された. ∎

記号に関する注意 必要に応じて,$f(z) = O(g(z))$ という記述方法を用いる.これはある定数 $C > 0$ が存在し,問題となる点の近傍で $|f(z)| \leq C|g(z)|$ が成り立つことを意味する.さらに $|f(z)/g(z)| \to 0$ のときに,$f(z) = o(g(z))$ と表す.また $f(z) \sim g(z)$ と書いたら,それは $f(z)/g(z) \to 1$ を意味するものとする.

4. 練習

1. 以下の関係式で定義される複素平面内の点 z の集合が幾何的にどのようなものであるかを述べよ.

(a) $|z - z_1| = |z - z_2|$, $z_1, z_2 \in \mathbb{C}$.

(b) $1/z = \bar{z}$.
  (c) $\text{Re}(z) = 3$.
  (d) $\text{Re}(z) > c\ (\geq c), \quad c \in \mathbb{R}$.
  (e) $\text{Re}(az + b) > 0, \quad a, b \in \mathbb{C}$.
  (f) $|z| = \text{Re}(z) + 1$.
  (g) $\text{Im}(z) = c, \quad c \in \mathbb{R}$.

2. $\langle \cdot, \cdot \rangle$ を $\mathbb{R}^2$ における通常の内積とする．つまり $Z = (x_1, y_1)$ と $W = (x_2, y_2)$ に対して
$$\langle Z, W \rangle = x_1 x_2 + y_1 y_2$$
とする．同様に $\mathbb{C}$ におけるエルミート内積 $(\cdot, \cdot)$ を
$$(z, w) = z\overline{w}$$
により定義する．エルミートという用語は，$(\cdot, \cdot)$ が対称ではないが，
$$(z, w) = \overline{(w, z)}, \quad z, w \in \mathbb{C}$$
をみたしていることを表すものである．次を示せ．
$$\langle z, w \rangle = \frac{1}{2}[(z, w) + (w, z)] = \text{Re}(z, w),$$
ただしここで，$z = x + iy \in \mathbb{C}$ を $(x, y) \in \mathbb{R}^2$ と同一視している．

3. $\omega = se^{i\varphi},\ s \geq 0,\ \varphi \in \mathbb{R}$ とする．このとき方程式 $z^n = \omega$ を $\mathbb{C}$ 内で解け．ただし n は自然数である．このとき解はいくつ存在するか？

4. $\mathbb{C}$ に全順序を入れることはできないことを示せ．すなわち，複素数の間の二項関係 $\succ$ で次の性質をみたすものが見出しえないことを示せ．
  (i) 任意の二つの複素数 z, w に対して，次の関係のうちただ一つのみが正しい：$z \succ w$, $w \succ z$, $z = w$．
  (ii) すべての $z_1, z_2, z_3 \in \mathbb{C}$ に対して，関係 $z_1 \succ z_2$ が成り立てば $z_1 + z_3 \succ z_2 + z_3$ が成り立つ．
  (iii) さらに $z_1, z_2, z_3 \in \mathbb{C}$ で $z_3 \succ 0$ をみたす任意のものに対して，$z_1 \succ z_2$ ならば $z_1 z_3 \succ z_2 z_3$ である．
[ヒント：まず，もし $i \succ 0$ が成り立ちうるときにチェックしてみよ．]

5. 集合 Ω が**弧状連結**であるとは，Ω 内の任意の 2 点が，Ω 内のある (区分的に滑らかな) 曲線により結べることをいう．この練習の目的は，開集合 Ω が弧状連結であるのは，Ω が連結であるとき，かつそのときに限ることを証明することである．

(a) まず Ω が開かつ弧状連結であるとし,さらに交わらない空でない開集合 Ω_1, Ω_2 により $\Omega = \Omega_1 \cup \Omega_2$ と表されていると仮定する. 2点 $w_1 \in \Omega_1$, $w_2 \in \Omega_2$ をとり,γ を Ω 内の曲線で w_1 と w_2 を結ぶものとする.この曲線のパラメータ付け $z : [0, 1] \to \Omega$ で,$z(0) = w_1$, $z(1) = w_2$ をみたすものを考える.

$$t^* = \sup_{0 \le t \le 1} \{t : z(s) \in \Omega_1, \ 0 \le s < t\}$$

とする.点 $z(t^*)$ について考えることにより矛盾を導け.

(b) 逆に Ω を開かつ連結であるとする.ある点 $w \in \Omega$ を固定し,$\Omega_1 \subset \Omega$ を w と Ω 内の曲線で結べるような点全体のなす集合を表す.また $\Omega_2 \subset \Omega$ を w と Ω 内の曲線では結ぶことのできない点全体のなす集合を表す.Ω_1 と Ω_2 が開集合で,交わらず,その和集合が Ω になっていることを証明せよ.最後に,Ω_1 は空でないから (なぜか),$\Omega = \Omega_1$ であることを示せ.

この証明から,Ω が開集合であるとき,二つの定義の同値性を崩すことなく,弧状連結性の定義に用いた曲線の滑らかさやタイプを緩められることがわかる.たとえば,連続曲線や,単なる折れ線[9]でもよい.

6. Ω を $\mathbb{C}$ 内の開集合とし,$z \in \Omega$ とする.z を含む Ω の **連結成分** (あるいは単に**成分**) とは,Ω 内の曲線で,z と結べるような点全体からなる集合 $\mathcal{C}_z$ のことである.

(a) まず $\mathcal{C}_z$ が開かつ連結であることを示せ.次に $w \in \mathcal{C}_z$ が次のような同値関係を定めることを示せ:(i) $z \in \mathcal{C}_z$,(ii) $w \in \mathcal{C}_z$ ならば $z \in \mathcal{C}_w$,(iii) $w \in \mathcal{C}_z$ かつ $z \in \mathcal{C}_\zeta$ ならば $w \in \mathcal{C}_\zeta$.

これより Ω はそのすべての連結成分の和集合であり,二つの成分は交わらないか,一致する.

(b) Ω は高々可算個の異なる連結成分をもつことを示せ.

(c) Ω があるコンパクト集合の補集合であるとき,Ω はただ一つの有界でない成分をもつことを示せ.

[ヒント:(b) について:もしそうでないならば,非可算個の交わらない開円板を含んでいることを示せ.(c) について:コンパクト集合を含むような大きな円板の補集合は連結であることを示せ.]

7. ここで導入する写像の族は,複素解析において重要な役割を果たす.この写像はしばしば**ブラシュケ因子**と呼ばれているもので,後の章において,いろいろな応用場面で何度も出てくる.

---

9) 折れ線とは,有限個の線分からなる区分的に滑らかな曲線のことである.

(a) z, w を $\overline{z}w \neq 1$ をみたす二つの複素数とする．このとき，$|z| < 1$ かつ $|w| < 1$ ならば
$$\left|\frac{w-z}{1-\overline{w}z}\right| < 1$$
であることを示せ．また $|z| = 1$ または $|w| = 1$ ならば
$$\left|\frac{w-z}{1-\overline{w}z}\right| = 1$$
であることを示せ．
[ヒント：z が実数であると仮定してよいが，それはなぜか？ このとき，次を証明すれば十分である．
$$(r-w)(r-\overline{w}) \leq (1-rw)(1-r\overline{w}),$$
ここで適切な $r, |w|$ に対して等式が成り立つ．]

(b) 単位円板 $\mathbb{D}$ 内の点 w を固定するとき，写像
$$F: z \mapsto \frac{w-z}{1-\overline{w}z}$$
は次の条件をみたすことを証明せよ：
 (i) F は単位円板をそれ自身に写し (すなわち $F: \mathbb{D} \to \mathbb{D}$)，正則である．
 (ii) F は 0 と w を入れ替える．つまり $F(0) = w, F(w) = 0$.
 (iii) $|z| = 1$ ならば $|F(z)| = 1$.
 (iv) $F: \mathbb{D} \to \mathbb{D}$ は全単射である．[ヒント：$F \circ F$ を計算せよ．]

8. U と V を複素平面内の開集合とする．$f: U \to V$ と $g: V \to \mathbb{C}$ を (実の意味で，すなわち二つの実変数 x, y の関数として) 微分可能な関数であるとし，$h = g \circ f$ とすると
$$\frac{\partial h}{\partial z} = \frac{\partial g}{\partial z}\frac{\partial f}{\partial z} + \frac{\partial g}{\partial \overline{z}}\frac{\partial \overline{f}}{\partial z}$$
であり，
$$\frac{\partial h}{\partial \overline{z}} = \frac{\partial g}{\partial z}\frac{\partial f}{\partial \overline{z}} + \frac{\partial g}{\partial \overline{z}}\frac{\partial \overline{f}}{\partial \overline{z}}$$
であることを証明せよ．これは，複素変数版の連鎖律である．

9. 極座標において，コーシー–リーマンの方程式は
$$\frac{\partial u}{\partial r} = \frac{1}{r}\frac{\partial v}{\partial \theta}, \quad \frac{1}{r}\frac{\partial u}{\partial \theta} = -\frac{\partial v}{\partial r}$$
となることを示せ．これらの等式を用いて，
$$\log z = \log r + i\theta, \quad z = re^{i\theta}, \quad -\pi < \theta < \pi$$
により定義される対数関数が $r > 0, -\pi < \theta < \pi$ において正則であることを示せ．

10. 次を示せ.
$$4\frac{\partial}{\partial z}\frac{\partial}{\partial \bar{z}} = 4\frac{\partial}{\partial \bar{z}}\frac{\partial}{\partial z} = \triangle.$$
ここで $\triangle$ はラプラシアン
$$\triangle = \frac{\partial^2}{\partial x^2} + \frac{\partial^2}{\partial y^2}$$
である.

11. 練習 10 を使って, f が開集合 Ω 上で正則ならば, f の実部と虚部が**調和**, すなわちラプラシアンを施すと 0 になることを証明せよ.

12. $x, y \in \mathbb{R}$ に対して
$$f(x+iy) = \sqrt{|x||y|}$$
なる関数を定める. f は原点においてコーシー–リーマンの方程式をみたすが, f は 0 において正則ではないことを示せ.

13. f を Ω 上の正則関数とする.
(a) $\mathrm{Re}(f)$ は定数,
(b) $\mathrm{Im}(f)$ は定数,
(c) $|f|$ は定数
のいずれかが成り立てば f が定数であることを証明せよ.

14. $\{a_n\}_{n=1}^N$ と $\{b_n\}_{n=1}^N$ を複素数からなる有限数列とする. $B_k = \sum_{n=1}^k b_n$ を $\sum b_n$ の部分的な和とし, 便宜上 $B_0 = 0$ とする. このとき次の**部分求和公式**[10]を証明せよ.
$$\sum_{n=M}^N a_n b_n = a_N B_N - a_M B_{M-1} - \sum_{n=M}^{N-1}(a_{n+1}-a_n)B_n.$$

15. **アーベルの定理.** $\sum_{n=1}^\infty a_n$ は収束しているとする. このとき次を証明せよ.
$$\lim_{r\to 1,\, r<1} \sum_{n=1}^\infty r^n a_n = \sum_{n=1}^\infty a_n.$$
[ヒント: 部分求和公式.] 言い換えれば, もしある級数が収束していれば, そのアーベル総和法は級数と同じ極限に収束するということである. これらの用語の詳しい定義, それから総和法の手法については第 I 巻第 2 章を参照せよ.

---

[10] 訳注: the summation by parts. いわゆる部分積分の公式の数列版.

16. 次の場合に級数 $\sum_{n=1}^{\infty} a_n z^n$ の収束半径を求めよ:
(a) $a_n = (\log n)^2$.
(b) $a_n = n!$.
(c) $a_n = \dfrac{n^2}{4^n + 3n}$.
(d) $a_n = (n!)^3/(3n)!$. [ヒント：次のスターリングの公式を用いよ．ある c に対して $n! \sim c n^{n+\frac{1}{2}} e^{-n}$.]
(e) $\alpha, \beta \in \mathbb{C}, \gamma \neq 0, -1, -2, \cdots$ とする．**超幾何級数**
$$F(\alpha, \beta, \gamma; z) = 1 + \sum_{n=1}^{\infty} \frac{\alpha(\alpha+1)\cdots(\alpha+n-1)\beta(\beta+1)\cdots(\beta+n-1)}{n!\gamma(\gamma+1)\cdots(\gamma+n-1)} z^n$$
の収束半径を求めよ．
(f) r を正の整数とする．r 位のベッセル関数
$$J_r(z) = \left(\frac{z}{2}\right)^r \sum_{n=0}^{\infty} \frac{(-1)^n}{n!(n+r)!} \left(\frac{z}{2}\right)^{2n}$$
の収束半径を求めよ．

17. $\{a_n\}_{n=0}^{\infty}$ が 0 でない複素数からなる数列で，
$$\lim_{n \to \infty} \frac{|a_{n+1}|}{|a_n|} = L$$
をみたしているならば，
$$\lim_{n \to \infty} |a_n|^{1/n} = L$$
をみたすことを示せ．特に，この練習は，これが適用できるときは，級数の比による収束判定法が収束半径を計算するのに利用できることを示している．

18. f を原点を中心とするベキ級数とする．f が収束円内の任意の点でベキ級数展開可能であることを証明せよ．
[ヒント：$z = z_0 + (z - z_0)$ とし，z^n の二項展開を用いよ．]

19. 次のことを証明せよ．
(a) ベキ級数 $\sum n z^n$ は単位円周上のどの点でも収束しない．
(b) ベキ級数 $\sum z^n/n^2$ は単位円周上の任意の点で収束する．
(c) ベキ級数 $\sum z^n/n$ は $z = 1$ 以外の単位円周上の各点で収束する．[ヒント：部分求和公式．]

20. $(1-z)^{-m}$ を z のベキ級数に展開せよ．ここで m はある固定された正の整数とする．もし

$$(1-z)^{-m} = \sum_{n=0}^{\infty} a_n z^n$$

であるならば，係数に関する次の漸近的な性質を示せ．

$$a_n \sim \frac{1}{(m-1)!} n^{m-1}, \qquad n \to \infty \text{ のとき．}$$

21. $|z| < 1$ に対して，

$$\frac{z}{1-z^2} + \frac{z^2}{1-z^4} + \cdots + \frac{z^{2^n}}{1-z^{2^{n+1}}} + \cdots = \frac{z}{1-z},$$

$$\frac{z}{1+z} + \frac{2z^2}{1+z^2} + \cdots + \frac{2^k z^{2^k}}{1+z^{2^k}} + \cdots = \frac{z}{1-z}$$

を示せ．和の順序の変更を正当化せよ．

[ヒント：正数の 2 進分解と $2^{k+1} - 1 = 1 + 2 + 2^2 + \cdots + 2^k$ を用いよ．]

22. $\mathbb{N} = \{1, 2, 3, \cdots\}$ を正の整数からなる集合とする．部分集合 $S \subset \mathbb{N}$ が等差数列であるとは，

$$S = \{a, a+d, a+2d, a+3d, \cdots\}$$

ただし $a, d \in \mathbb{N}$ となることである．d を S のステップという．

$\mathbb{N}$ は有限個の異なるステップの等差数列によって分割できないことを示せ (ただし自明な場合 $a = d = 1$ を除く)．

[ヒント：$\sum_{n \in \mathbb{N}} z^n$ を $\dfrac{z^a}{1-z^d}$ のタイプの項の和として表せ．]

23.

$$f(x) = \begin{cases} 0, & x \leq 0, \\ e^{-1/x^2}, & x > 0 \end{cases}$$

とする．f が $\mathbb{R}$ 上で無限回微分可能で，$f^{(n)}(0) = 0, n \geq 1$ であることを示せ．f が原点の近くの x に対してベキ級数 $\sum_{n=0}^{\infty} a_n x^n$ に展開できないことを示せ．

24. γ を $\mathbb{C}$ 内の滑らかな曲線で，$z(t) : [a, b] \to \mathbb{C}$ によりパラメータ付けされているものとする．γ^- を γ の向きを逆にしたものとする．γ 上の任意の連続関数 f に対して，

$$\int_{\gamma} f(z) dz = -\int_{\gamma^-} f(z) dz$$

を証明せよ．

25. 次の三つの計算は，次章で扱うコーシーの定理に対する直観力を提供してくれる．

(a) すべての整数 n に対して積分

$$\int_\gamma z^n dz$$

を計算せよ．ただしここで γ は正に (反時計回りに) 向き付けられた原点を中心とする任意の円周とする．

(b) γ が原点を囲まないような円周の場合に上記の問いを考えよ．

(c) $|a| < r < |b|$ のとき

$$\int_\gamma \frac{1}{(z-a)(z-b)} dz = \frac{2\pi i}{a-b}$$

を示せ．ただし γ は原点を中心とする半径 r の円周で，正に向き付けられているものとする．

26. f を領域 Ω で連続であるとする．f の二つの原始関数 (もしそれが存在する場合) は，定数の違いしかないことを証明せよ．

第2章 コーシーの定理とその応用

　　　　　　　　　　問題解決の多くが最終的には定積分の評価に帰着させることができるので，数学者はこの種の仕事に忙しかったのである……．しかし，導かれた結果のうちのほとんどは，もともと実数から虚数へ移行することに基づいて帰納的に発見されたものである．しばしば，この種の移行が直接特筆すべき結果を導いた．にもかかわらず，理論のこの部分には，ラプラスが指摘しているように，さまざまな困難がつきまとっている……．

　　　　　　　　　　この主題をじっくり考えて，上で述べたさまざまな結果を統合した後で，私は直接的で厳密な解析に基づく実数から虚数への移行を確立したい．私の研究はこの回想録の目的である方法へと私を導いた……．

　　　　　　　　　　　　　　　　　　　　——A.L. コーシー，1827

　前章では，複素解析学におけるいくつかの予備的事項：$\mathbb{C}$ の開集合，正則関数，曲線上の積分，について考察した．複素解析学の最初の特筆すべき結果は，これらの諸概念の間に深く関わりがあること示している．粗くいえば，コーシーの定理は f が開集合 Ω 上の正則関数で，$\gamma \in \Omega$ が閉曲線で，γ で囲まれる内部も Ω に含まれているならば，

(1) $$\int_\gamma f(z)dz = 0$$

が成り立つことを主張する．以下の多くの結果，特に留数計算は，何らかの形でこの事実と関わっている．

　コーシーの定理の正確で一般的な定式化には，曲線の「内部」を明確に定義する

ことが必要になるが，これは必ずしも容易なことではない．初期の段階では，境界が「トイ積分路」である領域に限定しよう．名前がいうように，これは見た目が単純な閉曲線で，その内部という概念はまったく曖昧さがなく，この設定でのコーシーの定理の証明はきわめて直接的である．応用上は，この種の閉曲線に限定しても十分である．後の段階では，より一般の曲線およびその内部に関連した問題を取り上げて，コーシーの定理の形式を拡張する．

初期の段階でのコーシーの定理は，第1章の系3.3により，f が Ω で原始関数をもてば十分であることを観察することから始める．トイ積分路に対する，そのような原始関数の存在は，(それ自身がコーシーの定理の特殊な場合である) [1] グルサの定理から従う．この定理は，f が三角形 T と内部を含む開集合で正則ならば，

$$\int_T f(z)dz = 0$$

であることを主張するものである．コーシーの定理のこの簡単な場合は，より複雑な場合のいくつかを証明するのに十分であることは注目すべきである．そこから，いくつかの単純な領域上の原始関数の存在を証明することができて，それにより，その設定でのコーシーの定理が証明される．この観点の最初の応用として，いくつかの実数直線上の積分を，適当なトイ積分路を使って計算する．

上で述べた考え方は本章の中心的結果であるコーシーの積分公式へも導く．これは，f が円周 C とその内部を含む開集合上の正則関数ならば，C の内部のすべての z に対して，

$$f(z) = \frac{1}{2\pi i} \int_C \frac{f(\zeta)}{\zeta - z} d\zeta$$

であることを主張する．

この公式を微分すると別の公式が得られて，特に正則関数の滑らかさが得られる．正則性は1階導関数の存在のみ仮定するが，その結果としてすべての階数の導関数の存在が導かれることは著しい結果である (実変数の場合は類似の主張は完全に誤りである！)．

理論がその段階まで発展すると，すでに数多くの注目すべき結果が得られるこ

---

[1] グルサの結果はコーシーの定理の後に提出されたが，興味深いのはその証明が各点での複素微分の存在のみ必要としていて，導関数の連続性を必要としないという技術的な事実である．その初期の証明については練習5を見よ．

とになる.

- 「解析接続」の根源にある性質,すなわち,正則関数は定義域の任意の開部分集合への制限によって決定されること.これは,正則関数がベキ級数展開をもつという事実から導かれる.
- リューヴィルの定理.これは直ちに代数学の基本定理を導く.
- モレラの定理.これは,正則関数の積分による簡単な特徴づけを与え,さらに正則関数列の一様収束極限が正則関数であることを示す.

1. グルサの定理

前章の系 3.3 によると,f が開集合 Ω で原始関数をもつならば,Ω 内の任意の閉曲線 γ に対して,

$$\int_\gamma f(z)dz = 0$$

が成り立つ.逆に,ある種の閉曲線 γ に対して,上の関係式を示すことができれば,原始関数が存在する.グルサの定理はわれわれの出発点であり,実際それによって本章のその他すべての結果を導こう.

定理 1.1 Ω を $\mathbb{C}$ の開集合で,$T \subset \Omega$ を内部も Ω に含まれる三角形とする.このとき,Ω 上の任意の正則関数 f に対して,

$$\int_T f(z)dz = 0$$

が成り立つ.

証明 もとの三角形 (で正の向きを選んで固定したもの) を $T^{(0)}$ とし,$d^{(0)}$ と $p^{(0)}$ を,それぞれ $T^{(0)}$ の直径,三辺の長さの和としよう.最初のステップで,三角形の各辺を二等分し中点を結ぶと,もとの三角形に相似な四つの新しい小三角形 $T_1^{(1)}, T_2^{(1)}, T_3^{(1)}, T_4^{(1)}$ が作られる.三角形の構成と各三角形の向き付けを図 1 に示す.もとの三角形の向きに一致するように向き付けを決めると,同じ辺ではあるが互いに逆向きの積分が相殺するので,

$$\begin{aligned}(2) \quad & \int_{T^{(0)}} f(z)dz \\ &= \int_{T_1^{(1)}} f(z)dz + \int_{T_2^{(1)}} f(z)dz + \int_{T_3^{(1)}} f(z)dz + \int_{T_4^{(1)}} f(z)dz\end{aligned}$$

となる.

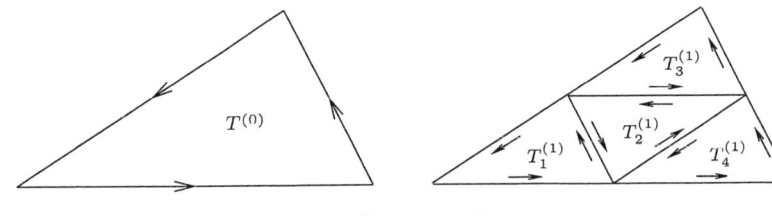

図1 $T^{(0)}$ の辺の二等分.

ある j に対して
$$\left|\int_{T^{(0)}} f(z)dz\right| \leq 4\left|\int_{T_j^{(1)}} f(z)dz\right|$$
が成り立たなければ矛盾である.この不等式をみたす小三角形を $T^{(1)}$ と書くことにしよう.$d^{(1)}$ と $p^{(1)}$ を,それぞれ $T^{(1)}$ の直径,三辺の長さの和を表すことにすると,$d^{(1)} = (1/2)d^{(0)}, p^{(1)} = (1/2)p^{(0)}$ である.この $T^{(0)}$ から $T^{(1)}$ を得る手続きを繰り返すと,三角形の列
$$T^{(0)}, \ T^{(1)}, \ \cdots, \ T^{(n)}, \ \cdots$$
が得られて,
$$\left|\int_{T^{(0)}} f(z)dz\right| \leq 4^n \left|\int_{T^{(n)}} f(z)dz\right|$$
$$d^{(n)} = 2^{-n}d^{(0)}, \quad p^{(n)} = 2^{-n}p^{(0)}$$
をみたす.ここに,$d^{(n)}$ と $p^{(n)}$ は,それぞれ $T^{(n)}$ の直径,三辺の長さの和を表す.$T^{(n)}$ を境界とするその内部も含めた三角形を $\mathcal{T}^{(n)}$ で表すことにすると,入れ子になっているコンパクト集合の列
$$\mathcal{T}^{(0)} \supset \mathcal{T}^{(1)} \supset \cdots \supset \mathcal{T}^{(n)} \supset \cdots$$
が得られて,その直径は 0 に収束する.第1章の命題 1.4 により,すべての $\mathcal{T}^{(n)}$ に含まれる点 z_0 が,ただ一つ存在する.f は z_0 で正則であるから,
$$f(z) = f(z_0) + f'(z_0)(z - z_0) + \psi(z)(z - z_0)$$
と表すことができる.ここに,ψ は $z \to z_0$ のとき $\psi(z) \to 0$ をみたす.$f(z_0)$ は定数であり,1次関数 $f'(z_0)(z - z_0)$ は原始関数をもつから,上式の両辺を積分して,前章の系 3.3 を用いると,

(3)
$$\int_{T^{(n)}} f(z)dz = \int_{T^{(n)}} \psi(z)(z-z_0)dz$$

を得る．さて，z_0 は $T^{(n)}$ の閉包に属していて，z は $T^{(n)}$ の境界上にあるから，$|z - z_0| \le d^{(n)}$ である．よって (3) を用いると，前章の命題 3.1 の (iii) により，

$$\left|\int_{T^{(n)}} f(z)dz\right| \le \varepsilon_n d^{(n)} p^{(n)}$$

$$\varepsilon_n = \sup_{z \in T^{(n)}} |\psi(z)| \to 0, \qquad n \to \infty$$

である．ゆえに，

$$\left|\int_{T^{(n)}} f(z)dz\right| \le \varepsilon_n 4^{-n} d^{(0)} p^{(0)}$$

であるから，

$$\left|\int_{T^{(0)}} f(z)dz\right| \le 4^n \left|\int_{T^{(n)}} f(z)dz\right| \le \varepsilon_n d^{(0)} p^{(0)}$$

である．$n \to \infty$ とすると，$\varepsilon_n \to 0$ であるから，証明が完了する． ∎

系 1.2 f が矩形 R とその内部を含む開集合 Ω 上で正則ならば，

$$\int_R f(z)dz = 0$$

が成り立つ．

系 1.2 は，図 2 のように向きを選んで，

$$\int_R f(z)dz = \int_{T_1} f(z)dz + \int_{T_2} f(z)dz$$

に注意すると直ちに従う．

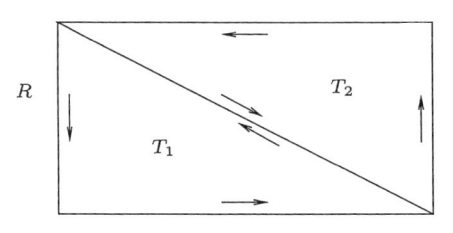

図 2 二つの三角形の合併としての矩形．

2. 原始関数の局所的存在と円板におけるコーシーの定理

まず最初にグルサの定理の帰結として円板における原始関数の存在を示そう.

定理 2.1 開円板上の正則関数は同じ開円板上に原始関数をもつ.

証明 平行移動により, 円板は, それを D として, 原点が中心であるとして一般性を失わない. 与えられた $z \in D$ に対して, 0 から $\tilde{z} = \mathrm{Re}(z)$ まで水平方向に動き, さらに $\tilde{z}$ から z まで垂直方向に動いて, 0 から z までを結ぶ区分的に滑らかな曲線を考えよう. 0 から z へ向かう向きを選び, 図3に示すように, この高々2本の線分からなる折線を γ_z と表すことにしよう.

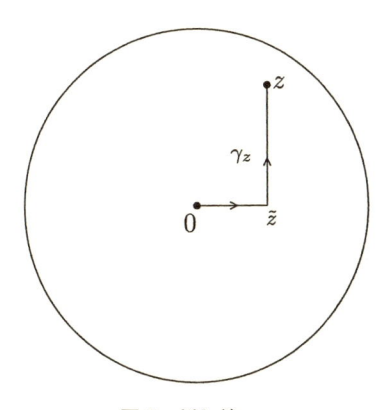

図3 折れ線 γ_z.

ここで,
$$F(z) = \int_{\gamma_z} f(w) dw$$
と定義しよう. γ_z の選び方により, 関数 $F(z)$ の定義は明快である. F は D 上正則で, $F'(z) = f(z)$ である. これを証明するために, $z \in D$ を固定して, $h \in \mathbb{C}$ を $z+h$ が円板内にあるように小さくとる. このとき,
$$F(z+h) - F(z) = \int_{\gamma_{z+h}} f(w) dw - \int_{\gamma_z} f(w) dw$$
を考えよう. 関数 f は γ_{z+h} に沿ってもともとの向きで積分されて, γ_z に沿って (積分記号の前の負の符号により) もともとの向きとは逆向きに積分される. これは図4の (a) に相当する. 原点から出発する線分上では互いに逆向きとなる二

つの向きに積分するので，それらは相殺して，(b) の積分路が残る．(c) のように四角形と三角形を完成させて，グルサの定理を四角形と三角形にそれぞれ用いると，(d) に示すように z から $z+h$ を結ぶ線分だけが残る．

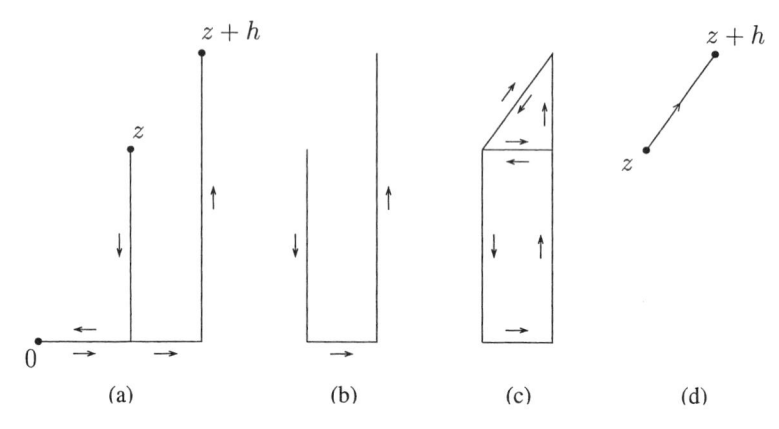

図 4　折れ線 γ_z と γ_{z+h} の関係．

ゆえに，η を z から $z+h$ を結ぶ線分とすると，上で説明した相殺によって，
$$F(z+h) - F(z) = \int_\eta f(w)dw$$
である．f は z で連続であるから，
$$f(w) = f(z) + \psi(w)$$
と表され，$w \to z$ のとき $\psi(w) \to 0$ をみたす．よって，
(4)
$$F(z+h) - F(z) = \int_\eta f(z)dw + \int_\eta \psi(w)dw$$
$$= f(z)\int_\eta dw + \int_\eta \psi(w)dw$$
である．一方，定数 1 は原始関数 w をもつから，第 1 章の定理 3.2 により右辺第 1 項の積分は h になる．他方，右辺第 2 項は，
$$\left|\int_\eta \psi(w)dw\right| \leq \sup_{w \in \eta}|\psi(w)|\,|h|$$
と評価される．この上限は h が 0 に近づくと 0 に近づくから，(4) により，
$$\lim_{h \to 0} \frac{F(z+h) - F(z)}{h} = f(z)$$
が従い，円板上で F は f の原始関数であることが証明される．

この定理は，すべての正則関数は局所的に原始関数をもつことを主張している．しかし，この定理は，任意の円板だけでなく他の集合でも同様に正しいということがわかることが非常に重要である．しばらくの間，「トイ積分路たち」を考察して，この点を振り返って見よう．

定理 2.2（円板上のコーシーの定理） f が円板上の正則関数ならば，円板内の任意の閉曲線 γ に対して
$$\int_\gamma f(z)dz = 0$$
が成り立つ．

証明 f は原始関数をもつので，第 1 章の系 3.3 を用いることができる． ■

系 2.3 f は円 C とその内部を含む開集合上で正則とする．このとき，
$$\int_C f(z)dz = 0$$
が成り立つ．

証明 D は円 C を境界とする円板とする．D を含む少し大きい円板を D' とし，f は D' 上で正則とする．D' におけるコーシーの定理により $\int_C f(z)dz = 0$ となる． ■

実際，曖昧さなく積分路の「内部」を定義することができて，積分路と内部を含む開近傍の中に適当な折れ線を構成さえできれば，これらの定理と系の証明が成立する．円の場合，内部が円板であり，円板という形のおかげで，その内部で水平あるいは垂直に動いて折れ線を描くことは簡単なので，まったく問題がなかったのである．

次の定義は粗く述べられてはいるが，これを用いることは明快で曖昧さはないであろう．任意の閉曲線のうち，内部という概念が明らかであり，定理 2.1 と同様の原始関数の構成が閉曲線とその内部を含む近傍で可能であるものを，**トイ積分路**と呼ぼう．その正の向きとは，積分路に沿って進むとき内部が左にあるような向きであると定義する．これは円周の正の向きの定義と整合している．たとえば，円，三角形，矩形は，これまでの議論の変形（あるいはそのままの繰り返し）によりトイ積分路であることがわかる．

トイ積分路の他の重要な例は，(図5に描かれている)「鍵穴」Γで，コーシーの積分公式の証明に用いられる．「鍵穴」は二つのほぼ完全な円，一つは大きくもう一つは小さい，が狭い廊下によって接続されたものである．

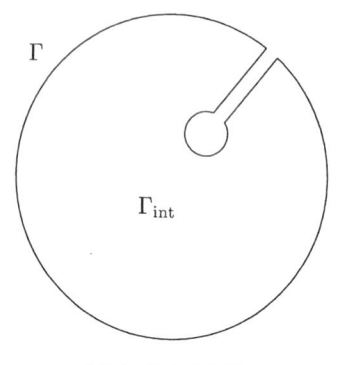

図5 鍵穴積分路．

Γの内部は，Γ_{int}と表すが，明らかに曲線で囲まれたそのような領域であり，十分な役割とともに正確な意味が与えられる．内部に点z_0をとる．fがΓとその内部の近傍で正則ならば，少し大きな鍵穴の内部で正則である．その鍵穴をΛとし，その内部Λ_{int}は$\Gamma \cup \Gamma_{\text{int}}$を含んでいるものとする．$z \in \Lambda_{\text{int}}$ならば，$\gamma_z$は$z_0$と$z$を結ぶ$\Lambda_{\text{int}}$内の任意の曲線で，(図6のような)有限個の水平あるいは垂直な線分からなるものとする．η_zはそのような他の任意の曲線ならば，グルサの定理の矩形版である系1.2により

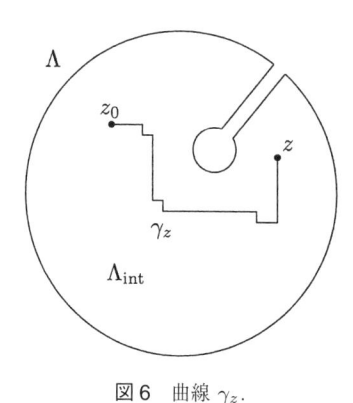

図6 曲線γ_z．

$$\int_{\gamma_z} f(w)dw = \int_{\eta_z} f(w)dw$$

が成り立ち，それにより Λ_{int} において F を曖昧さなく定義することができる．

上のように議論をすすめると，F は f の Λ_{int} における原始関数であることが示され，それにより $\int_{\Gamma} f(z)dz = 0$ が示される．

重要な点は，トイ積分路 γ に対して，γ とその内部を含む開集合上で f が正則ならば，
$$\int_{\gamma} f(z)dz = 0$$
が簡単に得られるということである．

他のトイ積分路で，応用上出くわすもののうち，コーシーの積分定理とその系が成り立つものを図7に挙げる．

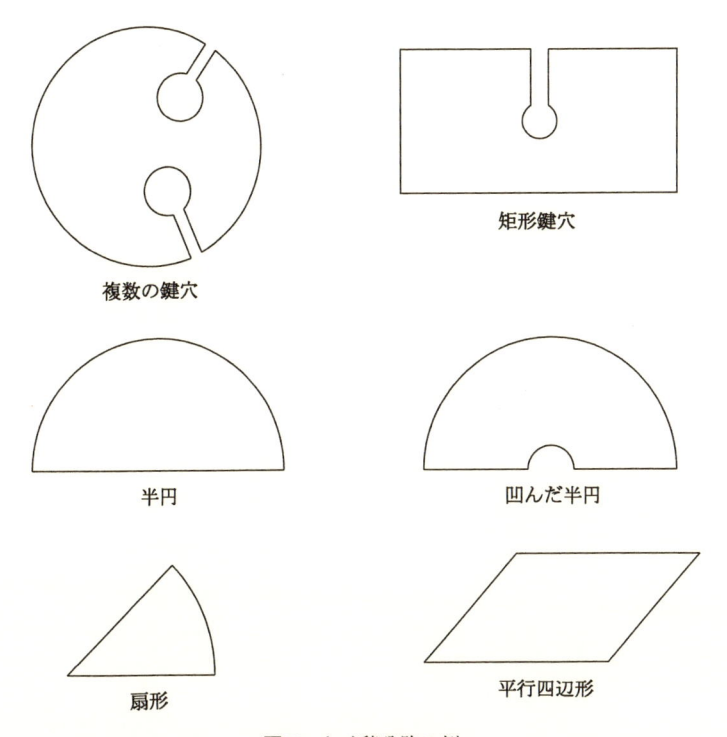

図7 トイ積分路の例．

トイ積分路に対するコーシーの定理は応用上は十分であるが，より一般の曲線の場合には何が起こるのかという疑問が残る．このことは付録Bで採り上げられており，そこでは区分的に滑らかな曲線に対するジョルダンの定理が証明される．

この定理は，区分的に滑らかな単純閉曲線が，きちんと定義される「単連結」な内部をもつことを主張する．その結果として，より一般的な状況でもコーシーの定理が成り立つことがわかる．

3. いくつかの積分値計算

ここでは，もともとコーシーが動機として与えた考え方を採り上げて考察する．いくつかの具体例を用いて，実数直線上の積分が彼の定理を用いることによってどのように値が計算されるのかを見てみよう．留数解析を用いたより体系的なアプローチは次章で行う．

例1 $\xi \in \mathbb{R}$ に対して，

$$(5) \qquad e^{-\pi \xi^2} = \int_{-\infty}^{\infty} e^{-\pi x^2} e^{-2\pi i x \xi} dx$$

であることを示そう．これは，$e^{-\pi x^2}$ はそれ自身のフーリエ変換であることの別証明であり，第I巻第5章の定理1.4の中で証明された事実である．

$\xi = 0$ ならば，この公式はよく知られた積分[2]

$$1 = \int_{-\infty}^{\infty} e^{-\pi x^2} dx$$

である．ここで，$\xi > 0$ とし，$f(z) = e^{-\pi z^2}$ という整関数を考えよう．とくに $f(z)$ は図8に描かれているトイ積分路 γ_R の内部で正則である．

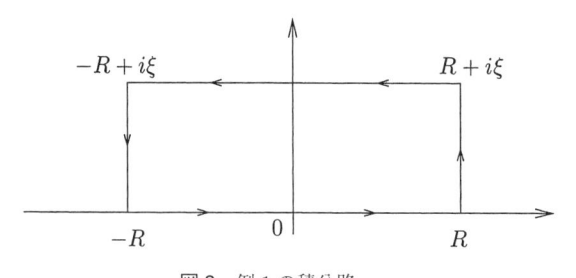

図8 例1の積分路 γ_R.

積分路 γ_R は，頂点を $R, R+i\xi, -R+i\xi, -R$ とし，反時計回りを正の向き

---

[2] この公式は $\Gamma(1/2) = \sqrt{\pi}$ という事実からも導出される．ここに Γ は第6章で考察するガンマ関数である．

とする矩形である．コーシーの定理により
$$\int_{\gamma_R} f(z)dz = 0 \tag{6}$$
である．実軸上の積分は単に
$$\int_{-R}^{R} e^{-\pi x^2} dx$$
であり，$R \to \infty$ のとき 1 に収束する．右側の垂直方向の辺上の積分は
$$I(R) = \int_0^\xi f(R+iy)idy = \int_0^\xi e^{-\pi(R^2+2iRy-y^2)}idy$$
である．ξ は固定されていて，
$$|I(R)| \leq Ce^{-\pi R^2}$$
と評価されるので，$R \to \infty$ のとき $I(R)$ は 0 に収束する．同様に，左側の垂直方向の辺上の積分も，$R \to \infty$ のとき，同じ理由によって 0 に収束する．最後に，上の水平な辺上の積分は，
$$\int_R^{-R} e^{-\pi(x+i\xi)^2} dx = -e^{\pi\xi^2} \int_{-R}^{R} e^{-\pi x^2} e^{-2\pi ix\xi} dx$$
である．よって $R \to \infty$ のとき，(6) は
$$0 = 1 - e^{\pi\xi^2} \int_{-\infty}^{\infty} e^{-\pi x^2} e^{-2\pi ix\xi} dx$$
となって，求めるべき公式が証明される．$\xi < 0$ の場合，下の半平面にある対称な矩形を考えればよい．

前の例で用いられた積分路を平行移動するという手法には，他にも数多くの応用例がある．もとの積分 (5) は実数直線上での積分であるが，コーシーの定理を用いることにより，(ξ の符号によって) 複素数平面上の方あるいは下の方に平行移動されていることに注意しておこう．

例 2 もう一つの古典的な例は
$$\int_0^\infty \frac{1-\cos x}{x^2} = \frac{\pi}{2}$$
である．ここでは関数 $f(z) = (1-e^{iz})/z^2$ を考え，図 9 に示すような x 軸上におかれた上半平面内の凹んだ半円上で積分する．

γ_ε^+ と γ_R^+ を，それぞれ，半径 ε と R で，向きが負と正である半円とするならば，コーシーの定理により

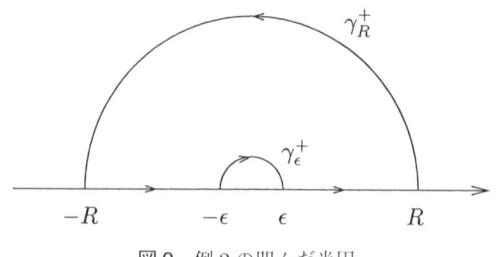

図9 例2の凹んだ半円.

$$\int_{-R}^{-\varepsilon} \frac{1-e^{ix}}{x^2}dx + \int_{\gamma_\varepsilon^+} \frac{1-e^{iz}}{z^2}dz + \int_\varepsilon^R \frac{1-e^{ix}}{x^2}dx + \int_{\gamma_R^+} \frac{1-e^{iz}}{z^2}dz = 0$$

となる．まず，

$$\left|\frac{1-e^{iz}}{z^2}\right| \leq \frac{2}{|z|^2}$$

となることより，γ_R^+ 上の積分は $R \to \infty$ のとき 0 に収束する．よって，

$$\int_{|x|\geq\varepsilon} \frac{1-e^{ix}}{x^2}dx = -\int_{\gamma_\varepsilon^+} \frac{1-e^{iz}}{z^2}dz$$

である．次に，

$$f(z) = \frac{-iz}{z^2} + E(z)$$

と分解され，$E(z)$ は $z \to 0$ のとき有界であり，γ_ε^+ 上では $z = \varepsilon e^{i\theta}, dz = i\varepsilon e^{i\theta}d\theta$ であることに注意しよう．ゆえに，$\varepsilon \to 0$ のとき

$$\int_{\gamma_\varepsilon^+} \frac{1-e^{iz}}{z^2}dz \to \int_\pi^0 (-ii)d\theta = -\pi$$

である．実部をとると

$$\int_{-\infty}^{\infty} \frac{1-\cos x}{x^2}dx = \pi$$

が得られる．被積分関数は偶関数であるから，求めるべき公式が証明される．

4. コーシーの積分公式

表現公式，とりわけ積分表現公式は，より小さい集合における振る舞いから大きい集合上の関数を再生するという意味において，数学において重要な役割を果たす．たとえば，第I巻で見たように，円板内の定常熱方程式の解は，円周上の境界値とポアソン核との畳み込み

(7) $$u(r,\theta) = \frac{1}{2\pi}\int_0^{2\pi} P_r(\theta-\varphi)u(1,\varphi)d\varphi$$

によって完全に決定される．

正則関数の場合，状況はよく似ているが，正則関数の実部と虚部はともに調和であるから驚くことではない[3]．ここでは，積分表現公式を調和関数の理論とは無関係な方法で証明する．実際，次の定理 (練習 11 と 12 を見よ) の帰結としてもポアソン積分の公式 (7) を導くことができる．

定理 4.1 f は円板 D の閉包を含む開集合で正則であるとする．C をこの円板の境界である正の向きをもった円周とすると，任意の点 $z \in D$ に対して
$$f(z) = \frac{1}{2\pi i}\int_C \frac{f(\zeta)}{\zeta - z}d\zeta$$
が成り立つ．

証明 $z \in D$ を固定して，図 10 に示すように点 z を避けて通る「鍵穴」積分路 $\Gamma_{\delta,\varepsilon}$ を考えよう．

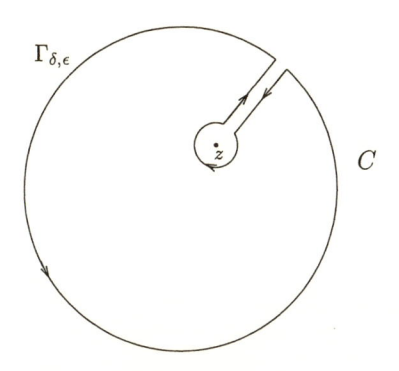

図 10 鍵穴 $\Gamma_{\delta,\varepsilon}$．

ここに，δ は廊下の幅であり，ε は z を中心とする小さい円の半径である．関数 $F(\zeta) = f(\zeta)/(\zeta - z)$ は，点 $\zeta = z$ から離れたところで正則であるから，このトイ積分路に対するコーシーの定理により
$$\int_{\Gamma_{\delta,\varepsilon}} F(\zeta)d\zeta = 0$$

---

[3] この事実はコーシー–リーマンの方程式系から直ちに得られる．第 1 章の練習 11 を見よ．

である．ここで，δ を 0 に近づけて廊下を狭め，F の連続性を用いると，通路の両側の積分は極限において相殺する．残りの部分は二つの曲線からなり，一つは境界であるところの正の向きの大きい円 C と，もう一つは z を中心とする半径 ε の負の向き，すなわち時計回りの小さい円 C_ε である．小さい円の上での積分がどうなるかを見るには，

$$(8) \quad F(\zeta) = \frac{f(\zeta) - f(z)}{\zeta - z} + \frac{f(z)}{\zeta - z}$$

と書き直して，f が正則であることにより (8) の右辺第 1 項は有界であり，その C_ε 上の積分は $\varepsilon \to 0$ のとき 0 に収束することに注意する．証明を完結するには，

$$\begin{aligned}\int_{C_\varepsilon} \frac{f(z)}{\zeta - z} d\zeta &= f(z) \int_{C_\varepsilon} \frac{1}{\zeta - z} d\zeta \\ &= -f(z) \int_0^{2\pi} \frac{\varepsilon i e^{-it}}{\varepsilon e^{-it}} dt \\ &= -f(z) 2\pi i\end{aligned}$$

であることを見れば十分であり，$\varepsilon \to 0$ の極限として，示すべき

$$0 = \int_C \frac{f(\zeta)}{\zeta - z} d\zeta - 2\pi i f(z)$$

が得られる． ∎

注意 トイ積分路についての先の議論により，コーシーの積分公式の単純な拡張が得られる．たとえば，f が正の向きをもつ矩形 R とその内部を含む開集合上で正則ならば，矩形 R の内部の任意の点 z に対して，

$$f(z) = \frac{1}{2\pi i} \int_R \frac{f(\zeta)}{\zeta - z} d\zeta$$

が成り立つ．これを示すには，定理 4.1 の証明を，「円」の鍵穴を「矩形」の鍵穴に置き換えて繰り返せばよい．

z が矩形の外の点のとき，$F(\zeta) = f(\zeta)/(\zeta - z)$ は R の内部で正則であるから，上の積分は消えることにも注意しよう．もちろん円や他の任意のトイ積分路でも同様の結果が成り立つ．

コーシーの積分公式の系として，正則関数についての二つめの顕著な事実，すなわち正則関数の滑らかさが示される．円板内の f の導関数を f の境界値で表現する積分公式も導かれる．

系 4.2 f は開集合 Ω 上の正則関数とするとき，f は Ω において複素変数の意味で無限回微分可能である．さらに，$C \subset \Omega$ は円で，その内部も Ω に含まれているならば，C の内部の任意の点 z に対して

$$f^{(n)}(z) = \frac{n!}{2\pi i} \int_C \frac{f(\zeta)}{(\zeta-z)^{n+1}} d\zeta$$

が成り立つ．

上の定理でもそうであったように，円 C には正の向きが与えられていることに注意しよう．

証明 証明は n についての数学的帰納法による．$n=0$ の場合は単にコーシーの積分公式である．f は $n-1$ 回まで複素微分可能で，

$$f^{(n-1)}(z) = \frac{(n-1)!}{2\pi i} \int_C \frac{f(\zeta)}{(\zeta-z)^n} d\zeta$$

が成り立つと仮定しよう．ここで，小さい複素数 h に対して，差分商

$$(9) \quad \frac{f^{(n-1)}(z+h) - f^{(n-1)}(z)}{h}$$

$$= \frac{(n-1)!}{2\pi i} \int_C f(\zeta) \frac{1}{h} \left[\frac{1}{(\zeta-z-h)^n} - \frac{1}{(\zeta-z)^n} \right] d\zeta$$

をとる．ここで，

$$A^n - B^n = (A-B)[A^{n-1} + A^{n-2}B + \cdots + AB^{n-2} + B^{n-1}]$$

を思い起こそう．$A = 1/(\zeta-z-h)$，$B = 1/(\zeta-z)$ とおくと，(9) の右辺の括弧内の項は，

$$\frac{h}{(\zeta-z-h)(\zeta-z)} [A^{n-1} + A^{n-2}B + \cdots + AB^{n-2} + B^{n-1}]$$

となる．h が小さいならば，$z+h$ と z は境界の円 C から有限の距離にあるので，h が 0 に近づく極限では，差分商は

$$\frac{(n-1)!}{2\pi i} \int_C f(\zeta) \left[\frac{1}{(\zeta-z)^2} \right] \left[\frac{n}{(\zeta-z)^{n-1}} \right] d\zeta = \frac{n!}{2\pi i} \int_C \frac{f(\zeta)}{(\zeta-z)^{n+1}} d\zeta$$

に収束する．以上，数学的帰納法により，定理が証明された． ∎

以下では，定理 4.1 と系 4.2 の公式を**コーシーの積分公式**と呼ぶことにする．

系 4.3（コーシーの不等式） f は z_0 を中心とする半径 R の円板 D の閉包を含む開集合で正則であるとするとき，

$$|f^{(n)}(z_0)| \leq \frac{n!\,\|f\|_C}{R^n}$$

が成り立つ．ここに，$\|f\|_C = \sup_{z \in C}|f(z)|$ は $|f|$ の境界の円周 C 上の上限である．

証明 $f^{(n)}(z_0)$ に対するコーシーの積分公式を用いると，

$$|f^{(n)}(z_0)| = \left| \frac{n!}{2\pi i} \int_C \frac{f(\zeta)}{(\zeta - z_0)^{n+1}}\,d\zeta \right|$$

$$= \frac{n!}{2\pi} \left| \int_0^{2\pi} \frac{f(z_0 + Re^{i\theta})}{(Re^{i\theta})^{n+1}} Rie^{i\theta} d\theta \right|$$

$$\leq \frac{n!}{2\pi} \frac{\|f\|_C}{R^n} 2\pi$$

を得る． ∎

コーシーの積分公式のもたらすもう一つの著しい結論としては，ベキ級数との関わりがあげられる．第 1 章では，ベキ級数は収束円内で正則であることを証明して，その逆，すなわち次の定理の内容を証明することを約束していた．

定理 4.4 f は開集合 Ω で正則とする．D は z_0 を中心とする円板で，その閉包は Ω に含まれているならば，f はすべての $z \in D$ に対して z_0 を中心とするベキ級数

$$f(z) = \sum_{n=0}^{\infty} a_n (z - z_0)^n$$

に展開され，すべての n に対して係数は

$$a_n = \frac{f^{(n)}(z_0)}{n!}$$

によって与えられる．

証明 $z \in D$ を固定する．C を円板 D の境界とすると，コーシーの積分公式により，

(10) $$f(z) = \frac{1}{2\pi i} \int_C \frac{f(\zeta)}{\zeta - z}\,d\zeta$$

である．ここで，

(11) $$\frac{1}{\zeta - z} = \frac{1}{\zeta - z_0 - (z - z_0)} = \frac{1}{\zeta - z_0} \frac{1}{1 - \dfrac{z - z_0}{\zeta - z_0}}$$

と書き直して，幾何級数展開を用いる．$\zeta \in C$ で $z \in D$ は固定されているから，

ある $0 < r < 1$ が存在して,
$$\left|\frac{z - z_0}{\zeta - z_0}\right| < r$$
であり,

(12) $$\frac{1}{1 - \dfrac{z - z_0}{\zeta - z_0}} = \sum_{n=0}^{\infty} \left(\frac{z - z_0}{\zeta - z_0}\right)^n$$

であって, これは $\zeta \in C$ について一様収束する. これにより, (10), (11), (12) を併せると, 無限和を積分と順序を交換することができて,
$$f(z) = \sum_{n=0}^{\infty} \left(\frac{1}{2\pi i} \int_C \frac{f(\zeta)}{(\zeta - z_0)^{n+1}} d\zeta\right) \cdot (z - z_0)^n$$
を導く. これによりベキ級数展開できることが証明され, さらに導関数に対するコーシーの積分公式により (あるいは単純に級数を微分することにより) a_n に対する公式も証明される. ∎

ベキ級数は無限回 (複素) 微分可能な関数を定義するから, 上の定理は正則関数が自動的に無限回微分可能であることの別証明を与えていることに注意しよう.

もう一つの重要な考察は, f の z_0 を中心とするベキ級数展開は, いかに大きな円板においても円板の閉包が Ω に含まれる限り, 収束するということである. 特に, f が整関数, すなわち $\mathbb{C}$ 全体で正則ならば, 上の定理により, f は 0 を中心とするベキ級数 $f(z) = \sum_{n=0}^{\infty} a_n z^n$ の形に展開され, すべての $\mathbb{C}$ の点で収束する.

系 4.5(リューヴィルの定理) f が整関数で有界ならば, f は定数である.

証明 $\mathbb{C}$ は連結なので, $f' = 0$ を示して, 第 1 章の系 3.4 に帰着させる.
各 $z_0 \in \mathbb{C}$ とすべての $R > 0$ に対して, コーシーの不等式により
$$|f'(z_0)| \leq \frac{B}{R}$$
である. ここに B は f の絶対値の上界である. $R \to \infty$ とすると, 示すべき結果が従う. ∎

これまで考察したことの応用として, 代数学の基本定理の簡潔な証明を与えることができる.

系 4.6 定数でないすべての複素係数の多項式 $P(z) = a_n z^n + \cdots + a_0$ は, $\mathbb{C}$ 内に根をもつ.

証明 P が根をもたないならば，$1/P(z)$ は有界な正則関数である．これを確かめるために，もちろん $a_n \neq 0$ と仮定することができて，$z \neq 0$ のときに

$$\frac{P(z)}{z^n} = a_n + \left(\frac{a_{n-1}}{z} + \cdots + \frac{a_0}{z^n}\right)$$

と書く．括弧内の各項は $|z| \to \infty$ のとき 0 に収束するので，ある $R > 0$ が存在して，$c = |a_n|/2$ とおくと，$|z| > R$ のとき，

$$|P(z)| \geq c|z|^n$$

が成り立つ．特に $|z| > R$ のとき $|P(z)|$ は下に有界 ($|P(z)| \geq cR^n$) である．P は $|z| \leq R$ において連続で根をもたないから，この円板上でも下に有界である．よって，主張が証明される．

リューヴィルの定理により，$1/P$ は定数であることが従う．これは P は定数でないという仮定に矛盾するので，背理法により系 4.6 が証明される． ∎

系 4.7 すべての次数 $n \geq 1$ の多項式 $P(z) = a_n z^n + \cdots + a_0$ は，$\mathbb{C}$ 内にちょうど n 個の根をもつ．これらの根を $w_1, \cdots, w_n$ を表すことにすると，P は

$$P(z) = a_n(z - w_1)(z - w_2) \cdots (z - w_n)$$

と因数分解される．

証明 系 4.6 により，P は根 w_1 をもつ．$z = (z - w_1) + w_1$ と書き直して P に代入すると，二項定理により

$$P(z) = b_n(z - w_1)^n + \cdots + b_1(z - w_1) + b_0$$

となる．ここに $b_0, \cdots, b_n$ は新しい係数であるが，$b_n = a_n$ である．$P(w_1) = 0$ であるから $b_0 = 0$ であることが従う．よって，

$$P(z) = (z - w_1)[b_n(z - w_1)^{n-1} + \cdots + b_1] = (z - w_1)Q(z)$$

となる．ここに Q は $n - 1$ 次多項式である．多項式の次数についての帰納法により，$P(z)$ がちょうど n 個の根をもち，ある $c \in \mathbb{C}$ を用いて，

$$P(z) = c(z - w_1)(z - w_2) \cdots (z - w_n)$$

と表されることが従う．右辺を展開すると z^n の係数は c であるから，$c = a_n$ であることが従う． ∎

最後に，解析接続 (緒言で述べた第三の「奇跡」) についての議論をして本節を

終えることにしよう．正則関数の「DNA 情報」は，適当な任意の小さい部分集合上での関数の値がわかれば，決定される (すなわち，関数が決定される) ということである．以下の定理において Ω は連結であると仮定されていることに注意しよう．

定理 4.8 f は領域 Ω 上の正則関数で，Ω 内に極限点をもつ互いに相異なる点からなる列において消えているとする．このとき，f は恒等的に 0 である．

別の言い方をすると，連結開集合 Ω 上の正則関数 f の零点が Ω 内に集積するならば，$f = 0$ である．

証明 $z_0 \in \Omega$ は点列 $\{w_k\}_{k=1}^{\infty}$ の極限点で，$f(w_k) = 0$ とする．最初に，f は z_0 を含む小さい円板上で恒等的に零であることを示そう．そのために，z_0 を中心とする Ω に含まれる円板 D をとり，f をこの円板内でベキ級数

$$f(z) = \sum_{n=0}^{\infty} a_n (z - z_0)^n$$

に展開する．f が恒等的に零でないならば，最小の整数 m が存在して $a_m \neq 0$ である．しかしこのとき，

$$f(z) = a_m (z - z_0)^m (1 + g(z - z_0))$$

と書くことができて，$z \to z_0$ のとき $g(z - z_0)$ は 0 に収束する．z_0 に収束する点列 $z = w_k \neq z_0$ をとると，$a_m (w_k - z_0)^m \neq 0, 1 + g(w_k - z_0) \neq 0$ であるが，$f(w_k) = 0$ であるから矛盾する．

Ω が連結であることを用いて証明を完結させよう．U を $f(z) = 0$ となる点の集合の内部とする．U は定義により開集合であって，上で示したことにより空集合ではない．一方，$z_n \in U$ で $z_n \to z$ ならば，f の連続性により $f(z) = 0$ であって，上の議論により f は z の近傍で消えているから，$z \in U$ となるので，U は閉集合でもあることがわかる．ここで，V を Ω における U の補集合とすると，U と V はともに開集合で，互いに素であり，

$$\Omega = U \cup V$$

である．Ω は連結であるから，U または V のどちらかが空集合であることが従う (ここで，第 1 章で論じた連結性の二つの同値な定義の一つを用いた)．$z_0 \in U$ であるから，$U = \Omega$ であることがわかるので，証明が完結する． ∎

上の定理から直ちに次が得られる．

系 4.9 f と g は領域 Ω 上で正則で，Ω 内の空でないある開部分集合の (あるいは，より一般に，Ω 内に極限点をもつ互いに異なる点の列の) すべての点 z に対して $f(z) = g(z)$ とする．このとき，Ω 全体で $f(z) = g(z)$ が成り立つ．

$\Omega \subset \Omega'$ をみたすそれぞれの領域 Ω と Ω' 上の解析関数 f と F の組が与えられているとする．これらの二つの関数が小さい方の領域 Ω で一致するならば，F は f の Ω' への**解析接続**と呼ぶ．系は，F が f によって一意的に定まるので，解析接続は存在してもただ一つしか存在しないことを保証している．

5. さらに進んだ応用

本節では，これまでに証明した事実から得られるさまざまな結果を集めてみた．

5.1 モレラの定理

これまでに証明されたことから直ちに得られるのはコーシーの定理の逆である．

定理 5.1 f は開円板 D 上の連続関数で，D に含まれる任意の三角形に対して，
$$\int_T f(z)dz = 0$$
が成り立つならば，f は正則である．

証明 定理 2.1 の証明により，f は D 内に原始関数 F をもち，$F' = f$ である．系 4.2 により，F は無限回 (したがって 2 回) 複素微分可能であるから，f は正則である． ∎

5.2 正則関数列

定理 5.2 $\{f_n\}_{n=1}^{\infty}$ は正則関数列で，Ω の任意のコンパクト部分集合上で関数 f に一様収束するならば，f は Ω で正則である．

証明 D をその閉包が Ω に含まれる任意の円板とし，T をその円板内の任意の三角形とする．各 f_n は正則であるから，グルサの定理により
$$\int_T f_n(z)dz = 0$$

がすべての n で成り立つ．D の閉包において一様に $f_n \to f$ が成り立つから，f は連続であり，
$$\int_T f_n(z)dz \to \int_T f(z)dz$$
である．それにより $\int_T f(z)dz = 0$ であることが従うので，モレラの定理により f は D で正則であることがわかる．このことは閉包が Ω に含まれるすべての円板 D で成り立つから，f は Ω 全体で正則である． ∎

これは著しい性質であり，実変数の場合には明らかに正しくない．すなわち，連続微分可能関数の一様収束極限は微分可能とは限らない．たとえば，よく知られているように，ワイエルシュトラスの定理（第 I 巻第 5 章を見よ）により，$[0,1]$ 上のすべての連続関数は多項式で一様に近似されるが，すべての連続関数が微分可能であるわけではない．

さらにもう一歩進んで，導関数列の収束定理を導くことができる．f が収束半径 R のベキ級数ならば，f' は f を与える級数の項別微分によって与えられ，f' は同じ収束半径 R をもつことを思い出そう（第 1 章の定理 2.6 を見よ）．とくに，この事実により，S_n が f の部分和ならば，f の収束円内の任意のコンパクト部分集合上で S_n' は f' に一様収束することが従う．この事実を一般化すると次の定理を得る．

定理 5.3 前定理と同じ仮定のもとに，導関数列 $\{f_n'\}_{n=1}^\infty$ は，Ω の任意のコンパクト部分集合上で f' に一様収束する．

証明 定理の関数列は Ω 全体で一様収束すると仮定しても，一般性を失わない．与えられた $\delta > 0$ に対して，Ω_δ を
$$\Omega_\delta = \{z \in \Omega \ : \ \overline{D_\delta(z)} \subset \Omega\}$$
で定義される Ω の部分集合とする．別の言い方をすると，Ω_δ は境界からの距離が δ よりも大きい点の全体である．定理を証明するためには，各 δ に対して，$\{f_n'\}$ が f' に Ω_δ 上で一様収束することを示せば十分である．F が Ω で正則であるとき，不等式

(13) $$\sup_{z \in \Omega_\delta} |F'(z)| \leq \frac{1}{\delta} \sup_{\zeta \in \Omega} |F(\zeta)|$$

が成り立つことを証明すれば,$F = f_n - f$ に適用することによって,定理が証明される.(13) はコーシーの積分公式により直ちに従う.実際,すべての $z \in \Omega_\delta$ に対して,$D_\delta(z)$ の閉包は Ω に含まれているので,

$$F'(z) = \frac{1}{2\pi i} \int_{C_\delta(z)} \frac{F(\zeta)}{(\zeta-z)^2} d\zeta$$

である.ゆえに,

$$\begin{aligned} |F'(z)| &\leq \frac{1}{2\pi} \int_{C_\delta(z)} \frac{|F(\zeta)|}{|\zeta-z|^2} |d\zeta| \\ &\leq \frac{1}{2\pi} \sup_{\zeta \in \Omega}|F(\zeta)| \frac{1}{\delta^2} 2\pi\delta \\ &\leq \frac{1}{\delta} \sup_{\zeta \in \Omega}|F(\zeta)| \end{aligned}$$

となって,求める不等式が示される. ∎

もちろん,1階導関数は何か特別なものというわけではない.実際,定理5.3の仮定のもとでは,(同様の議論により) すべての k に対して,k 階導関数列 $\{f_n^{(k)}\}_{n=1}^\infty$ が Ω のすべてのコンパクト部分集合上で f に一様収束することを導ける.

実際には,(所定の性質をもつ) 正則関数を級数

(14) $$F(z) = \sum_{n=1}^\infty f_n(z)$$

で構成するのに,定理5.2 はしばしば用いられる.実際,各 f_n が複素数平面の与えられた領域 Ω で正則で,その級数が Ω のコンパクト部分集合上で一様収束すれば,定理5.2 により,F も Ω で正則である.たとえば,さまざまな特殊関数は (14) のような級数の形に表現されることが多い.第6章で考察するリーマンのゼータ関数はその特別な例である.

さて,このアイデアの変形である積分で定義される関数へと話題を転じよう.

5.3 積分によって定義される正則関数

本書で後に見るように,数多くの特殊関数が次のような積分

$$f(z) = \int_a^b F(z,s) ds,$$

あるいは,このような積分の極限として定義される.ここに,F は,第1変数について正則で,第2変数について連続である.この積分は有界区間 $[a, b]$ 上のリー

マン積分の意味にとる．このとき，問題は f が正則であることを証明することである．

次の定理では，F について実際上しばしば成立する十分条件を課すことにより，f が正則であることが容易に従う．

定理 5.4 $F(z, s)$ は $(z, s) \in \Omega \times [0, 1]$ の関数で，Ω は $\mathbb{C}$ の開集合とする．F は次の性質をみたすことを仮定しよう．
 (i) $F(z, s)$ は各 s を固定するごとに z について正則である．
 (ii) F は $\Omega \times [0, 1]$ 上で連続である．
このとき，
$$f(z) = \int_0^1 F(z, s)ds$$
によって定義される Ω 上の関数 f は正則である．

第二の条件は，両方の変数を合わせた多変数関数として連続であることをいっている．

この結果を証明するためには，f が Ω に含まれる任意の円板 D 上で正則であることを示せば十分であり，モレラの定理により，D に含まれる任意の三角形 T に対して，
$$\int_T \int_0^1 F(z, s)ds\,dz = 0$$
が成り立つことを示せばよい．これは，積分の順序を交換して，性質 (i) を用いれば示される．しかし，別の議論をすることにより，積分の順序交換の正当化の問題から逃れることができる．そのアイデアとは，積分をリーマン和の「一様な」極限と解釈して，前節の結果を適用することである．

証明 各 $n \geq 1$ に対して，リーマン和
$$f_n(z) = \frac{1}{n} \sum_{k=1}^n F\left(z, \frac{k}{n}\right)$$
を考えよう．性質 (i) により f_n は Ω 全体で正則である．閉包が Ω に含まれる任意の円板 D 上で，関数列 $\{f_n\}_{n=1}^\infty$ は f に一様収束することを主張したい．これを見るために，コンパクト集合上の連続関数は一様連続であることを思い出そう．これにより，任意の $\varepsilon > 0$ に対して，ある $\delta > 0$ が存在して，$|s_1 - s_2| < \delta$ ならば，

$$\sup_{z\in D}|F(z,s_1)-F(z,s_2)|<\varepsilon$$

が成り立つ．よって，$n>1/\delta$ で $z\in D$ ならば，

$$\begin{aligned}|f_n(z)-f(z)|&=\left|\sum_{k=1}^n\int_{(k-1)/n}^{k/n}\left\{F\left(z,\frac{k}{n}\right)-F(z,s)\right\}ds\right|\\&\leq\sum_{k=1}^n\int_{(k-1)/n}^{k/n}\left|F\left(z,\frac{k}{n}\right)-F(z,s)\right|ds\\&<\sum_{k=1}^n\frac{\varepsilon}{n}\\&=\varepsilon\end{aligned}$$

が導かれる．これで主張が証明され，定理 5.2 により，f は D 上で正則であることが示される．それにより，示すべき f の Ω での正則性が従う． ∎

5.4 シュヴァルツの鏡像原理

実解析では，関数を与えられた集合からより大きい集合へと拡張したいさまざまな状況が存在する．連続関数，あるいは，さらに一般のさまざまな滑らかさをもつ関数を拡張するいくつかの手法が知られている．もちろん，拡張に対する条件を課すほど拡張の手法は難しくなる．

正則関数の場合には状況はかなり異なっている．これらの関数は定義域において無限回連続微分可能であるのみならず，特質上の確固たる性質をもっていて，型にはめることは難しい．たとえば，円板上の正則関数で，円板の閉包上で連続であるが，その円板よりも大きいいかなる領域へも解析接続できないものが存在する (この現象は問題 1 で論ずる)．また，すでに見たように，正則関数は小さい開集合 (あるいは，たとえば長さが零でない線分) 上で消えていれば，恒等的に零でなくてはならない．

本章で発展させてきた理論は，正則関数の単純な拡張であって応用上有用なものを与えることになる．これはシュヴァルツの鏡像原理と呼ばれる．証明は二つの部分からなる．第 1 段で拡張の仕方を定義して，第 2 段でそれにより得られる関数が正則であることを確かめる．第 2 段から始めよう．

Ω を $\mathbb{C}$ の開部分集合で，実軸に関して対称である，すなわち，

$$z\in\Omega\iff\bar{z}\in\Omega$$

であるとする. Ω^+ は Ω の上半平面内の部分, Ω^- は Ω の下半平面内の部分を表すものとする.

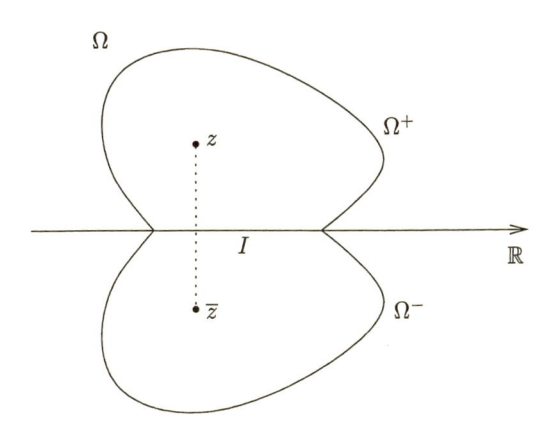

図 11 実軸をまたぐ対称な開集合.

同様に $I = \Omega \cap \mathbb{R}$ とし, I は Ω の内部で Ω^+ と Ω^- の境界の実軸上の部分を表すことにする. よって,

$$\Omega^+ \cup I \cup \Omega^- = \Omega$$

である. 次の定理において興味深い場合は, I が空でない場合にのみ起こる.

定理 5.5（対称原理） f^+ と f^- はそれぞれ Ω^+ 上と Ω^- 上の正則関数で, I 上に連続関数として拡張され, すべての $x \in I$ に対して,

$$f^+(x) = f^-(x)$$

が成り立つならば,

$$f(z) = \begin{cases} f^+(z), & z \in \Omega^+, \\ f^+(z) = f^-(z), & z \in I, \\ f^-(z), & z \in \Omega^- \end{cases}$$

によって定義される Ω 上の関数 f は Ω 全体で正則である.

証明 まず, f は Ω 全体で連続であることに注意しよう. 唯一の困難は f が I の点で正則であることを証明することである. D を I の点を中心とする円板で Ω に含まれるものとしよう. モレラの定理を使って f が D で正則であることを証明する. T を D 内の三角形としよう. T が I と交わらないならば, f は上半

平面および下半平面で正則であるから，
$$\int_T f(z)dz = 0$$
である．ここで，T の一つの辺または一つの頂点は I に含まれていて，T の残り

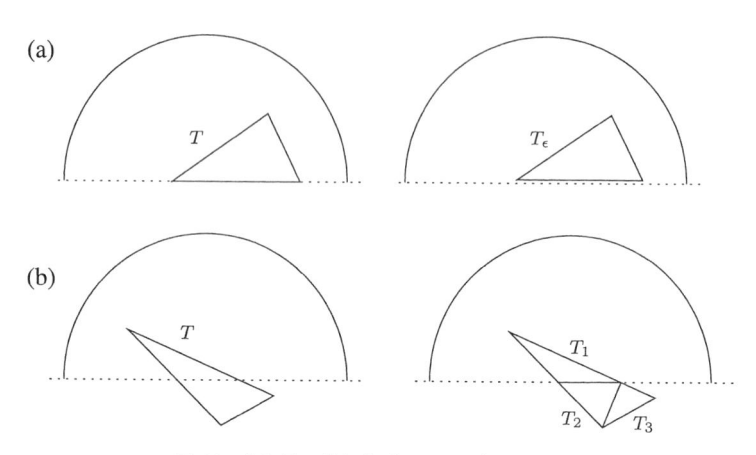

図 12　(a) 辺の持ち上げ，(b) 三角形の分割．

の部分は上半平面か下半平面のどちらか一方のみに，たとえば，上半平面に含まれていると仮定しよう．T_ε は T の I に含まれている辺または頂点を少し持ち上げて得られる三角形ならば，T_ε は完全に上半平面内に含まれる (辺が I に含まれる場合の説明が図 12(a) に与えられている) ので，$\int_{T_\varepsilon} f(z)dz = 0$ である．$\varepsilon \to 0$ とすると，連続性により，
$$\int_T f(z)dz = 0$$
が得られる．

T の内部が I と交わるならば，図 12(b) のように T を，辺または頂点が I に含まれる三角形の和で表すことによって，一つ前の状況に帰着させることができる．よって，モレラの定理により，f は D で正則であることが従う．■

さて，上で用いた記号のもとに，拡張原理を述べることができる．

定理 5.6（シュヴァルツの鏡像原理）　f は Ω^+ 上の正則関数で，I 上に連続拡張され，I 上では実数値であることを仮定する．このとき，Ω 全体で定義された正則関数 F が存在して，Ω^+ 上で $F = f$ をみたす．

証明 証明のアイデアは，単純に $F(z)$ $(z \in \Omega^-)$ を
$$F(z) = \overline{f(\bar{z})}$$
とおくことである．F が Ω^- で正則であることを証明するために，$z, z_0 \in \Omega^-$ ならば $\bar{z}, \bar{z}_0 \in \Omega^+$ であることに注意して，f の $\bar{z}_0$ の近傍のベキ級数展開
$$f(\bar{z}) = \sum a_n (\bar{z} - \bar{z}_0)^n$$
が与えられる．これにより，
$$F(z) = \sum \overline{a_n}(z - z_0)^n$$
となって，F は Ω^- で正則であることが従う．f は I 上で実数値であるから，$x \in I$ のとき $\overline{f(x)} = f(x)$ である．よって，F は I 上に連続拡張される．対称原理により証明が完結する． ∎

5.5 ルンゲの近似定理

ワイエルシュトラスの近似定理[4]により，コンパクトな区間上の任意の連続関数は多項式で一様に近似できることが知られている．この結果を念頭において，複素解析学における類似の近似定理を考えることができる．より正確には，次の問題を考えよう．コンパクト集合 $K \subset \mathbb{C}$ の近傍で定義された任意の正則関数が，K 上の多項式で一様に近似されるためには，K にどのような条件を課せばよいか？

この例はベキ級数展開によって与えられる．f が円板 D 上の正則関数ならば，f はすべてのコンパクト集合 $K \subset D$ 上で一様収束するベキ級数 $f(z) = \sum\limits_{n=0}^{\infty} a_n z^n$ に展開されるということを思い起こそう．このベキ級数の部分和をとると，f は D 内の任意のコンパクト部分集合上で多項式によって一様に近似されるという結論が得られる．

しかし，単位円周 $K = C$ 上の関数 $f(z) = 1/z$ を考えると，一般には K にいくつかの条件を課さなくてはならないことがわかる．実際，$\int_C f(z)dz = 2\pi i$ であることを思い起こすと，p が任意の多項式ならば，コーシーの定理により，$\int_C p(z)dz = 0$ であるから，これは直ちに多項式近似ができるための反例になる．

近似ができるための K に対する制約は，補集合の位相と関連がある．すなわち，K^c は連結でなくてはならない．実際，上の $f(z) = 1/z$ の例に若干の修正を

---

[4] 証明は第 I 巻第 5 章の 1.8 節にある．

施すことにより，K に対するこの条件が必要であることが証明される．問題 4 を見よ．

逆に，K^c が連結であるとき一様近似ができる．この結果は，任意の K に対して，K の補集合に「特異点」をもつ<u>有理関数</u>による一様近似が存在することを主張するルンゲの定理から従う[5]．この結果は，f が K の近傍のみで定義されていても，有理関数は大域的に定義されるという点において特筆すべきである．特に，f は K の連結成分ごとに独立して定義されうるので，定理の主張を一層際立たせている．

定理 5.7 コンパクト集合 K の近傍で正則な任意の関数は，特異点が K^c に含まれる有理関数によって，K 上で一様に近似される．

K^c が連結ならば，K の近傍の任意の正則関数は，多項式によって K 上で一様に近似される．

定理の 2 番目の部分がどのようにして 1 番目の部分から従うのかを見よう．K^c が連結のとき，特異点を無限遠へ「押しやる」ことができて，有理関数を多項式に変換できる．

定理の証明の鍵は，コーシーの積分公式を正方形に適用して簡単に得られる積分表現公式である．

補題 5.8 f は開集合 Ω で正則であり，$K \subset \Omega$ はコンパクトであるとする．このとき，$\Omega - K$ 内の有限個の線分 $\gamma_1, \cdots, \gamma_N$ が存在して，

$$(15) \quad f(z) = \sum_{n=1}^{N} \frac{1}{2\pi i} \int_{\gamma_n} \frac{f(\zeta)}{\zeta - z} d\zeta$$

が，すべての $z \in K$ で成り立つ．

証明 $d = c \cdot d(K, \Omega^c)$，$c$ は $0 < c < 1/\sqrt{2}$ をみたす定数とする．座標軸に平行で長さが d である辺からなる (内部も含めた) 正方形群からなる格子を考えよう．

$\mathcal{Q} = \{Q_1, \cdots, Q_M\}$ をこの格子の K と交わる有限個の正方形の集まりで，各正方形の境界には正の向きが与えられているものとする (正方形 Q_m の境界を

---

[5] ここでいう特異点とは関数が正則ではない点のことであり，次章で定義される「極」となる．

∂Q_m と表すことにする). $\gamma_1, \cdots, \gamma_N$ を $\mathcal{Q}$ に属する正方形の辺で, 二つの隣接した $\mathcal{Q}$ の正方形には属さないものとする (図 13 を見よ). d の選び方により, 各 n に対して, $\gamma_n \subset \Omega$ である. また, γ_n は K と交わらない. なぜなら, もし交わるのであれば, その辺は, 二つの隣接した $\mathcal{Q}$ の正方形に属することになるので, γ_n の取り方に矛盾するからである.

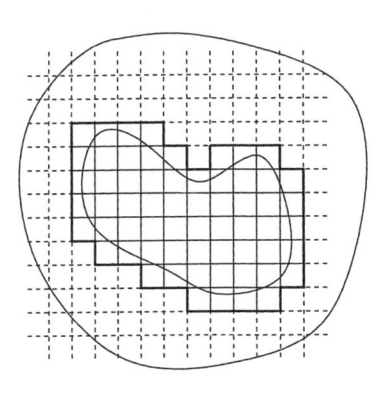

図 13　γ_n の合併は太線.

$\mathcal{Q}$ に属する正方形の境界上ではない任意の $z \in K$ に対して, ある j が存在して $z \in Q_j$ であるから, コーシーの定理により

$$\frac{1}{2\pi i} \int_{\partial Q_m} \frac{f(\zeta)}{\zeta - z} d\zeta = \begin{cases} f(z), & m = j, \\ 0, & m \neq j \end{cases}$$

である. よって, すべてのそのような $z \in K$ に対して

$$f(z) = \sum_{m=1}^{M} \frac{1}{2\pi i} \int_{\partial Q_m} \frac{f(\zeta)}{\zeta - z} d\zeta$$

である. Q_m と $Q_{m'}$ が隣接するならば, 共有する辺上の積分は各方向に一度ずつとられるので, これらは相殺する. これにより, z が K の点であって $\mathcal{Q}$ の正方形の境界上にないとき, (15) が証明される. $\gamma_n \in K^c$ であるから, 連続性により, すべての $z \in K$ に対してこの関係式は引き続き成立する. これが示すべきことであった. ∎

定理 5.7 の第一の部分は次の補題から従う.

補題 5.9 $\Omega - K$ に完全に含まれている任意の線分 γ に対して, γ に特異点

をもつ有理関数列で, K 上で積分 $\int_\gamma f(\zeta)/(\zeta-z)d\zeta$ を一様に近似するものがとれる．

証明 $\gamma(t):[0,1]\to\mathbb{C}$ が γ のパラメータ付けならば，
$$\int_\gamma \frac{f(\zeta)}{\zeta-z}d\zeta = \int_0^1 \frac{f(\gamma(t))}{\gamma(t)-z}\gamma'(t)dt$$
である．γ は K と交わらないので，最後の積分の被積分関数 $F(z,t)$ は，$K\times[0,1]$ 上の多変数関数として連続である．$K\times[0,1]$ はコンパクトであるから，任意の $\varepsilon>0$ に対して，ある $\delta>0$ が存在して，$|t_1-t_2|<\delta$ のとき
$$\sup_{z\in K}|F(z,t_1)-F(z,t_2)|<\varepsilon$$
が成り立つ．定理 5.4 の証明と同様にして，積分 $\int_0^1 F(z,t)dt$ は，リーマン和によって K 上で一様に近似される．各リーマン和は γ に特異点をもつ有理関数であるから，補題が証明されたことになる． ∎

最後に，極を無限遠へと押しやる過程が，K^c が連結であるという事実を使って達成される．唯一の特異点が z_0 である任意の有理関数は，$1/(z-z_0)$ の多項式であるから，次の補題を証明すれば定理 5.7 の証明が完結する．

補題 5.10 K^c が連結で $z_0\notin K$ ならば，$1/(z-z_0)$ は K 上で多項式により一様に近似される．

証明 まず最初に，K を含む原点中心の大きい円板 D の外に点 z_1 をとる．このとき，
$$\frac{1}{z-z_1} = -\frac{1}{z_1}\frac{1}{1-z/z_1} = \sum_{n=0}^\infty -\frac{z^n}{z_1^{n+1}}$$
であり，この級数は $z\in K$ に対して一様収束する．この級数の部分和は多項式であり，$1/(z-z_1)$ を K 上で一様に近似する．特に，任意のベキ $1/(z-z_1)^k$ も多項式によって K 上で一様に近似できることがわかる．

さて，$1/(z-z_0)$ が，$1/(z-z_1)$ の多項式によって，K 上で一様に近似できることを証明すれば十分である．そのために，K^c が連結なので K^c 内で z_0 から z_1 へ動くことができるという事実を用いる．γ を K^c 内の曲線で，$\gamma(t)$ によって $[0,1]$ 上でパラメータ付けられていて，$\gamma(0)=z_0,\gamma(1)=z_1$ をみたすものと

する．$\rho = d(K, \gamma)/2$ とおくと，γ と K がコンパクトであるから $\rho > 0$ である．そこで，γ 上の点列 $\{w_0, w_1, \cdots, w_\ell\}$ を，$w_0 = z_0, w_\ell = z_1, |w_{j-1} - w_j| < \rho$ ($j = 1, \cdots, \ell$) をみたすようにとる．

w が γ 上の点で，w' が $|w - w'| < \rho$ をみたす w と異なる点ならば，$1/(z - w)$ は K 上で $1/(z - w')$ の多項式によって一様に近似されることを主張したい．これを確かめるために，

$$\frac{1}{z-w} = \frac{1}{z-w'} \frac{1}{1 - \dfrac{w-w'}{z-w'}}$$

$$= \sum_{n=0}^{\infty} \frac{(w-w')^n}{(z-w')^{n+1}}$$

に注意しよう．この和は $z \in K$ に対して一様収束するので，部分和をとることにより主張が成立する．

この結果を，有限列 $\{w_j\}$ を通じて，z_0 から z_1 へ移動することにより，$1/(z - z_0)$ が $1/(z - z_1)$ の多項式によって K 上で一様に近似できることになる．これにより補題が証明され，さらに定理 5.7 の証明が完了したことになる． ∎

6. 練習

1. 次の等式

$$\int_0^\infty \sin(x^2) dx = \int_0^\infty \cos(x^2) dx = \frac{\sqrt{2\pi}}{4}$$

を示せ．これらの積分は**フレネル積分**と呼ばれる．ここで，積分 $\displaystyle\int_0^\infty$ は $\displaystyle\lim_{R\to\infty} \int_0^R$ の意味にとる．[ヒント：関数 e^{-z^2} を図 14 の積分路上で積分せよ．$\displaystyle\int_{-\infty}^\infty e^{-x^2} dx = \sqrt{\pi}$ を

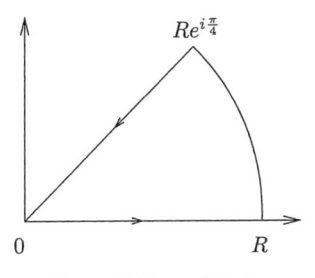

図 14 練習 1 の積分路．

思い起こせ．]

2. 次の等式
$$\int_0^\infty \frac{\sin x}{x}dx = \frac{\pi}{2}$$
を示せ．
[ヒント：上の積分は $\frac{1}{2i}\int_{-\infty}^\infty \frac{e^{ix}-1}{x}dx$ に等しい．積分路として原点で凹んでいる半円を用いよ．]

3. 二つの積分
$$\int_0^\infty e^{-ax}\cos bx\, dx, \quad \int_0^\infty e^{-ax}\sin bx\, dx, \quad a > 0$$
の価を求めるために，e^{-Az} ($A = \sqrt{a^2+b^2}$) を，角度 $\omega, \cos\omega = a/A$ の適当な扇形上で積分せよ．

4. すべての $\xi \in \mathbb{C}$ に対して，
$$e^{-\pi\xi^2} = \int_{-\infty}^\infty e^{-\pi x^2}e^{2\pi ix\xi}dx$$
となることを示せ．

5. f を Ω 上の複素微分可能で導関数が連続な関数とし，$T \subset \Omega$ は内部も Ω に含まれる三角形であるとする．グリーンの定理を用いて
$$\int_T f(z)dz = 0$$
を示せ．これは f' の連続性を余分に仮定したときのグルサの定理の別証明を与える．
[ヒント：グリーンの定理によれば，(F, G) が連続微分可能なベクトル場ならば，
$$\int_T Fdx + Gdy = \int_{T \text{の内部}} \left(\frac{\partial G}{\partial x} - \frac{\partial F}{\partial y}\right)dx\,dy$$
が成り立つ．適当な F と G に対して，コーシー–リーマンの方程式を用いることができる．]

6. Ω を $\mathbb{C}$ の開集合，$T \subset \Omega$ は内部も Ω に含まれる三角形であるとしよう．f は T の内部の点 w を除いて Ω で正則とする．f が w の近傍で有界ならば，
$$\int_T f(z)dz = 0$$
が成り立つことを証明せよ．

7. $f: \mathbb{D} \to \mathbb{C}$ は正則であるとする．f の像の直径 $d = \sup_{z,w\in\mathbb{D}}|f(z) - f(w)|$ は，

$$2|f'(0)| \leq d$$

をみたすことを示せ．さらに，等号は f が 1 次関数 $f(z) = a_0 + a_1 z$ のときに成り立つことを示せ．

注意 この結果と関連して，第 I 巻第 4 章の問題 1 に述べた曲線の直径とフーリエ級数の関係を見よ．

[ヒント：$0 < r < 1$ のとき，$2f'(0) = \dfrac{1}{2\pi i}\displaystyle\int_{|\zeta|=r}\dfrac{f(\zeta)-f(-\zeta)}{\zeta^2}d\zeta$ である．]

8. f は帯状領域 $\{x+iy \mid x \in \mathbb{R},\ -1 < y < 1\}$ で正則で，ある実数 η が存在して，帯状領域のすべての z に対して

$$|f(z)| \leq A(1+|z|)^\eta$$

をみたすならば，各整数 $n \geq 0$ に対して，ある $A_n \geq 0$ が存在して，すべての $x \in \mathbb{R}$ に対して，

$$|f^{(n)}(x)| \leq A_n(1+|x|)^\eta$$

が成り立つことを示せ．
[ヒント：コーシーの不等式を用いよ．]

9. Ω は $\mathbb{C}$ の有界な開部分集合で，$\varphi: \Omega \to \Omega$ は正則関数であるとする．ある点 $z_0 \in \Omega$ が存在して，

$$\varphi(z_0) = z_0, \qquad \varphi'(z_0) = 1$$

ならば，φ は 1 次式であることを証明せよ．
[ヒント：$z_0 = 0$ としてよい．0 の近傍で $\varphi(z) = z + a_n z^n + O(z^{n+1})$ と書いて，$\varphi_k = \varphi \circ \cdots \circ \varphi$（$\varphi$ の k 個の合成）とおくと，$\varphi_k(z) = z + ka_n z^n + O(z^{n+1})$ であることを示せ．コーシーの不等式を適用し $k \to \infty$ とすれば，結論が得られる．ここで，記号 O は標準的な意味で用いている．すなわち $z \to 0$ のとき $f(z) = O(g(z))$ であるとは，ある定数 C が存在して，$|z| \to 0$ のとき $|f(z)| \leq C|g(z)|$ であると定義する．]

10. ワイエルシュトラスの定理によると，$[0, 1]$ 上の連続関数は多項式で一様に近似される．閉円板上のすべての連続関数は変数 z の多項式で一様に近似できるか？

11. f は原点中心の半径 R_0 の円板 D_{R_0} 上で正則であるとする．
(a) $0 < R < R_0$ で $|z| < R$ のとき，

$$f(z) = \frac{1}{2\pi}\int_0^{2\pi} f(Re^{i\varphi})\,\mathrm{Re}\left(\frac{Re^{i\varphi}+z}{Re^{i\varphi}-z}\right)d\varphi$$

であることを示せ.

(b) 次の等式

$$\mathrm{Re}\left(\frac{Re^{i\gamma}+r}{Re^{i\gamma}-r}\right) = \frac{R^2-r^2}{R^2-2Rr\cos\gamma+r^2}$$

を示せ.

[ヒント：最初の部分に対しては, $w = R^2/\bar{z}$ ならば, $f(\zeta)/(\zeta-w)$ の原点を中心とする半径 R の円周上の積分は零であることに注意せよ．このことを通常のコーシーの積分公式と併せて用いると，求める等式が得られる．]

12. u は単位円板 $\mathbb{D}$ 上で定義された実数値関数とする．u は 2 回連続微分可能で調和である，すなわち，すべての $(x,y) \in \mathbb{D}$ に対して

$$\triangle u(x,y) = 0$$

と仮定する．

(a) 単位円板上の正則関数 f が存在して，

$$\mathrm{Re}(f) = u$$

であることを証明せよ．また，f の虚部は (実) 定数の差を除いて一意に定まることを示せ．

[ヒント：前章により，$f'(z) = 2\partial u/\partial z$ となることが得られる．よって，$g(z) = 2\partial u/\partial z$ とおいて，g が正則であることを示せ．$F' = g$ をみたす F を見つければよい．$\mathrm{Re}(F)$ と u の差は実定数であることを証明せよ．]

(b) (a) の結果と練習 11 の結果を用いて，コーシーの積分公式からポアソン積分の表現公式を導け．u が単位円板で正則で閉包で連続ならば，$z = re^{i\theta}$ とおいて，

$$u(z) = \frac{1}{2\pi}\int_0^{2\pi} P_r(\theta-\varphi)u(\varphi)d\varphi$$

を示せ．ここに，$P_r(\gamma)$ は単位円板に対するポアソン核で，

$$P_r(\gamma) = \frac{1-r^2}{1-2r\cos\gamma+r^2}$$

で与えられる．

13. f は $\mathbb{C}$ のいたるところで定義された解析関数で，各 $z_0 \in \mathbb{C}$ に対して，テイラー展開

$$f(z) = \sum_{n=0}^{\infty} c_n(z-z_0)^n$$

の少なくとも一つの係数は 0 であるとする．f は多項式であることを示せ．

[ヒント：$c_n n! = f^{(n)}(z_0)$ であることに注意して，可算性の議論を用いよ．]

14. f は閉単位円板を含んでいる開集合上で単位円周上の 1 点 z_0 を除いて正則であると仮定する．f の開単位円板におけるベキ級数展開を

$$\sum_{n=0}^{\infty} a_n z^n$$

とすると，

$$\lim_{n \to \infty} \frac{a_n}{a_{n+1}} = z_0$$

が成り立つことを示せ．

15. f は $\overline{\mathbb{D}}$ 上の零点をもたない連続関数で，$\mathbb{D}$ 上で正則であると仮定する．$|z| = 1$ のとき $|f(z)| = 1$ ならば，f は定数であることを証明せよ．
[ヒント：$|z| > 1$ のとき $f(z) = 1/\overline{f(1/\bar{z})}$ によって f を $\mathbb{C}$ 上に拡張し，シュヴァルツ鏡像原理と同様の議論をせよ．]

7. 問題

1. 単位円板上の正則関数で単位円板の外には正則関数として拡張できないものの例がいくつかある．話を正確に述べるために，以下の定義が必要になる．f を単位円板 $\mathbb{D}$ と境界 C で定義された関数とする．C 上の点 w が f に対して正則であるとは，w の開近傍 U と U 上の解析関数 g が存在して，$\mathbb{D} \cap U$ で $f = g$ となることと定義する．f が $\mathbb{D}$ を超えて解析的に延長できないとは，f に対して正則な C の点が存在しないことと定義する．

(a) $|z| < 1$ に対して，

$$f(z) = \sum_{n=0}^{\infty} z^{2^n}$$

とする．上の級数の収束半径は 1 であることに注意しよう．f は単位円板を超えて解析的に延長できないことを示せ．
[ヒント：p と k は正の整数で，$\theta = 2\pi p/2^k$ と仮定する．$z = re^{i\theta}$ とすると，$r \to 1$ のとき，$|f(re^{i\theta})| \to \infty$ である．]

(b)* $0 < \alpha < \infty$ を固定する．$|z| < 1$ に対して

$$f(z) = \sum_{n=0}^{\infty} 2^{-n\alpha} z^{2^n}$$

によって定義される関数 f は，単位円周上まで連続関数として拡張されるが，単位円板を超えて解析的に延長できないことを示せ．
[ヒント：いたるところ微分可能でない関数が背景に潜んでいる．第 I 巻第 4 章を見よ．]

2.[*] $|z| < 1$ に対して，
$$F(z) = \sum_{n=1}^{\infty} d(n) z^n$$
とする．ここに，$d(n)$ は n の約数の数とする．この級数の収束半径が 1 であることを見よう．まず，等式
$$\sum_{n=1}^{\infty} d(n) z^n = \sum_{n=1}^{\infty} \frac{z^n}{1 - z^n}$$
が成り立つことを確かめよ．この等式を用いて，$z = r, 0 < r < 1$ ならば，$r \to 1$ のとき，
$$|F(r)| \geq c \frac{1}{1-r} \log\left(\frac{1}{1-r}\right)$$
となることを示せ．同様に，p と q が正の整数で $\theta = 2\pi p/q$ で，$z = re^{i\theta}$ ならば，$r \to 1$ のとき，
$$|F(re^{i\theta})| \geq c_{p/q} \frac{1}{1-r} \log\left(\frac{1}{1-r}\right)$$
となる．最後に F は単位円板を超えて解析的に延長できないことを示せ．

3. モレラの定理によると，f が $\mathbb{C}$ で連続で，任意の三角形 T に対して $\int_T f(z)dz = 0$ ならば，f は $\mathbb{C}$ で正則である．三角形を他の集合に置き換えても同じことが成り立つか，という自然な疑問が生ずる．

(a) f が $\mathbb{C}$ で連続で，すべての円 C に対して

(16)
$$\int_C f(z) dz = 0$$

が成り立つとする．f は正則であることを証明せよ．

(b) より一般に，Γ を任意のトイ積分路とし，$\mathcal{F}$ を Γ のすべての平行移動と伸張とする．f が $\mathbb{C}$ で連続で，すべての $\gamma \in \mathcal{F}$ に対して
$$\int_\gamma f(z) dz = 0$$
ならば，f は正則であることを示せ．特に，モレラの定理は，すべての正三角形 T に対して $\int_T f(z) dz = 0$ である，というより弱い条件のもとで成り立つ．

[ヒント：第1段として，f は実変数の意味で 2 回微分可能とし，z_0 の近くの z に対して
$$f(z) = f(z_0) + a(z - z_0) + b(\overline{z - z_0}) + O(|z - z_0|^2)$$
と書くことにする．この展開式を z_0 のまわりの小さい円上で積分すると，$z = z_0$ で $\partial f/\partial \bar{z} = b = 0$ を得る．あるいは，単に f は微分可能と仮定して，グリーンの定理を用いると，f の実部と虚部がコーシー–リーマンの方程式系をみたすことが導かれる．

一般に, $\varphi(w) = \varphi(x, y)$ $(w = x + iy)$ を滑らかな関数で, $0 \le \varphi(w) \le 1$ および $\int_{\mathbb{R}^2} \varphi(w) dV(w) = 1$ をみたすものとする. ここに, $dV(w) = dxdy$ で $\int$ は $\mathbb{R}^2$ に属する 2 変数の関数の通常の積分を表すものとする. 各 $\varepsilon > 0$ に対して, $\varphi_\varepsilon(z) = \varepsilon^{-2} \varphi(z/\varepsilon)$ とし,
$$f_\varepsilon(z) = \int_{\mathbb{R}^2} f(z-w) \varphi_\varepsilon(w) dV(w)$$
とおく. ここで, 積分は, $dV(w)$ を $\mathbb{R}^2$ における面積要素とする通常の 2 変数関数の積分を表す. このとき, f_ε は滑らかで, 条件 (16) をみたし, $\mathbb{C}$ の任意のコンパクト部分集合上で一様に $f_\varepsilon \to f$ が成り立つ.

4. ルンゲの定理の逆を証明せよ. すなわち, K がその補集合が連結でないコンパクト集合ならば, K の近傍における正則関数で, K 上で多項式によって一様に近似できないものが存在する.

[ヒント: K^c の有界な連結成分の点 z_0 をとり, $f(z) = 1/(z - z_0)$ とする. f が K 上で多項式によって一様に近似されるならば, 多項式 p が存在して $|(z - z_0)p(z) - 1| < 1$ となることを示せ. 最大 (絶対) 値原理 (第 3 章を見よ) を用いて, この不等式が z_0 を含む K^c の連結成分のすべての z に延長されることを示せ.]

5.* 整関数 F で次の「普遍な」性質をもつものが存在する. 与えられた任意の整関数 h に対して, 正の整数の増加列 $\{N_k\}_{k=1}^\infty$ が存在して, $\mathbb{C}$ の任意のコンパクト部分集合上で一様に
$$\lim_{n \to \infty} F(z + N_k) = h(z)$$
が成り立つ.

(a) $p_1, p_2, \cdots$ を, 係数の実部と虚部が有理数である多項式の全体を番号付けたものとする. 整関数 F と正整数の増加列 $\{M_n\}$ が存在して, $z \in D_n$ のとき

(17) $$|F(z) - p_n(z - M_n)| < \frac{1}{n}$$

が成り立てば十分であることを示せ. ここに, D_n は M_n を中心とする半径 n の円板である.

[ヒント: 与えられた整関数 h に対して, 整数列 $\{n_k\}$ が存在して, $\mathbb{C}$ のすべてのコンパクト部分集合上で一様に $\lim_{k \to \infty} p_{n_k}(z) = h(z)$ が成り立つ.]

(b) (17) をみたす F を無限級数
$$F(z) = \sum_{n=1}^\infty u_n(z)$$

として構成せよ．ここに，$u_n(z) = p_n(z - M_n)e^{-c_n(z-M_n)^2}$ で，$c_n > 0$ と $M_n > 0$ は $c_n \to 0$ と $M_n \to \infty$ をそれぞれみたすように選ぶ．
[ヒント：関数 e^{-z^2} は扇状領域 $\{|\arg z| < \pi/4 - \delta\}$ および $\{|\pi - \arg z| < \pi/4 - \delta\}$ で $|z| \to \infty$ のとき急減少する．]

同じ精神のもとに，次の性質をもつ代わりの「普遍な」整関数 G が存在する．与えられた任意の整関数 h に対して，正整数の増加列 $\{N_k\}_{k=1}^{\infty}$ が存在して，$\mathbb{C}$ のすべてのコンパクト部分集合上で一様に
$$\lim_{k \to \infty} D^{N_k} G(z) = h(z)$$
が成り立つ．ここに，$D^j G$ は G の j 階 (複素) 導関数である．

第3章　有理型関数と対数

　　　　　　　解析学の進展に大きく貢献してきた微分学は，微分係数，すなわち関数の導関数の考察の上に成り立っていることが知られている．変数 x が無限小 ε の増加をするものとするとき，この変数に関する関数 $f(x)$ は，一般に第1項が ε に比例した無限小の増加を受け，これに関する ε の有限の係数は微分係数と呼ばれるものであり……．$f(x)$ が無限となる x の値を考慮に入れるとき，これらの値の一つを x_1 で表し，これに無限小 ε を加え，それから $f(x_1+\varepsilon)$ を同じ増大度のベキに関して展開すれば，この展開の第1項は ε の負ベキを含む；それらのうちの一つはある有限の係数をもった $1/\varepsilon$ の積になり，その係数は関数 $f(x)$ の留数と呼ばれ，変数 x の特別な値 x_1 ごとに定まる．このような留数は，代数および無限小解析におけるいくつかの分野に自然に現れる．それらの考察は，単に用いられるだけの，または非常に多くのさまざまな問題に応用される，あるいは数学者にとって興味深いと思われる新しい公式を与える方法論をもたらす……．

　　　　　　　　　　　　　　　　　　　——A.L. コーシー，1826

　これは事実上リーマンの業績に含まれるのであるが，解析関数が本質的にその特異点により特徴づけられるということを述べた定理には，ある一般原理が内在している．すなわち，大域的に解析的な関数はそれらの零点により，有理型関数はそれらの零点および極により「事実上」決定されるという原理である．この主張が正確な定理の形では述べられない一方で，それにもかかわらずこの原理が成立する確かな例も存在する．

この章は，特異点，特に正則関数が持ち得る異なった種類の点特異点 (「孤立」特異点) の考察から始めよう．厳しさが増大する順に：

- 除去可能特異点
- 極
- 真性特異点

である．

除去可能特異点のところでは，関数は実際に正則関数として拡張される (それゆえこの名前がついている) ので，第一のタイプは無害である．第三のタイプの近くでは，関数は振動し，いかなるベキよりも早く増大するかもしれず，その挙動を完全に把握することは容易ではない．第二のタイプに対しては解析はより簡単で，以下で登場する留数解析と関連している．

コーシーの定理により，ある閉曲線 γ およびその内部を含む開集合上の正則関数 f は

$$\int_\gamma f(z)\,dz = 0$$

をみたすことを思い出してほしい．ここで，疑問が沸き起こる：f がその曲線の内部に極をもつならば，何が起こるであろうか？ この問題に答えるために，$f(z) = 1/z$ を例として考察し，C が (正の向きをもった) 0 を中心とする円周とするとき，

$$\int_C \frac{dz}{z} = 2\pi i$$

となることを思い出そう．実は，これが留数解析の鍵となる要素であることがわかる．

特異点をもつ正則関数を不定積分してみることにより，新しい見地が現れる．基本的な例 $f(z) = 1/z$ が示すように，その結果現れる「関数」(この場合は対数) は一価関数とはならない可能性があり，この現象を理解することは多くの問題において重要である．この多価性を利用することにより，事実上「偏角の原理」が導かれる．この原理を用いることにより，ある都合がよい曲線内における正則関数の零点の個数を計算することができる．この結果からの簡単な帰結として，正則関数のもつ重要な幾何学的性質が示される：正則関数は開写像である．これにより，最大値の原理や，正則関数の他の重要な特徴が簡単に導かれる．

対数それ自身に戻って，その多価性のもつ性質を正確に捕らえそれに正面から向き合うために，曲線のホモトピーと領域の単連結性の概念を導入しよう．後者の型の開集合において，対数の一価の枝が定義される．

1. 零点と極

定義によれば，関数 f の**点特異点**とは，複素数 z_0 であって，f が z_0 の近傍においては定義されるが z_0 では定義されないようなもののことである．そのような点のことを**孤立特異点**とも呼ぶことにする．たとえば，穴あき平面上でのみ $f(z) = z$ により定義された関数 f は，原点が点特異点である．もちろんこの場合には，事実 0 において f は $f(0) = 0$ と定義することができ，それにより拡張された関数は連続であり，実際には整関数となる (このような点は除去可能特異点と呼ばれる)．より興味深いのは，穴あき平面上で定義された関数 $g(z) = 1/z$ の場合である．今度は，g が点 0 において連続関数として，ましてや正則関数として定義されないのは明らかである．実際，$g(z)$ は z が 0 に近づくにつれて無限遠へと伸びていくので，原点は極であるという言い方をすることにしよう．最後に，穴あき平面上の関数 $h(z) = e^{1/z}$ の場合が示すように，除去可能特異点や極だけですべてを語りつくすことはできない．実際，関数 $h(z)$ は正の実軸上から z が 0 に向かうときには無限に増大するが，一方で負の実軸上から z が 0 に向かうときには 0 に近づく．最後に，z が原点に虚軸上で近づくときには，h は激しく振動するが有界には留まる．

しばしば，分数の分母が零になる場合に特異点が現れることから，正則関数の零点の局所的な考察から始めることにしよう．

複素数 z_0 が正則関数 f の**零点**であるとは，$f(z_0) = 0$ となることをいう．特に解析接続により，非自明な正則関数の零点は孤立していることがわかる．言い換えると，f が Ω で正則で，ある点 $z_0 \in \Omega$ で $f(z_0) = 0$ ならば，f が恒等的に零でない限りは，ある z_0 の近傍 U が存在して $z \in U - \{z_0\}$ に対して $f(z) \neq 0$ となる．正則関数の零点の近くでの局所的な表現から始めよう．

定理 1.1 f を連結開集合 Ω 上の正則関数とし，点 $z_0 \in \Omega$ に零点をもち，Ω 上恒等的には零でないものとする．このとき，z_0 の近傍 $U \subset \Omega$，零にはならない U 上の正則関数 g，およびただ一つに定まる正の整数 n が存在して

$$f(z) = (z-z_0)^n g(z), \qquad \text{すべての } z \in U \text{ に対して}$$

が成り立つ.

証明 Ω は連結であり f は恒等的には零でないので, f は z_0 の近傍で恒等的には零でないことがわかる. 中心を z_0 とする小さな円板において, 関数 f はベキ級数展開

$$f(z) = \sum_{k=0}^{\infty} a_k (z-z_0)^k$$

をもつ. f は z_0 の近くで恒等的には零でないから, $a_n \neq 0$ となる最小の整数 n が存在する. このとき

$$f(z) = (z-z_0)^n [a_n + a_{n+1}(z-z_0) + \cdots] = (z-z_0)^n g(z)$$

と書くことができ, ここで g を括弧の中の級数により定義すれば, それは正則であり, かつ ($a_n \neq 0$ ゆえ) z_0 に近い z に対しては零ではない. 整数 n の一意性を示すため, $h(z_0) \neq 0$ として

$$f(z) = (z-z_0)^n g(z) = (z-z_0)^m h(z)$$

とも書けると仮定する. もし $m > n$ ならば, $(z-z_0)^n$ で割ることにより

$$g(z) = (z-z_0)^{m-n} h(z)$$

となり, $z \to z_0$ とすれば $g(z_0) = 0$ となるので矛盾である. もし $m < n$ ならば, 同様の議論により $h(z_0) = 0$ となり, やはり矛盾である. 結論として $m = n$, したがって $h = g$ となり, 定理は証明された. ∎

上の定理の場合において, f は z_0 で**位数 n** (あるいは**重複度 n**) の零点をもつという. 零点が位数 1 であるときには, その零点は**単純**であるという. 定量的には, この位数は関数が零になる度合いを表していることが見てとれる.

前定理が重要であるのは, これを用いることにより関数 $1/f$ の z_0 における特異性の型が正確に表現されるからである.

この目的のために z_0 の**削除近傍**を定義しておくと便利であるが, これは z_0 を中心とする開円板から点 z_0 を除いたもの, すなわちある $r > 0$ により集合

$$\{z : 0 < |z-z_0| < r\}$$

として与えられる. このとき, z_0 の削除近傍で定義された関数 f が z_0 で**極**をも

つとは，関数 $1/f$ が，z_0 では 0 とおくことにより，z_0 の完全な近傍において正則となることをいう．

定理 1.2 f が $z_0 \in \Omega$ で極をもつとき，その点の近傍では零にはならない正則関数 h および一意的に定まる正の整数 n が存在して
$$f(z) = (z-z_0)^{-n} h(z)$$
が成り立つ．

証明 前定理により，g を正則かつ z_0 の近傍では零にならないものとして，$1/f(z) = (z-z_0)^n g(z)$ となるので，$h(z) = 1/g(z)$ とおけば結論が得られる．∎

整数 n は極の**位数** (あるいは**重複度**) と呼ばれ，関数の z_0 の近くでの増大する度合いを表現している．極の位数が 1 ならば，**単純**と呼ぶ．

次の定理はベキ級数展開を連想させるが，極の存在を考慮に入れて負ベキの項も許容しているところが異なっている．

定理 1.3 f が z_0 で位数 n の極をもつとき，
$$\text{(1)} \qquad f(z) = \frac{a_{-n}}{(z-z_0)^n} + \frac{a_{-n+1}}{(z-z_0)^{n-1}} + \cdots + \frac{a_{-1}}{(z-z_0)} + G(z),$$
ただし G は z_0 の近傍における正則関数，が成り立つ．

証明 証明は，前定理における積による表現の主張から得られる．実際，関数 h はベキ級数展開
$$h(z) = A_0 + A_1(z-z_0) + \cdots$$
をもち，それゆえ
$$\begin{aligned} f(z) &= (z-z_0)^{-n}(A_0 + A_1(z-z_0) + \cdots) \\ &= \frac{a_{-n}}{(z-z_0)^n} + \frac{a_{-n+1}}{(z-z_0)^{n-1}} + \cdots + \frac{a_{-1}}{(z-z_0)} + G(z) \end{aligned}$$
となる．∎

和
$$\frac{a_{-n}}{(z-z_0)^n} + \frac{a_{-n+1}}{(z-z_0)^{n-1}} + \cdots + \frac{a_{-1}}{(z-z_0)}$$
は f の極 z_0 における**主要部**と呼ばれ，係数 a_{-1} は f のその極における**留数**と

呼ばれる．$\mathrm{res}_{z_0} f = a_{-1}$ と書く．留数の重要性は，主要部の他のすべての項，すなわち位数が 1 よりも大きい項が z_0 の削除近傍において原始関数をもつという事実に基づいている．それゆえ，$P(z)$ で上の主要部を表し，C で z_0 を中心とする任意の円周を表すとき，

$$\frac{1}{2\pi i} \int_C P(z)\,dz = a_{-1}$$

を得る．留数の公式に関する節において，この重要な式に再び戻ることにしよう．

多くの場合に見ることになるのだが，積分の評価は留数解析に帰着される．f が z_0 で 1 位の極をもつ場合には，明らかに

$$\mathrm{res}_{z_0} f = \lim_{z \to z_0} (z - z_0) f(z)$$

である．より高位の位数の場合には，極限をとる以外に微分をも含む同様な公式が成立する．

定理 1.4 f が z_0 で位数 n の極をもつとき，

$$\mathrm{res}_{z_0} f = \lim_{z \to z_0} \frac{1}{(n-1)!} \left(\frac{d}{dz}\right)^{n-1} (z - z_0)^n f(z)$$

が成り立つ．

この定理は，公式 (1) が

$$(z - z_0)^n f(z) = a_{-n} + a_{-n+1}(z - z_0) + \cdots + a_{-1}(z - z_0)^{n-1} + G(z)(z - z_0)^n$$

を導くことから直ちに得られる．

2. 留数の公式

ここで，有名な留数の公式についてのべよう．ここでのアプローチは，前章でのコーシーの定理の議論からくるものである：まず最初に，円周とその内部である円板の場合について考察し，それからトイ積分路とその内部の場合への一般化について説明しよう．

定理 2.1 f は円周 C とその内部を含むある開集合上で，C 内の極 z_0 を除き正則とする．このとき

$$\int_C f(z)\,dz = 2\pi i\,\mathrm{res}_{z_0} f$$

が成り立つ.

証明 再び極を避けた鍵穴積分路を選び,廊下の幅を零に近づけることにより,C_ε を極 z_0 を中心とする半径 ε の小さい円周として

$$\int_C f(z)\,dz = \int_{C_\varepsilon} f(z)\,dz$$

を得る.ここで,コーシーの積分公式 (前章の定理 4.1) を定数関数 $f = a_{-1}$ に適用することにより,直ちに

$$\frac{1}{2\pi i}\int_{C_\varepsilon}\frac{a_{-1}}{z-z_0}\,dz = a_{-1}$$

が得られることがわかる.同様に,$k>1$ のときには導関数の場合の対応する公式 (やはり前章の系 4.2) から,

$$\frac{1}{2\pi i}\int_{C_\varepsilon}\frac{a_{-k}}{(z-z_0)^k}\,dz = 0$$

が成り立つ.しかし z_0 の近傍では正則関数 G を用いて

$$f(z) = \frac{a_{-n}}{(z-z_0)^n} + \frac{a_{-n+1}}{(z-z_0)^{n-1}} + \cdots + \frac{a_{-1}}{z-z_0} + G(z)$$

と書けることがわかっている.コーシーの定理により $\int_{C_\varepsilon} G(z)\,dz = 0$,よって $\frac{1}{2\pi i}\int_{C_\varepsilon} f(z)\,dz = a_{-1}$ となることもわかる.これより求める結論が得られる.■

この定理は,円周内に有限個の極がある場合,さらにはトイ積分路の場合にまで一般化される.

系 2.2 f は円周 C とその内部を含むある開集合上で,C 内の極 $z_1,\cdots,z_N$ を除き正則とする.このとき

$$\int_C f(z)\,dz = 2\pi i\sum_{k=1}^{N}\mathrm{res}_{z_k}f$$

が成り立つ.

証明には,極の一つ一つを避ける多重鍵穴を考えればよい.廊下の幅を零に近づけよ.極限として,大きな円周上の積分が,定理 2.1 が適用される小さな円周上の積分の和と等しくなる.

系 2.3 f はトイ積分路 γ とその内部を含むある開集合上で,γ 内の極 $z_1,\cdots,z_N$

を除き正則とする．このとき
$$\int_\gamma f(z)\,dz = 2\pi i \sum_{k=1}^N \mathrm{res}_{z_k} f$$
が成り立つ．

上において γ には正の向きを入れる．

証明は，与えられたトイ積分路に対し適当な多重鍵穴を選ぶことから成り立ち，すでに見たように，これにより定理 2.1 が適用される小さな円周上の積分の場合に帰着することができる．

恒等式 $\int_\gamma f(z)\,dz = 2\pi i \sum_{k=1}^N \mathrm{res}_{z_k} f$ は，**留数の公式**として引用される．

2.1 例

留数解析は，広範囲のさまざまな積分の計算において強力な道具となる．以下で与える例において，
$$\int_{-\infty}^\infty f(x)\,dx$$
の形の三つの広義積分の値を求めよう．主要な考え方として，f を複素平面にまで拡張し，トイ積分路の族 γ_R を
$$\lim_{R\to\infty} \int_{\gamma_R} f(z)\,dz = \int_{-\infty}^\infty f(x)\,dx$$
となるように選ぶ．極において f の留数を計算することにより，$\int_{\gamma_R} f(z)\,dz$ が簡単に得られる．能力が試されるのは，この極限が存在するようにいかに積分路 γ_R を選ぶかという点にある．しばしば f の減衰の挙動から，この選び方が見つけられる．

例 1 最初の例として，

(2) $$\int_{-\infty}^\infty \frac{dx}{1+x^2} = \pi$$

を路に沿った積分を用いることにより証明しよう．変数変換 $x \mapsto x/y$ を行えば，
$$\frac{1}{\pi}\int_{-\infty}^\infty \frac{y\,dx}{y^2+x^2} = \int_{-\infty}^\infty \mathcal{P}_y(x)\,dx$$
となることに注意しておく．言い換えれば，公式 (2) はポアソン核 $\mathcal{P}_y(x)$ の積分が各 $y>0$ ごとに 1 に等しいことを述べている．これは $1/(1+x^2)$ が $\arctan x$

の導関数であることから，第Ⅰ巻第 5 章の補題 2.5 においてかなり簡単に証明された．ここでは，(2) の別証明を与える留数解析を持ち出すことにする．

1 位の極 i および $-i$ を除く複素平面上で正則な関数
$$f(z) = \frac{1}{1+z^2}$$
を考える．また，積分路 γ_R を図 1 のように選ぶ．

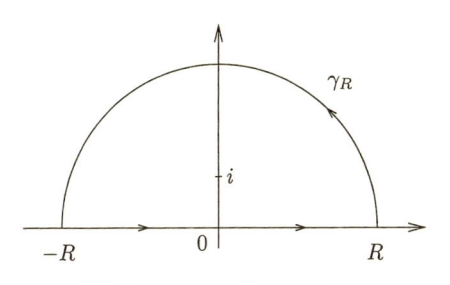

図 1 例 1 における積分路 γ_R．

この積分路は，実軸上の線分 $[-R, R]$ と上半平面内の原点を中心とした大きな半円とから成り立っている．
$$f(z) = \frac{1}{(z-i)(z+i)}$$
と書けるので，f の i における留数は単に $1/2i$ であることがわかる．それゆえ，R を十分に大きくとれば
$$\int_{\gamma_R} f(z) dz = \frac{2\pi i}{2i} = \pi$$
を得る．C_R^+ で半径 R の大きな半円を表すことにすれば
$$\left| \int_{C_R^+} f(z) \, dz \right| \leq \pi R \frac{B}{R^2} \leq \frac{M}{R}$$
となるが，ここで $z \in C_R^+$ で R が大ならば $|f(z)| \leq B/|z|^2$ となる事実を用いている．したがって極限をとることにより，求めていた
$$\int_{-\infty}^{\infty} f(x) \, dx = \pi$$
が得られる．この例において，上半平面内の半円を選んだことに関しては，なんら特別な意味はないことに注意しておく．もし下半平面内の半円を用いれば，もう一つの極とその留数を用いることにより同じ結論が得られる．

例2 積分
$$\int_{-\infty}^{\infty} \frac{e^{ax}}{1+e^x}\,dx = \frac{\pi}{\sin \pi a}, \qquad 0 < a < 1$$
は,第6章において重要な役割を果たす.

この公式を証明するため,$f(z) = e^{az}/(1+e^z)$ とおき,図2のように,一辺が実軸上にありそれと平行な辺が直線 $\mathrm{Im}(z) = 2\pi$ 上にあるような,上半平面内の長方形でできた積分路を考える.

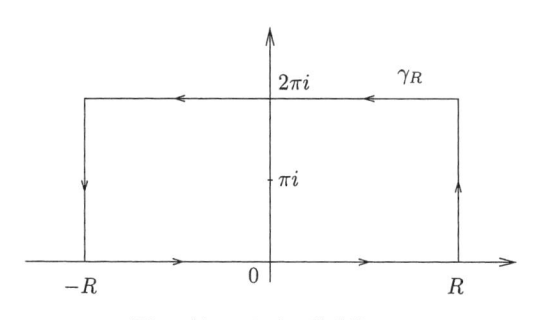

図2 例2における積分路 γ_R.

長方形 γ_R 内において,f の分母が消える唯一の点は $z = \pi i$ である.その点での f の留数を計算するために,以下のように議論する:まず,
$$(z - \pi i)f(z) = e^{az}\frac{z - \pi i}{1 + e^z} = e^{az}\frac{z - \pi i}{e^z - e^{\pi i}}$$
に注意する.右辺に差商の逆数があるのがわかるが,実際 e^z の導関数がそれ自身であることより,
$$\lim_{z \to \pi i} \frac{e^z - e^{\pi i}}{z - \pi i} = e^{\pi i} = -1$$
が成り立つ.したがって,関数 f は1位の極 π をもち,そこでの留数は
$$\mathrm{res}_{\pi i} f = -e^{a\pi i}$$
である.結論として,留数の公式により
$$(3) \qquad \int_{\gamma_R} f = -2\pi i e^{a\pi i}$$
が得られる.さて,f の長方形のそれぞれの辺での積分を調べよう.I_R で
$$\int_{-R}^{R} f(x)\,dx$$
を表し,I で求めたい積分値を表すものとする.このとき,f の長方形の上辺で

の (右から左へ向かう) 積分が
$$-e^{2\pi i a} I_R$$
となることは明らかである．最後に，$A_R = \{R + it : 0 \leq t \leq 2\pi\}$ で右側の垂直な辺を表すとき，
$$\left| \int_{A_R} f \right| \leq \int_0^{2\pi} \left| \frac{e^{a(R+it)}}{1+e^{R+it}} \right| dt \leq C e^{(a-1)R}$$
が成り立ち，$a < 1$ なので，この積分は $R \to \infty$ とすれば 0 に収束する．同様に，左側の垂直な線分上の積分は Ce^{-aR} により押さえられ，また $a > 0$ であることから，これは 0 に向かう．したがって，R を無限大に飛ばしたときの極限をとれば，恒等式 (3) から
$$I - e^{2\pi i a} I = -2\pi i e^{a\pi i}$$
が得られ，これより
$$I = -2\pi i \frac{e^{a\pi i}}{1 - e^{2\pi i a}}$$
$$= \frac{2\pi i}{e^{\pi i a} - e^{-\pi i a}}$$
$$= \frac{\pi}{\sin \pi a}$$
となるので計算が完成する．

例3 さて，フーリエ変換をもう一つ，すなわち
$$\cosh z = \frac{e^z + e^{-z}}{2}$$
としたときの
$$\int_{-\infty}^{\infty} \frac{e^{-2\pi i x \xi}}{\cosh \pi x} dx = \frac{1}{\cosh \pi \xi}$$
を計算しよう．言い換えると，関数 $1/\cosh \pi x$ はそれ自身のフーリエ変換であり，$e^{-\pi x^2}$ と同等の性質を有する (第 2 章，例 1 を見よ)．これを見るために，図 3 のように，幅は無限大に向かうが高さは固定されている長方形 γ_R を用いる．

$\xi \in \mathbb{R}$ を固定して，
$$f(z) = \frac{e^{-2\pi i z \xi}}{\cosh \pi z}$$
とおき，f の分母がちょうど $e^{\pi z} = -e^{-\pi z}$ のとき，すなわち $e^{2\pi z} = -1$ のときに零となることを注意しておく．言い換えると，f の長方形内における極は，

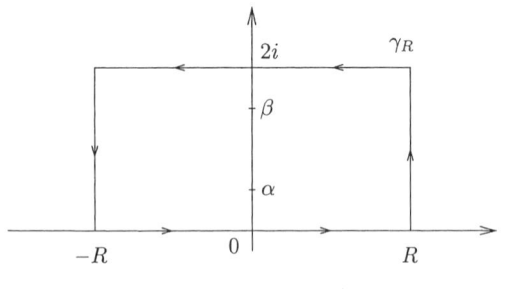

図3 例3における積分路 γ_R.

$\alpha = i/2$ と $\beta = 3i/2$ のみである．f の α における留数を求めるために，

$$(z-\alpha)f(z) = e^{-2\pi i z\xi}\frac{2(z-\alpha)}{e^{\pi z}+e^{-\pi z}}$$
$$= 2e^{-2\pi i z\xi}e^{\pi z}\frac{(z-\alpha)}{e^{2\pi z}-e^{2\pi\alpha}}$$

に注意する．右辺に，関数 $e^{2\pi z}$ の $z=\alpha$ における差商の逆数があるのがわかる．それゆえ

$$\lim_{z\to\alpha}(z-\alpha)f(z) = 2e^{-2\pi i\alpha\xi}e^{\pi\alpha}\frac{1}{2\pi e^{2\pi\alpha}} = \frac{e^{\pi\xi}}{\pi i}$$

となり，これは f が α において1位の極をもち，そこでの留数は $e^{\pi\xi}/(\pi i)$ であることを示している．同様に，f が β において1位の極をもち，そこでの留数が $-e^{3\pi\xi}/(\pi i)$ であることもわかる．

f の垂直な辺での積分は，R が無限大に向かうときに 0 に近づくことを示すことにより，ないものと考えてよい．実際，$0 \leq y \leq 2$ に対し $z = R+iy$ とおくとき，

$$|e^{-2\pi i z\xi}| \leq e^{4\pi|\xi|}$$

かつ

$$|\cosh \pi z| = \left|\frac{e^{\pi z}+e^{-\pi z}}{2}\right|$$
$$\geq \frac{1}{2}\left||e^{\pi z}|-|e^{-\pi z}|\right|$$
$$\geq \frac{1}{2}(e^{\pi R}-e^{-\pi R})$$
$$\to \infty, \quad R\to\infty \text{ のとき}$$

となり，これは右側の垂直な線分上の積分が，$R\to\infty$ のときに零に近づくことを示している．同様の議論により，左側の垂直な線分上の積分も，$R\to\infty$ のと

きに零に近づくことがわかる．最後に，I でわれわれが求めたい積分を表すとき，f の長方形の上辺での (右から左へ向かう) 積分は単に $-e^{4\pi\xi}I$ となることがわかるが，ここで $\cosh \pi \zeta$ が周期 $2i$ で周期的であるという事実を用いている．R を無限大に飛ばしたときの極限をとれば，留数の公式により

$$I - e^{4\pi\xi}I = 2\pi i \left(\frac{e^{\pi\xi}}{\pi i} - \frac{e^{3\pi\xi}}{\pi i} \right)$$

$$= -2e^{2\pi\xi}(e^{\pi\xi} - e^{-\pi\xi})$$

となり，$1 - e^{4\pi\xi} = -e^{2\pi\xi}(e^{2\pi\xi} - e^{-2\pi\xi})$ であることから，主張どおり

$$I = 2\frac{e^{\pi\xi} - e^{-\pi\xi}}{e^{2\pi\xi} - e^{-2\pi\xi}} = 2\frac{e^{\pi\xi} - e^{-\pi\xi}}{(e^{\pi\xi} - e^{-\pi\xi})(e^{\pi\xi} + e^{-\pi\xi})}$$

$$= \frac{2}{e^{\pi\xi} + e^{-\pi\xi}} = \frac{1}{\cosh \pi \xi}$$

となることがわかる．

同様の議論により，実際に以下の公式が得られる：$0 < a < 1$ である限り，$\sinh z = (e^z - e^{-z})/2$ として

$$\int_{-\infty}^{\infty} e^{-2\pi i x \xi} \frac{\sin \pi a}{\cosh \pi x + \cos \pi a} \, dx = \frac{2 \sinh 2\pi a \xi}{\sinh 2\pi \xi}$$

である．われわれは上の式で特に $a = 1/2$ とした場合を示したわけである．この恒等式は，帯状領域におけるポアソン核 (第 I 巻第 5 章の問題 3) の公式を厳密に決定するために用いられたり，第 10 章で見ることになる二平方和の定理を証明するのに用いられたりする．

3. 特異点と有理型関数

第 1 節を振り返って見ると，そこでは関数の極の近くでの解析的な特徴を記述したことになる．ここでは，その他のタイプの孤立特異点に目を向けてみよう．

f を，開集合 Ω において，Ω 内の高々 1 点 z_0 を除いて正則とする．もし，f が Ω 全体で正則となるように z_0 における f の値を定義できるならば，z_0 のことを f の**除去可能な特異点**と呼ぶことにする．

定理 3.1（リーマンの除去可能特異点定理） f は，開集合 Ω において，Ω 内の高々 1 点 z_0 を除いて正則とする．もし，f が $\Omega - \{z_0\}$ で有界ならば，z_0 は除去可能な特異点である．

証明 問題は局所的であるから，z_0 を中心とする小さな円板 D で，その閉包が Ω に含まれるものを考えてもよい．C をその円板の境界である円周とし，通常の正の向きをもつものとする．$z \in D$ かつ $z \neq z_0$ ならば，定理の仮定のもと

$$\text{(4)} \qquad f(z) = \frac{1}{2\pi i} \int_C \frac{f(\zeta)}{\zeta - z} d\zeta$$

が成立することを示そう．前章の定理 5.4 を応用することにより，(4) の右辺は D 上のすべてにおいて正則で，$z \neq z_0$ で $f(z)$ と一致することがわかり，これが求める拡張を与える．

(4) を証明するため，$z \neq z_0$ となる $z \in D$ を固定し，図 4 にあるようなおなじみのトイ積分路を用いる．

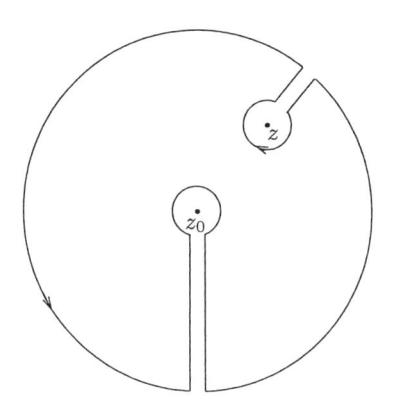

図 4 リーマンの定理の証明における多重鍵穴積分路．

多重鍵穴積分路は，2 点 z および z_0 を避けるように通る．廊下の辺をお互い近づけあい，最後には重ね合わせて，極限として打ち消しあいが生じる：γ_ε と γ'_ε を，半径 ε で負の向きをもち中心をそれぞれ z および z_0 とする小さな円周として，

$$\int_C \frac{f(\zeta)}{\zeta - z} d\zeta + \int_{\gamma_\varepsilon} \frac{f(\zeta)}{\zeta - z} d\zeta + \int_{\gamma'_\varepsilon} \frac{f(\zeta)}{\zeta - z} d\zeta = 0.$$

第 2 章の第 4 節でのコーシーの積分公式の証明に用いられた議論をまねることにより，

$$\int_{\gamma_\varepsilon} \frac{f(\zeta)}{\zeta - z} d\zeta = -2\pi i f(z)$$

がわかる．もう一つの積分に関しては，f が有界であるという仮定と ε が小さいので ζ が z から離れているということを用いることにより，

$$\left| \int_{\gamma'_\varepsilon} \frac{f(\zeta)}{\zeta - z} \, d\zeta \right| \leq C\varepsilon$$

が成り立つ. ε を 0 に近づけることによりわれわれの主張が示され, 拡張公式 (4) の証明が完結する. ∎

驚くべきことに, リーマンの定理から, 関数の特異点の近傍での挙動を用いた極の特徴づけが導かれる.

系 3.2 f は, 点 z_0 において孤立特異点をもつものとする. このとき z_0 が極であるのは, $z \to z_0$ ならば $|f(z)| \to \infty$ となる場合であり, またこの場合に限る.

証明 z_0 が極ならば, $1/f$ は z_0 で零点をもつことがわかっており, したがって, $z \to z_0$ ならば $|f(z)| \to \infty$ となる. 逆に, この条件が成立するものとする. このとき, $1/f$ は z_0 の近傍で有界であり, 実際 $z \to z_0$ ならば $1/|f(z)| \to 0$ である. それゆえ, $1/f$ は z_0 で除去可能な特異点をもち, そこで零とならなければならない. これで, 逆すなわち z_0 が極であることが証明された. ∎

孤立特異点は, 以下の三つの部類のいずれかに属する.

- 除去可能な特異点 (f は z_0 の近くで有界)
- 極特異点 ($z \to z_0$ のとき $|f(z)| \to \infty$)
- 真性特異点

初めの設定として, 除去可能でもなく極でもない任意の特異点のことを**真性特異点**として定義する. たとえば, 第 1 節の冒頭で議論した関数 $e^{1/z}$ は, 0 で真性特異点をもつ. この関数の原点の近くでの奔放な振る舞いは, すでに見たとおりである. 正則関数の除去可能な特異点や極における制御された振る舞いとは裏腹に, 正則関数のもつ固有の性質として, 真性特異点の近くでは常軌を逸した振る舞いをする. 次の定理は, このことを明確に述べたものである.

定理 3.3(カゾラティ-ワイエルシュトラス) f は穴あき円板 $D_r(z_0) - \{z_0\}$ 上で正則で, z_0 で真性特異点をもつものとする. このとき, $D_r(z_0) - \{z_0\}$ の f による像は複素平面において稠密である.

証明 背理法で証明する. f の値域が稠密ではないと仮定し, したがってある $w \in \mathbb{C}$ および $\delta > 0$ が存在して

$$|f(z)-w|>\delta, \quad \text{すべての } z\in D_r(z_0)-\{z_0\} \text{ に対して}$$

となるものとする.それゆえ,$D_r(z_0)-\{z_0\}$ 上の新しい関数

$$g(z)=\frac{1}{f(z)-w}$$

が定義され,穴あき円板上で正則かつ $1/\delta$ で押さえられる.よって,定理 3.1 により g は z_0 で除去可能な特異点をもつ.もし $g(z_0)\neq 0$ ならば,$f(z)-w$ は z_0 で正則であり,z_0 が真性特異点であるという仮定に矛盾する.$g(z_0)=0$ の場合には,$f(z)-w$ は z_0 で極をもち,これも z_0 での特異点の性質に反する.証明は完結した.∎

実際,ピカールはより強い結果を証明した.彼は上の定理の仮定のもとで,高々 1 個の例外を除く任意の複素数に対して,関数 f が無限回その値をとることを証明した.この注目に値する結果の証明は与えないが,簡単な場合は後の章における整関数の考察により導かれる.第 5 章の練習 11 を参照せよ.

さて,極となる孤立特異点しかもたない関数に目を向けてみよう.開集合 Ω 上の関数 f が**有理型**であるとは,Ω 内に集積点をもたないある点列 $\{z_0,z_1,z_2,\cdots\}$ が存在して,

  (i) 関数 f は $\Omega-\{z_0,z_1,z_2,\cdots\}$ で正則であり,かつ
  (ii) f は $\{z_0,z_1,z_2,\cdots\}$ で極をもつ

ことをいう.

拡張された複素平面で有理型な関数を議論することも有用である.関数がすべての大きな値 z に対して正則であるならば,有限の z における特異点を分類するのに用いた三通りの識別法を用いて,その無限遠点での挙動を記述することができる.要するに,f がすべての大きな値 z で正則のときには,$F(z)=f(1/z)$ を考えれば,今度はこれは原点の削除近傍で正則となる.f が**無限遠点での極**をもつとは,F が原点で極をもつことをいう.同様に,f が**無限遠点における真性特異点**,あるいは**無限遠点における除去可能な特異点**をもつ (したがって正則) ということを,F の 0 における対応する挙動を用いて述べることができる.複素平面における有理型関数で,無限遠点で正則もしくは無限遠点で極をもつものを,**拡張された複素平面において有理型**であるという.

ここまできたところで,この章の冒頭で述べた原理に立ち返ろう.ここで,その最も単純な形を見ることができる.

定理 3.4 拡張された複素平面における有理型関数は，有理関数である．

証明 f は拡張された複素平面において有理型であるとする．このとき $f(1/z)$ は 0 において極または除去可能な特異点をもち，そのいずれの場合においても原点の削除近傍で正則でなくてはならず，したがって関数 f はその平面で有限個の極しかもたないので，仮にそれを $z_1, \cdots, z_n$ とおく．f から，無限遠点を含むそれぞれの極での主要部を引き去るのがここでの考え方である．それぞれの極 $z_k \in \mathbb{C}$ の近くで

$$f(z) = f_k(z) + g_k(z)$$

と書けるが，ここで f_k は f の z_k における主要部で，g_k は z_k の (完全な) 近傍において正則である．特に，f_k は $1/(z-z_k)$ の多項式である．同様に，

$$f(1/z) = \tilde{f}_\infty(z) + \tilde{g}_\infty(z)$$

と書けるが，ここで $\tilde{g}_\infty$ は原点の近傍で正則であり，$\tilde{f}_\infty$ は $f(1/z)$ の 0 における主要部，すなわち，$1/z$ の多項式である．最後に $f_\infty(z) = \tilde{f}_\infty(1/z)$ とせよ．

関数 $H = f - f_\infty - \sum_{k=1}^{n} f_k$ は整関数でかつ有界であることを主張したい．実際，極 z_k の近くでは f の主要部を引き去っており，関数 H はそこで除去可能な特異点をもつようにしてある．また ∞ における極の主要部も引き去っているので，$H(1/z)$ は 0 の近くの z に対して有界である．このことによりわれわれの主張は証明され，リューヴィルの定理により H が定数であることが結論づけられる．H の定義により，f は有理関数であることがわかり，これが示されるべきことであった． ∎

結論として，有理関数はその零点と極の位置および重複度により，定数倍を除いて決定されることに注意しておく．

リーマン球面

$\mathbb{C}$ と無限遠点とからなる拡張された複素平面には，便利な幾何的な解釈が存在する．

ユークリッド空間 $\mathbb{R}^3$ で座標 (X, Y, Z) をもつものを考え，XY 空間を $\mathbb{C}$ と同一視する．$\mathbb{S}$ で $(0, 0, 1/2)$ を中心とする半径 $1/2$ の球面を表す；この球面は単位直径をもち，図 5 のように複素平面の原点の上におかれている．また，$\mathcal{N} = (0, 0, 1)$ でこの球面の北極を表す．

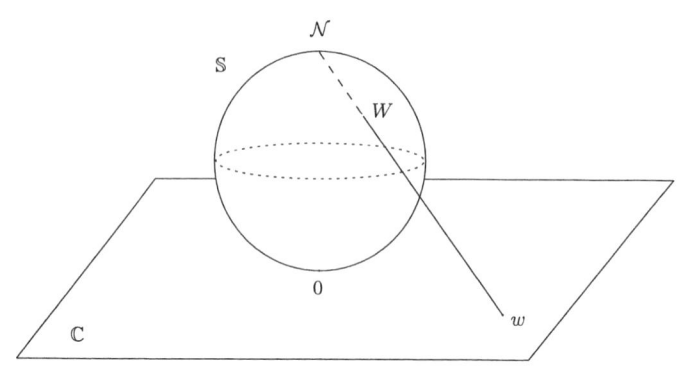

図5 リーマン球面 $\mathbb{S}$ と立体射影.

$\mathbb{S}$ 上の北極以外の任意の点 $W = (X, Y, Z)$ を与えるとき，$\mathcal{N}$ と W をつなぐ直線は XY 平面と1点で交わり，それを $w = x + iy$ で表す；w は W の**立体射影**と呼ばれる (図5を見よ)．逆に，$\mathbb{C}$ 上の任意の点 w を与えるとき，$\mathcal{N}$ と $w = (x, y, 0)$ をつなぐ直線は $\mathcal{N}$ とそれ以外のもう1点で $\mathbb{S}$ と交わり，それを W とする．この幾何的な構成法により，穴あき球面 $\mathbb{S} - \{\mathcal{N}\}$ と複素平面との間に全単射の関係が与えられる；解析的には w を W を用いて与える公式

$$x = \frac{X}{1-Z} \quad \text{および} \quad y = \frac{Y}{1-Z},$$

および W を w を用いて与える公式

$$X = \frac{x}{x^2 + y^2 + 1}, \quad Y = \frac{y}{x^2 + y^2 + 1}, \quad \text{および} \quad Z = \frac{x^2 + y^2}{x^2 + y^2 + 1}$$

により記述される．直感的には，複素平面で穴あき球面 $\mathbb{S} - \{\mathcal{N}\}$ を包んだことになる．

$\mathbb{C}$ 内で w が ($|w| \to \infty$ の意味で) 無限大に向かうとき，対応する $\mathbb{S}$ 上の点 W は限りなく $\mathcal{N}$ に近づく．この単純な観察により，$\mathcal{N}$ を「無限遠点」としての候補とするのは自然である．$\mathbb{S}$ 上の点 $\mathcal{N}$ を無限大と同一視することにより，拡張された複素平面は完全な2次元球面 $\mathbb{S}$ として視覚化される；これを**リーマン球面**という．この構成法では非有界集合 $\mathbb{C}$ を，それに1点を付け加えることによりコンパクト集合 $\mathbb{S}$ とみなしているので，リーマン球面はしばしば $\mathbb{C}$ の**一点コンパクト化**と呼ばれる．

以下は，この解釈による重要な帰結である：無限遠点は，$\mathbb{C}$ とは別に論ずるときには特別な注意が必要であるが，今は $\mathbb{S}$ 上のすべての他の点と同じ資格で扱わ

れている．特に，拡張された複素平面上の有理型関数は $\mathbb{S}$ から自分自身への写像とみなされ，極の像は $\mathbb{S}$ 上の属性をもつ点，すなわち $\mathcal{N}$ となる．これら (およびその他) の理由により，リーマン球面は，$\mathbb{C}$ の構造および有理型関数の理論にすぐれた幾何学的洞察をもたらしているといえる．

4. 偏角の原理と応用

対数 (第6節) に関する議論を先取りして，少し言及しておこう．関数 $\log f(z)$ は，$f(z) \neq 0$ となる集合上で一通りに定義することはできず，一般に「多価」となる．しかしそれは定義されてしかるべきものであり，$\log |f(z)|$ を正の数 $|f(z)|$ に対する通常の実数値対数とし (よって一通りに定義される)，$\arg f(z)$ をある決められた定義による偏角 (2π の整数倍の和を無視) として，$\log |f(z)| + i \arg f(z)$ と一致しなければならない．いずれにせよ，$\log f(z)$ の導関数は一価関数 $f'(z)/f(z)$ であり，積分
$$\int_\gamma \frac{f'(z)}{f(z)}\,dz$$
は z が曲線 γ を動くときの f の偏角の変化として解釈される．さらに，曲線が閉であるとすると，偏角の変化は f の γ 内における零点と極により完全に決定される．この事実を，厳密な定理の形で定式化しよう．

まず，加法公式
$$\log(f_1 f_2) = \log f_1 + \log f_2$$
は (以下に見るように) 一般には成立しないが，加法性は対応する導関数に復元されることから見てみよう．このことは，以下の考察により立証される：
$$\frac{(f_1 f_2)'}{f_1 f_2} = \frac{f_1' f_2 + f_1 f_2'}{f_1 f_2} = \frac{f_1'}{f_1} + \frac{f_2'}{f_2}$$
は一般化されて
$$\frac{\left(\prod_{k=1}^N f_k\right)'}{\prod_{k=1}^N f_k} = \sum_{k=1}^N \frac{f_k'}{f_k}$$
となる．この公式を，以下のように応用する．f が正則で z_0 において位数 n の零点をもつならば，正則かつ z_0 の近傍では零にならない g を用いて

$$f(z) = (z-z_0)^n g(z)$$

と書け，それゆえ $G(z) = g'(z)/g(z)$ として

$$\frac{f'(z)}{f(z)} = \frac{n}{z-z_0} + G(z)$$

となる．結論として，f が z_0 において位数 n の零点をもつならば，f'/f は 1 位の極 z_0 をもち，その留数は n である．同様の事実が，f が z_0 において位数 n の極をもつ場合，すなわち $f(z) = (z-z_0)^{-n} h(z)$ の場合にも成立することを見てみよう．このとき，

$$\frac{f'(z)}{f(z)} = \frac{-n}{z-z_0} + H(z)$$

となる．したがって f が有理型ならば，関数 f'/f は f の零点と極において 1 位の極をもち，留数は単に f の零点の位数かまたは f の極の位数の符号を変えたものである．結果として，留数の公式を応用することにより以下の定理が得られたことになる．

定理 4.1（偏角の原理） f は，円周 C およびその内部を含むある開集合上で有理型であるとする．f が C 上で極をもたず零ともならないならば，

$$\frac{1}{2\pi i} \int_C \frac{f'(z)}{f(z)} dz$$
$$= (C \text{ 内の } f \text{ の零点の個数}) \text{ から } (C \text{ 内の } f \text{ の極の個数}) \text{ を引いた数}$$

が成り立つ．ただし，零点と極は重複度を込めてその個数を数える．

系 4.2 上の定理はトイ積分路に対して成立する．

偏角の原理の応用として，一般理論として興味深い三つの定理を証明しよう．最初のルーシェの定理は，ある意味で一連の主張である．これは，正則関数に対して，その零点の個数を変えることなく少し摂動を加えることができることを述べている．次に，正則関数は開集合を開集合へ写すことを主張する開写像定理を証明するが，これもまた正則関数のもつ特殊性を示しており重要な性質である．最後の最大値の原理は，(事実これから導かれる) 調和関数に対する同じ性質を思い起こさせる：開集合 Ω 上の定数ではない正則関数は，Ω 内で最大値をとらない．

定理 4.3（ルーシェの定理） f と g は，円周 C とその内部を含むある開集合上で正則とする．もし

$$|f(z)| > |g(z)|, \quad \text{すべての } z \in C \text{ に対して}$$

ならば，f と $f+g$ は円周 C の内部に同じ個数の零点をもつ．

証明 $t \in [0,1]$ に対し
$$f_t(z) = f(z) + tg(z)$$
と定義して，$f_0 = f$ および $f_1 = f+g$ となるようにする．n_t を円周内における f_t の重複度を込めた零点の個数とする．したがって，特に n_t は整数である．$z \in C$ に対して $|f(z)| > |g(z)|$ であるという条件から，明らかに f_t は円周上に零点をもたないことがわかり，偏角の原理から
$$n_t = \frac{1}{2\pi i} \int_C \frac{f_t'(z)}{f_t(z)} \, dz$$
が得られる．n_t が定数であることを示すためには，それが t に関して連続な関数であることを示せば十分である．そのとき，仮に n_t が定数でなければ，中間値の定理によりある $t_0 \in [0,1]$ で n_{t_0} が整数ではないものが存在することになり，任意の t に対して $n_t \in \mathbb{Z}$ であるという事実に矛盾するという議論が成立する．

n_t の連続性を証明するため，$f_t'(z)/f_t(z)$ が $t \in [0,1]$ と $z \in C$ を結合した変数に関して連続であることを見る．この結合した連続性は，分子と分母がそれぞれこの性質をもつことと，仮定から $f_t(z)$ が C 上で零とはならないことが保証されていることから得られる．したがって，n_t は整数値かつ連続となり定数でなくてはならない．結論として $n_0 = n_1$ となり，これがルーシェの定理である． ∎

さて，正則関数を写像 (すなわち，複素平面内の領域から複素平面への写像) とみなしたときに現れる，その重要な幾何学的性質について述べることにしよう．

写像が **開写像** であるとは，それが開集合を開集合に写すことをいう．

定理 4.4（開写像定理） f は，領域 Ω において正則かつ定数でないならば開写像である．

証明 w_0 が f の像に含まれるものとして，仮に $w_0 = f(z_0)$ とする．w_0 の近くのすべての点 w が f の像に含まれることを証明しなければならない．$g(z) = f(z) - w$ と定義して
$$\begin{aligned}g(z) &= (f(z) - w_0) + (w_0 - w) \\ &= F(z) + G(z)\end{aligned}$$

と書く. $\delta > 0$ を, 円板 $|z - z_0| \leq \delta$ が Ω に含まれかつ円周 $|z - z_0| = \delta$ 上で $f(z) \neq w_0$ となるように選ぶ. それから $\varepsilon > 0$ を, 円周 $|z - z_0| = \delta$ 上で $|f(z) - w_0| \geq \varepsilon$ となるように選ぶ. 今 $|w - w_0| < \varepsilon$ ならば円周 $|z - z_0| = \delta$ 上で $|F(z)| > |G(z)|$ であり, F が円周内に零点を一つもつことから, ルーシェの定理により $g = F + G$ も零点を一つもつことが結論づけられる. ∎

次の結果は, 正則関数の大きさに関連したものである. 開集合 Ω 上の正則関数 f の **最大値** というときには, その絶対値 $|f|$ の Ω における最大値を意味するものとする.

定理 4.5 (最大値の原理) f を Ω における定数ではない正則関数とするとき, f は Ω で最大値をとらない.

証明 f が z_0 で最大値をとったとせよ. f は正則なので開写像であり, それゆえ, $D \subset \Omega$ が z_0 を中心とした小さい円板ならば, その像 $f(D)$ は開であり $f(z_0)$ を含む. これにより, $z \in D$ で $|f(z)| > |f(z_0)|$ となる点が存在し矛盾となる. ∎

系 4.6 Ω をコンパクトな閉包 $\overline{\Omega}$ をもつ領域とする. f が Ω で正則かつ $\overline{\Omega}$ で連続ならば,

$$\sup_{z \in \Omega} |f(z)| \leq \sup_{z \in \overline{\Omega} - \Omega} |f(z)|$$

が成り立つ.

実際, $f(z)$ はコンパクト集合 $\overline{\Omega}$ で連続であるから, $|f(z)|$ は $\overline{\Omega}$ 内で最大値をとる; しかし f が定数でないならば, それは Ω 内ではありえない. もし f が定数ならば, 結論は自明である.

注意 $\overline{\Omega}$ がコンパクト (すなわち有界) であるという仮定は, この結論において重要である. 第 4 章で取り上げられる考察に関連して, 一つの例を与えておこう. Ω を, 正の半直線 $x \geq 0$ とそれに呼応する虚軸上の半直線 $y \geq 0$ により囲まれた第 1 象限からなる開集合とする. $F(z) = e^{-iz^2}$ を考える. ここで F は整関数であり, 明らかに $\overline{\Omega}$ で連続である. さらに, 2 本の境界の直線 $z = x$ と $z = iy$ 上で $|F(z)| = 1$ である. しかるに, たとえば $z = r\sqrt{i} = re^{i\pi/4}$ に対して $F(z) = e^{r^2}$ であるので, $F(z)$ は Ω で有界ではない.

5. ホモトピーと単連結領域

コーシーの定理の一般形への鍵は，多価関数の解析同様，どの領域において与えられた正則関数の原始関数を定義できるかを理解することにある．$1/z$ の原始関数として現れる，対数関数の考察との関連性に注意しておく．これは単なる局所的な問題というだけではなく，本質的に大域的な問題でもある．このことの解明にはホモトピーの考え方，およびその結果得られる単連結性の概念が必要となる．

γ_0 と γ_1 を，開集合 Ω 内の端点を共有する 2 本の曲線とする．そのとき $\gamma_0(t)$ と $\gamma_1(t)$ を $[a, b]$ 上で定義されたそれぞれのパラメータ付けとすれば，

$$\gamma_0(a) = \gamma_1(a) = \alpha \quad \text{および} \quad \gamma_0(b) = \gamma_1(b) = \beta$$

となる．各 $0 \leq s \leq 1$ に対しある曲線 $\gamma_s \subset \Omega$ が存在して，それが $[a, b]$ 上で定義された $\gamma_s(t)$ によりパラメータ付けられ，任意の s に対し

$$\gamma_s(a) = \alpha \quad \text{および} \quad \gamma_s(b) = \beta,$$

かつ任意の $t \in [a, b]$ に対し

$$\gamma_s(t)|_{s=0} = \gamma_0(t) \quad \text{および} \quad \gamma_s(t)|_{s=1} = \gamma_1(t)$$

が成り立つとき，この 2 本の曲線は Ω で**ホモトープ**であるという．さらに，$\gamma_s(t)$ は $s \in [0, 1]$ と $t \in [a, b]$ とを結合した変数に関して連続でなくてはならない．

大雑把にいって，1 本の曲線がもう 1 本の曲線に Ω から決してはみ出すことなく連続的な変換により変形されるならば，この 2 本の曲線はホモトープである (図 6)．

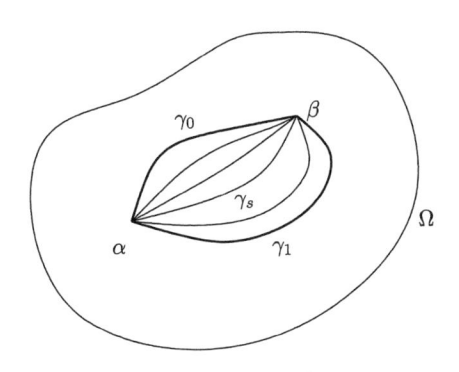

図 6 曲線のホモトピー．

定理 5.1 f が Ω において正則ならば,2 本の曲線 γ_0 および γ_1 が Ω でホモトープである限り

$$\int_{\gamma_0} f(z)\,dz = \int_{\gamma_1} f(z)\,dz$$

が成り立つ.

証明 証明の鍵として,2 本の曲線が互いに近くかつ端点を共有するならば,これらの曲線上の積分が等しいことを示せばよい.定義により,関数 $F(s,t) = \gamma_s(t)$ は $[0,1] \times [a,b]$ で連続であることを思い出そう.特に F の像はコンパクトであるので,それを K で表すことにして,F の像の各点を中心とする半径 3ε の円板が Ω に完全に含まれるような $\varepsilon > 0$ が存在する.さもなくば,任意の $\ell > 0$ に対して,ある $z_\ell \in K$ および Ω の補集合の中の w_ℓ で $|z_\ell - w_\ell| < 1/\ell$ となるものが存在する.K のコンパクト性により,$\{z_\ell\}$ の部分列が存在して,それを $\{z_{\ell_k}\}$ として,ある点 $z \in K \subset \Omega$ に収束するはずである.構成の方法から $w_{\ell_k} \to z$ ともなっている必要があり,$\{w_\ell\}$ は閉集合である Ω の補集合上にあることから,$z \in \Omega^c$ も成立しなくてはならない.これは矛盾である.

必要な性質をもつ ε を見つけたら,F の一様連続性から δ を

$$\sup_{t \in [a,b]} |\gamma_{s_1}(t) - \gamma_{s_2}(t)| < \varepsilon, \qquad |s_1 - s_2| < \delta \text{ である限り}$$

となるように選んでよい.s_1 と s_2 を $|s_1 - s_2| < \delta$ となるようにとって固定する.それから半径 2ε の円板 $\{D_0, \cdots, D_n\}$,連続して並ぶ γ_{s_1} 上の点 $\{z_0, \cdots, z_{n+1}\}$,および連続して並ぶ γ_{s_2} 上の点 $\{w_0, \cdots, w_{n+1}\}$ を,円板の和集合が両方の曲線を覆い,かつ

$$z_i,\, z_{i+1},\, w_i,\, w_{i+1} \in D_i$$

となるように選ぶ.この状況を図 7 で示しておいた.

また,$z_0 = w_0$ をこれらの曲線の始点としてとり,$z_{n+1} = w_{n+1}$ を共通の終点としてとる.それぞれの円板 D_i 上において,F_i を f の原始関数とする (第 2 章,定理 2.1).D_i と D_{i+1} との交わり上では,F_i と F_{i+1} は同じ関数の二通りの原始関数であり,それらは定数の違いでなくてはならず,それをたとえば c_i とおく.したがって

$$F_{i+1}(z_{i+1}) - F_i(z_{i+1}) = F_{i+1}(w_{i+1}) - F_i(w_{i+1}),$$

それゆえ

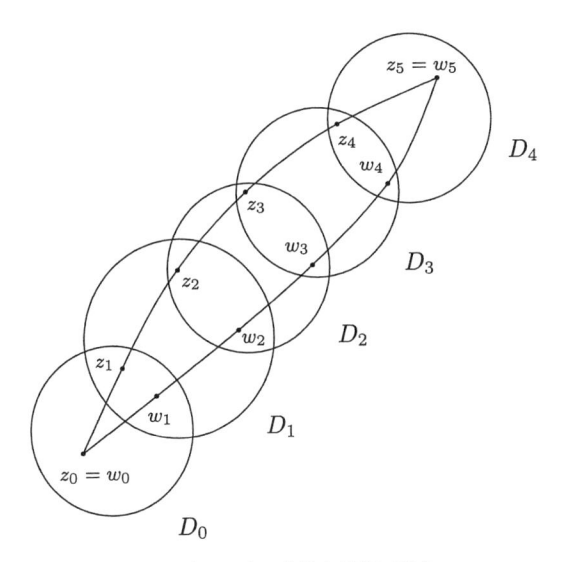

図7 近い2本の曲線を円板で覆う.

(5) $$F_{i+1}(z_{i+1}) - F_{i+1}(w_{i+1}) = F_i(z_{i+1}) - F_i(w_{i+1})$$

である.この (5) による打ち消し合いから

$$\int_{\gamma_{s_1}} f - \int_{\gamma_{s_2}} f = \sum_{i=0}^{n} [F_i(z_{i+1}) - F_i(z_i)] - \sum_{i=0}^{n} [F_i(w_{i+1}) - F_i(w_i)]$$

$$= \sum_{i=0}^{n} F_i(z_{i+1}) - F_i(w_{i+1}) - (F_i(z_i) - F_i(w_i))$$

$$= F_n(z_{n+1}) - F_n(w_{n+1}) - (F_0(z_0) - F_0(w_0))$$

が導かれる.γ_{s_1} と γ_{s_2} は同じ始点と終点とをもつから,

$$\int_{\gamma_{s_1}} f = \int_{\gamma_{s_2}} f$$

となることが証明された.$[0, 1]$ をさらに長さ δ 未満の部分区間 $[s_i, s_{i+1}]$ に分解し,上の議論を有限回繰り返すことによって γ_0 から γ_1 まで進行させてもよく,定理は証明される.∎

複素平面内の領域 Ω が**単連結**であるとは,Ω 内における端点を共有する任意の 2 本の曲線がホモトープであることをいう.

例1 円板 D は単連結である.実際,$\gamma_0(t)$ と $\gamma_1(t)$ を D 内の曲線として,$\gamma_s(t)$ を
$$\gamma_s(t) = (1-s)\gamma_0(t) + s\gamma_1(t)$$
と定義することができる.$0 \leq s \leq 1$ ならば,各 t に対し,点 $\gamma_s(t)$ は $\gamma_0(t)$ と $\gamma_1(t)$ をつなぐ線分上にあり,それゆえ D 内にある.同じ議論が,D を長方形,あるいはより一般に任意の凸な開集合に置き換えても成立する (練習 21 を見よ).

例2 截線平面 $\Omega = \mathbb{C} - \{(-\infty, 0]\}$ は単連結である.Ω 内の曲線の組 γ_0 と γ_1 に対し,連続かつ真に正の $r_j(t)$ および $|\theta_j(t)| < \pi$ となる連続な $\theta_j(t)$ を用いて,$\gamma_j(t) = r_j(t)e^{i\theta_j(t)}$ $(j = 0, 1)$ と書く.このとき,
$$r_s(t) = (1-s)r_0(t) + sr_1(t) \quad \text{および} \quad \theta_s(t) = (1-s)\theta_0(t) + s\theta_1(t)$$
として,$\gamma_s(t)$ を $r_s(t)e^{i\theta_s(t)}$ により定義する.このとき,$0 \leq s \leq 1$ である限り $\gamma_s(t) \in \Omega$ である.

例3 少し労力をかければ,トイ積分路の内部は単連結であることが示される.そのためには,内部をいくつかの部分領域に分割する必要がある.この議論の一般の形は,練習 4 で与えられる.

例4 前例とは異なり,穴あき平面 $\mathbb{C} - \{0\}$ は単連結ではない.直感的には,原点を間にはさんだ 2 本の曲線を考えればよい.一方の直線から他方の直線へ,0 を超えて連続的に移すことは不可能である.この事実の厳密な証明にはさらにあと一つ結果が必要で,これはこの後すぐに与えられる.

定理 5.2 単連結な領域上の任意の正則関数は,原始関数をもつ.

証明 Ω 内の 1 点 z_0 を固定し,
$$F(z) = \int_\gamma f(w)\, dw$$
と定義するが,ここで積分は z_0 と z をつなぐ Ω 内の任意の曲線上で行う.Ω が単連結であることより,この定義は曲線の選び方によらず,もし $\tilde{\gamma}$ を z_0 と z をつなぐ Ω 内の別の曲線とすれば,定理 5.1 により
$$\int_\gamma f(w)\, dw = \int_{\tilde{\gamma}} f(w)\, dw$$
となる.今 η を z と $z+h$ をつなぐ線分とすれば,

$$F(z+h) - F(z) = \int_\eta f(w)\,dw$$

となる．第2章の定理2.1の証明と同様に議論して，

$$\lim_{h \to 0} \frac{F(z+h) - F(z)}{h} = f(z)$$

がわかる． ∎

結果として，以下の形でのコーシーの定理を得る．

系 5.3 f が単連結領域 Ω で正則ならば，Ω 内の任意の閉曲線 γ に対して

$$\int_\gamma f(z)\,dz = 0$$

が成立する．

これは，原始関数の存在から直ちに得られる．

穴あき平面が単連結ではないという事実は，$1/z$ の単位円周での積分が $2\pi i$ であって 0 ではないことから厳密に示される．

6. 複素対数

零ではない複素数に対し，対数を定義したいものとする．$z = re^{i\theta}$ とし，その対数を指数関数の逆関数として定義したいのならば，

$$\log z = \log r + i\theta$$

とおくのが自然である．ここで，さらには以下において，$\log r$ により正の数 r の標準対数[1]を表すものと取り決めをする．上の定義において問題となるのは，θ が 2π の整数倍の差を無視してのみ一意的なことである．しかしながら，z を与えるごとに θ の取り方を固定することができ，z がほんの少ししか変化しなければ，対応する θ の選び方を (θ が z に関して連続に変化することを要請するものとして) 一意的に定めることができる．このように，「局所的には」曖昧な点なく対数の定義を与えることができるが，「大域的」にはうまくいかない．たとえば，$z = 1$ から出発して原点の周りをまわって再び 1 に戻ってくるとき，対数は元の値にはもどらず，$2\pi i$ の整数倍だけの大きな違いが生じ，それゆえ「一価」とは

---

[1] 標準対数とは，初等微積分において現れる正の数に対する自然対数を意味するものとする．

ならない．対数を一価関数として意味をもたせるには，それを定義する集合を制限しなければならない．これが，いわゆる対数の**分枝**あるいは**葉**の選択である．

上での単連結領域の議論により，対数関数の分枝の自然な大域的定義を導くことができる．

定理 6.1 Ω は単連結で，$1 \in \Omega$ かつ $0 \notin \Omega$ であるものとする．このとき，対数の分枝 $F(z) = \log_\Omega(z)$ で
 (i) F は Ω で正則である，
 (ii) 任意の $z \in \Omega$ に対して $e^{F(z)} = z$,
 (iii) r が実数で 1 に近いとき $F(r) = \log r$
となるものが存在する．

言い換えると，各分枝 $\log_\Omega(z)$ は，正の数に対して定義される標準対数の拡張である．

証明 F を関数 $1/z$ の原始関数として構成しよう．$0 \notin \Omega$ であるので，関数 $f(z) = 1/z$ は Ω で正則である．
$$\log_\Omega(z) = F(z) = \int_\gamma f(w)\,dw$$
と定義するが，ここで γ は 1 と z をつなぐ任意の曲線である．Ω は単連結であるので，この定義は経路の取り方によらない．定理 5.2 の証明において議論したように，F は正則であり任意の $z \in \Omega$ に対して $F'(z) = 1/z$ となることがわかる．これにより (i) が証明された．(ii) を証明するためには，$ze^{-F(z)} = 1$ を示せば十分である．そのために，左辺を微分して
$$\frac{d}{dz}\left(ze^{-F(z)}\right) = e^{-F(z)} - zF'(z)e^{-F(z)} = (1 - zF'(z))e^{-F(z)} = 0$$
を得る．Ω は連結であるから，第 1 章の系 3.4 により $ze^{-F(z)}$ は定数であることがわかる．この式の $z = 1$ での値を計算し $F(1) = 0$ に注意すれば，この定数が 1 でなくてはならないことがわかる．

最後に，r が実数で 1 に近いときには，1 から r への経路を実軸上の線分にとり，標準対数に関する通常の公式から
$$F(r) = \int_1^r \frac{dx}{x} = \log r$$
となる．これで，定理の証明は完結した． ∎

たとえば，截線平面 $\Omega = \mathbb{C} - \{(-\infty, 0]\}$ では，$|\theta| < \pi$ に関し $z = re^{i\theta}$ とおいて，対数の主分枝

$$\log z = \log r + i\theta$$

をとることができる (ここでは下付きの Ω を落とし，単に $\log z$ と書く). これを証明するために，図 8 で示したような積分経路 γ を用いる.

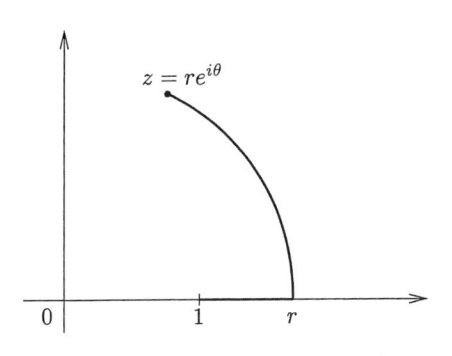

図 8 対数の主分枝に関する積分経路.

$|\theta| < \pi$ に対し $z = re^{i\theta}$ とし，1 から r へ向かう線分と r から z へ向かう円弧 η とから成る経路を考える. このとき

$$\begin{aligned}
\log z &= \int_1^r \frac{dx}{x} + \int_\eta \frac{dw}{w} \\
&= \log r + \int_0^\theta \frac{ire^{it}}{re^{it}} dt \\
&= \log r + i\theta
\end{aligned}$$

となる.

重要な考察の一つとして，一般には

$$\log(z_1 z_2) \neq \log z_1 + \log z_2$$

である. たとえば，$z_1 = e^{2\pi i/3} = z_2$ とするとき，対数の主分枝に関して

$$\log z_1 = \log z_2 = \frac{2\pi i}{3}$$

であり，$z_1 z_2 = e^{-2\pi i/3}$ であるので

$$-\frac{2\pi i}{3} = \log(z_1 z_2) \neq \log z_1 + \log z_2$$

となる.

最後に，対数の主分枝に関しては以下のテイラー展開が成立する：

$$\text{(6)} \quad \log(1+z) = z - \frac{z^2}{2} + \frac{z^3}{3} - \cdots = -\sum_{n=1}^{\infty}(-1)^n \frac{z^n}{n}, \quad |z|<1 \text{ に対して}.$$

実際，両辺は導関数が $1/(1+z)$ に等しいので，その差は定数となる．$z=0$ では両辺は 0 に等しいので，この定数は 0 でなくてはならず，求めるべきテイラー展開が証明された．

単連結領域上で対数を定義したので，今度は任意の $\alpha \in \mathbb{C}$ に対してベキ z^α が定義される．Ω が単連結で $1 \in \Omega$ かつ $0 \notin \Omega$ であるとき，上のように対数の分枝を $\log 1 = 0$ となるように選び，

$$z^\alpha = e^{\alpha \log z}$$

と定義する．$1^\alpha = 1$ に注意して，$\alpha = 1/n$ ならば

$$(z^{1/n})^n = \prod_{k=1}^n e^{\frac{1}{n}\log z} = e^{\sum_{k=1}^n \frac{1}{n}\log z} = e^{\frac{n}{n}\log z} = e^{\log z} = z$$

となる．

零ではない任意の複素数 w は，$w = e^z$ と書けることがわかる．この事実の一般化が次の定理で与えられるが，これは零とはならない任意の f に対し $\log f(z)$ が存在することを述べている．

定理 6.2 f が，ある単連結領域 Ω 上どの点においても零にはならない正則関数とするとき，Ω 上の正則関数 g で

$$f(z) = e^{g(z)}$$

となるものが存在する．

この定理における関数 $g(z)$ を $\log f(z)$ と表すことができ，この対数の「分枝」を与える．

証明 Ω 内の 1 点 z_0 を固定し，γ を z_0 と z をつなぐ Ω 内の任意の経路とし，また c_0 を $e^{c_0} = f(z_0)$ となる複素数として，関数

$$g(z) = \int_\gamma \frac{f'(w)}{f(w)}\,dw + c_0$$

を定義する．Ω は単連結であるから，この定義は経路 γ の取り方によらない．第 2 章の定理 2.1 の証明と同様に議論して，g は正則で

$$g'(z) = \frac{f'(z)}{f(z)}$$

となることがわかり，簡単な計算により

$$\frac{d}{dz}\left(f(z)e^{-g(z)}\right) = 0$$

であるから $f(z)e^{-g(z)}$ は定数である．この式の z_0 での値を求めることにより $f(z_0)e^{-c_0} = 1$ がわかるので，任意の $z \in \Omega$ に対して $f(z) = e^{g(z)}$ となり，証明は完結する． ∎

7. フーリエ級数と調和関数

第4章において，複素関数と実数直線上のフーリエ解析との興味深い関係が述べられる．円周上のフーリエ級数とここで考察している円板上の正則関数のベキ級数展開との単純かつ直接的な関係が，そこでの考察の動機の一つとなっている．

f は円板 $D_R(z_0)$ 上で正則であるものとし，それゆえ f がその円板上で収束するベキ級数展開

$$f(z) = \sum_{n=0}^{\infty} a_n(z-z_0)^n$$

をもつものとする．

定理7.1 任意の $n \geq 0$ および $0 < r < R$ に対し，f のベキ級数展開の係数は

$$a_n = \frac{1}{2\pi r^n}\int_0^{2\pi} f(z_0 + re^{i\theta})e^{-in\theta}\,d\theta$$

で与えられる．さらに，$n < 0$ である限り

$$0 = \frac{1}{2\pi r^n}\int_0^{2\pi} f(z_0 + re^{i\theta})e^{-in\theta}\,d\theta$$

である．

証明 $f^{(n)}(z_0) = a_n n!$ であるから，γ を半径 $0 < r < R$ かつ中心 z_0 で正の向きをもった円周として，コーシーの積分公式から

$$a_n = \frac{1}{2\pi i}\int_\gamma \frac{f(\zeta)}{(\zeta-z_0)^{n+1}}\,d\zeta$$

となる．この円周のパラメータ付けとして $\zeta = z_0 + re^{i\theta}$ をとれば，$n \geq 0$ に対し

$$a_n = \frac{1}{2\pi i} \int_0^{2\pi} \frac{f(z_0 + re^{i\theta})}{(z_0 + re^{i\theta} - z_0)^{n+1}} rie^{i\theta} \, d\theta$$
$$= \frac{1}{2\pi r^n} \int_0^{2\pi} f(z_0 + re^{i\theta}) e^{-i(n+1)\theta} e^{i\theta} \, d\theta$$
$$= \frac{1}{2\pi r^n} \int_0^{2\pi} f(z_0 + re^{i\theta}) e^{-in\theta} \, d\theta$$

となることがわかる．最後に，$n < 0$ の場合であっても，この計算によりやはり恒等式

$$\frac{1}{2\pi r^n} \int_0^{2\pi} f(z_0 + re^{i\theta}) e^{-in\theta} \, d\theta = \frac{1}{2\pi i} \int_\gamma \frac{f(\zeta)}{(\zeta - z_0)^{n+1}} \, d\zeta$$

が成り立つ．$-n > 0$ であるので，関数 $f(\zeta)(\zeta - z_0)^{-n-1}$ は円板上で正則で，コーシーの定理により最後の積分は零となる．∎

この定理の解釈は以下の通りである．$f(z_0 + re^{i\theta})$ を，中心 z_0 で半径 r の円板の閉包上での正則関数を円周上へ制限したものとみなす．このときそのフーリエ係数は，$n < 0$ に対しては零となり，一方で $n \geq 0$ に対しては (r^n の因子を無視して) 正則関数 f のベキ級数の係数と一致する．$n < 0$ に対してフーリエ係数が零となるという性質は，正則関数 (そして特にその任意の円周への制限) のもつもう一つの特別な性質を明らかにしている．

次に，$a_0 = f(z_0)$ であることから，以下の系を得る．

系 7.2 (平均値の性質) f が円板 $D_R(z_0)$ 上正則ならば，

$$f(z_0) = \frac{1}{2\pi} \int_0^{2\pi} f(z_0 + re^{i\theta}) \, d\theta, \qquad \text{任意の } 0 < r < R \text{ に対して}$$

が成り立つ．

両辺の実部をとることにより，以下の結果を得る．

系 7.3 f が円板 $D_R(z_0)$ 上正則で $u = \mathrm{Re}(f)$ ならば，

$$u(z_0) = \frac{1}{2\pi} \int_0^{2\pi} u(z_0 + re^{i\theta}) \, d\theta, \qquad \text{任意の } 0 < r < R \text{ に対して}$$

が成り立つ．

f が正則である限り必ず u が調和であることを思い出してほしいが，実際，上の系は円板 $D_R(z_0)$ 上の任意の調和関数に対して成立する性質である．このこと

は，円板上の任意の調和関数がその円板上でのある正則関数の実部になっていることを示す，第2章の練習12から得られる．

8. 練習

1. オイラーの公式
$$\sin \pi z = \frac{e^{i\pi z} - e^{-i\pi z}}{2i}$$
を用いて，$\sin \pi z$ の複素零点がちょうど整数のところにあり，おのおのが位数1であることを示せ．

$1/\sin \pi z$ の $z = n \in \mathbb{Z}$ における留数を計算せよ．

2. 積分
$$\int_{-\infty}^{\infty} \frac{dx}{1+x^4}$$
の値を求めよ．$1/(1+z^4)$ の極はどこにあるか？

3. $a > 0$ に対して
$$\int_{-\infty}^{\infty} \frac{\cos x}{x^2+a^2}\, dx = \pi \frac{e^{-a}}{a}$$
を示せ．

4. すべての $a > 0$ に対して
$$\int_{-\infty}^{\infty} \frac{x \sin x}{x^2+a^2}\, dx = \pi e^{-a}$$
を示せ．

5. 経路に沿った積分を用いて，任意の ξ に対して
$$\int_{-\infty}^{\infty} \frac{e^{-2\pi i x \xi}}{(1+x^2)^2}\, dx = \frac{\pi}{2}(1+2\pi|\xi|)e^{-2\pi|\xi|}$$
を示せ．

6.
$$\int_{-\infty}^{\infty} \frac{dx}{(1+x^2)^{n+1}}\, dx = \frac{1 \cdot 3 \cdot 5 \cdots (2n-1)}{2 \cdot 4 \cdot 6 \cdots (2n)} \cdot \pi$$
を示せ．

7. $a > 1$ である限り
$$\int_0^{2\pi} \frac{d\theta}{(a+\cos\theta)^2} = \frac{2\pi a}{(a^2-1)^{3/2}}$$

を示せ.

8. $a > |b|$ かつ $a, b \in \mathbb{R}$ ならば
$$\int_0^{2\pi} \frac{d\theta}{a + b\cos\theta} = \frac{2\pi}{\sqrt{a^2 - b^2}}$$
となることを証明せよ.

9.
$$\int_0^1 \log(\sin \pi x)\, dx = -\log 2$$
を示せ．[ヒント：図 9 での積分路を用いよ．]

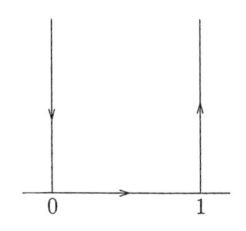

図 9　練習 9 における積分路.

10. $a > 0$ ならば
$$\int_0^\infty \frac{\log x}{x^2 + a^2}\, dx = \frac{\pi}{2a} \log a$$
となることを示せ．[ヒント：図 10 での積分路を用いよ．]

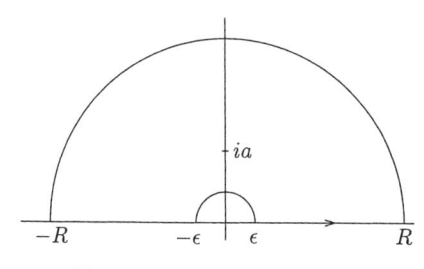

図 10　練習 10 における積分路.

11. $|a| < 1$ ならば
$$\int_0^{2\pi} \log|1 - ae^{i\theta}|\, d\theta = 0$$
となることを示せ．そして，この結果は $|a| \leq 1$ のみを仮定してもやはり正しいことを証明せよ．

12. u は整数ではないものとする.
$$\sum_{n=-\infty}^{\infty} \frac{1}{(u+n)^2} = \frac{\pi^2}{(\sin \pi u)^2}$$
を,円周 $|z| = R_N = N + 1/2$ (N は整数, $N \geq |u|$) 上で
$$f(z) = \frac{\pi \cot \pi z}{(u+z)^2}$$
を積分し,f の円周内の留数を加え,N を無限大に飛ばすことにより証明せよ.

注釈 この恒等式のフーリエ級数を用いた二通りの別の導き方が,第 I 巻で与えられている.

13. $f(z)$ は,穴あき円板 $D_r(z_0) - \{z_0\}$ で正則とする.また,ある $\varepsilon > 0$,および z_0 の近くのすべての z に対して
$$|f(z)| \leq A|z - z_0|^{-1+\varepsilon}$$
であるものとする.f の z_0 における特異性は除去可能であることを示せ.

14. 任意の単射的な整関数は,$a, b \in \mathbb{C}$ および $a \neq 0$ に関し $f(z) = az + b$ の形をもつことを証明せよ.
[ヒント:カゾラティ–ワイエルシュトラスの定理を $f(1/z)$ に対し適用せよ.]

15. コーシーの不等式あるいは最大値の原理を用いて,以下の問題を解け:
(a) f が整関数で,任意の $R > 0$,およびある整数 $k \geq 0$ とある定数 $A, B > 0$ に対して
$$\sup_{|z|=R} |f(z)| \leq AR^k + B$$
が成り立つとき,f は k 次以下の多項式である.
(b) f が単位円板上で正則,有界,かつ扇形 $\theta < \arg z < \varphi$ において $|z| \to 1$ とするとき 0 に一様に収束するならば,$f = 0$ である.
(c) $w_1, \cdots, w_n$ を,複素平面における単位円周上の点とする.その単位円周上の点 z で,z から $w_j, 1 \leq j \leq n$ までの距離の積が小さくとも 1 であるものが存在することを示せ.結論として,その単位円周上の点 w で,w から $w_j, 1 \leq j \leq n$ までの距離の積がちょうど 1 となるものが存在することを示せ.
(d) 整関数 f の実部が有界ならば,f は定数であることを示せ.

16. f と g は,円板 $|z| \leq 1$ を含む領域で正則とする.f は $z = 0$ で単純零点をもち,$|z| \leq 1$ 内のその他の点では零にならないとものとする.
$$f_\varepsilon(z) = f(z) + \varepsilon g(z)$$

とおく．ε が十分小ならば，

(a) f_ε は $|z| \leq 1$ においてただ一つ零点をもち，

(b) z_ε がこの零点ならば，写像 $\varepsilon \mapsto z_\varepsilon$ は連続である

ことを示せ．

17. f は定数ではなく，閉単位円板を含むある開集合において正則とする．

(a) $|z| = 1$ である限り $|f(z)| = 1$ であるならば，f の像は単位円板を含むことを示せ．[ヒント：任意の $w_0 \in \mathbb{D}$ に対し $f(z) = w_0$ が根をもつことを示さなければならない．そのためには，$f(z) = 0$ が根をもつことを示せば十分である (なぜ？)．最大値の原理を用いて結論を得よ．]

(b) $|z| = 1$ である限り $|f(z)| \geq 1$ で，$|f(z_0)| < 1$ となる点 $z_0 \in \mathbb{D}$ が存在するならば，f の像は単位円板を含むことを示せ．

18. 曲線のホモトピーを用いて，コーシーの積分公式
$$f(z) = \frac{1}{2\pi i} \int_C \frac{f(\zeta)}{\zeta - z}\, d\zeta$$
の別証明を与えよ．

[ヒント：円周 C を z を中心にもつ小さな円周にまで変形し，商 $(f(\zeta) - f(z))/(\zeta - z)$ が有界であることに注意せよ．]

19. 調和関数に対する最大値の原理，すなわち：

(a) u が領域 Ω 上の定数ではない実数値調和関数ならば，u は Ω において最大値 (または最小値) をとらない．

(b) Ω は，コンパクトな閉包 $\overline{\Omega}$ をもつ領域とする．u が Ω で調和で $\overline{\Omega}$ で連続ならば，
$$\sup_{z \in \Omega} |u(z)| \leq \sup_{z \in \overline{\Omega} - \Omega} |u(z)|$$
を証明せよ．

[ヒント：1番目の項目を証明するために，u が z_0 で局所的に最大であるものと仮定せよ．f は z_0 の近くで正則で $u = \mathrm{Re}(f)$ となるものとし，f が開ではないことを示せ．2番目の項目は1番目より直ちに得られる．]

20. この練習は，正則関数の平均二乗収束からいかにして一様収束が得られるのかを示すものである．U が $\mathbb{C}$ の開部分集合ならば，平均二乗ノルムとして
$$\|f\|_{L^2(U)} = \left(\int_U |f(z)|^2\, dxdy \right)^{1/2},$$
上限ノルムとして

$$\|f\|_{L^\infty(U)} = \sup_{z \in U} |f(z)|$$

といった記号を用いる．

(a) f が円板 $D_r(z_0)$ の近傍で正則ならば，任意の $0 < s < r$ に対しある (s と r に依存する) 定数 $C > 0$ が存在して

$$\|f\|_{L^\infty(D_s(z_0))} \le C \|f\|_{L^2(D_r(z_0))}$$

となることを示せ．

(b) $\{f_n\}$ が正則関数の平均二乗ノルム $\|\cdot\|_{L^2(U)}$ に関するコーシー列であるとき，列 $\{f_n\}$ は，U の任意のコンパクト部分集合上で，ある正則関数に一様収束することを証明せよ．

[ヒント：平均値の性質を用いよ．]

21. ある種の集合は，それが単連結であることを保証する幾何学的性質をもっていることがある．

(a) 開集合 $\Omega \subset \mathbb{C}$ が凸であるとは，Ω 内の任意の 2 点に対して，それらをつなぐ線分が Ω に含まれることをいう．凸開集合は単連結であることを証明せよ．

(b) より一般に，開集合 $\Omega \subset \mathbb{C}$ が星形であるとは，ある点 $z_0 \in \Omega$ が存在して，任意の $z \in \Omega$ に対して z と z_0 をつなぐ線分が Ω に含まれることをいう．星形開集合は単連結であることを証明せよ．結論として，截線平面 $\mathbb{C} - \{(-\infty, 0]\}$ (より一般に，凸か否かにかかわらず任意の扇形) は単連結であること示せ．

(c) 単連結な開集合の例としては，他にどのようなものがあるか？

22. 単位円板 $\mathbb{D}$ 上の正則関数 f で，$\partial \mathbb{D}$ まで連続的に拡張され，$z \in \partial \mathbb{D}$ に対しては $f(z) = 1/z$ となるようなものは存在しないことを示せ．

9. 問題

1.* 単位円板上の正則写像 $f : \mathbb{D} \to \mathbb{C}$ で，$f(0) = 0$ をみたすものを考える．開写像定理より，像 $f(\mathbb{D})$ は原点を中心とする小円板を含む．このとき次のことが問題となる：ある $r > 0$ が存在して，$f(0) = 0$ となる任意の $f : \mathbb{D} \to \mathbb{C}$ に対し $D_r(0) \subset f(\mathbb{D})$ が成立するか？

(a) f にさらに制限を加えない限り，そのような r は存在しないことを示せ．$\mathbb{D}$ 上で正則な関数の列 $\{f_n\}$ で，$1/n \notin f(\mathbb{D})$ となるものを見つければ十分である．$f'_n(0)$ を計算して，議論せよ．

(b) さらに，f が $f'(0) = 1$ をみたすものと仮定する．この新しい仮定にもかかわら

ず，求める条件をみたす $r > 0$ は存在しないことを示せ．

ケーベ–ビーベルバッハの定理は，$f(0) = 0$ および $f'(0) = 1$ に加え，f が単射的であることも仮定するならば，このような $r > 0$ は存在し，その最良の値は $r = 1/4$ であることを主張する．

(c) 第 1 段として，$h(z) = \dfrac{1}{z} + c_0 + c_1 z + c_2 z^2 + \cdots$ が解析的で $0 < |z| < 1$ で単射的ならば，$\sum_{n=1}^{\infty} n|c_n|^2 \leq 1$ を示せ．
[ヒント：$0 < \rho < 1$ に対して $h(D_\rho(0) - \{0\})$ の補集合の面積を計算し，$\rho \to 1$ とせよ．]

(d) $f(z) = z + a_2 z^2 + \cdots$ が定理の仮定をみたすならば，定理の仮定をみたす別の関数 g で $g^2(z) = f(z^2)$ をみたすものが存在する．
[ヒント：$f(z)/z$ はどの点においても零にはならず，ψ で $\psi^2(z) = f(z)/z$ かつ $\psi(0) = 1$ となるものが存在する．$g(z) = z\psi(z^2)$ が単射的であることを確かめよ．]

(e) 前項の記号において，$|a_2| \leq 2$，および等号が
$$f(z) = \frac{z}{(1 - e^{i\theta}z)^2}, \qquad \text{ある } \theta \in \mathbb{R} \text{ に対して}$$
のときに成立し，またこのときに限ることを示せ．
[ヒント：$1/g(z)$ のベキ級数展開は何か？ 項目 (c) を用いよ．]

(f) $h(z) = \dfrac{1}{z} + c_0 + c_1 z + c_2 z^2 + \cdots$ が $\mathbb{D}$ で単射的であり z_1 および z_2 を値としてとらないならば，$|z_1 - z_2| \leq 4$ となることを示せ．
[ヒント：$1/(h(z) - z_j)$ のベキ級数展開における第 2 係数を見よ．]

(g) 定理の証明を完結させよ．[ヒント：f が w を値としてとらないならば，$1/f$ は 0 および $1/w$ を値としてとらない．]

2. u を単位円板内の調和関数で，その閉包上で連続とする．ポアソンの積分公式
$$u(z_0) = \frac{1}{2\pi} \int_0^{2\pi} \frac{1 - |z_0|^2}{|e^{i\theta} - z_0|^2} u(e^{i\theta}) \, d\theta, \qquad |z_0| < 1 \text{ に対して}$$
を，その特別な場合である $z_0 = 0$ のとき (平均値の定理) より導け．$z_0 = re^{i\varphi}$ ならば
$$\frac{1 - |z_0|^2}{|e^{i\theta} - z_0|^2} = \frac{1 - r^2}{1 - 2r\cos(\theta - \varphi) + r^2} = P_r(\theta - \varphi)$$
であり，前の章の練習において導いたポアソン核の表現を再び得ることを示せ．
[ヒント：
$$T(z) = \frac{z_0 - z}{1 - \overline{z_0} z}$$
として，$u_0(z) = u(T(z))$ とおく．u_0 は調和であることを証明せよ．それから，平均値の定理を u_0 に対して適用し，その積分において変数変換を行え．]

3. $f(z)$ が削除近傍 $\{0 < |z - z_0| < r\}$ において正則で，z_0 において位数 k の極を

もつならば，円板 $\{|z-z_0|<r\}$ で正則な g を用いて
$$f(z) = \frac{a_{-k}}{(z-z_0)^k} + \cdots + \frac{a_{-1}}{(z-z_0)} + g(z)$$
と書くことができる．たとえ z_0 が真性特異点の場合であっても成立する，この表現の一般化が存在する．これは**ローラン級数展開**の特別な場合であり，より一般な状況においても成立する．

f は，$0 < r_1 < r_2$ として，円環 $\{z : r_1 \leq |z - z_0| \leq r_2\}$ を含む領域において正則であるものとする．このとき
$$f(z) = \sum_{n=-\infty}^{\infty} a_n (z - z_0)^n$$
であり，級数はその円環において絶対収束する．これを証明するには，$r_1 < |z - z_0| < r_2$ に対して
$$f(z) = \frac{1}{2\pi i} \int_{C_{r_2}} \frac{f(\zeta)}{\zeta - z} d\zeta - \frac{1}{2\pi i} \int_{C_{r_1}} \frac{f(\zeta)}{\zeta - z} d\zeta$$
と書くだけでよく，第 2 章定理 4.4 の証明と同じように議論せよ．ここで，C_{r_1} と C_{r_2} は円環の境界をなす円周である．

4.* Ω を有界領域とする．L を Ω と交わる (両端に無限に伸びた) 直線とする．$\Omega \cap L$ は区間 I であるものとする．L に向きを入れることにより，Ω の部分領域 Ω_l および Ω_r を，L の真に左あるいは右にある部分として定義することができ，$\Omega = \Omega_l \cup I \cup \Omega_r$ と直和の形に書くことができる．もし Ω_l と Ω_r が単連結ならば，Ω は単連結である．

5.* h は連続であり，$[-M, M]$ に台をもつものとして，
$$g(z) = \frac{1}{2\pi i} \int_{-M}^{M} \frac{h(x)}{x - z} dx$$
とおく．

(a) 関数 g は，$\mathbb{C} - [-M, M]$ で正則で無限遠において零，すなわち，$\lim_{|z| \to \infty} |g(z)| = 0$ となることを証明せよ．さらに，g の $[-M, M]$ を横切る「跳躍」は h である，すなわち，
$$h(x) = \lim_{\varepsilon \to 0, \varepsilon > 0} g(x + i\varepsilon) - g(x - i\varepsilon).$$
[ヒント：差 $g(x + i\varepsilon) - g(x - i\varepsilon)$ を h とポアソン核との畳み込みの形で表現せよ．]

(b) h が滑らかさに関するゆるやかな仮定，たとえば α 次のヘルダー条件，すなわち，ある $C > 0$ と任意の $x, y \in [-M, M]$ に対して $|h(x) - h(y)| \leq C|x - y|^\alpha$ をみたすならば，$g(x + i\varepsilon)$ と $g(x - i\varepsilon)$ は $\varepsilon \to 0$ として関数 $g_+(x)$ と $g_-(x)$ に一様収束する．このとき，g は以下をみたす唯一の正則関数として特徴づけられる：

(i) g は $[-M, M]$ の外部で正則,

(ii) g は無限遠で零,

(iii) $g(x+i\varepsilon)$ と $g(x-i\varepsilon)$ は $\varepsilon \to 0$ のとき, g_+ と $g_-(x)$ に一様収束し,
$$g_+(x) - g_-(x) = h(x).$$

[ヒント：G がこの 3 条件をみたす別の関数ならば, $g - G$ は整関数.]

第4章　フーリエ変換

　　　　　　　ケンブリッジ・トリニティカレッジ名誉校友，マサチュセッツ工科大学およびハーヴァード大学国際特別研究員レーモンド・エドワード・アラン・クリストファー・ペーリーは，アルバータのバンフ付近にてスキー中，1933年4月7日雪崩により死亡した．わずか26歳ではあったが，すでに，G.H.ハーディやJ.E.リトルウッドといった天才たちに触発された若き英国数学者集団において最も能力のある者として認められていた．比類なき技巧で有名なその集団において，ペーリーほどこの技巧を高みにまで極めたものはいない．だからといって，彼のことを主に技巧家であるなどと考えるべきではなく，なぜなら彼はこの能力を，何よりも先にくるべき創造力と結合したからである．「ラグビー戦術」のない技巧は人を彼方へとは導かないとは彼自身が常日頃口にしていたことだが，彼はこのラグビー戦術にはかなり傾倒し，これは率直でかつ厳格であるという彼の気質の素となった．

　友人を作り共同研究をすることに関して類まれなる才能をもつペーリーは，間断なくアイデアをやりとりすることにより着想がおのおのを刺激し，各人が独力でするよりも多くの成果をあげることができるものと信じていた．例外的な人間のみが協力者を伴って仕事を進めることができるのであるが，ペーリーはリトルウッド，ポーヤ，ジグムント，そしてウィーナーなどを含む，多くの人々との共同研究を成功させたのである．

　　　　　　　　　　　　　——N. ウィーナー，1933

f を $\mathbb{R}$ 上の関数で,適当な滑らかさと減衰度の条件をみたすものとするとき,そのフーリエ変換は

$$\hat{f}(\xi) = \int_{-\infty}^{\infty} f(x) e^{-2\pi i x \xi} \, dx, \qquad \xi \in \mathbb{R}$$

で定義され,それと対をなすフーリエ反転公式

$$f(x) = \int_{-\infty}^{\infty} \hat{f}(\xi) e^{2\pi i x \xi} \, d\xi, \qquad x \in \mathbb{R}$$

が成立する.第I巻の読者はお気づきのように,フーリエ変換 (その d 次元版も含む) は解析学において基本的な役割を果たす.ここでは,フーリエ変換の1次元の理論と複素解析との間の親密で実り豊かな関係について明らかにしたい.(少々不正確に述べられてはいるが) 主題は以下の通りである:最初は実軸上において定義された関数 f に対し,それを正則関数として拡張できるかどうかは,そのフーリエ変換 $\hat{f}$ の無限遠での急速な (たとえば指数的な) 減衰と密接に関連している.このテーマを,2段構成でさらに詳しく述べよう.

まず,f が実軸を含む水平な帯にまで解析接続され,かつそれが無限遠において「緩やかに減少」[1]し,それによりフーリエ変換 $\hat{f}$ を定義している積分が収束するものとする.その結果,$\hat{f}$ が無限遠において指数的に減少することになる;また,これより直ちにフーリエ反転公式が成立することもわかる.さらに,これらの考察より容易にポアソンの和公式 $\sum_{n \in \mathbb{Z}} f(n) = \sum_{n \in \mathbb{Z}} \hat{f}(n)$ が得られる.ついでながら,これらの定理すべては,経路に沿った積分から導かれるみごとな結論である.

第2段において,その出発点としてフーリエ反転公式の正当性をとりあげるが,これは f および $\hat{f}$ がともに緩やかに減少することを仮定するならば,f に対してなんら解析性の仮定をおくことなく成立する.このとき,われわれは単純ではあるが自然な疑問を抱く:f が,そのフーリエ変換の台を有限区間,たとえば $[-M, M]$ にもつための条件は何か? お気づきのように,これは複素解析の概念を用いることなく述べられる基本的な問題である.しかしながら,これは関数 f の正則性の言葉を用いてのみ解決される.ペーリー–ウィーナーの定理により与えられる

---

[1] 関数 f が **緩やかに減少** するとは,f が連続であり,ある $A > 0$ が存在してすべての $x \in \mathbb{R}$ に対して $|f(x)| \leq A/(1+x^2)$ が成立することをいう.より制限的な条件としては,$f \in \mathcal{S}$,すなわち試験関数のシュワルツ空間があるが,このとき $\hat{f}$ も $\mathcal{S}$ に属する.より詳しくは第I巻を見よ.

その条件とは，f の $\mathbb{C}$ への解析接続で，増大度の条件

$$|f(z)| \leq Ae^{2\pi M|z|}, \qquad \text{ある定数 } A > 0 \text{ に対して}$$

をみたすものが存在することである．この条件をみたす関数は**指数型**と呼ばれる．
　$\hat{f}$ があるコンパクト集合の外で零であるという条件は，無限遠で減衰することの究極の場合とみなすことができ，それゆえこの定理は明らかに上で示されたテーマの文脈の中におさまることに注意してほしい．
　これらのすべてにおけるその決定的な技法は，積分路すなわち実軸を，水平な帯の境界の内側において移動することにある．これは，z が零ではない虚部をもつときの，$e^{-2\pi i z\xi}$ のもつ特殊な挙動の利点を利用するものである．実際，z が実数であるときこの指数関数は有界に留まり振動するが，$\mathrm{Im}(z) \neq 0$ のときには，積 $\xi \mathrm{Im}(z)$ が負か正かに従って，指数的に減衰もしくは増大する．

1. 関数族 $\mathfrak{F}$

　第 I 巻におけるフーリエ変換の考察の際に，関数に課した減衰度に関する最も弱い条件は緩やかな減少であった．そこでは，f と $\hat{f}$ がある正の定数 A, A' およびすべての $x, \xi \in \mathbb{R}$ に対して

$$|f(x)| \leq \frac{A}{1+x^2} \quad \text{および} \quad |\hat{f}(\xi)| \leq \frac{A'}{1+\xi^2}$$

をみたすという仮定のもと，フーリエ反転公式およびポアソンの和公式を証明した．この関数のクラスを考えるにいたった理由は，さまざまな例，たとえば $y > 0$ としたときのポアソン核

$$P_y(x) = \frac{1}{\pi}\frac{y}{y^2+x^2}$$

などが存在するからで，これは上半平面における定常状態の熱方程式のディリクレ問題の解に関して基本的役割をになうものであった．そこでは，$\widehat{P_y}(\xi) = e^{-2\pi y|\xi|}$ を示した．
　ここでの文脈上，われわれが定めた次の目標に特に適した関数の族を導入する：フーリエ変換に関する定理を複素解析を用いて証明すること．さらに，この族はわれわれが念頭におく多くの重要な応用例を含むだけの十分な広さをもっている．
　各 $a > 0$ に対して，$\mathfrak{F}_a$ により，以下の 2 条件をみたす関数 f 全体の族を表すものとする：

(i) 関数 f は水平な帯
$$S_a = \{z \in \mathbb{C} : |\operatorname{Im}(z)| < a\}$$
において正則である.

(ii) ある定数 $A > 0$ が存在して
$$|f(x+iy)| \leq \frac{A}{1+x^2}, \qquad \text{すべての } x \in \mathbb{R} \text{ および } |y| < a \text{ に対して}$$
が成り立つ.

言い換えれば,$\mathfrak{F}_a$ は S_a 上の正則関数で,おのおのの水平線 $\operatorname{Im}(z) = y$ 上で $-a < y < a$ に関し一様に緩やかに減少するものから構成される.たとえば,$f(z) = e^{-\pi z^2}$ は,任意の a に対して $\mathfrak{F}_a$ に属する.また,$z = \pm ci$ において 1 位の極をもつ関数
$$f(z) = \frac{1}{\pi}\frac{c}{c^2+z^2}$$
も,任意の $0 < a < c$ に対して $\mathfrak{F}_a$ に属する.

別の例としては,$f(z) = 1/\cosh \pi z$ があげられるが,これは $|a| < 1/2$ である限り $\mathfrak{F}_a$ に属する.この関数は,その基本的性質とともに,すでに第 3 章第 2.1 節の例 3 において議論した.

コーシーの積分公式の簡単な応用により,$f \in \mathfrak{F}_a$ ならば,任意の n に対する f の n 階導関数が,$0 < b < a$ であるすべての b に関して $\mathfrak{F}_b$ に属することにも注意せよ (練習 2).

最後に,$\mathfrak{F}$ により,ある a に関して $\mathfrak{F}_a$ に属する関数の全体を表すものとする.

注意 緩やかな減少の条件は,減少度 $A/(1+x^2)$ を $A/(1+|x|^{1+\varepsilon})$ に置き換えることにより,幾分弱めることができる.読者も気づくことになると思うが,以下における結果の多くはこの制限を弱めた条件のもとでもそのまま成立する.

2. $\mathfrak{F}$ 上でのフーリエ変換の作用

ここで $\mathfrak{F}$ に属する関数に対して,フーリエ反転公式およびポアソンの和公式を含む三つの定理を証明しよう.これら三つの証明に潜む考え方はすべて同じである:経路に沿った積分.したがって,ここで用いられる手法は,第 I 巻における対応する結果のそれとは異なるものである.

定理 2.1 f がある $a>0$ に対して $\mathfrak{F}_a$ に属するならば，任意の $0\leq b<a$ に対して $|\hat{f}(\xi)|\leq Be^{-2\pi b|\xi|}$ が成り立つ．

証明 $\hat{f}(\xi)=\int_{-\infty}^{\infty}f(x)e^{-2\pi i x\xi}dx$ であることを思い出せ．$b=0$ の場合は，単に $\hat{f}$ が有界であることを述べているに過ぎず，これは $\hat{f}$ を定義している積分，f が緩やかに減少するという仮定，および指数関数が 1 で押さえられることから直ちに得られる．

さて $0<b<a$ とし，まず $\xi>0$ を仮定する．最も重要な段階は，積分路すなわち実軸を b だけ下方に移動するところにある．より正確には，関数 $g(z)=f(z)e^{-2\pi i z\xi}$ に図1の積分路を考えよ．

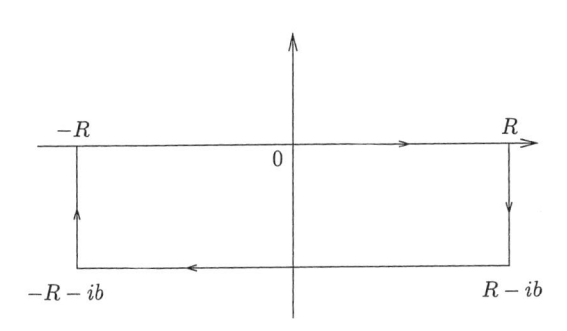

図1 定理 2.1 の証明における $\xi>0$ のときの積分路.

R が無限大に向かうとき，g の2本の垂直な辺上での積分は 0 に収束することを主張する．たとえば，左側の垂直な線分上での積分は

$$\left|\int_{-R-ib}^{-R}g(z)\,dz\right|\leq\int_{0}^{b}|f(-R-it)e^{-2\pi i(-R-it)\xi}|\,dt$$
$$\leq\int_{0}^{b}\frac{A}{R^2}e^{-2\pi t\xi}\,dt$$
$$=O(1/R^2)$$

と評価される．もう片方に対する同様の評価により，主張が証明される．それゆえ，コーシーの定理を大きな長方形に適用して，R を無限大に飛ばしたときの極限として

(1) $$\hat{f}(\xi)=\int_{-\infty}^{\infty}f(x-ib)e^{-2\pi i(x-ib)\xi}\,dx$$

がわかり，これにより B を適当な定数として評価式

$$|\hat{f}(\xi)| \leq \int_{-\infty}^{\infty} \frac{A}{1+x^2} e^{-2\pi b \xi} \, dx \leq B e^{-2\pi b \xi}$$

が得られる．$\xi < 0$ に対しては，この場合は実軸を b だけ上方へ移動して，同様の議論により定理の証明は終了する．

この結果は，$f \in \mathfrak{F}$ である限り $\hat{f}$ が無限遠で急減少することを述べている．より広く f が拡張される (すなわち a がより大きい) ならば，より大きく b をとることができ，したがってより速く減衰することに注意しておく．これら一連の考え方には第3節で再び戻ることになるが，そこでは $\hat{f}$ が究極の減衰条件：コンパクト台をみたすような f を取り扱う．

$\hat{f}$ は $\mathbb{R}$ 上で急減少するのでフーリエ反転公式における積分は意味をもち，あとはこの恒等式の複素解析的な証明にとりかかることにする．

定理2.2 $f \in \mathfrak{F}$ ならば，フーリエ反転公式，すなわち

$$f(x) = \int_{-\infty}^{\infty} \hat{f}(\xi) e^{2\pi i x \xi} \, d\xi, \qquad \text{すべての } x \in \mathbb{R} \text{ に対して}$$

が成立する．

経路に沿った積分に加えて，この定理の証明には簡単な恒等式が必要であり，それを個別に扱うことにする．

補題2.3 A が正で B が実ならば，$\int_{0}^{\infty} e^{-(A+iB)\xi} \, d\xi = \dfrac{1}{A+iB}$ である．

証明 $A > 0$ で $B \in \mathbb{R}$ であるから，$\left| e^{-(A+iB)\xi} \right| = e^{-A\xi}$ であり，積分は収束する．定義より

$$\int_{0}^{\infty} e^{-(A+iB)\xi} \, d\xi = \lim_{R \to \infty} \int_{0}^{R} e^{-(A+iB)\xi} \, d\xi$$

である．しかしながら，

$$\int_{0}^{R} e^{-(A+iB)\xi} \, d\xi = \left[-\frac{e^{-(A+iB)\xi}}{A+iB} \right]_{0}^{R}$$

であり，R が無限大へ向かうとき，これは $1/(A+iB)$ に収束する． ∎

これで反転公式の証明を行うことができる．再び ξ の符号が関わってくるので，

$$\int_{-\infty}^{\infty} \hat{f}(\xi) e^{2\pi i x \xi} \, d\xi = \int_{-\infty}^{0} \hat{f}(\xi) e^{2\pi i x \xi} \, d\xi + \int_{0}^{\infty} \hat{f}(\xi) e^{2\pi i x \xi} \, d\xi$$

と書くことから始めよう．2番目の積分に関しては，以下のように議論する．たとえば $f \in \mathfrak{F}_a$ であるとして，$0 < b < a$ をとる．定理 2.1 の証明と同様に議論して，あるいは単に等式 (1) を用いることにより，

$$\hat{f}(\xi) = \int_{-\infty}^{\infty} f(u-ib) e^{-2\pi i (u-ib)\xi} \, du$$

が示され，補題を適用し ξ に関する積分の収束性とから，直線 $\{u - ib : u \in \mathbb{R}\}$ を左から右へ向かうものを L_1 として (別の言い方をすると，L_1 は実軸を下方に b だけ移動したもの)

$$\begin{aligned}
\int_0^{\infty} \hat{f}(\xi) e^{2\pi i x \xi} \, d\xi &= \int_0^{\infty} \int_{-\infty}^{\infty} f(u-ib) e^{-2\pi i (u-ib)\xi} e^{2\pi i x \xi} \, du \, d\xi \\
&= \int_{-\infty}^{\infty} f(u-ib) \int_0^{\infty} e^{-2\pi i (u-ib-x)\xi} \, d\xi \, du \\
&= \int_{-\infty}^{\infty} f(u-ib) \frac{1}{2\pi b + 2\pi i (u-x)} \, du \\
&= \frac{1}{2\pi i} \int_{-\infty}^{\infty} \frac{f(u-ib)}{u-ib-x} \, du \\
&= \frac{1}{2\pi i} \int_{L_1} \frac{f(\zeta)}{\zeta - x} \, d\zeta
\end{aligned}$$

がわかる．$\xi < 0$ のときの積分に対しては，L_2 を実軸を上方に b だけ移動したもので左から右へ向かう向きをもつものとして，同様の計算により

$$\int_{-\infty}^{0} \hat{f}(\xi) e^{2\pi i x \xi} \, d\xi = -\frac{1}{2\pi i} \int_{L_2} \frac{f(\zeta)}{\zeta - x} \, d\zeta$$

を得る．さて，$x \in \mathbb{R}$ に対して，図 2 のような積分路 γ_R を考える．

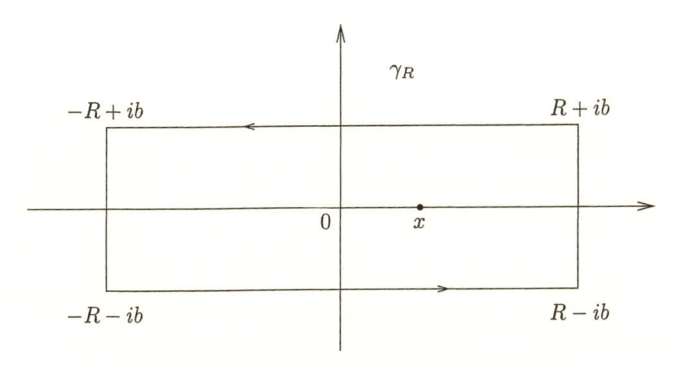

図 2 定理 2.2 の証明における積分路 γ_R.

関数 $f(\zeta)/(\zeta-x)$ は x で留数が $f(x)$ の 1 位の極をもち，留数の公式により
$$f(x) = \frac{1}{2\pi i} \int_{\gamma_R} \frac{f(\zeta)}{\zeta - x} \, d\zeta$$
を得る．R を無限大に飛ばすことにより垂直な辺上の積分は 0 に収束することが容易に確かめられ，前の結果と合わせて
$$\begin{aligned} f(x) &= \frac{1}{2\pi i} \int_{L_1} \frac{f(\zeta)}{\zeta - x} \, d\zeta - \frac{1}{2\pi i} \int_{L_2} \frac{f(\zeta)}{\zeta - x} \, d\zeta \\ &= \int_0^\infty \hat{f}(\xi) e^{2\pi i x \xi} \, d\xi + \int_{-\infty}^0 \hat{f}(\xi) e^{2\pi i x \xi} \, d\xi \\ &= \int_{-\infty}^\infty \hat{f}(\xi) e^{2\pi i x \xi} \, d\xi \end{aligned}$$
が得られ，定理は証明される．

三つの定理の最後にくるのは，ポアソンの和公式である．

定理 2.4 $f \in \mathfrak{F}$ ならば
$$\sum_{n \in \mathbb{Z}} f(n) = \sum_{n \in \mathbb{Z}} \hat{f}(n)$$
が成立する．

証明 たとえば $f \in \mathfrak{F}_a$ であるとして，$0 < b < a$ をとる．関数 $1/(e^{2\pi i z} - 1)$ は，整数において留数 $1/(2\pi i)$ の 1 位の極をもつ．したがって，$f(z)/(e^{2\pi i z} - 1)$ は整数 n において 1 位の極をもち，その留数は $f(n)/2\pi i$ である．それゆえ，留数の公式を N を整数としたときの図 3 における積分路 γ_N に対し適用してもよい．

これにより，
$$\sum_{|n| \leq N} f(n) = \int_{\gamma_N} \frac{f(z)}{e^{2\pi i z} - 1} \, dz$$
が得られる．N を無限大に飛ばし f が緩やかに減少することを思い出せば，和は $\sum_{n \in \mathbb{Z}} f(n)$ に収束し，垂直な線分上の積分も 0 に近づくことがわかる．したがって極限をとることにより，L_1 および L_2 は実軸をそれぞれ下方および上方に b だけ移動したものとして

(2) $$\sum_{n \in \mathbb{Z}} f(n) = \int_{L_1} \frac{f(z)}{e^{2\pi i z} - 1} \, dz - \int_{L_2} \frac{f(z)}{e^{2\pi i z} - 1} \, dz$$

を得る．

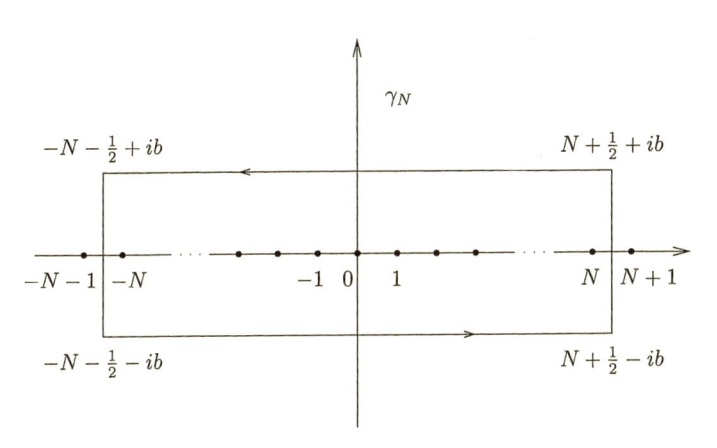

図3 定理 2.4 の証明における積分路 γ_N.

さて,$|w|>1$ ならば
$$\frac{1}{w-1} = w^{-1}\sum_{n=0}^{\infty} w^{-n}$$
である事実を用いて,L_1 上で (そこでは $|e^{2\pi iz}|>1$ である)
$$\frac{1}{e^{2\pi iz}-1} = e^{-2\pi iz}\sum_{n=0}^{\infty} e^{-2\pi inz}$$
となることがわかる.また,$|w|<1$ ならば
$$\frac{1}{w-1} = -\sum_{n=0}^{\infty} w^{n}$$
であり,よって L_2 上で
$$\frac{1}{e^{2\pi iz}-1} = -\sum_{n=0}^{\infty} e^{2\pi inz}$$
となることもわかる.これらの考察による結果を (2) に代入して
$$\sum_{n\in\mathbb{Z}} f(n) = \int_{L_1} f(z)\left(e^{-2\pi iz}\sum_{n=0}^{\infty} e^{-2\pi inz}\right)dz + \int_{L_2} f(z)\left(\sum_{n=0}^{\infty} e^{2\pi inz}\right)dz$$
$$= \sum_{n=0}^{\infty}\int_{L_1} f(z)e^{-2\pi i(n+1)z}\,dz + \sum_{n=0}^{\infty}\int_{L_2} f(z)e^{2\pi inz}\,dz$$

$$= \sum_{n=0}^{\infty} \int_{-\infty}^{\infty} f(x) e^{-2\pi i(n+1)x} dx + \sum_{n=0}^{\infty} \int_{-\infty}^{\infty} f(x) e^{2\pi inx} dx$$

$$= \sum_{n=0}^{\infty} \hat{f}(n+1) + \sum_{n=0}^{\infty} \hat{f}(-n)$$

$$= \sum_{n \in \mathbb{Z}} \hat{f}(n)$$

となることがわかるが，ここで等式 (1) およびその下方移動の場合の類似の式にしたがって，L_1 および L_2 の実軸への移し戻しを行った． ∎

ポアソンの和公式は広い範囲におよぶ多くの結果をもたらすが，後の応用上重要ないくつかの興味深い恒等式を導くことでこの節を締めくくろう．

最初に，関数 $e^{-\pi x^2}$ がそれ自身のフーリエ変換であることを示す第 2 章例 1 における計算を思い出そう：

$$\int_{-\infty}^{\infty} e^{-\pi x^2} e^{-2\pi i x \xi} dx = e^{-\pi \xi^2}.$$

$t > 0$ および $a \in \mathbb{R}$ の値を固定して，変数変換 $x \mapsto t^{1/2}(x+a)$ を上の積分に施せば，関数 $f(x) = e^{-\pi t(x+a)^2}$ のフーリエ変換は $\hat{f}(\xi) = t^{-1/2} e^{-\pi \xi^2/t} e^{2\pi i a \xi}$ であることがわかる．ポアソンの和公式をこの ($\mathfrak{F}$ に属する) f と $\hat{f}$ の組に適用して，以下の関係を得る：

(3) $$\sum_{n=-\infty}^{\infty} e^{-\pi t(n+a)^2} = \sum_{n=-\infty}^{\infty} t^{-1/2} e^{-\pi n^2/t} e^{2\pi i n a}.$$

この恒等式から注目に値する結論が得られる．たとえば，特別な場合 $a = 0$ においては，ある種の「テータ関数」に対する変換法則となる：$t > 0$ に対して ϑ を級数 $\vartheta(t) = \sum_{n=-\infty}^{\infty} e^{-\pi n^2 t}$ により定義すれば，関係式 (3) はまさに

(4) $$\vartheta(t) = t^{-1/2} \vartheta(1/t), \qquad t > 0 \text{ に対して}$$

であることを述べている．この等式は，第 6 章においてリーマンのゼータ関数の重要な関数等式を導く際に用いられ，これによりその解析接続が可能となる．一般に $a \in \mathbb{R}$ の場合も，第 10 章において，より一般のヤコビのテータ関数 Θ に関する対応する法則を導く際に用いられる．

ポアソンの和公式のもう一つの応用として，第 3 章例 3 において関数 $1/\cosh \pi x$ がそれ自身のフーリエ変換でもあることを証明したのを思い出そう：

$$\int_{-\infty}^{\infty} \frac{e^{-2\pi ix\xi}}{\cosh \pi x} \, dx = \frac{1}{\cosh \pi \xi}.$$

これにより，$t>0$ かつ $a \in \mathbb{R}$ ならば，関数 $f(x) = e^{-2\pi iax}/\cosh(\pi x/t)$ のフーリエ変換が，$\hat{f}(\xi) = t/\cosh(\pi(\xi+a)t)$ であることがわかり，ポアソンの和公式より

(5) $$\sum_{n=-\infty}^{\infty} \frac{e^{-2\pi ian}}{\cosh(\pi n/t)} = \sum_{n=-\infty}^{\infty} \frac{t}{\cosh(\pi(n+a)t)}$$

が導かれる．この公式は，第 10 章において二平方和の定理の場面で用いられる．

3. ペーリー–ウィーナーの定理

この節では，少し視点を変えてみよう：f にはなんら解析性を仮定しないが，$|f(x)| \leq A/(1+x^2)$ および $|\hat{f}(\xi)| \leq A'/(1+\xi^2)$ という条件のもとでのフーリエ反転公式の正当性

$$\hat{f}(\xi) = \int_{-\infty}^{\infty} f(x) e^{-2\pi ix\xi} \, dx \quad \text{ならば} \quad f(x) = \int_{-\infty}^{\infty} \hat{f}(\xi) e^{2\pi ix\xi} \, d\xi$$

は仮定する．これらの条件下でのフーリエ反転公式の証明に関しては，読者は第 I 巻第 5 章を参照せよ．

定理 2.1 の部分的な逆を指摘することから始めよう．

定理 3.1 $\hat{f}$ は，ある定数 $a, A > 0$ に関して減衰条件 $|\hat{f}(\xi)| \leq Ae^{-2\pi a|\xi|}$ をみたすものとする．このとき，任意の $0 < b < a$ に関して，$f(x)$ は帯 $S_b = \{z \in \mathbb{C} : |\text{Im}(z)| < b\}$ 上で正則なある関数 $f(z)$ の $\mathbb{R}$ への制限となる．

証明

$$f_n(z) = \int_{-n}^{n} \hat{f}(\xi) e^{2\pi i\xi z} \, d\xi$$

と定義し，第 2 章の定理 5.4 により f_n は整関数であることに注意する．また，$f(z)$ は S_b 上の任意の z に対して

$$f(z) = \int_{-\infty}^{\infty} \hat{f}(\xi) e^{2\pi i\xi z} \, d\xi$$

とも定義されることを見てほしいのだが，実際この積分は $\hat{f}$ に対するここでの仮定により絶対収束している：これは，$b < a$ のときには有限な

$$A\int_{-\infty}^{\infty} e^{-2\pi a|\xi|} e^{2\pi b|\xi|}\,d\xi$$

により押さえられる．さらに，$z \in S_b$ に対して

$$|f(z) - f_n(z)| \leq A\int_{|\xi| \geq n} e^{-2\pi a|\xi|} e^{2\pi b|\xi|}\,d\xi$$
$$\to 0, \qquad n \to \infty \text{ のとき}$$

であるから，よって列 $\{f_n\}$ は f に S_b 上一様に収束し，これより第 2 章の定理 5.2 を用いて定理が証明される．∎

少しわき道にそれて，以下の考察をしてみよう．

系 3.2 ある $a > 0$ に関して $\hat{f}(\xi) = O\left(e^{-2\pi a|\xi|}\right)$ であり，かつ f がある空ではない開区間において零ならば，$f = 0$ である．

定理より f は実軸を含むある領域において解析的であるから，系は第 2 章の定理 4.8 からの帰結である．特に，第 I 巻第 5 章，練習 21 で証明された事実，すなわち f と $\hat{f}$ は，$f = 0$ ではない限り，同時にコンパクト台をもち得ないことを再び示したことになる．

ペーリー–ウィーナーの定理は前定理を一段凌ぐもので，区間 $[-M, M]$ が与えられたとき，そこにフーリエ変換の台をもつような関数の性質を記述している．

定理 3.3 f は連続で，$\mathbb{R}$ 上緩やかに減少するものとする．このとき f が，ある $A > 0$ に関して $|f(z)| \leq Ae^{2\pi M|z|}$ をみたす整関数として複素平面にまで拡張されるのは，$\hat{f}$ が区間 $[-M, M]$ に台をもつときであり，またこのときに限る．

一方向の証明は簡単である．$\hat{f}$ が $[-M, M]$ に台をもつものとする．このとき，f と $\hat{f}$ はどちらも緩やかに減少し，フーリエ反転公式が適用されて

$$f(x) = \int_{-M}^{M} \hat{f}(\xi) e^{2\pi i \xi x}\,d\xi$$

となる．積分範囲は有限であるから，積分において x を複素数 z に置き換えてよく，それによって $\mathbb{C}$ 上の複素数値関数

$$g(z) = \int_{-M}^{M} \hat{f}(\xi) e^{2\pi i \xi z}\,d\xi$$

を定義する．構成の仕方から z が実数ならば $g(z) = f(z)$ であり，第 2 章の定理

5.4 から g は正則である．最後に，$z = x + iy$ とすれば，
$$|g(z)| \leq \int_{-M}^{M} |\hat{f}(\xi)| e^{-2\pi \xi y} \, d\xi$$
$$\leq A e^{2\pi M |z|}$$
を得る．

逆は少し労力を要する．まず始めに，上の議論において $\hat{f}$ が $[-M, M]$ に台をもつときには，仮定されている有界性すなわち $|f(z)| \leq A e^{2\pi |z|}$ のかわりに，より強い有界性 $|f(z)| \leq A e^{2\pi |y|}$ が得られることを見てほしい．このさらに強い有界性が成立し得るよりよい状況へと帰着させようというのが，ここでの考え方である．しかしながら，ある積分の無限遠での収束を論ずるにはさらに $x \to \infty$ ($y \neq 0$ とする) のときの (緩やかな) 減衰が必要であるわけだから，このアイデアだけでまったく十分というわけではない．それゆえ，この f に関するさらなる性質も仮定することから始めて，それから余分な仮定を一段ずつ取り除くことにする．

第 1 段 最初に，f が複素平面において正則であり，以下の x に関する減衰と y に関する増大の条件

(6) $$|f(x + iy)| \leq A' \frac{e^{2\pi M |y|}}{1 + x^2}$$

をみたしているものと仮定する．そこでこの強い仮定のもとで，$|\xi| > M$ ならば $\hat{f}(\xi) = 0$ であることを証明する．これを見るには，まず $\xi > M$ であるとして
$$\hat{f}(\xi) = \int_{-\infty}^{\infty} f(x) e^{-2\pi i \xi x} \, dx$$
$$= \int_{-\infty}^{\infty} f(x - iy) e^{-2\pi i \xi (x - iy)} \, dx$$

と書く．ここで，通常の議論 (等式 (1)) を用いて実軸を $y > 0$ だけ下方へ移動した．絶対値をとって，有界性
$$|\hat{f}(\xi)| \leq A' \int_{-\infty}^{\infty} \frac{e^{2\pi M y - 2\pi \xi y}}{1 + x^2} \, dx$$
$$\leq C e^{-2\pi y (\xi - M)}$$

を得る．y を無限大に飛ばして，$\xi - M > 0$ であることを思い出せば，$\hat{f}(\xi) = 0$ が証明される．同様の議論により，積分路を $y > 0$ だけ上方へ移動すれば，$\xi < -M$ である限り $\hat{f}(\xi) = 0$ が証明される．

第 2 段 条件 (6) を緩めて，f が

(7)
$$|f(x+iy)| \le A e^{2\pi M|y|}$$

のみをみたすものと仮定する．これは，依然として定理の条件よりは強いものであるが，(6) よりは弱い．まず，$\xi > M$ であるものとして，$\varepsilon > 0$ に対して以下の補助的な関数

$$f_\varepsilon(z) = \frac{f(z)}{(1+i\varepsilon z)^2}$$

を考える．$1/(1+i\varepsilon z)^2$ という量は，閉じた下半平面 (実軸を含める) においては絶対値が 1 以下であり，$\varepsilon \to 0$ としたときに 1 に収束することがわかる．特に，これより $\widehat{f_\varepsilon}(\xi) \to \hat{f}(\xi)$ となることがわかるが，実際

$$|\widehat{f_\varepsilon}(\xi) - \hat{f}(\xi)| \le \int_{-\infty}^{\infty} |f(x)| \left[\frac{1}{(1+i\varepsilon x)^2} - 1 \right] dx$$

と書くことができ，f が $\mathbb{R}$ 上緩やかに減少することを思い出せばよい．

しかし，各 ε に対し

$$|f_\varepsilon(x+iy)| \le A'' \frac{e^{2\pi M|y|}}{1+x^2}$$

であり，よって第1段より $\widehat{f_\varepsilon}(\xi) = 0$，したがって $\varepsilon \to 0$ とすれば $\hat{f}(\xi) = 0$ とならなくてはいけない．$\xi < -M$ のときも同様の議論が成立するが，この場合には上半平面で議論して，かわりに $1/(1-i\varepsilon z)^2$ を用いる必要がある．

第3段　証明を完結させるには，定理の条件から第2段の条件 (7) が導かれることを示せば十分である．実際，適当な定数で割ることにより，すべての実数 x に対して $|f(x)| \le 1$ が，またすべての複素数 z に対して $|f(z)| \le e^{2\pi M|z|}$ が成立するならば，

$$|f(x+iy)| \le e^{2\pi M|y|}$$

となることを示せば十分である．これは，最大値の原理をさまざまな非有界領域に対しても適用させる，巧妙で非常に有用なフラグメンとリンデレーフの考え方から示される．特にわれわれが必要とするのは，以下のものである．

定理3.4　F は扇形

$$S = \{z : -\pi/4 < \arg z < \pi/4\}$$

上の正則関数で，S の閉包上連続であるものとする．扇形の境界上で $|F(z)| \le 1$ であり，扇形の中ではある定数 $C, c > 0$ が存在して $|F(z)| \le Ce^{c|z|}$ となるものと仮定する．このとき

$$|F(z)| \leq 1, \quad \text{すべての } z \in S \text{ に対して}$$

である.

　言い換えれば, F が S の境界上では 1 で押さえられ, かつ適当な量の増大度をもつにすぎない場合は, 実際は F はいたるところにおいて 1 で押さえられているということである. F の増大度に何らかの制限が必要なことは, 簡単な考察によりわかる. 関数 $F(z) = e^{z^2}$ を考えよ. このとき F は S の境界上では 1 で押さえられるが, x が実数ならば $x \to \infty$ のとき $F(x)$ は非有界となる. さて, 定理 3.4 に証明を与えよう.

　証明　「敵」関数 e^{z^2} を制圧し, それをわれわれの利益へと転じさせるのが考え方である：手短かにいえば, $\alpha < 2$ に関する e^{z^α} へと置き換えることにより, e^{z^2} を和らげるのである. 簡単のため, $\alpha = 3/2$ の場合を用いる. $\varepsilon > 0$ のとき,

$$F_\varepsilon(z) = F(z) e^{-\varepsilon z^{3/2}}$$

とおく. ここで, $z^{3/2}$ を定義するために対数の主分枝を選んだが, それにより ($-\pi < \theta < \pi$ に関して) $z = re^{i\theta}$ のときには, $z^{3/2} = r^{3/2} e^{3i\theta/2}$ となる. それゆえ, F_ε は S で正則で, 境界まで込めて連続である. また

$$|e^{-\varepsilon z^{3/2}}| = e^{-\varepsilon r^{3/2} \cos(3\theta/2)},$$

およびその扇形において $-\pi/4 < \theta < \pi/4$ であるから, 不等式

$$-\frac{\pi}{2} < -\frac{3\pi}{8} < \frac{3\theta}{2} < \frac{3\pi}{8} < \frac{\pi}{2}$$

が成立し, それゆえ $\cos(3\theta/2)$ はその扇形において真に正である. このことと, $|F(z)| \leq Ce^{c|z|}$ であるという事実とから, $F_\varepsilon(z)$ は閉扇形において $|z| \to \infty$ としたときに急減少し, 特に F_ε は有界となることがわかる. 実際は, $\overline{S}$ で S の閉包を表すとき, すべての $z \in \overline{S}$ に対して $|F_\varepsilon(z)| \leq 1$ が成り立つことを主張したい. これを証明するために,

$$M = \sup_{z \in \overline{S}} |F_\varepsilon(z)|$$

とおく. F が恒等的には零ではないと仮定して, $\{w_j\}$ を $|F_\varepsilon(w_j)| \to M$ となるような点列であるものとする. $M \neq 0$ であり, また $|z|$ が扇形内で大きくなるときに F_ε は 0 へと減衰するので, w_j は無限遠へ逃げ出すことはできず, この列

はある点 $w \in \overline{S}$ に集積することが結論づけられる．最大値の原理により，w は S の内部の点とはなり得ないので，w はその境界上にあることになる．しかし，境界上においては仮定からまず $|F(z)| \leq 1$，そしてまた $|e^{-\varepsilon z^{3/2}}| \leq 1$ が成立しているので，$M \leq 1$ となり，主張が証明された．

最後に，ε を 0 に近づけてもよく，定理の証明が完結する． ∎

フラグメン–リンデレーフの定理のさらなる一般化が，練習 9 および問題 3 に含まれている．

さてこの結果を用いて，ペーリー–ウィーナーの定理の証明の完結，すなわち $|f(x)| \leq 1$ かつ $|f(z)| \leq e^{2\pi M|z|}$ ならば $|f(z)| \leq e^{2\pi M|y|}$ を示さなければならない．まず，フラグメン–リンデレーフの定理における扇形を回転して，仮に第 1 象限 $Q = \{z = x + iy : x > 0, y > 0\}$ であるものとしても，結論はそのままであることに注意する．このとき

$$F(z) = f(z)e^{2\pi i M z}$$

を考察し，F は正の実軸上と正の虚軸上において 1 で押さえられることに注意する．その象限においては $|F(z)| \leq Ce^{c|z|}$ も成立するので，フラグメン–リンデレーフの定理により，Q 上のすべての z に対し $|F(z)| \leq 1$ となることが結論として得られ，これより $|f(z)| \leq e^{2\pi M y}$ が導かれる．他の象限に対しても同じ議論をすることにより，第 3 段そしてペーリー–ウィーナーの定理の証明が完結する．

ペーリー–ウィーナーの定理に潜むもう一つの考え方として，今度はそのフーリエ変換がすべての負の数 ξ に対して零となるような関数を特徴づけるのであるが，このことを述べて終わりとしよう．

定理 3.5 f および $\hat{f}$ は緩やかに減少するものとする．このとき，すべての $\xi < 0$ に対して $\hat{f}(\xi) = 0$ となるのは，f が閉上半平面 $\{z = x + iy : y \geq 0\}$ で有界かつ連続になるように拡張され，かつ f がその内部で正則となるときで，またそのときに限る．

証明 まず，$\xi < 0$ に対して $\hat{f}(\xi) = 0$ と仮定する．フーリエ反転公式から

$$f(x) = \int_0^\infty \hat{f}(\xi) e^{2\pi i x \xi}\, d\xi$$

が成り立ち，

$$f(z) = \int_0^\infty \hat{f}(\xi) e^{2\pi i z\xi} \, d\xi$$

により f を $z = x + iy$ で $y \geq 0$ の場合にまで拡張できる．この積分は収束し，

$$|f(z)| \leq A \int_0^\infty \frac{d\xi}{1+\xi^2} < \infty$$

となることに注意し，これから f の有界性が得られる．

$$f_n(z) = \int_0^n \hat{f}(\xi) e^{2\pi i z\xi} \, d\xi$$

が $f(z)$ に閉半空間上一様収束することから，f がそこで連続であり内部で正則であることが示される．

逆に関しては，定理3.3の証明の精神で議論する．正の数 ε および δ に対して，

$$f_{\varepsilon,\delta}(z) = \frac{f(z+i\delta)}{(1-i\varepsilon z)^2}$$

とおく．このとき $f_{\varepsilon,\delta}$ は，閉上半平面を含む領域で正則である．前と同様にコーシーの定理を用いて，すべての $\xi < 0$ に対して $\widehat{f_{\varepsilon,\delta}}(\xi) = 0$ も示すことができる．順番に極限をとることにより，$\xi < 0$ に対して $\widehat{f_{\varepsilon,0}}(\xi) = 0$，そして最終的に $\hat{f}(\xi) = \widehat{f_{0,0}}(\xi) = 0$ を得る． ■

注意 読者は，上の定理と第3章の定理7.1との間の，ある種の類似性に注目すべきである．ここでは上半平面で正則な関数を扱っており，そこにおいては円板で正則な関数を扱っている．今の場合はフーリエ変換が $\xi < 0$ で零であるが，前の場合にはフーリエ係数が $n < 0$ のときに零である．

4. 練習

1. f は連続で緩やかに減少し，すべての $\xi \in \mathbb{R}$ に対し $\hat{f}(\xi) = 0$ とする．以下の概略を完成させることにより，$f = 0$ であることを示せ．

(a) 実数 t を固定して，二つの積分

$$A(z) = \int_{-\infty}^t f(x) e^{-2\pi i z(x-t)} \, dx \quad \text{および} \quad B(z) = -\int_t^\infty f(x) e^{-2\pi i z(x-t)} \, dx$$

を考える．すべての $\xi \in \mathbb{R}$ に対し，$A(\xi) = B(\xi)$ を示せ．

(b) 関数 F は閉上半平面において A に，下半平面において B に等しく，整関数で有界であり，したがって定数となることを証明せよ．実際は，$F = 0$ であることを示せ．

(c) すべての t に対して

$$\int_{-\infty}^{t} f(x)\,dx = 0$$

であることを導き, $f = 0$ を結論づけよ.

2. ある $a > 0$ に関し $f \in \mathfrak{F}_a$ ならば, $0 \leq b < a$ である限り, 任意の正の整数 n に対して $f^{(n)} \in \mathfrak{F}_b$ となる.

[ヒント: 第 2 章の練習 8 の解答を修正せよ.]

3. 経路に沿った積分により, $a > 0$ かつ $\xi \in \mathbb{R}$ ならば

$$\frac{1}{\pi} \int_{-\infty}^{\infty} \frac{a}{a^2 + x^2} e^{-2\pi i x \xi}\,dx = e^{-2\pi a |\xi|}$$

を示し,

$$\int_{-\infty}^{\infty} e^{-2\pi a |\xi|} e^{2\pi i \xi x}\,d\xi = \frac{1}{\pi} \frac{a}{a^2 + x^2}$$

を確かめよ.

4. Q は 2 次以上の多項式で, 根はすべて相異なり, 実軸には根をもたないものとする.

$$\int_{-\infty}^{\infty} \frac{e^{-2\pi i x \xi}}{Q(x)}\,dx, \qquad \xi \in \mathbb{R}$$

を Q の根を用いて計算せよ. いくつかの根が一致する場合には, 何が起こるであろうか? [ヒント: $\xi < 0$, $\xi = 0$ および $\xi > 0$ の場合に分けて考察せよ. 留数を用いよ.]

5. より一般に, $R(x) = P(x)/Q(x)$ を, 有理関数で (Q の次数) $\geq$ (P の次数) $+ 2$ であるものとし, かつ実軸上で $Q(x) \neq 0$ であるものとする.

(a) $\alpha_1, \cdots, \alpha_k$ を R の上半平面における根とするとき, α_j の重複度より小さい次数の多項式 $P_j(\xi)$ が存在して

$$\int_{-\infty}^{\infty} R(x) e^{-2\pi i x \xi}\,dx = \sum_{j=1}^{k} P_j(\xi) e^{-2\pi i \alpha_j \xi}, \qquad \xi < 0 \text{ のとき}$$

となることを証明せよ.

(b) 特に, $Q(z)$ が上半平面に零点をもたないならば, $\int_{-\infty}^{\infty} R(x) e^{-2\pi i x \xi}\,dx = 0$ が $\xi < 0$ に対して成り立つ.

(c) $\xi > 0$ の場合に同様の結果が成立することを示せ.

(d) ある $a > 0$ に関して, $|\xi| \to \infty$ のとき

$$\int_{-\infty}^{\infty} R(x) e^{-2\pi i x \xi}\,dx = O(e^{-a|\xi|}), \qquad \xi \in \mathbb{R}$$

となることを示せ.

[ヒント：項目 (a) に対しては，留数を用いよ．関数 $f(z) = R(z)e^{-2\pi iz\xi}$ を微分すると，(前章の定理 1.4 の公式におけるように) ξ のベキが現れる．項目 (c) に対しては，下半平面で議論せよ．]

6. $a > 0$ である限り，
$$\frac{1}{\pi}\sum_{n=-\infty}^{\infty}\frac{a}{a^2+n^2} = \sum_{n=-\infty}^{\infty}e^{-2\pi a|n|}$$
が成り立つことを証明せよ．よって，和は $\coth \pi a$ に等しいことを示せ．

7. ポアソンの和公式を特定の例に適用することにより，しばしば興味深い恒等式が得られる．

(a) $\operatorname{Im}(\tau) > 0$ となる τ を固定する．ポアソンの和公式を，k を 2 以上の整数として，
$$f(z) = (\tau + z)^{-k}$$
に対して適用し，
$$\sum_{n=-\infty}^{\infty}\frac{1}{(\tau+n)^k} = \frac{(-2\pi i)^k}{(k-1)!}\sum_{m=1}^{\infty}m^{k-1}e^{2\pi im\tau}$$
を得よ．

(b) 上の公式において $k = 2$ とおき，$\operatorname{Im}(\tau) > 0$ ならば
$$\sum_{n=-\infty}^{\infty}\frac{1}{(\tau+n)^2} = \frac{\pi^2}{\sin^2(\pi\tau)}$$
であることを示せ．

(c) τ が整数ではないいかなる複素数であっても，上の公式は成立するといえるだろうか？

[ヒント：(a) に対しては，留数を用いて，$\xi < 0$ ならば $\hat{f}(\xi) = 0$，かつ
$$\hat{f}(\xi) = \frac{(-2\pi i)^k}{(k-1)!}\xi^{k-1}e^{2\pi i\xi\tau}, \qquad \xi > 0 \text{ のとき}$$
を示せ．]

8. $\hat{f}$ は $[-M, M]$ に台をもつものとし，$f(z) = \sum_{n=0}^{\infty}a_n z^n$ とおく．
$$a_n = \frac{(2\pi i)^n}{n!}\int_{-M}^{M}\hat{f}(\xi)\xi^n\,d\xi$$
およびその結果として
$$\limsup_{n\to\infty}(n!\,|a_n|)^{1/n} \leq 2\pi M$$

を示せ. 逆に, f をベキ級数 $f(z) = \sum_{n=0}^{\infty} a_n z^n$ で $\limsup_{n\to\infty}(n!|a_n|)^{1/n} \leq 2\pi M$ をみたす任意のものとする. このとき, f は複素平面において正則で, 任意の $\varepsilon > 0$ に対しある $A_\varepsilon > 0$ が存在して

$$|f(z)| \leq A_\varepsilon e^{2\pi(M+\varepsilon)|z|}$$

が成り立つ.

9. フラグメン–リンデレーフの定理に類似の, さらに深い結果が存在する.

(a) F を右半平面上の正則関数で, 境界, すなわち虚軸にまで連続的に拡張されるものとする. すべての $y \in \mathbb{R}$ に対して $|F(iy)| \leq 1$ であり, ある $c, C > 0$ および $\gamma < 1$ に関して

$$|F(z)| \leq Ce^{c|z|^\gamma}$$

であるものとする. 右半平面上のすべての z に対して, $|F(z)| \leq 1$ を証明せよ.

(b) より一般に, S は原点を頂点とし, 角度 π/β をなす扇形とする. F を S 上の正則関数で, S の閉包にまで連続的に拡張され, S の境界上で $|F(z)| \leq 1$ であり, ある $c, C > 0$ および $0 < \alpha < \beta$ に関して

$$|F(z)| \leq Ce^{c|z|^\alpha}, \qquad \text{すべての } z \in S \text{ に対して}$$

であるものとする. すべての $z \in S$ に対して, $|F(z)| \leq 1$ を証明せよ.

10. この練習は, フーリエ変換が自分自身であるという事実に関連した, $e^{-\pi x^2}$ のある性質を一般化するものである.

$f(z)$ は, ある $a, b, c > 0$ に関して

$$|f(x+iy)| \leq ce^{-ax^2+by^2}$$

をみたす整関数であるとする.

$$\hat{f}(\zeta) = \int_{-\infty}^{\infty} f(x) e^{-2\pi i x \zeta} dx$$

とする. このとき, $\hat{f}$ は ζ の整関数で, ある $a', b', c' > 0$ に関して

$$|\hat{f}(\xi + i\eta)| \leq c' e^{-a'\xi^2 + b'\eta^2}$$

が成り立つ.

[ヒント: $\hat{f}(\xi) = O(e^{-a'\xi^2})$ を証明するために, $\xi > 0$ を仮定し, ある $y > 0$ を固定し $-\infty < x < \infty$ として, 積分路を $x - iy$ に変更する. このとき,

$$\hat{f}(\xi) = O(e^{-2\pi y \xi} e^{by^2})$$

である. 最後に, d を小さな定数として $y = d\xi$ にとれ.]

11. 以下の事実を証明することにより，練習 10 の結果のより洗練された定式化が可能である．

$f(z)$ は狭義で位数 2 の整関数，すなわち，ある $c_1 > 0$ に関して
$$f(z) = O(e^{c_1|z|^2})$$
と仮定する．実数 x に対しては，ある $c_2 > 0$ に関して
$$f(x) = O(e^{-c_2|x|^2})$$
となることも仮定する．このとき，ある $a, b > 0$ に関して
$$|f(x+iy)| = O(e^{-ax^2+by^2})$$
である．逆は明らかに正しい．

12. 関数とそのフーリエ変換が，無限遠においてどちらも十分に小さくなることはありえないという原理は，以下のハーディの定理により説明される．

f は $\mathbb{R}$ 上の関数で，
$$f(x) = O(e^{-\pi x^2}) \quad \text{および} \quad \hat{f}(\xi) = O(e^{-\pi \xi^2})$$
をみたすならば，f は $e^{-\pi x^2}$ の定数倍である．その結果，$AB > 1$ かつ $A, B > 0$ となるものに関して $f(x) = O(e^{-\pi A x^2})$ および $\hat{f}(\xi) = O(e^{-\pi B \xi^2})$ であるならば，f は恒等的に零である．

(a) f が偶ならば，$\hat{f}$ は偶の整関数に拡張されることを示せ．さらに，$g(z) = \hat{f}(z^{1/2})$ ならば，g は $x \in \mathbb{R}$ および $R \geq 0$ と $\theta \in \mathbb{R}$ に関し $z = Re^{i\theta}$ であるとき
$$|g(x)| \leq ce^{-\pi x} \quad \text{かつ} \quad |g(z)| \leq ce^{\pi R \sin^2(\theta/2)} \leq ce^{\pi |z|}$$
をみたす．

(b) フラグメン – リンデレーフの原理を，関数
$$F(z) = g(z)e^{\gamma z} \quad \text{ただし} \quad \gamma = i\pi \frac{e^{-i\pi/(2\beta)}}{\sin \pi/(2\beta)}$$
および扇形 $0 \leq \theta \leq \pi/\beta < \pi$ に対し適用し，$\beta \to 1$ として $e^{\pi z}g(z)$ が閉上半平面において有界であることを導け．同じ結果が下半平面に関しても成り立ち，よってリューヴィルの定理から，望み通り $e^{\pi z}g(z)$ が定数であることがわかる．

(c) f が奇ならば $\hat{f}(0) = 0$ であり，上の議論を $\hat{f}(z)/z$ に適用して $f = \hat{f} = 0$ を導け．最後に，任意の f を適当な偶関数と奇関数との和に表せ．

5. 問題

1. ある $p > 1$ に関し, $|\xi| \to \infty$ のとき $\hat{f}(\xi) = O(e^{-a|\xi|^p})$ であるものとする. このとき, f はすべての z に関し正則で, $1/p + 1/q = 1$ として増大度の条件
$$|f(z)| \leq A e^{a|z|^q}$$
をみたす.

一方で, $p \to \infty$ ならば $q \to 1$ であり, この極限の場合が定理 3.3 の一部に相当すると解釈されることに注意せよ. 他方, $p \to 1$ ならば $q \to \infty$ であり, この極限の場合はある意味で定理 2.1 を再び述べたことになる.
[ヒント：この結果を証明するには, ξ と u が非負であるときに成立する不等式 $-\xi^p + \xi u \leq u^q$ を用いよ. この不等式を示すには, $\xi^p \geq \xi u$ の場合と $\xi^p < \xi u$ の場合を別々に調べよ；$(p-1)(q-1) = 1$ であるから, 関数 $\xi = u^{q-1}$ と関数 $u = \xi^{p-1}$ は互いにそれぞれの逆関数となっていることに注意せよ.]

2. $a_0, a_1, \cdots, a_n$ を複素定数, f を与えられた関数として, 微分方程式
$$a_n \frac{d^n}{dt^n} u(t) + a_{n-1} \frac{d^{n-1}}{dt^{n-1}} u(t) + \cdots + a_0 u(t) = f(t)$$
を解くのがこの問題である. ここで, f は有界な台をもち, 滑らか(たとえば C^2 級)であると仮定する.

(a)
$$\hat{f}(z) = \int_{-\infty}^{\infty} f(t) e^{-2\pi i z t}\, dt$$
とする. $\hat{f}$ が整関数であることを見て, 任意の固定された $a \geq 0$ に関し, $|y| \leq a$ ならば
$$|\hat{f}(x + iy)| \leq \frac{A}{1 + x^2}$$
となることを部分積分を用いて示せ.

(b)
$$P(z) = a_n (2\pi i z)^n + a_{n-1}(2\pi i z)^{n-1} + \cdots + a_0$$
と書く. 実数 c で, $P(z)$ が直線
$$L = \{z\,:\, z = x + ic,\ x \in \mathbb{R}\}$$
上では零とならないようなものを見つけよ.

(c)
$$u(t) = \int_L \frac{e^{2\pi i z t}}{P(z)} \hat{f}(z) dz$$

とおく．
$$\sum_{j=0}^{n} a_j \left(\frac{d}{dt}\right)^j u(t) = \int_L e^{2\pi i z t} \hat{f}(z)\, dz$$
および
$$\int_L e^{2\pi i z t} \hat{f}(z)\, dz = \int_{-\infty}^{\infty} e^{2\pi i x t} \hat{f}(x)\, dx$$
を確かめよ．フーリエ反転公式を用いて，
$$\sum_{j=0}^{n} a_j \left(\frac{d}{dt}\right)^j u(t) = f(t)$$
を結論づけよ．

解 u は c の選び方に依存することに注意せよ．

3.* この問題において，ある無限の帯において有界正則な関数の挙動について調べる．ここで述べられる顕著な結果は，しばしば三線補題と呼ばれる．

(a) $F(z)$ は，帯 $0 < \mathrm{Im}(z) < 1$ で正則かつ有界であり，その閉包上で連続とする．もし境界上で $|F(z)| \leq 1$ ならば，帯全体で $|F(z)| \leq 1$ である．

(b) より一般の F に対して，$\sup_{x \in \mathbb{R}} |F(x)| = M_0$ および $\sup_{x \in \mathbb{R}} |F(x+i)| = M_1$ とおく．このとき，
$$\sup_{x \in \mathbb{R}} |F(x+iy)| \leq M_0^{1-y} M_1^y, \qquad 0 \leq y \leq 1 \text{ ならば}$$
である．

(c) 結果として，$\log \sup_{x \in \mathbb{R}} |F(x+iy)|$ は，$0 \leq y \leq 1$ のとき y の凸関数となることを証明せよ．

[ヒント：項目 (a) に関しては，最大値の原理を $F_\varepsilon(z) = F(z) e^{-\varepsilon z^2}$ に適用せよ．項目 (b) に関しては，$M_0^{z-1} M_1^{-z} F(z)$ を考えよ．]

4.* ペーリー–ウィーナーの定理とそれに先行する E. ボレルによる主張との間には，ある関係が存在する．

(a) すべての z に関し正則な関数 $f(z)$ が，任意の ε に対し $|f(z)| \leq A_\varepsilon e^{2\pi(M+\varepsilon)|z|}$ をみたすのは，それが原点中心で半径 M の円周の外部で正則な g により
$$f(z) = \int_C e^{2\pi i z w} g(w)\, dw$$
と表されるときで，またそのときに限る．ここで，C は原点中心で半径が M より大きい任意の円周である．実際，$f(z) = \sum a_n z^n$ ならば，$a_n = A_n (2\pi i)^{n+1}/n!$ に関し $g(w) = \sum_{n=0}^{\infty} A_n w^{-n-1}$ である．

(b) 定理 3.3 との関係は以下の通りである．これらの関数 f (さらに f および $\hat{f}$ は実軸上で緩やかに減少するものとする) に対して，上での g は截線平面 $\mathbb{C} - [-M, M]$ を含むより広い領域で正則であることが主張できる．さらに，g とそのフーリエ変換 $\hat{f}$ との関係は

$$g(z) = \frac{1}{2\pi i} \int_{-M}^{M} \frac{\hat{f}(\xi)}{\xi - z} \, d\xi$$

であり，$\hat{f}$ は g が線分 $[-M, M]$ を超えるときの跳躍；すなわち

$$\hat{f}(x) = \lim_{\varepsilon \to 0, \varepsilon > 0} g(x + i\varepsilon) - g(x - i\varepsilon)$$

を表す．第 3 章の問題 5 を見よ．

第5章　整関数

> ……しかし 10 月 15 日以降は，なんとなく自分はひとりの自由な人間であり，数学的成果をこれほどまでに熱望しつつ，過去 2 ヶ月は瞬く間に過ぎ去り，まだお返事いたしておりません 10 月 19 日付けの手紙を見つけたのは今日のことであるような感じがしておりました．私の仕事により得られた成果は完全に満足できるものではありませんが，あなたと分け合いたいとは思っております．
>
> まず第一に，私の講義を振り返ってみて，関数論におけるある欠陥を埋めることが必要となりました．ご存知のように，今のところ以下の問題は未解決のままです．与えられた任意の複素数列 $a_1, a_2, \cdots$ に対し，これらの点で零となり，決められた重複度をもち，そしてこれら以外では零とならない整関数 (超越関数) が構成できるであろうか？……
>
> ——K. ワイエルシュトラス, 1874

　この章では，全複素平面上で正則な関数を考察しよう；それらは**整関数**と呼ばれている．以下の三つの問題に関わりながら，記述が構成されている．

　1. このような関数は，どこで零となり得るであろうか？　自明な必要条件が，十分でもあることを見ることにする：$\{z_n\}$ を $\mathbb{C}$ において極限点をもたない任意の複素数列とするとき，ちょうどどこの列をなす点の上で零となる整関数が存在する．求める関数の構成法は，オイラーの $\sin \pi z$ に対する乗積公式 ($\{z_n\}$ が $\mathbb{Z}$ である典型的な場合) により示唆されるが，さらなる改良が必要である：ワイエルシュトラスの既約因子．

2. これらの関数は，無限遠においてどのように増大するか．これに関して，事はある重要な原理により支配されている：関数の増大度が大きいほど，より多くの零点を持ち得る．この原理は，すでに多項式という単純な場合において登場している．代数学の基本定理により，d 次の多項式 P の零点の個数はちょうど d であり，これは P の (多項式) 増大の次数でもある，すなわち

$$\sup_{|z|=R} |P(z)| \approx R^d, \qquad R \to \infty \text{ のとき}$$

である．この一般原理の正確な主張はイェンセンの公式に含まれているが，それは最初の節で証明される．この章で展開される定理の多くにおいて中心的役割をになうこの公式は，円板内の関数の零点の個数と円周上の関数の (対数的) 平均との間の深い関連を示すものである．実際イェンセンの公式は，われわれにとって自然な出発点であるのみならず，実り多き値分布の理論へともつながるものであり，これは (ここでは扱わないが) ネヴァンリンナの理論とも呼ばれている．

3. これらの関数は，その零点によりどの程度まで決定されるか？ 整関数が有限次の (指数関数的) 増大をもつとき，単純因子の積の違いを除いてその零点から特定されることがわかる．この主張を正確に述べたのが，アダマールの因数分解定理である．これは，第 3 章で定式化された一般規則，すなわち適当な条件のもとで正則関数がその零点から本質的に決定されることの，もう一つの例とみなすことができる．

1. イェンセンの公式

この節では，D_R と C_R により，半径 R で原点中心の開円板と円周を表すことにする．この章の最後まで，自明な場合である恒等的に零である関数は除外して考えることにする．

定理 1.1 Ω を円板 D_R の閉包を含む開集合とし，f は Ω で正則で，$f(0) \neq 0$，かつ f は円周 C_R 上では零にならないとする．$z_1, \cdots, z_N$ で f の円板内の (重複もこめた) [1] 零点を表すとき，

---

[1] すなわち，それぞれの零点はその重複度の数だけ列に現れる．

(1) $$\log|f(0)| = \sum_{k=1}^{N} \log\left(\frac{|z_k|}{R}\right) + \frac{1}{2\pi}\int_0^{2\pi} \log|f(Re^{i\theta})|\,d\theta$$

である.

証明は,数段から構成される.

第1段 まず,f_1 と f_2 を定理の仮定と結論をみたす二つの関数とするとき,積 $f_1 f_2$ も定理の仮定と公式 (1) をみたすことを見る.この考察は,x と y が正の数である限り $\log xy = \log x + \log y$ であり,$f_1 f_2$ の零点の集合は f_1 と f_2 の零点の集合の和集合であるという事実からの単純な帰結である.

第2段 関数
$$g(z) = \frac{f(z)}{(z-z_1)\cdots(z-z_N)}$$
は,始めは $\Omega - \{z_1, \cdots, z_N\}$ で定義され,各 z_j の近くで有界である.それゆえ,各 z_j は除去可能な特異点であり,したがって,g を Ω で正則で D_R の閉包上どの点においても零にならないものとして
$$f(z) = (z-z_1)\cdots(z-z_N)g(z)$$
と書くことができる.第1段により,イェンセンの公式は g のようにどの点においても零にならない関数および $z - z_j$ の形の関数に対して証明すれば十分である.

第3段 まず,D_R の閉包においてどの点においても零ではない g に対して (1) を証明する.より正確には,以下の恒等式を示さねばならない:
$$\log|g(0)| = \frac{1}{2\pi}\int_0^{2\pi} \log|g(Re^{i\theta})|\,d\theta.$$
やや大きめの円板において,h をその円板で正則なものとして $g(z) = e^{h(z)}$ と書くことができる.これは,円板が単連結であることから可能であり,$h = \log g$ と定義することができる (第3章の定理 6.2 を見よ).さて,
$$|g(z)| = |e^{h(z)}| = |e^{\operatorname{Re}(h(z)) + i\operatorname{Im}(h(z))}| = e^{\operatorname{Re}(h(z))}$$
となり,これより $\log|g(z)| = \operatorname{Re}(h(z))$ となることがわかる.平均値の性質 (第3章の系 7.3) により直ちに,g に対する求める公式を得る.

第4段 最後の段において,$w \in D_R$ のときの $f(z) = z - w$ の形の関数に対する公式を証明する.すなわち,

$$\log|w| = \log\left(\frac{|w|}{R}\right) + \frac{1}{2\pi}\int_0^{2\pi} \log|Re^{i\theta} - w|\,d\theta$$

を示さなければならない．$\log(|w|/R) = \log|w| - \log R$ および $\log|Re^{i\theta} - w| = \log R + \log|e^{i\theta} - w/R|$ であるから，

$$\int_0^{2\pi} \log|e^{i\theta} - a|\,d\theta = 0, \qquad |a| < 1\ \text{である限り}$$

を証明すれば十分である．これは (変数変換 $\theta \mapsto -\theta$ を施して) 今度は

$$\int_0^{2\pi} \log|1 - ae^{i\theta}|\,d\theta = 0, \qquad |a| < 1\ \text{である限り}$$

と同値となる．これを証明するには，単位円板の閉包上のどの点においても零ではない関数 $F(z) = 1 - az$ を用いる．その結果として，半径が 1 より大きい円板における正則関数 G で，$F(z) = e^{G(z)}$ となるものが存在する．このとき $|F| = e^{\mathrm{Re}(G)}$ であり，それゆえ $\log|F| = \mathrm{Re}(G)$ である．$F(0) = 1$ なので $\log|F(0)| = 0$ となり，平均値の定理 (第 3 章の系 7.3) を調和関数 $\log|F(z)|$ に適用して，定理の証明が終わる．

イェンセンの公式から，正則関数の増大度とその円板内における零点の個数とを結びつけるある恒等式を導くことができる．f が円板 D_R の閉包上の正則関数であるとき，$0 < r < R$ に対して $\mathfrak{n}(r)$ (あるいは問題としている関数を忘れないようにする必要があるときは $\mathfrak{n}_f(r)$) で，関数 f の円板 D_r 内における零点の (重複もこめた) 個数を表すものとする．$\mathfrak{n}(r)$ が r の非減少関数であることは明らかであるが，有用である．

$f(0) \neq 0$ で，かつ f は円周 C_R 上で零とはならないならば，

(2) $$\int_0^R \mathfrak{n}(r)\frac{dr}{r} = \frac{1}{2\pi}\int_0^{2\pi} \log|f(Re^{i\theta})|\,d\theta - \log|f(0)|$$

となることを主張する．この公式は，イェンセンの公式と次の補題から直ちに得られる．

補題 1.2 $z_1, \cdots, z_N$ は f の円板 D_R 内における零点とするとき，

$$\int_0^R \mathfrak{n}(r)\frac{dr}{r} = \sum_{k=1}^N \log\left|\frac{R}{z_k}\right|$$

である．

証明 まず，

$$\sum_{k=1}^{N} \log \left| \frac{R}{z_k} \right| = \sum_{k=1}^{N} \int_{|z_k|}^{R} \frac{dr}{r}$$

を得る．特性関数

$$\eta_k(r) = \begin{cases} 1, & r > |z_k| \text{ のとき}, \\ 0, & r \leq |z_k| \text{ のとき} \end{cases}$$

を定義するとき，$\sum_{k=1}^{N} \eta_k(r) = \mathfrak{n}(r)$ であり，補題は

$$\sum_{k=1}^{N} \int_{|z_k|}^{R} \frac{dr}{r} = \sum_{k=1}^{N} \int_{0}^{R} \eta_k(r) \frac{dr}{r} = \int_{0}^{R} \left(\sum_{k=1}^{N} \eta_k(r) \right) \frac{dr}{r} = \int_{0}^{R} \mathfrak{n}(r) \frac{dr}{r}$$

を用いて証明される． ∎

2. 有限増大度をもつ関数

f を整関数とする．ある正の数 ρ と定数 $A, B > 0$ が存在し

$$|f(z)| \leq A e^{B|z|^{\rho}}, \qquad \text{すべての } z \in \mathbb{C} \text{ に対して}$$

が成り立つとき，f は ρ 以下の**増大度**をもつという．f の増大度を

$$\rho_f = \inf \rho$$

と定義するが，ここで下限は f が ρ 以下の増大度をもつような，すべての $\rho > 0$ にわたってとる．

たとえば，関数 e^{z^2} の増大度は 2 である．

定理 2.1 f は ρ 以下の増大度をもつ整関数とするとき：

(i) ある $C > 0$ と十分に大きいすべての r に対し $\mathfrak{n}(r) \leq C r^{\rho}$．

(ii) $z_1, z_2, \cdots$ により $z_k \neq 0$ となる f の零点を表すとき，すべての $s > \rho$ に対して

$$\sum_{k=1}^{\infty} \frac{1}{|z_k|^s} < \infty$$

が成り立つ．

証明 $f(0) \neq 0$ のときの $\mathfrak{n}(r)$ に対する評価を証明すれば十分である．実際，ℓ を f の原点における零点の位数として，関数 $F(z) = f(z)/z^{\ell}$ を考えよ．このと

き，$\mathfrak{n}(r)$ と $\mathfrak{n}_F(r)$ は定数の違いしかなく，F もまた ρ 以下の増大度をもつ．

$f(0) \neq 0$ ならば，公式 (2)，すなわち

$$\int_0^R \mathfrak{n}(x) \frac{dx}{x} = \frac{1}{2\pi} \int_0^{2\pi} \log|f(Re^{i\theta})|\, d\theta - \log|f(0)|$$

を用いることができる．$R = 2r$ にとれば，この公式より

$$\int_r^{2r} \mathfrak{n}(x) \frac{dx}{x} \leq \frac{1}{2\pi} \int_0^{2\pi} \log|f(Re^{i\theta})|\, d\theta - \log|f(0)|$$

を得る．一方，$\mathfrak{n}(r)$ は増大関数であるから，

$$\int_r^{2r} \mathfrak{n}(x) \frac{dx}{x} \geq \mathfrak{n}(r) \int_r^{2r} \frac{dx}{x} = \mathfrak{n}(r)[\log 2r - \log r] = \mathfrak{n}(r)\log 2$$

となり，一方 f に対する増大度の条件から，任意の r に対して

$$\int_0^{2\pi} \log|f(Re^{i\theta})|\, d\theta \leq \int_0^{2\pi} \log|Ae^{BR^\rho}|\, d\theta \leq C'r^\rho$$

を得る．結果として，適当な $C > 0$ および十分大なる r に対して，$\mathfrak{n}(r) \leq Cr^\rho$ が成立する．

以下の評価により，定理の 2 番目の部分が証明される：

$$\begin{aligned}
\sum_{|z_k| \geq 1} |z_k|^{-s} &= \sum_{j=0}^\infty \left(\sum_{2^j \leq |z_k| < 2^{j+1}} |z_k|^{-s} \right) \\
&\leq \sum_{j=0}^\infty 2^{-js} \mathfrak{n}(2^{j+1}) \\
&\leq c \sum_{j=0}^\infty 2^{-js} 2^{(j+1)\rho} \\
&\leq c' \sum_{j=0}^\infty (2^{\rho-s})^j \\
&< \infty.
\end{aligned}$$

$s > \rho$ ゆえ，最後の級数は収束する． ∎

定理の 2 番目の部分は，この章の後ろにおいて用いられることから，注意しておくに値する事実である．

定理の簡単な例を二つ与えよう；そのどちらも，条件 $s > \rho$ が落とせないことを示している．

例 1 $f(z) = \sin \pi z$ を考えよう．オイラーの恒等式，すなわち
$$f(z) = \frac{e^{i\pi z} - e^{-i\pi z}}{2i}$$
を思い出せば，これから $|f(z)| \leq e^{\pi |z|}$ が導かれ，f は 1 以下の増大度をもつ．$x \in \mathbb{R}$ として $z = ix$ ととることにより，f の増大度が実際には 1 に等しいことは明らかである．しかしながら，f は各 $n \in \mathbb{Z}$ に関し $z = n$ において位数 1 で零となり，ちょうど $s > 1$ のときに $\sum_{n \neq 0} 1/|n|^s < \infty$ である．

例 2
$$\cos z^{1/2} = \sum_{n=0}^{\infty} (-1)^n \frac{z^n}{(2n)!}$$
と「定義」して，$f(z) = \cos z^{1/2}$ を考える．このとき f は整関数であり，
$$|f(z)| \leq e^{|z|^{1/2}},$$
かつ f の増大度が $1/2$ であることが容易にわかる．さらに，$f(z)$ は $z_n = ((n+1/2)\pi)^2$ のときに零となり，一方，ちょうど $s > 1/2$ のときに $\sum_n 1/|z_n|^s < \infty$ である．

任意の与えられた複素数列 $z_1, z_2, \cdots$ に対して，ちょうどこの数列の点上に零点をもつ整関数 f が存在するか否かという問題を考えるのは自然である．一つの必要条件としては，$z_1, z_2, \cdots$ が集積してはならない，言い換えると
$$\lim_{k \to \infty} |z_k| = \infty$$
でなくてはならず，さもなくば f は第 2 章の定理 4.8 により恒等的に零となってしまう．ワイエルシュトラスは，これらの定められた零点をもつ関数の構成法を明示することにより，この条件が十分でもあることを証明した．もちろん，まず思いつくのは積
$$(z - z_1)(z - z_2) \cdots$$
であり，これは零点の列が有限であるという特別な場合には解となっている．一般の場合には，この積にどのように因子を挿入すれば収束が保証され，しかし新たな零点は生じないかを，ワイエルシュトラスは示したのである．

一般の構成法に入る前に無限積を再考し，ある基本的な例について調べることにする．

3. 無限積

3.1 一般論

複素数列 $\{a_n\}_{n=1}^\infty$ を与えたとき，積

$$\prod_{n=1}^\infty (1+a_n)$$

が**収束する**とは，部分積の極限

$$\lim_{N\to\infty} \prod_{n=1}^N (1+a_n)$$

が存在することをいう．

積の存在を保証する便利な十分条件が，次の命題の中に含まれている．

命題 3.1 $\sum |a_n| < \infty$ ならば，積 $\prod_{n=1}^\infty (1+a_n)$ は収束する．さらに，その積が 0 に収束するのはその因子の一つが 0 のときであり，またそのときに限る．

これは，単に第 I 巻における第 8 章の命題 1.9 に他ならない．ここで証明を繰り返しておこう．

証明 $\sum |a_n|$ が収束するならば，すべての大なる n に対し $|a_n| < 1/2$ でなければならない．必要ならば有限項を無視して，この不等式はすべての n に対して成立していると仮定してよい．特に，$\log(1+a_n)$ は通常のベキ級数で定義することができ (第 3 章の (6) を見よ)，この対数は $|z| < 1$ である限り $1+z = e^{\log(1+z)}$ となる性質をみたしている．それゆえ，部分和を以下のように書くことができる：$b_n = \log(1+a_n)$ として $B_N = \sum_{n=1}^N b_n$ とおくとき，

$$\prod_{n=1}^N (1+a_n) = \prod_{n=1}^N e^{\log(1+a_n)} = e^{B_N}.$$

ベキ級数展開により，$|z| < 1/2$ ならば $|\log(1+z)| \leq 2|z|$ となることがわかる．よって $|b_n| \leq 2|a_n|$ であり，したがって B_N は $N\to\infty$ のときにある複素数に収束し，それをたとえば B とする．指数関数は連続であるから，e^{B_N} が $N\to\infty$ のとき e^B に収束することが結論づけられ，命題の最初の主張が証明される．もしすべての n に対し $1+a_n \neq 0$ ならば，極限が e^B で表されることから，この積は零ではない極限に収束することも見よ．

より一般に，正則関数の積を考えることができる．

命題 3.2 $\{F_n\}$ は，開集合 Ω 上の正則関数の列であるとする．ある定数 $c_n > 0$ が存在して

$$\sum c_n < \infty \quad \text{かつすべての } z \in \Omega \text{ に対して} \quad |F_n(z) - 1| \leq c_n$$

が成り立つならば：

(i) 積 $\prod_{n=1}^{\infty} F_n(z)$ は，Ω においてー様にある正則関数 $F(z)$ に収束する．

(ii) $F_n(z)$ がいかなる n に対しても零でないならば，

$$\frac{F'(z)}{F(z)} = \sum_{n=1}^{\infty} \frac{F'_n(z)}{F_n(z)}$$

となる．

証明 1番目の主張を証明するには，$F_n(z) = 1 + a_n(z)$ と書いて $|a_n(z)| \leq c_n$ を用いると，各 z に対して前命題と同様に議論してもよいことに注意せよ．このとき，c_n は定数であることから，そこでの評価は実際 z に関して一様であることがわかる．これより，積は一様にある正則関数に収束することがわかり，それを $F(z)$ で表すことにする．

定理の 2 番目の部分を示すために，K を Ω のコンパクト集合とし，

$$G_N(z) = \prod_{n=1}^{N} F_n(z)$$

とおく．Ω 上一様に $G_N \to F$ となることを示したばかりであるので，第 2 章の定理 5.3 により列 $\{G'_N\}$ は F' に K 上一様収束する．G_N は K 上一様に下から有界であるから，その結果として K 上一様に $G'_N/G_N \to F'/F$ となり，K は Ω の任意のコンパクト部分集合であるから，Ω 上のすべての点においてこの極限が成立する．さらに，第 3 章の第 4 節で見たように，

$$\frac{G'_N}{G_N} = \sum_{n=1}^{N} \frac{F'_n}{F_n}$$

であり，それゆえ，命題の (ii) の部分も証明される． ∎

3.2 例：正弦関数に対する乗積公式

ワイエルシュトラス積の一般論へと続くのに先立って，鍵となる例である正弦関数に対する乗積公式：

$$\frac{\sin \pi z}{\pi} = z \prod_{n=1}^{\infty} \left(1 - \frac{z^2}{n^2}\right) \tag{3}$$

を考察しよう．この恒等式は，余接関数 $(\cot \pi z = \cos \pi z / \sin \pi z)$ に対する和公式：

$$\pi \cot \pi z = \sum_{n=-\infty}^{\infty} \frac{1}{z+n} = \lim_{N \to \infty} \sum_{|n| \leq N} \frac{1}{z+n} = \frac{1}{z} + \sum_{n=1}^{\infty} \frac{2z}{z^2 - n^2} \tag{4}$$

から順次導かれる．1番目の公式は，すべての複素数 z に対して成立し，2番目は z が整数でない限り成立する．和 $\sum_{n=-\infty}^{\infty} 1/(z+n)$ に関しては，n を正値の部分と負値の場合に二分したおのおのは収束しないので，適当に解釈する必要がある．$\lim_{N \to \infty} \sum_{|n| \leq N} 1/(z+n)$ として対称的に解釈した場合のみ，項の打ち消しあいにより上の (4) にあるような収束級数が導かれる．

(4) を，$\pi \cot \pi z$ と級数とが同じ構造上の性質をもつことを示して証明する．実際，$F(z) = \pi \cot \pi z$ とおくとき，F は以下の三つの性質をみたす：

(i) z が整数でない限り，$F(z+1) = F(z)$．

(ii) 0 の近くで解析的な F_0 により，$F(z) = \dfrac{1}{z} + F_0(z)$．

(iii) $F(z)$ は整数において1位の極をもち，それ以外に特異点をもたない．

それから，関数

$$\sum_{n=-\infty}^{\infty} \frac{1}{z+n} = \lim_{N \to \infty} \sum_{|n| \leq N} \frac{1}{z+n}$$

も，この同じ三つの性質をみたすことに注意する．実際，性質 (i) は，z から $z+1$ への移行が，無限和における項の移動に過ぎないことを見れば明らかである．正確には，

$$\sum_{|n| \leq N} \frac{1}{z+1+n} = \frac{1}{z+1+N} - \frac{1}{z-N} + \sum_{|n| \leq N} \frac{1}{z+n}$$

である．N を無限大に飛ばせば，主張が証明される．性質 (ii) および (iii) は，和を $\dfrac{1}{z} + \sum_{n=1}^{\infty} \dfrac{2z}{z^2 - n^2}$ と表現すれば明らかである．

それゆえ，

$$\triangle(z) = F(z) - \sum_{n=-\infty}^{\infty} \frac{1}{z+n}$$

で定義される関数は，$\triangle(z+1) = \triangle(z)$ が成り立つという意味で周期的であり，(ii) により $\triangle$ の原点における特異性は除去可能であり，かつそれゆえ，周期性からすべての整数における特異性もまた除去可能である；これより $\triangle$ は整関数であることがわかる．

われわれの公式を証明するには，関数 $\triangle$ が複素平面上で有界であることを示せば十分であろう．上述の周期性より，帯 $|\mathrm{Re}(z)| \leq 1/2$ 上でそれを示せばよい．それは，任意の $z' \in \mathbb{C}$ がその帯にある点 z と整数 k を用いて $z' = z + k$ と書くことができるからである．$\triangle$ は正則なので，長方形 $|\mathrm{Im}(z)| \leq 1$ 上で有界であり，関数の $|\mathrm{Im}(z)| > 1$ における挙動さえ制御すればよい．$\mathrm{Im}(z) > 1$ で $z = x + iy$ ならば，

$$\cot \pi z = i \frac{e^{i\pi z} + e^{-i\pi z}}{e^{i\pi z} - e^{-i\pi z}} = i \frac{e^{-2\pi y} + e^{-2\pi ix}}{e^{-2\pi y} - e^{-2\pi ix}}$$

であり，絶対値をとればこの量は有界である．また

$$\frac{1}{z} + \sum_{n=1}^{\infty} \frac{2z}{z^2 - n^2} = \frac{1}{x+iy} + \sum_{n=1}^{\infty} \frac{2(x+iy)}{x^2 - y^2 - n^2 + 2ixy};$$

それゆえ $y > 1$ ならば

$$\left| \frac{1}{z} + \sum_{n=1}^{\infty} \frac{2z}{z^2 - n^2} \right| \leq C + C \sum_{n=1}^{\infty} \frac{y}{y^2 + n^2}$$

である．さて，右辺にある和は

$$\int_0^{\infty} \frac{y}{y^2 + x^2} \, dx$$

で押さえられるが，これは関数 $y/(y^2 + x^2)$ が x に関する減少関数であるからである；さらに，$x \mapsto yx$ と変数変換すればわかるように，この積分は y の値にはよらず，したがって有界である．同様の議論により，$\triangle$ は帯の $\mathrm{Im}(z) < -1$ となる部分において有界であり，したがって帯 $|\mathrm{Re}(z)| \leq 1/2$ の全体において有界である．それゆえ $\triangle$ は $\mathbb{C}$ で有界であり，リューヴィルの定理から $\triangle$ は定数である．$\triangle$ が奇関数であることを見れば，この定数は 0 でなければならず，公式 (4) の証明は完結する．

(3) を証明するため，

とおく.

$$G(z) = \frac{\sin \pi z}{\pi} \quad \text{および} \quad P(z) = z \prod_{n=1}^{\infty} \left(1 - \frac{z^2}{n^2}\right)$$

とおく.命題 3.2 と $\sum 1/n^2 < \infty$ となる事実から積 $P(z)$ が収束することが保証され,整数以外において

$$\frac{P'(z)}{P(z)} = \frac{1}{z} + \sum_{n=1}^{\infty} \frac{2z}{z^2 - n^2}$$

となる.$G'(z)/G(z) = \pi \cot \pi z$ であるので,余接公式 (4) から

$$\left(\frac{P(z)}{G(z)}\right)' = \frac{P(z)}{G(z)} \left[\frac{P'(z)}{P(z)} - \frac{G'(z)}{G(z)}\right] = 0$$

となり,それゆえある定数 c により $P(z) = cG(z)$ となる.この恒等式を z で割り,$z \to 0$ としたときの極限をとれば,$c = 1$ であることがわかる.

注意 第 3 章の練習 12 および第 4 章の練習 7 において導かれた $\pi^2/(\sin \pi z)^2$ に対する類似の恒等式を積分することにより,(4) および (3) の別証明が得られる.さらにフーリエ級数を用いる他の証明が,第 I 巻における第 3 章および第 5 章の練習にある.

4. ワイエルシュトラスの無限積

さて,ワイエルシュトラスによる,定められた零点をもつ整関数の構成法へと移ろう.

定理 4.1 $n \to \infty$ で $|a_n| \to \infty$ となる任意の複素数列 $\{a_n\}$ に対し,すべての $z = a_n$ において零で,その他では零とならない整関数 f が存在する.他のそのような整関数はすべて,g を整関数として $f(z)e^{g(z)}$ の形をもつ.

正則関数 f が $z = a$ において零となるとき,その零点 a の重複度は整数 m であり,g を正則で a の近傍でどの点においても零ではないものとして

$$f(z) = (z - a)^m g(z)$$

と書けることを思い出そう.あるいはまた,m は f の a でのベキ級数における最初の零でない $z - a$ のベキといってもよい.前と同様,列 $\{a_n\}$ には繰り返しがある場合も考慮するので,定められた零点と重複度をもつ整関数の存在が,実際に定理から保証される.

証明を始めるにあたって，まず f_1 と f_2 がすべての $z = a_n$ で零となりその他では零とならない二つの整関数とするとき，f_1/f_2 はすべての点 a_n において除去可能な特異点をもつことに注意しておく．したがって，f_1/f_2 は整関数でどの点においても零ではなく，第3章の第6節で示したように，ある整関数 g が存在して $f_1(z)/f_2(z) = e^{g(z)}$ となる．それゆえ $f_1(z) = f_2(z)e^{g(z)}$ であり，定理の最後の主張が確かめられる．

よって残された課題は，列 $\{a_n\}$ におけるすべての点において零でありその他では零とならない関数を構成することである．$\sin \pi z$ に対する乗積公式が示唆するように，素朴に思いつくのは積 $\prod_n (1 - z/a_n)$ である．この積が適当な列 $\{a_n\}$ に対してしか収束しないことが問題であり，指数的因子を挿入することによりこれを修正しよう．これらの因子は，新しい零点を付け加えることなく積を収束させる．

各整数 $k \geq 0$ ごとに，既約因子を

$E_0(z) = 1 - z$　および　$E_k(z) = (1-z)e^{z+z^2/2+\cdots+z^k/k}$, $k \geq 1$ に対して

により定義する．整数 k はこの既約因子の**次数**と呼ばれる．

補題4.2　$|z| \leq 1/2$ ならば，ある $c > 0$ に対して $|1 - E_k(z)| \leq c|z|^{k+1}$ である．

証明　$|z| \leq 1/2$ ならば，ベキ級数により定義される対数を用いて $1 - z = e^{\log(1-z)}$ となり，よって $w = -\sum_{n=k+1}^{\infty} z^n/n$ として

$$E_k(z) = e^{\log(1-z) + z + z^2/2 + \cdots + z^k/k} = e^w$$

となる．$|z| \leq 1/2$ であるので

$$|w| \leq |z|^{k+1} \sum_{n=k+1}^{\infty} |z|^{n-k-1}/n \leq |z|^{k+1} \sum_{j=0}^{\infty} 2^{-j} \leq 2|z|^{k+1}$$

となることを見よ．特に $|w| \leq 1$ がわかり，これより

$$|1 - E_k(z)| = |1 - e^w| \leq c'|w| \leq c|z|^{k+1}$$

となる．　∎

注意　技術的に重要な点は，補題の主張における定数 c が k によらずにとれる

ことである．実際，証明を吟味すれば $c' = e$ ととってもよいことがわかり，そのとき $c = 2e$ である．

原点で位数 m の零点が与えられ，どの $a_1, a_2, \cdots$ も零ではないとする．このとき，ワイエルシュトラス積を
$$f(z) = z^m \prod_{n=1}^{\infty} E_n(z/a_n)$$
により定義する．この関数が，必要な性質をみたしていることを主張したい；すなわち，f は原点で位数 m の零点をもつ整関数であり，$\{a_n\}$ の各点で零点をもち，f は他のところでは零とならない．

$R > 0$ を固定し，z が円板 $|z| < R$ にあるものとする．f が，この円板においてはすべての必要な性質をみたしていることを証明しよう．R は任意であるから，これで定理が証明される．

f を定義している公式において，$|a_n| \leq 2R$ か $|a_n| > 2R$ であるかにより，2種類の因子を考えることができる．始めの場合は（$|a_n| \to \infty$ であるので）有限項しか存在せず，$|a_n| < R$ となる $z = a_n$ においてその有限積は零となる．$|a_n| \geq 2R$ のときは，$|z/a_n| \leq 1/2$ であり，よって前の補題により
$$|1 - E_n(z/a_n)| \leq c \left|\frac{z}{a_n}\right|^{n+1} \leq \frac{c}{2^{n+1}}$$
となる．上の注意により，c は n に依存しないことに注意せよ．したがって，積
$$\prod_{|a_n| \geq 2R} E_n(z/a_n)$$
は $|z| < R$ において正則関数を定義し，第3節の命題によりその円板内では零とならない．このことから，関数 f が必要な性質をもつことがわかり，ワイエルシュトラスの定理の証明が完結する．

5. アダマールの因数分解定理

この節における定理は，関数の増大度をそれがもつ零点の個数に関連づける結果と，上述の乗積定理とを結びつけるものである．ワイエルシュトラスの定理は，点 $a_1, a_2, \cdots$ で零となる関数が
$$e^{g(z)} z^m \prod_{n=1}^{\infty} E_n(z/a_n)$$

の形をもつことを述べている．アダマールはこの結果を改良して，有限増大度の関数の場合には既約因子の次数を定数にとることができ，それゆえ g は多項式となることを示した．

整関数 f が ρ 以下の増大度をもつとは，
$$|f(z)| \leq A e^{B|z|^\rho}$$
となることであり，f の増大度 ρ_0 とはこのようなすべての ρ の下限であったことを思い出してほしい．

前に証明した基本的な結果は，f が ρ 以下の増大度をもつならば
$$\mathfrak{n}(r) \leq Cr^\rho, \qquad \text{すべての大なる } r \text{ に対して}$$
であり，$a_1, a_2, \cdots$ が f の零ではない零点で $s > \rho$ ならば
$$\sum |a_n|^{-s} < \infty$$
となることであった．

定理 5.1 f は整関数で，増大度 ρ_0 をもつとする．k は整数で $k \leq \rho_0 < k+1$ となるものとする．$a_1, a_2, \cdots$ で f の (零でない) 零点を表すとき，P をある k 次以下の多項式，m を f の $z = 0$ における零点の位数として，
$$f(z) = e^{P(z)} z^m \prod_{n=1}^{\infty} E_k(z/a_n)$$
と表される．

主補題

ここで，アダマールの定理を証明するのに必要な補題を二，三まとめておく．

補題 5.2 既約因子は
$$|E_k(z)| \geq e^{-c|z|^{k+1}}, \qquad |z| \leq 1/2 \text{ のとき}$$
および
$$|E_k(z)| \geq |1-z| e^{-c'|z|^k}, \qquad |z| \geq 1/2 \text{ のとき}$$
をみたす．

証明 $|z| \leq 1/2$ のとき，$1-z$ の対数を定義するベキ級数を用いて，

となる．

$$E_k(z) = e^{\log(1-z)+\sum_{n=1}^{k} z^n/n} = e^{-\sum_{n=k+1}^{\infty} z^n/n} = e^w$$

となる．$|e^w| \geq e^{-|w|}$ かつ $|w| \leq c|z|^{k+1}$ なので，補題の 1 番目の部分が得られる．2 番目の部分は，単に $|z| \geq 1/2$ ならば

$$|E_k(z)| = |1-z||e^{z+z^2/2+\cdots+z^k/k}|$$

であり，ある $c' > 0$ が存在して

$$|e^{z+z^2/2+\cdots+z^k/k}| \geq e^{-|z+z^2/2+\cdots+z^k/k|} \geq e^{-c'|z|^k}$$

となることを見ればよい．$|z| \geq 1/2$ の場合の補題の不等式は，この考察から得られる． ∎

アダマールの定理の証明の鍵は，z が零点 $\{a_n\}$ から離れた状態にあるときの既約因子の積の下界を見つけることにある．それゆえ，まずこれらの点を中心とする小さな円板の補集合において，積を下から評価しよう．

補題 5.3 $\rho_0 < s < k+1$ となる任意の s に対し，z が a_n を中心とし半径 $|a_n|^{-k-1}$ である円板の $n = 1, 2, 3, \cdots$ に対する和集合に属する場合を除いては，

$$\left|\prod_{n=1}^{\infty} E_k(z/a_n)\right| \geq e^{-c|z|^s}$$

が成り立つ．

証明 補題の証明は，少し巧妙である．まず，

$$\prod_{n=1}^{\infty} E_k(z/a_n) = \prod_{|a_n| \leq 2|z|} E_k(z/a_n) \prod_{|a_n| > 2|z|} E_k(z/a_n)$$

と書く．2 番目の積に対しては，上で主張された評価が z に対する制限なしに成立する．実際，前の補題により

$$\left|\prod_{|a_n|>2|z|} E_k(z/a_n)\right| = \prod_{|a_n|>2|z|} |E_k(z/a_n)|$$
$$\geq \prod_{|a_n|>2|z|} e^{-c|z/a_n|^{k+1}}$$
$$\geq e^{-c|z|^{k+1} \sum_{|a_n|>2|z|} |a_n|^{-k-1}}$$

となる．しかるに，$|a_n| > 2|z|$ かつ $s < k+1$ であるので，

$$|a_n|^{-k-1} = |a_n|^{-s}|a_n|^{s-k-1} \leq C|a_n|^{-s}|z|^{s-k-1}$$

とならなくてはいけない．したがって，$\sum |a_n|^{-s}$ が収束するという事実から，ある定数 $c > 0$ に対して

$$\left| \prod_{|a_n| > 2|z|} E_k(z/a_n) \right| \geq e^{-c|z|^s}$$

が成り立つ．

1 番目の積を評価するために，補題 5.2 の 2 番目の部分を用い，

(5) $$\left| \prod_{|a_n| \leq 2|z|} E_k(z/a_n) \right| \geq \prod_{|a_n| \leq 2|z|} \left| 1 - \frac{z}{a_n} \right| \prod_{|a_n| \leq 2|z|} e^{-c'|z/a_n|^k}$$

と書く．ここで，

$$\prod_{|a_n| \leq 2|z|} e^{-c'|z/a_n|^k} = e^{-c'|z|^k \sum_{|a_n| \leq 2|z|} |a_n|^{-k}}$$

に注意して，再び $|a_n|^{-k} = |a_n|^{-s}|a_n|^{s-k} \leq C|a_n|^{-s}|z|^{s-k}$ となり，それにより

$$\prod_{|a_n| \leq 2|z|} e^{-c'|z/a_n|^k} \geq e^{-c|z|^s}$$

が証明される．

補題の主張にある z に課せられた制限が必要になるのは，(5) の右辺の 1 番目の積に関する評価である．実際，z が半径 $|a_n|^{-k-1}$ で中心 a_n の円板に属さない限り，$|a_n - z| \geq |a_n|^{-k-1}$ とならなくてはいけない．それゆえ

$$\prod_{|a_n| \leq 2|z|} \left| 1 - \frac{z}{a_n} \right| = \prod_{|a_n| \leq 2|z|} \left| \frac{a_n - z}{a_n} \right|$$
$$\geq \prod_{|a_n| \leq 2|z|} |a_n|^{-k-1} |a_n|^{-1}$$
$$= \prod_{|a_n| \leq 2|z|} |a_n|^{-k-2}$$

となる．最後に，1 番目の積に対する評価は，任意の $s' > s$ に関して

$$(k+2) \sum_{|a_n| \leq 2|z|} \log |a_n| \leq (k+2)\mathfrak{n}(2|z|) \log 2|z|$$
$$\leq c|z|^s \log 2|z|$$
$$\leq c'|z|^{s'}$$

であるという事実から示され，2 番目の不等式は，定理 2.1 により $\mathfrak{n}(2|z|) \leq c|z|^s$

となることより得られる. s は $s > \rho_0$ をみたすように制限してあるので, s を初めから十分 ρ_0 の近くにとっておけば, (s を s' に置き換えることにより) 補題の主張は証明される. ∎

系 5.4 $r_m \to \infty$ である半径の列 $r_1, r_2, \cdots$ で
$$\left|\prod_{n=1}^{\infty} E_k(z/a_n)\right| \geq e^{-c|z|^s}, \qquad |z| = r_m に対して$$
となるものが存在する.

証明 $\sum |a_n|^{-k-1} < \infty$ であるので, ある整数 N で
$$\sum_{n=N}^{\infty} |a_n|^{-k-1} < 1/10$$
となるものが存在する. それゆえ, 与えられた任意の二つの連続した整数 L および $L+1$ に対し, $L \leq r \leq L+1$ となる正の数 r で, 原点中心で半径 r の円周が補題 5.3 において除かれている円板とは交わらないものを見つけることができる. というのも, さもなくば (長さ $2|a_n|^{-k-1}$ の) 区間

$$I_n = \left[|a_n| - \frac{1}{|a_n|^{k+1}}, \ |a_n| + \frac{1}{|a_n|^{k+1}}\right]$$

の和集合が区間 $[L, L+1]$ を覆う (図 1 を見よ). これより, $2\sum_{n=N}^{\infty} |a_n|^{-k-1} \geq 1$

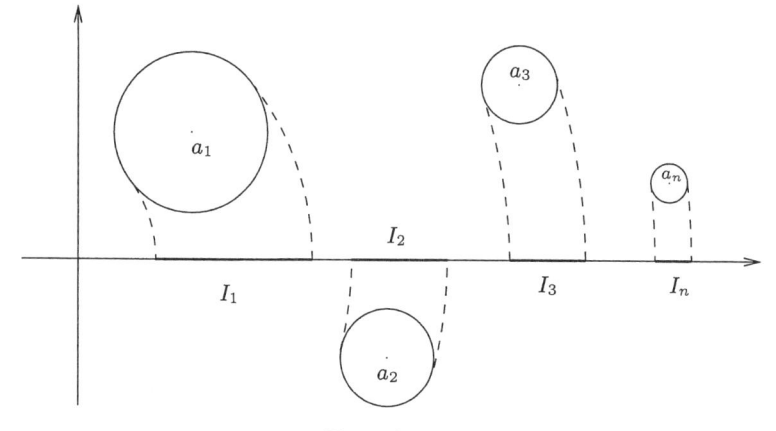

図 1 区間 I_n.

が導かれ矛盾である．ここで，前の補題の $|z|=r$ の場合を適用して，系の証明が終わる． ∎

アダマールの定理の証明

$$E(z) = z^m \prod_{n=1}^{\infty} E_k(z/a_n)$$

とおく．E が整関数であることを証明するために，定理 4.1 の証明における議論を繰り返す；補題 4.2 により

$$|1 - E_k(z/a_n)| \leq c \left| \frac{z}{a_n} \right|^{k+1}, \qquad \text{すべての大なる } n \text{ に対して}$$

となることと級数 $\sum |a_n|^{-k-1}$ が収束することを考慮に入れる（$\rho_0 < s < k+1$ を思い出すこと）．さらに，E は f のそれを零点にもち，それゆえ f/E は正則でどの点においても零にならない．よって，ある整関数 g により

$$\frac{f(z)}{E(z)} = e^{g(z)}$$

とできる．f が増大度 ρ_0 をもつことにより，また系 5.4 で得られた E の下からの評価があるので，$|z| = r_m$ に対して

$$e^{\operatorname{Re}(g(z))} = \left| \frac{f(z)}{E(z)} \right| \leq c' e^{c|z|^s}$$

が成立する．これにより，

$$\operatorname{Re}(g(z)) \leq C|z|^s, \qquad |z| = r_m \text{ に対して}$$

が得られる．それゆえ，アダマールの定理の証明は，以下の最終補題を示すことができれば完結する．

補題 5.5 g は整関数で，$u = \operatorname{Re}(g)$ はある正の実数 r の列で無限大に向かうものに対して

$$u(z) \leq Cr^s, \qquad |z| = r \text{ である限り}$$

をみたすものとする．このとき，g は s 次以下の多項式である．

証明 g を，原点中心のベキ級数

$$g(z) = \sum_{n=0}^{\infty} a_n z^n$$

に展開することができる．第 3 章の最終節で，すでに

(6) $$\frac{1}{2\pi}\int_0^{2\pi} g(re^{i\theta})e^{-in\theta}\,d\theta = \begin{cases} a_n r^n, & n \geq 0 \text{ のとき,} \\ 0, & n < 0 \text{ のとき} \end{cases}$$

を (コーシーの積分公式の簡単な応用として) 証明した．複素共役をとることにより，$n > 0$ である限り

(7) $$\frac{1}{2\pi}\int_0^{2\pi} \overline{g(re^{i\theta})}e^{-in\theta}\,d\theta = 0$$

となり，$2u = g + \bar{g}$ であるから等式 (6) と (7) を足し合わせて

$$a_n r^n = \frac{1}{\pi}\int_0^{2\pi} u(re^{i\theta})e^{-in\theta}\,d\theta, \qquad n > 0 \text{ である限り}$$

を得る．$n = 0$ に関しては，単に (6) の両辺の実部をとるだけで

$$2\,\mathrm{Re}(a_0) = \frac{1}{\pi}\int_0^{2\pi} u(re^{i\theta})\,d\theta$$

がわかる．ここで，$n \neq 0$ である限り，原点中心の任意の円周上の $e^{-in\theta}$ の積分は零になるという単純な事実を思い出そう．それにより，

$$a_n = \frac{1}{\pi r^n}\int_0^{2\pi} [u(re^{i\theta}) - Cr^s]e^{-in\theta}\,d\theta, \qquad n > 0 \text{ のとき,}$$

したがって

$$|a_n| \leq \frac{1}{\pi r^n}\int_0^{2\pi} [Cr^s - u(re^{i\theta})]\,d\theta \leq 2Cr^{s-n} - 2\,\mathrm{Re}(a_0)r^{-n}$$

を得る．補題の仮定で与えられた列に沿って r を無限大に飛ばすことにより，$n > s$ に対して $a_n = 0$ が証明される．これにより，補題そしてアダマールの定理の証明が完結した． ∎

6. 練習

1. 単位円板におけるイェンセンの公式の別証明を，(ブラシュケ因子と呼ばれる) 関数

$$\psi_\alpha(z) = \frac{\alpha - z}{1 - \bar{\alpha}z}$$

を用いて与えよ．
[ヒント：関数 $f/(\psi_{z_1}\cdots\psi_{z_N})$ はどの点においても零ではない．]

2. 以下の整関数の増大度を求めよ：
(a) p を多項式として $p(z)$．
(b) $b \neq 0$ として e^{bz^n}．

(c) e^{e^z}.

3. τ を $\mathrm{Im}(\tau) > 0$ となるように固定するとき，ヤコビのテータ関数
$$\Theta(z|\tau) = \sum_{n=-\infty}^{\infty} e^{\pi i n^2 \tau} e^{2\pi i n z}$$
は z の関数として増大度 2 であることを示せ．Θ の性質に関しては，もう少し詳しく第 10 章において調べられる．
[ヒント：$t > 0$ かつ $n \geq 4|z|/t$ のとき，$-n^2 t + 2n|z| \leq -n^2 t/2$ である．]

4. $t > 0$ にとって固定し，$F(z)$ を
$$F(z) = \prod_{n=1}^{\infty}(1 - e^{-2\pi n t}e^{2\pi i z})$$
により定義する．この積は，z の整関数を定義することに注意する．
(a) $|F(z)| \leq A e^{a|z|^2}$，したがって F は増大度 2 であることを示せ．
(b) F は，ちょうど $z = -int + m$ で $n \geq 1$ かつ n, m が整数であるときに零となる．それゆえ，a_n をこれら零点を列挙したものとして
$$\sum \frac{1}{|z_n|^2} = \infty \quad \text{しかるに} \quad \sum \frac{1}{|z_n|^{2+\varepsilon}} < \infty$$
である．
[ヒント：(a) を証明するには，
$$F_1(z) = \prod_{n=1}^{N}(1 - e^{-2\pi n t}e^{2\pi i z}) \quad \text{および} \quad F_2(z) = \prod_{n=N+1}^{\infty}(1 - e^{-2\pi n t}e^{2\pi i z})$$
として $F(z) = F_1(z)F_2(z)$ と書ける．そのとき，
$$\left(\sum_{N+1}^{\infty} e^{-2\pi n t}\right) e^{2\pi|z|} \leq 1$$
であるから，$|F_2(z)| \leq A$ となる．しかるに，
$$|1 - e^{-2\pi n t}e^{2\pi i z}| \leq 1 + e^{2\pi|z|} \leq 2 e^{2\pi|z|}$$
である．それゆえ $|F_1(z)| \leq 2^N e^{2\pi N|z|} \leq e^{c'|z|^2}$ となる．F を少し変形したものが，第 10 章で取り上げられるヤコビのテータ関数に関する三重積公式における因子として登場することに注意しておく．]

5. $\alpha > 1$ のとき，
$$F_\alpha(z) = \int_{-\infty}^{\infty} e^{-|t|^\alpha} e^{2\pi i z t}\,dt$$
は増大度 $\alpha/(\alpha - 1)$ の整関数であることを示せ．

[ヒント：
$$-\frac{|t|^\alpha}{2} + 2\pi |z||t| \leq c|z|^{\alpha/(\alpha-1)}$$
を，適当な定数 A に対して $|t|^{\alpha-1} \leq A|z|$ と $|t|^{\alpha-1} \geq A|z|$ の二つの場合を考えることにより示せ．]

6. ウォリスの乗積公式
$$\frac{\pi}{2} = \frac{2 \cdot 2}{1 \cdot 3} \cdot \frac{4 \cdot 4}{3 \cdot 5} \cdots \frac{2m \cdot 2m}{(2m-1) \cdot (2m+1)} \cdots$$
を証明せよ．

[ヒント：$\sin z$ に対する乗積公式を，$z = \pi/2$ として用いよ．]

7. 無限積に関する以下の性質を示せ．

(a) $\sum |a_n|^2$ が収束するならば，積 $\prod(1+a_n)$ が零でない極限に収束するのは $\sum a_n$ が収束するときであり，またそのときに限ることを示せ．

(b) 複素数列 $\{a_n\}$ で，$\sum a_n$ は収束するが $\prod(1+a_n)$ は発散するものの例を見つけよ．

(c) また，$\prod(1+a_n)$ は収束するが $\sum a_n$ は発散するものの例を見つけよ．

8. 任意の z に対して，以下の積は収束し，
$$\cos(z/2)\cos(z/4)\cos(z/8)\cdots = \prod_{k=1}^\infty \cos(z/2^k) = \frac{\sin z}{z}$$
となることを証明せよ．

[ヒント：$\sin 2z = 2\sin z \cos z$ となる事実を用いよ．]

9. $|z| < 1$ ならば
$$(1+z)(1+z^2)(1+z^4)(1+z^8)\cdots = \prod_{k=0}^\infty (1+z^{2^k}) = \frac{1}{1-z}$$
であることを証明せよ．

10. 以下に対するアダマール積を求めよ：

(a) $e^z - 1$．

(b) $\cos \pi z$．

[ヒント：答えは，それぞれ $e^{z/2} z \prod_{n=1}^\infty (1 + z^2/4n^2\pi^2)$ および $\prod_{n=0}^\infty (1 - 4z^2/(2n+1)^2)$ である．]

11. f を，取り得ない値を二つもつ有限増大度の整関数とするとき，f は定数であることを示せ．この結果は任意の整関数に対してもやはり正しく，ピカールの小定理として知られている．

[ヒント: f が a を値としてとらないならば, $f(z) - a$ は p を多項式として $e^{p(z)}$ の形をもつ.]

12. f は整関数で決して零にならないものとし, f のいかなる高階導関数も決して零にならないものとする. f が有限増大度をももつとき, ある定数 a と b により $f(z) = e^{az+b}$ となることを証明せよ.

13. 方程式 $e^z - z = 0$ は $\mathbb{C}$ において無限個の解をもつことを示せ.
[ヒント: アダマールの定理を適用せよ.]

14. アダマールの定理から, F が整関数で非整数の増大度 ρ をもつならば, F は無限個の零点をもつことを導け.

15. $\mathbb{C}$ における任意の有理型関数は, 二つの整関数の商であることを証明せよ. また, $\{a_n\}$ と $\{b_n\}$ が有限の極限点をもたない二つの独立した列とするとき, 全複素平面における有理型関数で, ちょうど $\{a_n\}$ で零となり, ちょうど $\{b_n\}$ に極をもつものが存在することも示せ.

16. $n = 1, 2, \cdots$ に対し,
$$Q_n(z) = \sum_{k=1}^{N_n} c_k^n z^k$$
を与えられた多項式とする. また, 極限点をもたない複素数列 $\{a_n\}$ が与えられているものとする. ある有理型関数 $f(z)$ で, 極が $\{a_n\}$ のみであり, 各 n に対して差
$$f(z) - Q_n\left(\frac{1}{z - a_n}\right)$$
が a_n の近くで正則となるものが存在することを証明せよ. 言い換えると, f は定められた極およびそのそれぞれで定められた主要部をもつ. この結果はミッターク=レフラーによるものである.

17. 二つの可算無限複素数列 $\{a_k\}_{k=0}^{\infty}$ および $\{b_k\}_{k=0}^{\infty}$ で $\lim_{k \to \infty} |a_k| = \infty$ となるものを与えるとき, 整関数 F で任意の k に対して $F(a_k) = b_k$ となるものが常に存在する.

(a) n 個の相異なる複素数 $a_1, \cdots, a_n$ と, それとは別の n 個の複素数 $b_1, \cdots, b_n$ を与えるとき, $n-1$ 次以下の多項式 P で
$$P(a_i) = b_i, \quad i = 1, \cdots, n \text{ に対して}$$
となるものを構成せよ.

(b) $\{a_k\}_{k=0}^\infty$ を相異なる複素数の列で，$a_0 = 0$ かつ $\lim_{k\to\infty} |a_k| = \infty$ となるものとし，$E(z)$ により $\{a_k\}$ に関するワイエルシュトラス積を表すものとする．複素数 $\{b_k\}_{k=0}^\infty$ を与えるとき，ある整数 $m_k \geq 1$ が存在して，級数

$$F(z) = \frac{b_0}{E'(z)}\frac{E(z)}{z} + \sum_{k=1}^\infty \frac{b_k}{E'(a_k)}\frac{E(z)}{z-a_k}\left(\frac{z}{a_k}\right)^{m_k}$$

が整関数を定義し，

$$F(a_k) = b_k, \qquad \text{すべての } k \geq 0 \text{ に対して}$$

をみたすことを示せ．これは，プリングスハイムの補間公式として知られている．

7. 問題

1. f は単位円板において正則で，有界かつ恒等的には零でなく，$z_1, z_2, \cdots, z_n, \cdots$ がその零点 ($|z_k|<1$) であるものとするとき，

$$\sum_n (1-|z_n|) < \infty$$

であることを証明せよ．
[ヒント：イェンセンの公式を用いよ．]

2.* この問題では，整関数に対するワイエルシュトラス積の類似であるところの，円板における有界なブラシュケ積について議論する．

(a) $0 < |\alpha| < 1$ および $|z| \leq r < 1$ に対して，不等式

$$\left|\frac{\alpha + |\alpha|z}{(1-\bar{\alpha}z)\alpha}\right| \leq \frac{1+r}{1-r}$$

が成り立つことを示せ．

(b) $\{\alpha_n\}$ を単位円板内の列で，すべての n に対し $\alpha_n \neq 0$ であり，

$$\sum_{n=1}^\infty (1-|\alpha_n|) < \infty$$

であるものとする．これは，$\{\alpha_n\}$ が単位円板における有界な正則関数の零点であるときに成立することに注意しておく (問題1を見よ)．積

$$f(z) = \prod_{n=1}^\infty \frac{\alpha_n - z}{1-\bar{\alpha}_n z}\frac{|\alpha_n|}{\alpha_n}$$

が $|z| \leq r < 1$ に対して一様に収束して，単位円板における正則関数を定義し，零点をちょうど α_n にもち，そしてそれ以外には零点をもたないことを示せ．$|f(z)| \leq 1$ を示せ．

3.* $\sum \dfrac{z^n}{(n!)^\alpha}$ は，増大度 $1/\alpha$ の整関数であることを示せ．

4.* $F(z) = \sum\limits_{n=0}^{\infty} a_n z^n$ は，有限増大度の整関数とする．このとき F の増大度は，係数 a_n の $n \to \infty$ のときの増大と密接に関連している．実際：

(a) $|F(z)| \leq A e^{a|z|^\rho}$ とする．このとき

(8) $$\limsup_{n \to \infty} |a_n|^{1/n} n^{1/\rho} < \infty.$$

(b) 逆に (8) が成り立つとき，任意の $\varepsilon > 0$ に関して $|F(z)| \leq A_\varepsilon e^{a_\varepsilon |z|^{\rho+\varepsilon}}$.

[ヒント：(a) を証明するには，コーシーの不等式
$$|a_n| \leq \frac{A}{r^n} e^{ar^\rho},$$
および関数 $u^{-n} e^{u^\rho}$, $0 < u < \rho$ が $u = n^{1/\rho}/\rho^{1/\rho}$ において最小値 $e^{n/\rho} (\rho/n)^{n/\rho}$ をとるという事実を用いよ．それから r を，n を用いてこの最小値を実現するように選べ．

(b) を示すには，$n^n \geq n!$ であるので，ある定数 c に対して
$$|F(z)| \leq \sum \frac{c^n r^n}{n^{n/\rho}} \leq \sum \frac{c^n r^n}{(n!)^{1/\rho}}$$
が $|z| = r$ に対して成立することに注意せよ．これにより，問題 3 に帰着される．]

第6章 ガンマ関数とゼータ関数

 ガンマ関数とゼータ関数は数学において最も重要な非初等関数であるといっても過言ではない.ガンマ関数 Γ は自然界のいたるところに存在する.さまざまな計算の中に現れ,解析学に登場する数多くの等式を演ずる.これに対する部分的説明は,おそらく,ガンマ関数を本質的に特徴づける構造的性質に見出されるであろう.それは,$1/\Gamma(s)$ はちょうど $s = 0, -1, -2, \cdots$ に零点をもつ (最も簡単な) 整関数[1]であるということである.

 ゼータ関数 ζ (この研究は,ガンマ関数の研究と同様に,オイラーによって始められた) は解析的整数論において基本的役割を演ずる.素数との深く本質的なつながりは,$\zeta(s)$ に対する等式

$$\prod_p \frac{1}{1-p^{-s}} = \sum_{n=1}^{\infty} \frac{1}{n^s}$$

から生ずる.ここに,積はすべての素数にわたってとるものとする.実数 $s > 1$ が 1 に近づくときの $\zeta(s)$ の挙動を用いて,オイラーは,$\sum_p 1/p$ が発散すること,および,L-関数に対する同様の考察が,第 I 巻で見た等差数列における素数についてのディリクレの定理の証明の出発点になることをを示した.

 $\mathrm{Re}(s) > 1$ のとき,$\zeta(s)$ は意味をなすこと (および解析的であること) を見るのは難しくないが,素数の研究を ζ の複素数平面への残りの部分への解析的 (実際には有理型的) 延長との密接な関連を発見したのはリーマンである.本書では,それを超えてさらに,特筆すべき関数等式を考察する.それは,直線 $\mathrm{Re}(s) = 1/2$ に関する対称性を明らかにするもので,その証明はテータ関数に対する対応する

---

 [1] この分野の標準的記号を用いるならば,(z ではなく) s によって,関数 Γ と ζ の変数を表す.

等式に基づいている. さらに, $\zeta(s)$ の直線 $\mathrm{Re}(s) = 1$ の近くでの挙動を詳しく調べる. これは, 次章で与えられる素数定理の証明に必要になる.

1. ガンマ関数

$s > 0$ に対して**ガンマ関数**は

(1) $$\Gamma(s) = \int_0^\infty e^{-t} t^{s-1} dt$$

によって定義される. 各正数 s に対して, $t = 0$ の近くでは関数 t^{s-1} は積分可能であり, 大きい t に対して被積分関数の指数減衰が保証されるので, この積分は収束する. この考察により Γ の定義域は次のように拡張される.

定理 1.1 ガンマ関数は半平面 $\mathrm{Re}(s) > 0$ での正則関数に拡張され, 同じ公式 (1) で与えられる.

証明 積分がすべての帯状領域

$$S_{\delta, M} = \{\delta < \mathrm{Re}(s) < M\}, \qquad 0 < \delta < M < \infty$$

において正則関数を定義することを示せば十分である. σ が s の実部を表すならば, $|e^{-t} t^{s-1}| = e^{-t} t^{\sigma-1}$ であるから,

$$\lim_{\varepsilon \to 0} \int_\varepsilon^{1/\varepsilon} e^{-t} t^{s-1} dt$$

によって定義される積分

$$\Gamma(s) = \int_0^\infty e^{-t} t^{s-1} dt$$

は, 各 $s \in S_{\delta, M}$ に対して収束する. $\varepsilon > 0$ に対して,

$$F_\varepsilon(s) = \int_\varepsilon^{1/\varepsilon} e^{-t} t^{s-1} dt$$

とおく. 第 2 章の定理 5.4 により, F_ε は帯状領域 $S_{\delta, M}$ で正則である. 再び第 2 章の定理 5.2 により, F_ε が帯状領域 $S_{\delta, M}$ で Γ に一様収束することを示せば十分である. これを見るために, まず

$$|\Gamma(s) - F_\varepsilon(s)| \leq \int_0^\varepsilon e^{-t} t^{\sigma-1} dt + \int_{1/\varepsilon}^\infty e^{-t} t^{\sigma-1} dt$$

に注意する. 右辺第 1 項の積分は, $0 < \varepsilon < 1$ のとき, $\varepsilon^\sigma / \sigma$ で評価されることが

容易にわかるので, ε が 0 に近づくとき, 0 に一様収束する. 右辺第 2 項の積分は
$$\left|\int_{1/\varepsilon}^\infty e^{-t}t^{\sigma-1}dt\right| \leq \int_{1/\varepsilon}^\infty e^{-t}t^{M-1}dt \leq C\int_{1/\varepsilon}^\infty e^{-t/2}dt \to 0$$
であるから, 同様に 0 に一様収束する. 以上で証明が完了する. ∎

1.1 解析接続

Γ を定義する積分は s がその他の値のとき絶対収束しないにもかかわらず, さらに進んで, $\mathbb{C}$ 上の有理型関数で半平面 $\mathrm{Re}(s) > 0$ で Γ と一致するものが存在することを証明することができる. 第 2 章と同じ意味で, この関数は Γ の解析接続[2]と呼ぶことにして, そのまま同じ記号 Γ で表すことにする.

解析的延長が有理型関数であることを示すために, Γ の性質を表す次の重要な補題を必要とする.

補題 1.2 $\mathrm{Re}(s) > 0$ ならば,
$$\Gamma(s+1) = s\Gamma(s) \tag{2}$$
である. その結果として, $n = 0, 1, 2, \cdots$ に対して $\Gamma(n+1) = n!$ である.

証明 有限区間の積分において部分積分すると,
$$\int_\varepsilon^{1/\varepsilon} \frac{d}{dt}(e^{-t}t^s)dt = -\int_\varepsilon^{1/\varepsilon} e^{-t}t^s dt + s\int_\varepsilon^{1/\varepsilon} e^{-t}t^{s-1}dt$$
であり, ε を 0 に近づけて, t を 0 あるいは ∞ に近づけるとき $e^{-t}t^s \to 0$ であることに注意すると, 求める公式 (2) が従う. さて,
$$\Gamma(1) = \int_0^\infty e^{-t}dt = [-e^{-t}]_0^\infty = 1$$
を確かめれば, (2) を繰り返し用いることで $\Gamma(n+1) = n!$ が従う. ∎

補題の公式 (2) を用いるだけで次の定理が証明される.

定理 1.3 最初に $\mathrm{Re}(s) > 0$ で定義された関数 $\Gamma(s)$ は, $\mathbb{C}$ 上の有理型関数に解析的に延長され, その特異点は非正整数 $s = 0, -1, \cdots$ における 1 位の極のみである. Γ の $s = -n$ における留数は $(-1)^n/n!$ である.

---

[2] 解析接続の一意性は, 有理型関数の極の全体の補集合が連結集合をなすことにより保証される.

証明 $m \geq 1$ を整数として各半平面 $\mathrm{Re}(s) > -m$ へ Γ が拡張できることを示せばよい. $\mathrm{Re}(s) > -1$ に対して,
$$F_1(s) = \frac{\Gamma(s+1)}{s}$$
と定義する. $\Gamma(s+1)$ は $\mathrm{Re}(s) > -1$ で正則であるから, F_1 はこの半平面で有理型で, 高々 $s=0$ に1位の極をもつ. $\Gamma(1) = 1$ であるから, F_1 は実際に $s=0$ に1位の極をもち, その留数は1である. さらに, $\mathrm{Re}(s) > 0$ ならば, 前の補題の公式により,
$$F_1(s) = \frac{\Gamma(s+1)}{s} = \Gamma(s)$$
である. よって F_1 は Γ の半平面 $\mathrm{Re}(s) > -1$ 上の有理型関数への拡張である. $\mathrm{Re}(s) > -m$ に対して, $\mathrm{Re}(s) > 0$ で Γ に一致する有理型関数 $F_m(s)$ を定義することにより, 同様の議論を継続することができる. $m \geq 1$ を整数として $\mathrm{Re}(s) > -m$ に対して,
$$F_m(s) = \frac{\Gamma(s+m)}{(s+m-1)(s+m-2)\cdots s}$$
と定義する. F_m は $\mathrm{Re}(s) > -m$ で有理型で, $s = 0, -1, -2, \cdots, -m+1$ に1位の極をもち, その留数は
$$\begin{aligned}\mathrm{res}_{s=-n} F_m(s) &= \frac{\Gamma(-n+m)}{(m-1-1)!\,(-1)(-2)\cdots(-n)} \\ &= \frac{(m-n-1)!}{(m-1-1)!\,(-1)(-2)\cdots(-n)} \\ &= \frac{(-1)^n}{n!}\end{aligned}$$
である. 補題を繰り返し用いると, $\mathrm{Re}(s) > 0$ では $F_m(s) = \Gamma(s)$ であることが示される. 解析接続の一意性により, $1 \leq k \leq m$ に対して $F_m = F_k$ が F_k の定義域で成り立つ. よって, 求めるべき Γ の解析接続を求めることができた. ∎

注意 $\mathrm{Re}(s) > 0$ のとき $\Gamma(s+1) = s\Gamma(s)$ であることはすでに見た. 実際, 解析接続により, この公式は, $s \neq 0, -1, -2, \cdots$ のとき, すなわち s が Γ の極でないときも, そのまま成立する. これは, 公式の両辺が Γ の極以外で正則で, $\mathrm{Re}(s) > 0$ では一致することによる. 実際, さらに進んで, s が負の整数 $s = -n$, $n \geq 1$ ならば, 公式の両辺の値は無限大になって, さらに
$$\mathrm{res}_{s=-n} \Gamma(s+1) = -n\,\mathrm{res}_{s=-n} \Gamma(s)$$

となることがわかる．最後に，$s=0$ のとき，$\Gamma(1) = \lim_{s\to 0} s\Gamma(s)$ となることに注意しよう．

定理 1.3 には，$\mathrm{Re}(s) > 0$ で定義される $\Gamma(s)$ を与える積分を
$$\Gamma(s) = \int_0^1 e^{-t} t^{s-1} dt + \int_1^\infty e^{-t} t^{s-1} dt$$
のように分割することによって導かれる別証明がある．この証明はそれ自身興味深く，その考え方は後で繰り返し登場する．右辺右側の積分は整関数を定義する．また，e^{-t} をベキ級数展開して項別積分すると
$$\int_0^1 e^{-t} t^{s-1} dt = \sum_{n=0}^\infty \frac{(-1)^n}{n!(n+s)}$$
を得る．よって，$\mathrm{Re}(s) > 0$ に対して，

(3) $$\Gamma(s) = \sum_{n=0}^\infty \frac{(-1)^n}{n!(n+s)} + \int_1^\infty e^{-t} t^{s-1} dt$$

が成り立つ．最後に，この級数が正でない整数を極にもつ $\mathbb{C}$ 上の有理型関数を定義し，$s=-n$ における留数は $(-1)^n/n!$ であることを見よう．これを示すために，以下のように議論をする．固定された $R > 0$ に対して，整数 N を $N > 2R$ をみたすように選び，和を二つの部分
$$\sum_{n=0}^\infty \frac{(-1)^n}{n!(n+s)} = \sum_{n=0}^N \frac{(-1)^n}{n!(n+s)} + \sum_{n=N+1}^\infty \frac{(-1)^n}{n!(n+s)}$$
に分ける．第 1 項の和は，有限和であり，円板 $|s| < R$ において所定の位置と留数の極をもつ有理関数を定義する．第 2 項の和は，$n > N > 2R$ と $|n+s| \geq R$ により，
$$\left| \frac{(-1)^n}{n!(n+s)} \right| \leq \frac{1}{n! R}$$
であるから，同じ円板上で一様収束して，その円板上の正則関数を定義する．R は任意であるから，(3) に現れる級数は所定の性質をもつことがわかる．

特に，関係式 (3) は $\mathbb{C}$ 全体で成り立つ．

1.2 Γ のさらなる性質

次の等式は Γ の直線 $\mathrm{Re}(s) = 1/2$ に関する対称性を表している．

定理 1.4 すべての $s \in \mathbb{C}$ に対して，

(4)
$$\Gamma(s)\Gamma(1-s) = \frac{\pi}{\sin \pi s}$$

が成り立つ．

$\Gamma(1-s)$ は正整数 $s = 1, 2, 3, \cdots$ に 1 位の極をもつので，$\Gamma(s)\Gamma(1-s)$ はすべての整数を 1 位の極にもつ $\mathbb{C}$ 上の有理型関数であり，$\pi/\sin \pi s$ も同じ性質をもっている．

この等式を証明するためには，$0 < s < 1$ へ制限した等式が解析接続によって $\mathbb{C}$ 全体で成り立つので，$0 < s < 1$ で等式を示せば十分である．

補題 1.5 $0 < a < 1$ に対して
$$\int_0^\infty \frac{v^{a-1}}{1+v} dv = \frac{\pi}{\sin \pi a}$$
が成り立つ．

証明 まず最初に，変数変換 $v = e^x$ により，
$$\int_0^\infty \frac{v^{a-1}}{1+v} dv = \int_{-\infty}^\infty \frac{e^{ax}}{1+e^x} dx$$
となることを見よ．第 3 章 2.1 節の例 2 ですでに見たように，適当な積分路上の積分を用いると，右辺の積分は求めるべき $\pi/\sin \pi a$ であることがわかる． ∎

定理の証明を完結させるために，まず $0 < s < 1$ に対して，
$$\Gamma(1-s) = \int_0^\infty e^{-u} u^{-s} du = t\int_0^\infty e^{-vt}(vt)^{-s} dv$$
と書き換えられる．ここに $t > 0$ に対して変数変換 $vt = u$ を用いた．この方法により，
$$\begin{aligned}
\Gamma(1-s)\Gamma(s) &= \int_0^\infty e^{-t} t^{s-1} \Gamma(1-s) dt \\
&= \int_0^\infty e^{-t} t^{s-1} \left(t\int_0^\infty e^{-vt}(vt)^{-s} dv \right) dt \\
&= \int_0^\infty \int_0^\infty e^{-t(1+v)} v^{-s} dv dt \\
&= \int_0^\infty \frac{v^{-s}}{1+v} dv \\
&= \frac{\pi}{\sin \pi(1-s)} \\
&= \frac{\pi}{\sin \pi s}
\end{aligned}$$

となって，定理が証明される．

特に，$s = 1/2$ とおいて，$s > 0$ のとき $\Gamma(s) > 0$ であることに注意すると，
$$\Gamma\left(\frac{1}{2}\right) = \sqrt{\pi}$$
であることがわかる．

ガンマ関数の逆数を用いてガンマ関数の考察を続けよう．逆数は驚くほど単純な性質をもった整関数になる．

定理 1.6 関数 Γ は次の性質をもつ．

(i) $1/\Gamma(s)$ は $s = 0, -1, -2, \cdots$ に単純零点をもつ整関数で，それ以外の点では消えない．

(ii) $1/\Gamma(s)$ の増大度は
$$\left|\frac{1}{\Gamma(s)}\right| \leq c_1 e^{c_2 |s| \log |s|}$$
である．よって，$1/\Gamma(s)$ は次の意味で増大度 1 である．すなわち，任意の $\varepsilon > 0$ に対して，ある上界 $c(\varepsilon)$ が存在して，
$$\left|\frac{1}{\Gamma(s)}\right| \leq c(\varepsilon) e^{c_2 |s|^{1+\varepsilon}}$$
が成り立つ．

証明 定理 1.4 により，

(5) $$\frac{1}{\Gamma(s)} = \Gamma(1-s) \frac{\sin \pi s}{\pi}$$

と書くことができて，$\Gamma(1-s)$ の 1 位の極 $s = 1, 2, 3, \cdots$ は $\sin \pi s$ の単純零点と相殺する．よって $1/\Gamma$ は整関数で，$s = 0, -1, -2, -3, \cdots$ に単純零点をもつ．

評価式を証明するために，$\sigma = \mathrm{Re}(s)$ が正のときに，
$$\int_1^\infty e^{-t} t^\sigma dt \leq e^{(\sigma+1)\log(\sigma+1)}$$
が成り立つことを示すことから始める．n を $\sigma \leq n \leq \sigma + 1$ をみたすようにする．このとき，
$$\int_1^\infty e^{-t} t^\sigma dt \leq \int_0^\infty e^{-t} t^n dt$$
$$= n!$$
$$\leq n^n$$

$$= e^{n \log n}$$
$$\leq e^{(\sigma+1)\log(\sigma+1)}$$

が得られる．関係式 (3) は $\mathbb{C}$ 全体で成り立つから，(5) により

$$\frac{1}{\Gamma(s)} = \left(\sum_{n=0}^{\infty} \frac{(-1)^n}{n!(n+1-s)}\right) \frac{\sin \pi s}{\pi} + \left(\int_1^{\infty} e^{-t} t^{-s} dt\right) \frac{\sin \pi s}{\pi}$$

が成り立つ．前の評価により

$$\left|\int_1^{\infty} e^{-t} t^{-s} dt\right| \leq \int_1^{\infty} e^{-t} t^{|\sigma|} dt \leq e^{(|\sigma|+1)\log(|\sigma|+1)}$$

であり，$|\sin \pi s| \leq e^{\pi|s|}$（正弦関数に対するオイラーの公式による）であるから，$1/\Gamma(s)$ に対する公式の第 2 項は $ce^{(|s|+1)\log(|s|+1)}e^{\pi|s|}$ によって上から評価される．これ自身 $c_1 e^{c_2|s|\log|s|}$ の方が大きい．次に，

$$\sum_{n=0}^{\infty} \frac{(-1)^n}{n!(n+1-s)} \frac{\sin \pi s}{\pi}$$

を考えよう．$|\mathrm{Im}(s)| > 1$ および $|\mathrm{Im}(s)| \leq 1$ という二つの場合がある．前者の場合，この表示式の絶対値が $ce^{\pi|s|}$ で評価される．$|\mathrm{Im}(s)| \leq 1$ の場合，$k - 1/2 \leq \mathrm{Re}(s) < k + 1/2$ となる整数 k を選ぶ．このとき，$k \geq 1$ ならば，

$$\sum_{n=0}^{\infty} \frac{(-1)^n}{n!(n+1-s)} \frac{\sin \pi s}{\pi}$$
$$= (-1)^{k-1} \frac{\sin \pi s}{(k-1)!(k-s)\pi} + \sum_{n \neq k-1} (-1)^n \frac{\sin \pi s}{n!(n+1-s)\pi}$$

である．右辺の二つの項は両方とも有界である．実際，第 1 項は $\sin \pi s$ が $s = k$ で消えることにより，第 2 項は和が $c \sum 1/n!$ を優級数としてもつことにより，有界であることがわかる．

$k \leq 0$ のとき，仮定により $\mathrm{Re}(s) < 1/2$ であり，$\sum_{n=0}^{\infty} \frac{(-1)^n}{n!(n+1-s)}$ は再び $c \sum 1/n!$ を優級数にもつ．以上で証明が終わった． ∎

$1/\Gamma$ は第 5 章で論じたタイプの増大条件をみたすことから，次に考察するところの関数 $1/\Gamma$ に対する積の公式が自然に導かれる．

定理 1.7 すべての $s \in \mathbb{C}$ に対して

$$\frac{1}{\Gamma(s)} = e^{\gamma s} s \prod_{n=1}^{\infty} \left(1 + \frac{s}{n}\right) e^{-s/n}$$

が成り立つ．

実数 γ は**オイラーの定数**として知られているが，
$$\gamma = \lim_{N \to \infty} \sum_{n=1}^{N} \frac{1}{n} - \log N$$
によって定義される．極限値の存在は第 I 巻第 8 章の命題 3.10 ですでに証明したが，念のためここで同じ議論を繰り返そう．
$$\sum_{n=1}^{N} \frac{1}{n} - \log N = \sum_{n=1}^{N} \frac{1}{n} - \int_{1}^{N} \frac{1}{x} dx = \sum_{n=1}^{N-1} \int_{n}^{n+1} \left[\frac{1}{n} - \frac{1}{x} \right] dx + \frac{1}{N}$$
であり，平均値の定理を $f(x) = 1/x$ に用いると，$n \leq x \leq n+1$ に対して，
$$\left| \frac{1}{n} - \frac{1}{x} \right| \leq \frac{1}{n^2}$$
である．ゆえに，
$$\sum_{n=1}^{N} \frac{1}{n} - \log N = \sum_{n=1}^{N-1} a_n + \frac{1}{N}$$
である．ここに，$|a_n| \leq 1/n^2$ である．よって，$\sum a_n$ は収束するので，極限値 γ の存在が証明される．ここで $1/\Gamma$ の因数分解の証明を進めよう．

証明 アダマールの因数分解定理，および，$1/\Gamma$ が整関数で増大度 1 であり $s = 0, -1, -2, \cdots$ に単純零点をもつことにより，$1/\Gamma$ をワイエルシュトラス積の形
$$\frac{1}{\Gamma(s)} = e^{As+B} s \prod_{n=1}^{\infty} \left(1 + \frac{s}{n} \right) e^{-s/n}$$
に展開することができる．ここに A と B は定数で後に決定する．$s \to 0$ のとき $s\Gamma(s) \to 1$ であることを思い起こせば，$B = 0$ (または，もちろん同じことであるが B は $2\pi i$ のある整数倍) である．$s = 1$ とおいて，$\Gamma(1) = 1$ という事実を用いると，
$$e^{-A} = \prod_{n=1}^{\infty} \left(1 + \frac{1}{n} \right) e^{-1/n}$$
$$= \lim_{N \to \infty} \prod_{n=1}^{N} \left(1 + \frac{1}{n} \right) e^{-1/n}$$
$$= \lim_{N \to \infty} e^{\sum_{n=1}^{N} [\log(1+1/n) - 1/n]}$$

$$= \lim_{N\to\infty} e^{-\left(\sum_{n=1}^{N} 1/n\right)+\log N+\log(1+1/N)}$$
$$= e^{-\gamma}$$

であることがわかる．ゆえに，ある整数 k に対して $A = \gamma + 2\pi i k$ である．s が実数のとき $\Gamma(s)$ は実数値であるから，$k = 0$ でなくてはならないことが従うので，議論が完了する． ∎

上の証明が示すように，関数 $1/\Gamma$ は本質的に (二つの正規化定数の差を除いて) 次の性質をもつ整関数として特徴づけられる：

(i) $s = 0, -1, -2, \cdots$ を単純零点とし，その他の点では消えない．

(ii) 増大度が 1 以下である．

$\sin \pi s$ は (零点の全体がすべての整数であるという点を除いて) 同様に特徴づけられることを見よ．しかし，$\sin \pi s$ は，より精密な増大度の評価 $\sin \pi s = O(e^{c|s|})$ をもつにもかかわらず，練習 12 で見るように，上の (指数関数の中の対数関数のない) 評価は，$1/\Gamma(s)$ に対しては成立しない．

2. ゼータ関数

リーマンの**ゼータ関数**は，まず実数 $s > 1$ に対して，収束級数

$$\zeta(s) = \sum_{n=1}^{\infty} \frac{1}{n^s}$$

によって定義される．ガンマ関数の場合と同様に，ζ は複素数平面に延長される．この事実の証明はいくつか知られているが，次節で ζ のみたす関数等式に基づく方法を紹介する．

2.1 関数等式と解析接続

ガンマ関数と同様に，まず初めに ζ を $\mathbb{C}$ の半平面へ単純に拡張する．

命題 2.1 $\zeta(s)$ を定義する級数は $\text{Re}(s) > 1$ に対して収束し，関数 ζ はこの半平面において正則である．

証明 σ と t は実数で $s = \sigma + it$ ならば，

$$|n^{-s}| = |e^{-s\log n}| = e^{-\sigma \log n} = n^{-\sigma}$$

である．それにより，$\sigma > 1 + \delta > 1$ ならば，ζ を定義する級数は収束級数 $\sum_{n=1}^{\infty} 1/n^{1+\delta}$ で一様に評価される．よって，級数 $\sum 1/n^s$ はすべての半平面 $\mathrm{Re}(s) > 1 + \delta > 1$ で一様収束し，したがって，$\mathrm{Re}(s) > 1$ での正則関数を定義する． ∎

ζ の $\mathbb{C}$ における有理型関数への解析接続は，ガンマ関数の場合よりも微妙な問題で難しい．ここで与える証明は ζ を Γ やその他の重要な関数に関連づける．

テータ関数を考えよう．これはすでに第 4 章で導入したように，実数 $t > 0$ に対して，

$$\vartheta(t) = \sum_{n=-\infty}^{\infty} e^{-\pi n^2 t}$$

によって定義される．ポアソンの和公式 (第 4 章の定理 2.4) を応用して，ϑ のみたす関数等式

$$\vartheta(t) = t^{-1/2} \vartheta\left(\frac{1}{t}\right)$$

が得られる．以下で必要になる ϑ の増大・減衰の情報は，ある $C > 0$ が存在して $t \to 0$ のとき

$$\vartheta(t) \leq C t^{-1/2}$$

ということ，および，ある $C > 0$ が存在して，すべての $t \geq 1$ に対して

$$|\vartheta(t) - 1| \leq C e^{-\pi t}$$

ということである．t が 0 に近づくときの不等式は関数等式から従うが，t が無限大へ発散するときの振る舞いは，$t \geq 1$ のとき

$$\sum_{n \geq 1} e^{-\pi n^2 t} \leq \sum_{n \geq 1} e^{-\pi n t} \leq C e^{-\pi t}$$

という事実から従う．

ここで，ζ, Γ, ϑ の間の重要な関係式を証明しよう．

定理 2.2 $\mathrm{Re}(s) > 1$ ならば，

$$\pi^{-s/2} \Gamma\left(\frac{s}{2}\right) \zeta(s) = \frac{1}{2} \int_0^{\infty} u^{(s/2)-1} [\vartheta(u) - 1] du$$

である．

証明 この定理の証明や以後の議論は，$n \geq 1$ ならば，

(6) $$\int_0^\infty e^{-\pi n^2 u} u^{(s/2)-1} du = \pi^{-s/2} \Gamma\left(\frac{s}{2}\right) n^{-s}$$

という観察に基づく．実際，被積分関数の変数変換 $u = t/\pi n^2$ を行うと，左辺は

$$\left(\int_0^\infty e^{-t} t^{(s/2)-1} dt\right) (\pi n^2)^{-s/2}$$

となるが，これはちょうど $\pi^{-s/2} \Gamma(s/2) n^{-s}$ である．次に，

$$\frac{\vartheta(u) - 1}{2} = \sum_{n=1}^\infty e^{-\pi n^2 u}$$

に注意しよう．定理を述べる前に与えた ϑ に対する評価は，無限和の積分との順序交換を正当化し，したがって

$$\frac{1}{2} \int_0^\infty u^{(s/2)-1} [\vartheta(u) - 1] du = \sum_{n=1}^\infty \int_0^\infty u^{(s/2)-1} e^{-\pi n^2 u} du$$

$$= \pi^{-s/2} \Gamma\left(\frac{s}{2}\right) \sum_{n=1}^\infty n^{-s}$$

$$= \pi^{-s/2} \Gamma\left(\frac{s}{2}\right) \zeta(s)$$

となって定理が示される． ∎

この関係式により，**クシー関数**と呼ばれる ζ の変形を考察しよう．クシー関数は ζ をより対称性のある関数にする．この関数は $\mathrm{Re}(s) > 1$ に対して，

(7) $$\xi(s) = \pi^{-s/2} \Gamma\left(\frac{s}{2}\right) \zeta(s)$$

によって定義される．

定理 2.3 クシー関数は $\mathrm{Re}(s) > 1$ で正則で，$s = 0$ と $s = 1$ に 1 位の極をもつ有理型関数として，$\mathbb{C}$ 全体に解析接続される．さらに，すべての $s \in \mathbb{C}$ に対して，

$$\xi(s) = \xi(1-s)$$

が成り立つ．

証明 証明のアイデアは ϑ の関数等式

$$\sum_{n=-\infty}^\infty e^{-\pi n^2 u} = u^{-1/2} \sum_{n=-\infty}^\infty e^{-\pi n^2 / u}, \qquad u > 0$$

を用いることである．この両辺に $u^{(s/2)-1}$ をかけて，u について積分しよう．その前に両辺の $n=0$ に対応する項（これは積分すると両辺に無限大を生成する）を無視して，(6) および変数変換 $u \mapsto 1/u$ によって得られる類似の公式を用いると，求めるべき等式が得られる．実際の証明には，もう少し労力をかける必要があり，以下のように行う．

$\psi(u) = [\vartheta(u) - 1]/2$ とおく．テータ関数の関数等式 $\vartheta(u) = u^{-1/2}\vartheta(1/u)$ により

$$\psi(u) = u^{-1/2}\psi\left(\frac{1}{u}\right) + \frac{1}{2u^{1/2}} - \frac{1}{2}$$

である．さて，定理 2.2 により $\text{Re}(s) > 1$ に対して，

$$\begin{aligned}
\pi^{-s/2}\Gamma\left(\frac{s}{2}\right)\zeta(s) &= \int_0^\infty u^{(s/2)-1}\psi(u)du \\
&= \int_0^1 u^{(s/2)-1}\psi(u)du + \int_1^\infty u^{(s/2)-1}\psi(u)du \\
&= \int_0^1 u^{(s/2)-1}\left[u^{-1/2}\psi\left(\frac{1}{u}\right) + \frac{1}{2u^{1/2}} - \frac{1}{2}\right]du \\
&\quad + \int_1^\infty u^{(s/2)-1}\psi(u)du \\
&= \frac{1}{s-1} - \frac{1}{s} + \int_1^\infty (u^{(-s/2)-1/2} + u^{(s/2)-1})\psi(u)du
\end{aligned}$$

である．よって

$$\xi(s) = \frac{1}{s-1} - \frac{1}{s} + \int_1^\infty (u^{(-s/2)-1/2} + u^{(s/2)-1})\psi(u)du$$

である．ψ は無限大で指数関数的に減衰するので，上式の積分は整関数を定義し，ξ は $s=0$ と $s=1$ に1位の極をもつ $\mathbb{C}$ 上への解析接続をもつ．さらに，s を $1-s$ で置き換えても積分と $1/(s-1) - 1/s$ は不変であることが直ちに従う．よって示すべき $\xi(s) = \xi(1-s)$ が得られる． ∎

上で証明した ξ の等式により，ゼータ関数に対する求めるべき性質，すなわち解析接続と関数等式が導かれる．

定理 2.4 ゼータ関数は複素数平面全体へ有理型関数として拡張され，唯一の特異点を $s=1$ にもち，それは1位の極である．

証明 (7) を見ると，ζ の有理型関数としての拡張は

$$\zeta(s) = \pi^{s/2} \frac{\xi(s)}{\Gamma(s/2)}$$

であることがわかる．$1/\Gamma(s/2)$ は整関数で，$s = 0, -2, -4, \cdots$ に単純零点をもつから，$\xi(s)$ の $s = 0$ にある 1 位の極は $1/\Gamma(s/2)$ の対応する零点によって相殺される．その結果，ζ の唯一の特異点は $s = 1$ で，それは 1 位の極になる． ∎

ここで，ゼータ関数の解析接続について，より初等的な方法を与えよう．この方法によると，半平面 $\mathrm{Re}(s) > 0$ へのゼータ関数の拡張が容易に得られる．この方法は (次章で必要になる) ζ の直線 $\mathrm{Re}(s) = 1$ の近傍での増大度を調べるのに有用である．この背景にある考え方は，和 $\sum_{n=1}^{\infty} n^{-s}$ を積分 $\int_{1}^{\infty} x^{-s} dx$ と比較することである．

命題 2.5 $|\delta_n(s)| \leq |s|/n^{\sigma+1}, s = \sigma + it$ をみたす整関数の列 $\{\delta_n(s)\}_{n=1}^{\infty}$ が存在して，$N > 1$ をみたす整数 N にたいして，

$$\sum_{1 \leq n < N} \frac{1}{n^s} - \int_{1}^{N} \frac{dx}{x^s} = \sum_{1 \leq n < N} \delta_n(s) \tag{8}$$

をみたす．

この命題により次が従う．

系 2.6 $\mathrm{Re}(s) > 0$ に対して，

$$\zeta(s) - \frac{1}{s-1} = H(s)$$

が成り立つ．ここに，$H(s) = \sum_{n=1}^{\infty} \delta_n(s)$ は半平面 $\mathrm{Re}(s) > 0$ において正則である．

命題 2.5 を証明するには，$\sum_{1 \leq n < N} n^{-s}$ を $\sum_{1 \leq n < N} \int_{n}^{n+1} x^{-s} dx$ と比較して，

$$\delta_n(s) = \int_{n}^{n+1} \left[\frac{1}{n^s} - \frac{1}{x^s} \right] dx \tag{9}$$

とおく．平均値の定理を $f(x) = x^{-s}$ に適用すると，$n \leq x \leq n+1$ のとき，

$$\left| \frac{1}{n^s} - \frac{1}{x^s} \right| \leq \frac{|s|}{n^{\sigma+1}}$$

が成り立つ．よって，$|\delta_n(s)| \leq |s|/n^{\sigma+1}$ であり，さらに，

$$\int_{1}^{N} \frac{dx}{x^s} = \sum_{1 \leq n < N} \int_{n}^{n+1} \frac{dx}{x^s}$$

であるから，命題が証明される．

系については，まず $\mathrm{Re}(s) > 1$ と仮定しよう．命題2.5の(8)で N を無限大に大きくすると，評価式 $|\delta_n(s)| \leq |s|/n^{\sigma+1}$ により，級数 $\sum \delta_n(s)$ は(任意の半平面 $\mathrm{Re}(s) \geq \delta, \delta > 0$ において) 一様収束することがわかる．$\mathrm{Re}(s) > 1$ であるから，級数 $\sum n^{-s}$ は $\zeta(s)$ に収束し，$\mathrm{Re}(s) > 1$ のときの系2.6の主張が従う．級数の一様収束により，$\sum \delta_n(s)$ は $\mathrm{Re}(s) > 0$ で正則であり，これにより，同じ半平面上へ $\zeta(s)$ が拡張され，そこでも等式が成り立つことが示される．

注意 上で述べた考え方を一歩ずつ進めることにより，問題2および3で示されるように，ζ を複素数平面全体まで延長することができる．ζ の複素数平面全体への延長を与えるもう一つの方法は，練習15と16に概説されている．

命題2.5の応用として，$\zeta(s)$ の直線 $\mathrm{Re}(s) = 1$ の近くでの増大度が「穏やか」であることを示すことができる．$\mathrm{Re}(s) > 1$ のとき，$|\zeta(s)| \leq \sum_{n=1}^{\infty} n^{-\sigma}$ であり，$\zeta(s)$ は任意の半平面 $\mathrm{Re}(s) \geq 1 + \delta, \delta > 0$ で有界であることを思い出そう．任意の $\varepsilon > 0$ に対して，直線 $\mathrm{Re}(s) = 1$ 上で，$|\zeta(s)|$ は $|t|^\varepsilon$ で評価され，直線の近くでの増大度はそれほど悪くならないことを示そう．以下の評価は最適ではない．実際，以下の評価は粗く，後に利用するのに十分ではない．

命題 2.7 $s = \sigma + it, \sigma, t \in \mathbb{R}$ とする．このとき，$0 \leq \sigma_0 \leq 1$ をみたす各 σ_0 と任意の $\varepsilon > 0$ に対して，ある定数 c_ε が存在して，次が成り立つ：

(i) $\sigma_0 \leq \sigma$ で $|t| \geq 1$ ならば，$|\zeta(s)| \leq c_\varepsilon |t|^{1-\sigma_0+\varepsilon}$ である．

(ii) $\sigma \geq 1$ で $|t| \geq 1$ ならば，$|\zeta'(s)| \leq c_\varepsilon |t|^\varepsilon$ である．

特に，命題2.5により，$|t|$ が無限大に近づくとき $\zeta(1+it) = O(|t|^\varepsilon)$ であり[3]，ζ' も同じ評価をもつ．系2.6を用いて命題2.7を証明しよう．評価式 $|\delta_n(s)| \leq |s|/n^{\sigma+1}$ を思い出そう．(9)によって与えられる表現と $x \geq n$ ならば $|n^{-s}| = n^{-\sigma}$ および $|x^{-s}| \leq n^{-\sigma}$ であることにより，評価式 $|\delta_n(s)| \leq 2/n^\sigma$ も得られる．これら二つの $|\delta_n(s)|$ に対する評価式を $A = A^\delta A^{1-\delta}$ を用いて組合せると，$\delta \geq 0$ である限り，

$$|\delta_n(s)| \leq \left(\frac{|s|}{n^{\sigma_0+1}}\right)^\delta \left(\frac{2}{n^{\sigma_0}}\right)^{1-\delta} \leq \frac{2|s|^\delta}{n^{\sigma_0+\delta}}$$

---

[3] 読者は第1章の章末に導入された記号 O を思い起こそう．

となることが導かれる．ここで，$\delta = 1 - \sigma_0 + \varepsilon$ を選び，系 2.6 の等式を用いる．このとき，$\sigma = \text{Re}(s) \geq \sigma_0$ ならば，

$$|\zeta(s)| \leq \left|\frac{1}{s-1}\right| + 2|s|^{1-\sigma_0+\varepsilon} \sum_{n=1}^{\infty} \frac{1}{n^{1+\varepsilon}}$$

となって，結論 (i) が証明される．2 番目の結論は，第 2 章の練習 8 を少し変形して用いることにより，1 番目の結論から従う．完結させるために，議論の概略を述べる．コーシーの積分公式により，

$$\zeta'(s) = \frac{1}{2\pi r} \int_0^{2\pi} \zeta(s + re^{i\theta}) e^{i\theta} d\theta$$

であり，積分は s を中心とする半径 r の円上にわたってとる．ここで，$r = \varepsilon$ と選び，この円が半平面 $\text{Re}(s) \geq 1 - \varepsilon$ 上にあることから，(i) で 2ε を ε に置き換えた結論から (ii) が従う．

3. 練習

1. $s \neq 0, -1, -2, \cdots$ のとき，

$$\Gamma(s) = \lim_{n \to \infty} \frac{n^s n!}{s(s+1)\cdots(s+n)}$$

となることを証明せよ．
[ヒント：$1/\Gamma$ に対する乗積公式とオイラー定数 γ の定義を用いよ．]

2. a と b が正のとき，

$$\prod_{n=1}^{\infty} \frac{n(n+a+b)}{(n+a)(n+b)} = \frac{\Gamma(a+1)\Gamma(b+1)}{\Gamma(a+b+1)}$$

が成り立つことを証明せよ．$\sin \pi s$ の乗積公式を用いて，$\Gamma(s)\Gamma(s-1) = \pi/\sin \pi s$ の別証明を与えよ．

3. ウォリスの乗積公式は

$$\sqrt{\frac{\pi}{2}} = \lim_{n \to \infty} \frac{2^{2n}(n!)^2}{(2n+1)!}(2n+1)^{1/2}$$

と表されることを示せ．その結果を用いて，次の等式

$$\Gamma(s)\Gamma(s+1/2) = \sqrt{\pi}\, 2^{1-2s} \Gamma(2s)$$

を証明せよ．

4. $|z| < 1$ に対して,
$$f(z) = \frac{1}{(1-z)^\alpha}$$
(対数関数の主分枝によって定義される) とする. ここに α は固定された複素数である. このとき,
$$f(z) = \sum_{n=0}^\infty a_n(\alpha) z^n$$
で, $n \to \infty$ のとき
$$a_n(\alpha) \sim \frac{1}{\Gamma(\alpha)} n^{\alpha-1}$$
であることを証明せよ.

5. $\Gamma(s)\Gamma(1-s) = \pi/\sin \pi s$ という事実を用いて, $t \in \mathbb{R}$ のとき
$$|\Gamma(1/2 + it)| = \sqrt{\frac{2\pi}{e^{\pi t} + e^{-\pi t}}}$$
であることを証明せよ.

6. γ をオイラー定数とする.
$$1 + \frac{1}{3} + \frac{1}{5} + \cdots + \frac{1}{2n-1} - \frac{1}{2} \log n \to \frac{\gamma}{2} + \log 2$$
を示せ.

7. ベータ関数は $\mathrm{Re}(\alpha) > 0$ と $\mathrm{Re}(\beta) > 0$ に対して
$$B(\alpha, \beta) = \int_0^1 (1-t)^{\alpha-1} t^{\beta-1} dt$$
によって定義される.

(a) $B(\alpha, \beta) = \dfrac{\Gamma(\alpha)\Gamma(\beta)}{\Gamma(\alpha+\beta)}$ を証明せよ.

(b) $B(\alpha, \beta) = \displaystyle\int_0^\infty \frac{u^{\alpha-1}}{(1+u)^{\alpha+\beta}} du$ を示せ.

[ヒント：(a) について,
$$\Gamma(\alpha)\Gamma(\beta) = \int_0^\infty \int_0^\infty t^{\alpha-1} s^{\beta-1} e^{-t-s} dt ds$$
に注意して, 変数変換 $s = ur$, $t = u(1-r)$ を行う.]

8. ベッセル関数は球対称性とフーリエ変換の研究に現れる. 第 I 巻第 6 章を見よ. 次のベキ級数の等式
$$J_\nu(x) = \frac{(x/2)^\nu}{\Gamma(\nu+1/2)\sqrt{\pi}} \int_{-1}^1 e^{ixt}(1-t^2)^{\nu-(1/2)} dt = \left(\frac{x}{2}\right)^\nu \sum_{m=0}^\infty \frac{(-1)^m (x^2/4)^m}{m!\, \Gamma(\nu+m+1)}$$

は，実数次数 $\nu > -1/2$ のベッセル関数に対して $x > 0$ のとき成り立つことを証明せよ．
　特にベッセル関数 J_ν は常微分方程式
$$\frac{d^2 J_\nu}{dx^2} + \frac{1}{x}\frac{dJ_\nu}{dx} + \left(1 - \frac{\nu^2}{x^2}\right) J_\nu = 0$$
をみたす．
[ヒント：指数関数 e^{ixt} をベキ級数に展開し，練習 7 を用いて剰余項の積分をガンマ関数を用いて表現せよ．]

9. 第 1 章の練習 16 で超幾何級数 $F(\alpha, \beta, \gamma; z)$ が定義された．
$$F(\alpha, \beta, \gamma; z) = \frac{\Gamma(\gamma)}{\Gamma(\beta)\Gamma(\gamma - \beta)} \int_0^1 t^{\beta-1}(1-t)^{\gamma-\beta-1}(1-zt)^{-\alpha} dt$$
を示せ．ここに，$\alpha > 0$, $\beta > 0$, $\gamma > 0$, $|z| < 1$ である．
　その結果を利用して，当初は単位円板上の収束ベキ級数によって定義された超幾何関数が，半直線 $[1, \infty)$ に沿って切り目の入った複素平面にまで解析接続されることを示せ．
　なお，
$$\log(1-z) = -zF(1, 1, 2; z),$$
$$e^z = \lim_{\beta \to \infty} F(1, \beta, 1; z/\beta),$$
$$(1-z)^{-\alpha} = F(\alpha, 1, 1; z)$$
に注意しよう．
[ヒント：積分等式を証明するには，$(1 - zt)^{-\alpha}$ をベキ級数に展開せよ．]

10. 次の形の積分
$$F(z) = \int_0^\infty f(t)t^{z-1} dt$$
は**メリン変換**と呼ばれ，$\mathcal{M}(f)(z) = F(z)$ と書くことにする．たとえばガンマ関数は関数 e^{-t} のメリン変換である．

(a) $0 < \text{Re}(z) < 1$ に対して
$$\mathcal{M}(\cos)(z) = \int_0^\infty \cos(t)t^{z-1} dt = \Gamma(z)\cos\left(\pi\frac{z}{2}\right)$$
および
$$\mathcal{M}(\sin)(z) = \int_0^\infty \sin(t)t^{z-1} dt = \Gamma(z)\sin\left(\pi\frac{z}{2}\right)$$
を証明せよ．

(b) 上の 2 番目の等式はより大きい帯状領域 $-1 < \text{Re}(z) < 1$ で成り立つこと，および，その結果により

$$\int_0^\infty \frac{\sin x}{x} dx = \frac{\pi}{2}, \qquad \int_0^\infty \frac{\sin x}{x^{3/2}} dx = \sqrt{2\pi}$$

が得られることを示せ．これは第 2 章の練習 2 の計算の一般化である．

[ヒント：第一の部分は，関数 $f(w) = e^{-w} w^{z-1}$ の図 1 に描かれている積分路での積分を考察せよ．解析接続を用いて第二の部分を証明せよ．]

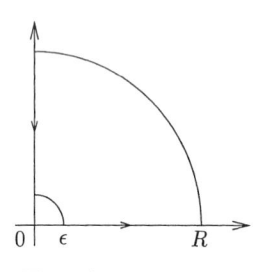

図 1　練習 10 の積分路．

11. $f(z) = e^{az} e^{-e^z}$, $a > 0$ とする．帯状領域 $\{x + iy : |y| < \pi\}$ で $|x|$ が無限大に近づくとき，関数 $f(x + iy)$ は指数関数的に減衰することを確かめよ．すべての $\xi \in \mathbb{R}$ に対して

$$\hat{f}(\xi) = \Gamma(a + i\xi)$$

であることを証明せよ．

12. この練習は $1/\Gamma$ についての二つの簡単な観察を与える．

 (a) 任意の $c > 0$ に対して，$1/|\Gamma(s)|$ は $O(e^{c|s|})$ でないことを示せ．[ヒント：$s = -k - 1/2$ で k は正の整数ならば，$1/|\Gamma(s)| \geq k!/\pi$ である．]

 (b) $F(s) = O(e^{c|s|})$ となる整関数で，$s = 0, -1, -2, \cdots, -n, \cdots$ に単純零点をもち，その他の点では消えないものは，存在しないことを示せ．

13. s が正の数のとき，

$$\frac{d^2 \log \Gamma(s)}{ds^2} = \sum_{n=0}^\infty \frac{1}{(s+n)^2}$$

となることを証明せよ．左辺を $(\Gamma'/\Gamma)'$ と見ると，上の公式も $s \neq 0, -1, -2, \cdots$ であるすべての複素数 s に対して成り立つことを示せ．

14. この練習は $\log n!$ に対する漸近公式を与えるものである．$s \to \infty$ のときの $\Gamma(s)$ のより精密な漸近公式 (スターリングの公式) は付録 A で与えられる．

 (a) $x > 0$ のとき，

であること，および，これにより
$$\int_x^{x+1} \log \Gamma(t) dt = x \log x - x + c$$
となることを示せ．

(b) 上の結果により，$n \to \infty$ のとき，$\log \Gamma(n) \sim n \log n$ であることを示せ．実際，$n \to \infty$ のとき，$\log \Gamma(n) \sim n \log n + O(n)$ であることを証明せよ．[ヒント：$\Gamma(x)$ はすべての大きい x に対して，単調増加であることを用いよ．]

15. $\mathrm{Re}(s) > 1$ に対して，
$$\zeta(s) = \frac{1}{\Gamma(s)} \int_0^\infty \frac{x^{s-1}}{e^x - 1} dx$$
となることを証明せよ．[ヒント：$1/(e^x - 1) = \sum_{n=1}^\infty e^{-nx}$ と書いてみよ．]

16. 前問の結果を用いて，$\zeta(s)$ は複素数平面全体へ延長され，$s = 1$ に唯一の特異点である 1 位の極をもつことの別証明を与えよ．
[ヒント：
$$\zeta(s) = \frac{1}{\Gamma(s)} \int_0^1 \frac{x^{s-1}}{e^x - 1} dx + \frac{1}{\Gamma(s)} \int_1^\infty \frac{x^{s-1}}{e^x - 1} dx$$
と書き表せ．第 2 項の積分は整関数を定義するが，
$$\int_0^1 \frac{x^{s-1}}{e^x - 1} dx = \sum_{m=0}^\infty \frac{B_m}{m!(s+m-1)}$$
となり，B_m は
$$\frac{x}{e^x - 1} = \sum_{m=0}^\infty \frac{B_m}{m!} x^m$$
によって定義される m 番目のベルヌーイ数である．このとき，$B_0 = 1$ であり，$z/(e^z - 1)$ は $|z| < 2\pi$ で正則であるから，$\limsup_{m \to \infty} |B_m/m!|^{1/m} = 1/2\pi$ でなくてはならない．]

17. f は $\mathbb{R}$ 上の台がコンパクトな無限回連続微分可能関数であるか，あるいはより一般に f はシュワルツ空間[4]に属するとする．

---

4) $\mathbb{R}$ 上のシュワルツ空間は $\mathcal{S}$ で表されて，すべての無限回連続微分可能関数で f およびそのすべての導関数が任意の多項式よりも速く減衰するものからなる．別の言い方をすると，すべての整数 $m, \ell \geq 0$ に対して，$\sup_{x \in \mathbb{R}} |x|^m |f^{(\ell)}(x)| < \infty$ である．この空間は第 I 巻のフーリエ変換の研究に登場した．

$$I(s) = \frac{1}{\Gamma(s)} \int_0^\infty f(x) x^{-1+s} dx$$

を考えよう．

(a) $\mathrm{Re}(s) > 0$ に対して $I(s)$ は正則であることを確かめよ．I は複素数平面上の整関数に解析接続されることを証明せよ．

(b) $I(0) = 0$ および，より一般に，すべての $n \geq 0$ に対して，
$$I(-n) = (-1)^n f^{(n+1)}(0)$$
であることを証明せよ．

[ヒント：解析接続の証明には，第 2 の部分の公式と同様に，部分積分して $I(s) = \dfrac{(-1)^k}{\Gamma(s+k)} \int_0^\infty f^{(k)}(x) x^{s+k-1} dx$ であることを示せ．]

4. 問題

1. この問題は $\mathrm{Re}(s) = 1$ の近傍での ζ と ζ' のさらに詳しい評価を与えるものである．

(a) 命題 2.5 とその系を用いて，すべての整数 $N \geq 2$ に対して $\mathrm{Re}(s) > 0$ のとき
$$\zeta(s) = \sum_{1 \leq n < N} n^{-s} - \frac{N^{s-1}}{s-1} + \sum_{n \geq N} \delta_n(s)$$
であることを証明せよ．

(b) 前小問の結果を $N = |t|$ 以下の最大の整数 にとることによって，$|t| \to \infty$ のとき，$|\zeta(1+it)| = O(\log|t|)$ であることを示せ．

(c) 命題 2.7 の 2 番目の結論は，同様に精密化される．

(d) $t \neq 0$ で t は固定されているならば，級数 $\sum_{n=1}^\infty 1/n^{1+it}$ の部分和は有界であるが，級数は収束しないことを示せ．

2.* $\mathrm{Re}(s) > 0$ に対して
$$\zeta(s) = \frac{s}{s-1} - \frac{1}{2} - s \int_1^\infty \frac{\{x\}}{x^{s+1}} dx$$
であることを証明せよ．ここに，$\{x\}$ は x の非整数部分である．

3.* $Q(x) = \{x\} - 1/2$ とおくと，前問の等式は
$$\zeta(s) = \frac{s}{s-1} - \frac{1}{2} + s \int_1^\infty \frac{\{x\}}{x^{s+1}} dx$$
と書くことができる．$Q_k(x)$ を

$$\int_0^1 Q_k(x)dx = 0, \quad \frac{dQ_{k+1}}{dx} = Q_k(x), \quad Q_0(x) = Q(x), \quad Q_k(x+1) = Q_k(x)$$

によって帰納的に定義しよう．このとき，

$$\zeta(s) = \frac{s}{s-1} - \frac{1}{2} - s\int_1^\infty \left(\frac{d^k}{dx^k}Q_k(x)\right) x^{-s-1}dx$$

と書くことができて，k 重の部分積分により，$\mathrm{Re}(s) > -k$ のとき $\zeta(s)$ の解析接続を与える．

4.* 前問の関数 Q_k は，ベルヌーイ多項式 $B_k(x)$ と，次の公式

$$Q_k(x) = \frac{B_{k+1}(x)}{(k+1)!}, \qquad 0 \le x \le 1$$

によって関連づけられる．また，k が正の整数ならば，

$$2\zeta(2k) = (-1)^{k+1}\frac{(2\pi)^{2k}}{(2k)!}B_{2k}$$

である．ここに $B_k = B_k(0)$ はベルヌーイ数である．$B_k(x)$ および B_k の定義については，第 I 巻第 3 章を見よ．

第7章　ゼータ関数と素数定理

　　　　　　　　　　　　　ベルンハルト・リーマンは，すでに述べたように驚くべき
　　　　　　　　　　　　直観力をもっているが，彼は素数分布についての従来の知見
　　　　　　　　　　　　を一新して，数学の最も不思議な疑問の一つも新たにもたら
　　　　　　　　　　　　した．彼は，積分計算から取り入れた考察により一連の結果
　　　　　　　　　　　　が導かれることを教えてくれた．それは，より正確には，あ
　　　　　　　　　　　　る量，すなわち変数が実数とは限らず虚数かもしれない関数
　　　　　　　　　　　　を調べることである．彼は，その関数のいくつかの重要な性
　　　　　　　　　　　　質を証明したが，二つか三つに関しては，その性質は重要で
　　　　　　　　　　　　あると述べて証明は与えなかった．リーマンが亡くなったと
　　　　　　　　　　　　き，彼の書類の中から1冊のノートが発見され，そこには
　　　　　　　　　　　　「ゼータ関数(問題の関数)のこれらの性質はその表現から導
　　　　　　　　　　　　かれる．しかし，私はそれを出版できるほどに十分に簡略化
　　　　　　　　　　　　することに成功しなかった」と述べてあった．
　　　　　　　　　　　　　まだわれわれはその表現がどのようなものであったかにつ
　　　　　　　　　　　　いて，少しもアイデアを持ち合わせていない．彼がただ述べ
　　　　　　　　　　　　ただけの性質に対して，私が一つを除いてすべて証明できる
　　　　　　　　　　　　までに30年くらいが過ぎ去ってしまった．この半世紀を通
　　　　　　　　　　　　じて費やされた膨大な努力によって，この方面ではいくつか
　　　　　　　　　　　　の極めて興味深い発見がなされたにもかかわらず，最後の一
　　　　　　　　　　　　つに関する問題はまだ解決されていない．「リーマン仮説」は
　　　　　　　　　　　　正しいというのは，ますます確かなようであるが，まだ一切
　　　　　　　　　　　　確かめられていない．
　　　　　　　　　　　　　　　　　　　　　　　　——J. アダマール，1945

　オイラーは，自分で発見したゼータ関数の乗積公式を通じて，解析的手法と数

の性質，とりわけ素数の性質には深いかかわりがあること発見した．オイラーの公式から，すべての素数の逆数の和 $\sum_p 1/p$ は発散する，ということは簡単に導かれるが，この結果は素数は無限個存在するという事実を量的に表現している．これらの素数はどのように分布しているのかを理解しようというのは，自然な問題である．このことを念頭において，次の関数

$$\pi(x) = x \text{ を越えない素数の個数}$$

を考察しよう．関数 $\pi(x)$ は不規則な増大の仕方をするので，それに対する簡単な公式などが発見される見込みはほとんどない．そのかわりに，人は x が大きくなるときの $\pi(x)$ の漸近挙動を知ることへと導かれる．オイラーの発見以後のおよそ60年間に，ルジャンドルとガウスは膨大な計算によって，$x \to \infty$ のとき

$$\pi(z) \sim \frac{x}{\log x} \tag{1}$$

となるであろうと気がついた ($x \to \infty$ のとき漸近関係 $f(x) \sim g(x)$ が成り立つとは，$x \to \infty$ のとき $f(x)/g(x) \to 1$ となることと定義する)．およそ60年後の，リーマンの仕事の少し前に，チェビシェフが初等的方法 (特にゼータ関数を用いない方法) で弱い結果，$x \to \infty$ のとき

$$\pi(z) \approx \frac{x}{\log x} \tag{2}$$

を証明した．ここに，定義により，記号 $\approx$ は，ある正数 $A < B$ が存在して，十分大きいすべての x に対して，

$$A \frac{x}{\log x} \leq \pi(x) \leq B \frac{x}{\log x}$$

であることを意味している．

1896年，チェビシェフの結果から約40年後に，アダマールとド・ラ・ヴァレ・プーサンが，関係式 (1) が正しいことを証明した．彼らの結果は素数定理という名前で知られている．この定理のもともとの証明は，以下に与えるものと同様に，複素解析学を用いたものである．彼らの証明の後にいくつかの別証明が発見されているが，複素解析学に依存した証明もあれば，より初等的な証明もあることに注意しておく．

以下に与える素数定理の証明の精神には，$\zeta(s)$ は直線 $\mathrm{Re}(s) = 1$ では消えないという事実がよこたわっている．実際，これら二つの命題は同値であることを示すことができる．

1. ゼータ関数の零点

第I巻第8章の定理1.10で見たオイラーの等式によると，$\mathrm{Re}(s) > 1$ に対して，ゼータ関数は無限積

$$\zeta(s) = \prod_p \frac{1}{1 - p^{-s}}$$

として表現することができる．$\mathrm{Re}(s) > 1$ に対する等式は，$s > 1$ の場合からの解析接続により従うのだが，その証明をここで思い出しておこう．証明の鍵となるのは，$1/(1 - p^{-s})$ が収束(幾何)級数

$$1 + \frac{1}{p^s} + \frac{1}{p^{2s}} + \cdots + \frac{1}{p^{Ms}} + \cdots$$

として書くことができるということであり，すべての素数 p にわたってこれらの級数の形式的な積をとると示すべき結果を与える．正確な議論は以下のようになる．

M と N は正整数で $M > N$ をみたすとせよ．ここで，算術の基本定理[1]により，任意の正整数 $n \leq N$ は素数の積によって一意に表されて，積に現れる素数は N より小さいか等しくなくてはならず，高々 M 回しか繰り返し現れない．よって，

$$\sum_1^N \frac{1}{n^s} \leq \prod_{p \leq N} \left(1 + \frac{1}{p^s} + \frac{1}{p^{2s}} + \cdots + \frac{1}{p^{Ms}}\right)$$
$$\leq \prod_{p \leq N} \left(\frac{1}{1 - p^{-s}}\right)$$
$$\leq \prod_p \left(\frac{1}{1 - p^{-s}}\right)$$

である．N を級数の中で無限大にすると，

$$\sum_{n=1}^\infty \frac{1}{n^s} \leq \prod_p \left(\frac{1}{1 - p^{-s}}\right)$$

が得られる．逆向きの不等式については，次のように考察する．再び，算術の基本定理により，

$$\prod_{p \leq N} \left(1 + \frac{1}{p^s} + \frac{1}{p^{2s}} + \cdots + \frac{1}{p^{Ms}}\right) \leq \sum_{n=1}^\infty \frac{1}{n^s}$$

---

[1] この初等的(だが本質的な)事実は第I巻第8章の最初の節で与えられる．

である．M を無限大にすると
$$\prod_{p \leq N}\Big(\frac{1}{1-p^{-s}}\Big) \leq \sum_{n=1}^{\infty}\frac{1}{n^s}$$
となる．ゆえに
$$\prod_{p}\Big(\frac{1}{1-p^{-s}}\Big) \leq \sum_{n=1}^{\infty}\frac{1}{n^s}$$
であり，ζ の乗積公式の証明が終わる．

乗積公式に第5章の命題3.1を用いることにより，$\mathrm{Re}(s) > 1$ のとき $\zeta(s)$ は消えないことを示すことをができる．

ζ の零点の位置についてさらに詳しい情報を導くために，ζ の解析接続を与えた関数等式を用いる．基本となる関係式 $\xi(s) = \xi(1-s)$ は
$$\pi^{-s/2}\,\Gamma\Big(\frac{s}{2}\Big)\zeta(s) = \pi^{-(1-s)/2}\,\Gamma\Big(\frac{1-s}{2}\Big)\zeta(1-s)$$
のように書くことができるので，
$$\zeta(s) = \pi^{s-1/2}\frac{\Gamma((1-s)/2)}{\Gamma(s/2)}\zeta(1-s)$$
が成り立つ．ここで，$\mathrm{Re}(s) < 0$ のとき，次が成り立つ：

(i)　$\mathrm{Re}(1-s) > 1$ であるから $\zeta(1-s)$ は零点をもたない．
(ii)　$\Gamma((1-s)/2)$ は零点をもたない．
(iii)　$1/\Gamma(s/2)$ は $s = -2, -4, -6, \cdots$ に零点をもつ．

よって，$\mathrm{Re}(s) < 0$ における ζ の零点は，負の偶数 $s = -2, -4, -6, \cdots$ にのみあることがわかる．

以上により次の定理が証明された．

定理1.1　帯状領域 $0 \leq \mathrm{Re}(s) \leq 1$ の外部における ζ の零点は負の偶数 $s = -2, -4, -6, \cdots$ にのみ存在する．

研究の残されている領域 $0 \leq \mathrm{Re}(s) \leq 1$ は**臨界領域**と呼ばれる．素数定理の証明の中の鍵となる事実は，ζ が直線 $\mathrm{Re}(s) = 1$ に零点をもたないことである．この事実と関数等式から簡単に導かれる結果として，ζ は直線 $\mathrm{Re}(s) = 0$ に零点をもたないことが従う．

リーマンは ζ 関数の解析接続を導入し，後世に強い影響を与えたその関数等式

を証明した論文の中で，これらの考察を素数の理論に応用し，素数分布を決定する「明確な」公式を書き下した．彼は自分の主張を完全に証明して利用することはできなかったが，数多くの重要で新しい考え方を創始した．彼は自分の解析によって，それ以来リーマン仮説

$\zeta(s)$ の臨界領域における零点は，直線 $\mathrm{Re}(s) = 1/2$ 上にある

と呼ばれ続けてきたものが真実だと信ずるようになった．

彼はこれについて「この命題に厳密な証明が与えられれば望ましいことには疑いの余地はない．しかしながら，私には自分の研究の目前のゴールのためには必要ないように思われたので，私はいくつか短時間の成功に結びつかない試みをした後，しばらくの間この問題を脇へ追いやってしまった」と述べている．ほとんどの理論的結果および数値的結果からはこの仮説は正しいように思われるが，肯定的証明あるいは反例の構成はまだ発見されていない．リーマン仮説は今日，数学の最も有名な未解決問題の一つである．

特に，臨界領域の外にある ζ の零点は，ゼータ関数の**自明な零点**と呼ばれることがある．ζ が実数区間 $0 \leq \sigma \leq 1$ に零点をもたないことの証明については，練習 5 を見よ．ここに $s = \sigma + it$ である．

本節の残りの部分では，以下の定理を関連する ζ の評価式と併せて証明する．この定理は素数定理の証明で用いられる．

定理 1.2 ゼータ関数は直線 $\mathrm{Re}(s) = 1$ 上に零点をもたない．

もちろん，ζ は $s = 1$ に極をもつことがわかっているから，この点の近傍に零点が存在しないことはもちろんであるが，ここで必要になるのは，より深い性質，

$$\zeta(1 + it) \neq 0$$

がすべての $t \in \mathbb{R}$ で成り立つことである．

次に続くいくつかの補題はすべて定理 1.2 の証明に用いられる．

補題 1.3 $\mathrm{Re}(s) > 1$ ならば，ある $c_n \geq 0$ に対して，
$$\log \zeta(s) = \sum_{p, m} \frac{p^{-ms}}{m} = \sum_{n=1}^{\infty} c_n n^{-s}$$
が成り立つ．

証明 まず $s > 1$ とする．オイラーの乗積公式の対数をとって，$0 \leq x < 1$ で成り立つ対数関数のベキ級数展開

$$\log\left(\frac{1}{1-x}\right) = \sum_{m=1}^{\infty} \frac{x^m}{m}$$

を用いると，

$$\log \zeta(s) = \log \prod_p \frac{1}{1-p^{-s}} = \sum_p \log\left(\frac{1}{1-p^{-s}}\right) = \sum_{p,m} \frac{p^{-ms}}{m}$$

であることがわかる．二重和は絶対収束するから，和をとる順番を指定する必要はない．本章最後にある注意を見よ．解析接続により，公式はすべての $\text{Re}(s) > 1$ で成り立つ．第 3 章の定理 6.2 により，$\log \zeta(s)$ は単連結な半空間 $\text{Re}(s) > 1$ で ζ が零点をもたないことにより定義される．最後に，明らかに

$$\sum_{p,m} \frac{p^{-ms}}{m} = \sum_{n=1}^{\infty} c_n n^{-s}$$

である．ここに，$n = p^m$ のとき $c_n = 1/m$，その他のとき $c_n = 0$ である． ∎

以下に与える定理 1.2 の証明は，次の等式に基づく単純な方法に依存している．

補題 1.4 $\theta \in \mathbb{R}$ ならば，$3 + 4\cos\theta + \cos 2\theta \geq 0$ である．

これは単純な観察

$$3 + 4\cos\theta + \cos 2\theta = 2(1 + \cos\theta)^2$$

から直ちに従う．

系 1.5 $\sigma > 1$ で t が実数ならば，

$$\log|\zeta^3(\sigma)\zeta^4(\sigma + it)\zeta(\sigma + 2it)| \geq 0$$

である．

証明 $s = \sigma + it$ とおき，

$$\text{Re}(n^{-s}) = \text{Re}(e^{-(\sigma+it)\log n}) = e^{-\sigma \log n}\cos(t \log n) = n^{-\sigma}\cos(t \log n)$$

に注意せよ．よって，

$$\log|\zeta^3(\sigma)\zeta^4(\sigma + it)\zeta(\sigma + 2it)|$$
$$= 3\log|\zeta(\sigma)| + 4\log|\zeta(\sigma + it)| + \log|\zeta(\sigma + 2it)|$$

$$= 3\,\mathrm{Re}[\log\zeta(\sigma)] + 4\,\mathrm{Re}[\log\zeta(\sigma+it)] + \mathrm{Re}[\log\zeta(\sigma+2it)]$$
$$= \sum c_n n^{-\sigma}(3 + 4\cos\theta_n + \cos 2\theta_n)$$

である．ここに $\theta_n = t\log n$ である．さらに，正値性が補題 1.4 と $c_n \geq 0$ から従う． ∎

これで定理の証明を完結させることができる．

定理 1.2 の証明 結論を否定して，ある $t_0 \neq 0$ に対して $\zeta(1+it_0) = 0$ と仮定する．ζ は $1+it_0$ で正則であるから，この点では少なくとも 1 次関数的に消える．ゆえに，$\sigma \to 1$ のとき，ある定数 $C > 0$ が存在して，

$$|\zeta(\sigma+it_0)|^4 \leq C(\sigma-1)^4$$

である．同様に $s=1$ は $\zeta(s)$ の 1 位の極であるから，$\sigma \to 1$ のとき，ある定数 $C' > 0$ が存在して，

$$|\zeta(\sigma)|^3 \leq C'(\sigma-1)^{-3}$$

である．最後に，ζ は $\sigma+2it_0$ と表される各点で正則であるから，$\sigma \to 1$ のとき $|\zeta(\sigma+2it_0)|$ は有界な範囲を動く．これらの事実をまとめると，$\sigma \to 1$ のとき

$$|\zeta^3(\sigma)\zeta^4(\sigma+it_0)\zeta(\sigma+2it_0)| \to 0$$

であることが導かれる．0 と 1 の間の実数の対数は負であるから，系 1.5 に矛盾する．これで ζ が直線 $\mathrm{Re}(s) = 1$ 上に零点をもたないことの証明が完了した． ∎

1.1　$1/\zeta(s)$ の評価

素数定理の証明はゼータ関数を $\mathrm{Re}(s) = 1$ の近傍において詳細で巧妙な取り扱いをすることに依存する．その基本となる対象物は対数微分 $\zeta'(s)/\zeta(s)$ である．そのために，ζ はその直線上では消えないことに加えて，ζ' と $1/\zeta$ の増大度について知ることが必要である．前者については，第 6 章の命題 2.7 で扱われたので，ここでは後者を考える．

次の命題は，定理 1.2 を実際に量的に表すものである．

命題 1.6 すべての $\varepsilon > 0$ に対して，$s = \sigma + it$, $\sigma \geq 1$, $|t| \geq 1$ のとき，$1/|\zeta(s)| \leq c_\varepsilon |t|^\varepsilon$ が成り立つ．

証明 前の観察から明らかなように，$\sigma \geq 1$ のとき，

$$|\zeta^3(\sigma)\zeta^4(\sigma+it)\zeta(\sigma+2it)| \geq 1$$

である.第6章の命題2.7の ζ の評価を用いると,すべての $\sigma \geq 1$ と $|t| \geq 1$ に対して,

$$|\zeta^4(\sigma+it)| \geq c|\zeta^{-3}(\sigma)||t|^{-\varepsilon} \geq c'(\sigma-1)^3|t|^{-\varepsilon}$$

であることがわかる.ゆえに,$\sigma \geq 1, |t| \geq 1$ のとき,

(3) $$|\zeta(\sigma+it)| \geq c'(\sigma-1)^{3/4}|t|^{-\varepsilon/4}$$

である.

ここで,適当な定数 A(後で決める)に対して,不等式 $\sigma-1 \geq A|t|^{-5\varepsilon}$ が成り立つか否かの二つの場合に分けて考察する.

この不等式が成り立つならば,(3) から直ちに

$$|\zeta(\sigma+it)| \geq A'|t|^{-4\varepsilon}$$

が従い,この場合には 4ε を ε に置き換えるだけで求める評価式の証明が完了する.

しかし,$\sigma-1 < A|t|^{-5\varepsilon}$ ならば,最初に $\sigma' > \sigma$ で $\sigma'-1 = A|t|^{-5\varepsilon}$ をみたすものを選ぶ.三角不等式により,

$$|\zeta(\sigma+it)| \geq |\zeta(\sigma'+it)| - |\zeta(\sigma'+it) - \zeta(\sigma+it)|$$

である.平均値の定理を前章で導いた ζ の導関数の評価と一緒に適用すると,

$$|\zeta(\sigma'+it) - \zeta(\sigma+it)| \leq c''|\sigma'-\sigma||t|^{\varepsilon} \leq c''|\sigma'-1||t|^{\varepsilon}$$

が得られる.これらの観察と,(3) で $\sigma = \sigma'$ とすることを併せると,

$$|\zeta(\sigma+it)| \geq c'(\sigma'-1)^{3/4}|t|^{-\varepsilon/4} - c''(\sigma'-1)|t|^{\varepsilon}$$

が示される.ここで,$A = (c'/(2c''))^4$ と選んで,$\sigma'-1 = A|t|^{-5\varepsilon}$ であることを思い起こそう.このとき,

$$c'(\sigma'-1)^{3/4}|t|^{-\varepsilon/4} = 2c''(\sigma'-1)|t|^{\varepsilon}$$

であるから,

$$|\zeta(\sigma+it)| \geq A''|t|^{-4\varepsilon}$$

が導かれる.4ε を ε で置き換えると,求めるべき不等式が得られて,命題の証明が完了する. ∎

2. 関数 ψ および ψ_1 への帰着

チェビシェフは彼自身の素数の研究において，挙動がかなりの程度まで素数分布と同値だが $\pi(x)$ よりも取り扱いが簡単な補助関数を導入した．チェビシェフの ψ-関数は

$$\psi(x) = \sum_{p^m \leq x} \log p$$

によって定義される．ここに，和は p^m の形の整数で x より小さいか等しいもの全体にわたってとるものとし，p は素数で m は正整数である．ψ の相異なる二つの定式化が知られている．一つは，

$$\Lambda(n) = \begin{cases} \log p, & \text{ある素数 } p \text{ と整数 } m \geq 1 \text{ に対して } n = p^m \text{ となる}, \\ 0, & \text{その他の場合} \end{cases}$$

と定義すると，

$$\psi(x) = \sum_{1 \leq n \leq x} \Lambda(n)$$

となることは明らかである．もう一つは，

$$\psi(x) = \sum_{p \leq x} \left[\frac{\log x}{\log p} \right] \log p$$

である．ここに $[u]$ は u を越えない最大の整数を表し，和は x 以下の素数全体にわたってとる．この定式化は，$p^m \leq x$ ならば，$m \leq \log x / \log p$ であることから従う．

$\psi(x)$ が定理の証明に用いられる $\pi(x)$ についての情報を十分多く含んでいるという事実は，次の命題で正確な意味が与えられる．特に，この命題により，素数定理が ψ の対応する漸近挙動に帰着される．

命題 2.1 $x \to \infty$ のとき $\psi(x) \sim x$ ならば，$x \to \infty$ のとき $\pi(x) \sim x/\log x$ である．

証明 ここでの議論は初等的である．定義により，次の二つの不等式

(4) $$1 \leq \liminf_{x \to \infty} \pi(x) \frac{\log x}{x}, \qquad \limsup_{x \to \infty} \pi(x) \frac{\log x}{x} \leq 1$$

を示せば十分である．そのために，まず最初に，粗い評価により

$$\psi(x) = \sum_{p \leq x} \left[\frac{\log x}{\log p}\right] \log p \leq \sum_{p \leq x} \frac{\log x}{\log p} \log p = \pi(x) \log x$$

であり，x で割ることにより

$$\frac{\psi(x)}{x} \leq \frac{\pi(x) \log x}{x}$$

である．漸近条件 $\psi(x) \sim x$ により，(4) の1番目の不等式が従う．2番目の不等式の証明は少し巧妙である．$0 < \alpha < 1$ を固定して，

$$\psi(x) \geq \sum_{p \leq x} \log p \geq \sum_{x^\alpha < p \leq x} \log p \geq (\pi(x) - \pi(x^\alpha)) \log x^\alpha$$

に注意すると，

$$\psi(x) + \alpha \pi(x^\alpha) \log x \geq \alpha \pi(x) \log x$$

である．両辺を x で割って，$\pi(x^\alpha) \leq x^\alpha$, $\alpha < 1$, $\psi(x) \sim x$ に注意すると，

$$1 \geq \alpha \limsup_{x \to \infty} \pi(x) \frac{\log x}{x}$$

である．$\alpha < 1$ は任意であるから，証明が完成する． ∎

注意 上の命題の逆も成立する．すなわち，$\pi(x) \sim x/\log x$ ならば $\psi(x) \sim x$ である．この結果は以下では必要ないので，証明は興味ある読者にまかせる．

実際，ψ-関数に近い親類を用いるとより便利である．関数 ψ_1 を

$$\psi_1(x) = \int_1^x \psi(u) du$$

によって定義する．前の命題では，素数定理を $\psi(x)$ の x が無限大になるときの漸近挙動に帰着させた．次に，この漸近挙動が ψ_1 の漸近挙動から従うことを示そう．

命題2.2 $x \to \infty$ のとき $\psi_1(x) \sim x^2/2$ ならば，$x \to \infty$ のとき $\psi(x) \sim x$ であり，したがって，$x \to \infty$ のとき $\pi(x) \sim x/\log x$ である．

証明 命題2.1により，$x \to \infty$ のとき $\psi(x) \sim x$ であることを示せば十分である．これは，$\alpha < 1 < \beta$ ならば，

$$\frac{1}{(1-\alpha)x} \int_{\alpha x}^x \psi(u) du \leq \psi(x) \leq \frac{1}{(\beta-1)x} \int_x^{\beta x} \psi(u) du$$

であることから容易に従う．これら二つの不等式の証明は，単に ψ が増加関数であることにより直ちに得られる．その結果，たとえば

$$\psi(x) \leq \frac{1}{(\beta-1)x}[\psi_1(\beta x) - \psi_1(x)]$$

であり，したがって，

$$\frac{\psi(x)}{x} \leq \frac{1}{\beta-1}\left[\frac{\psi_1(\beta x)}{(\beta x)^2}\beta^2 - \frac{\psi_1(x)}{x^2}\right]$$

であることがわかる．続いて，

$$\limsup_{x\to\infty}\frac{\psi(x)}{x} \leq \frac{1}{\beta-1}\left[\frac{1}{2}\beta^2 - \frac{1}{2}\right] = \frac{1}{2}(\beta+1)$$

であることが従う．これはすべての $\beta > 1$ で成立するから，$\limsup_{x\to\infty}\psi(x)/x \leq 1$ が示された．$\alpha < 1$ に対して同様の議論をすると，$\liminf_{x\to\infty}\psi(x)/x \geq 1$ が示されて，命題の証明が終わる． ■

ここで，ψ_1 (および ψ) と ζ を関連づけよう．補題 1.3 で証明したように，$\mathrm{Re}(s) > 1$ ならば，

$$\log \zeta(s) = \sum_{m,p} \frac{p^{-ms}}{m}$$

である．この表示を微分すると，

$$\frac{\zeta'(s)}{\zeta(s)} = -\sum_{m,p}(\log p)p^{-ms} = -\sum_{n=1}^{\infty}\frac{\Lambda(n)}{n^s}$$

である．この公式を，$\mathrm{Re}(s) > 1$ に対して，

(5) $$-\frac{\zeta'(s)}{\zeta(s)} = \sum_{n=1}^{\infty}\frac{\Lambda(n)}{n^s}$$

であると書きとめておく．

漸近挙動 $\psi_1(x) \sim x^2/2$ は，(5) を通じて，次の注目すべき積分公式によって表現される ψ_1 と ζ の関係から導かれる．

命題 2.3 すべての $c > 1$ に対して，

(6) $$\psi_1(x) = \frac{1}{2\pi i}\int_{c-i\infty}^{c+i\infty}\frac{x^{s+1}}{s(s+1)}\left(-\frac{\zeta'(s)}{\zeta(s)}\right)ds$$

が成り立つ．

この公式の証明を明確にするために，必要となる積分路上の積分を補題として独立させる．

補題 2.4 $c > 0$ ならば,

$$\frac{1}{2\pi i}\int_{c-i\infty}^{c+i\infty}\frac{a^s}{s(s+1)}ds = \begin{cases} 0, & 0 < a \leq 1, \\ 1 - \dfrac{1}{a}, & 1 \leq a \end{cases}$$

である. ここに, 積分は鉛直線 $\mathrm{Re}(s) = c$ 上でとる.

証明 まず, $|a^s| = a^c$ であるから, 積分は収束する. 最初に $1 \leq a$ であると仮定して, $a = e^\beta$, $\beta = \log a \geq 0$ と書くことにしよう.

$$f(s) = \frac{a^s}{s(s+1)} = \frac{e^{s\beta}}{s(s+1)}$$

とおく. このとき, $\mathrm{res}_{s=0} f = 1$, $\mathrm{res}_{s=-1} f = -1/a$ である. $T > 0$ に対して, 図 1 のような積分路 $\Gamma(T)$ を考える.

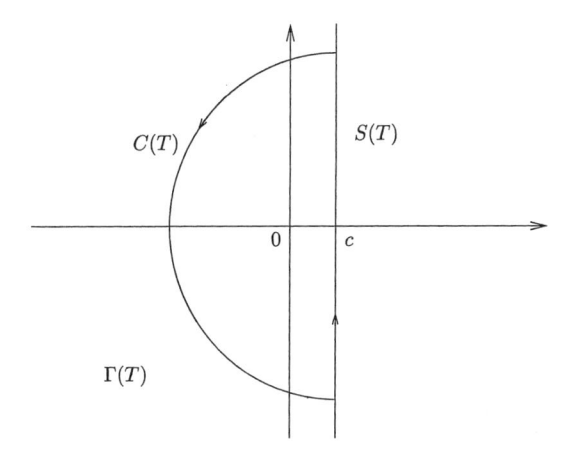

図 1 補題 2.4 の証明の $a \geq 1$ のときの積分路.

積分路 $\Gamma(T)$ は, $c - iT$ から $c + iT$ へいたる鉛直な線分 $S(T)$ と鉛直な線分の左側にある c を中心とする半径 T の半円 $C(T)$ からなる. $\Gamma(T)$ には正 (反時計回り) の向きを与える. $\Gamma(T)$ はトイ積分路になっていることに注意しよう. 0 と -1 が $\Gamma(T)$ で囲まれる内部に含まれるように T を大きくとると, 留数公式により

$$\frac{1}{2\pi i}\int_{\Gamma(T)} f(s)ds = 1 - \frac{1}{a}$$

である.

$$\int_{\Gamma(T)} f(s)ds = \int_{S(T)} f(s)ds + \int_{C(T)} f(s)ds$$

であるから，T を無限大にしたときに半円上の積分が 0 に近づくことを証明すればよい．$s = \sigma + it \in C(T)$ ならば，すべての大きな T に対して

$$|s(s+1)| \geq \frac{1}{2}T^2$$

であり，$\sigma \leq c$ であるから，$|e^{\beta s}| \leq e^{\beta c}$ であることに注意しよう．これにより，$T \to \infty$ のとき，

$$\left|\int_{C(T)} f(s)ds\right| \leq \frac{C}{T^2} 2\pi T \to 0$$

が成り立ち，$a \geq 1$ の場合が証明される．

$0 < a \leq 1$ ならば，類似の積分路で，半円が直線 $\mathrm{Re}(s) = c$ の右側にあるものを考える．積分路で囲まれる内部に極がないことに注意すると，上と同様の議論をすることができて，T が無限大に大きくなるとき，半円上の積分が 0 に収束することが示される．∎

以上で，定理 2.3 を証明する準備ができた．最初に，

$$\psi(u) = \sum_{n=1}^{\infty} \Lambda(n) f_n(u)$$

となることを確かめよ．ここに，$f_n(u)$ は $n \leq u$ のとき $f_n(u) = 1$ で，その他のとき $f_n(u) = 0$ である．よって，

$$\psi_1(x) = \int_0^x \psi(u) du$$
$$= \sum_{n=1}^{\infty} \int_0^x \Lambda(n) f_n(u) du$$
$$= \sum_{n \leq x} \Lambda(n) \int_n^x du$$

であり，ゆえに

$$\psi_1(x) = \sum_{n \leq x} \Lambda(n)(x - n)$$

である．このことを，(5) および補題 2.4 ($a = x/n$ の場合) と一緒に用いると，

$$\frac{1}{2\pi i} \int_{c-i\infty}^{c+i\infty} \frac{x^{s+1}}{x(s+1)} \left(-\frac{\zeta'(s)}{\zeta(s)}\right) ds = x \sum_{n=1}^{\infty} \Lambda(n) \frac{1}{2\pi i} \int_{c-i\infty}^{c+i\infty} \frac{(x/n)^s}{s(s+1)} ds$$

$$= x \sum_{n \leq x} \Lambda(n) \left(1 - \frac{n}{x}\right) = \psi_1(x)$$

となって (6) が証明される．

2.1 ψ_1 の漸近形の証明

本小節では，$x \to \infty$ のとき，

$$\psi_1(x) \sim \frac{x^2}{2}$$

であることを示すことによって，その結果として素数定理の証明を完成させる．

議論の鍵となるのは以下の二つである：

- 命題 2.3 の ψ_1 と ζ を結びつける公式，すなわち，$c > 0$ に対して
$$\psi_1(x) = \frac{1}{2\pi i} \int_{c-i\infty}^{c+i\infty} \frac{x^{s+1}}{x(s+1)} \left(-\frac{\zeta'(s)}{\zeta(s)}\right) ds$$
が成り立つ．
- ゼータ関数は $\mathrm{Re}(s) = 1$ 上に零点をもたないこと，すなわち，すべての $t \in \mathbb{R}$ に対して，
$$\zeta(1 + it) \neq 0$$
が成り立つ．さらに，第 6 章の命題 2.7 と本章の命題 1.6 を併せて，ζ のこの直線上での評価式が得られる．

ここで，証明の道筋を詳しく述べる．$\psi_1(x)$ を与える上の積分において，積分する直線を $\mathrm{Re}(s) = c$, $c > 1$ から $\mathrm{Re}(s) = 1$ に変えたい．もしこれができれば，被積分関数の中の x^{s+1} の大きさが，大きすぎる次数の x^{1+c}, $c > 1$ ではなく，(これは望ましい次数に近い) x^2 と同じ次数になる．しかし，それでもなお二つの扱わなくてはならない問題がある．一つは，$\zeta(s)$ が $s = 1$ に極をもつことである．そのことを考慮するとき，極の寄与は厳密に $\psi_1(x)$ の漸近挙動の主要項 $x^2/2$ であることがわかる．もう一つは，残りの部分が主要項よりも本質的に小さいということを示さなくてはならず，直線 $\mathrm{Re}(s) = 1$ 上で積分するときには x^2 という粗い評価をさらに精密化しなくてはならない．以下の通り，この計画を実行に移す．

$c > 1$ を固定せよ．たとえば $c = 2$ に固定する．x もしばらく $x \geq 2$ として固

定するものとしよう．$F(s)$ は被積分関数

$$F(s) = \frac{x^{s+1}}{s(s+1)}\left(-\frac{\zeta'(s)}{\zeta(s)}\right)$$

を表すものとする．最初に，$c-i\infty$ から $c+i\infty$ へいたる鉛直線を，図 2 に示す積分路 $\gamma(T)$ へと変形する (直線 $\mathrm{Re}(s) = 1$ 上の $\gamma(T)$ の部分は $T \leq t < \infty$ と $-\infty < t \leq -T$ からなる)．ここに，$T \geq 3$ で，T は後で適当に選ぶ．

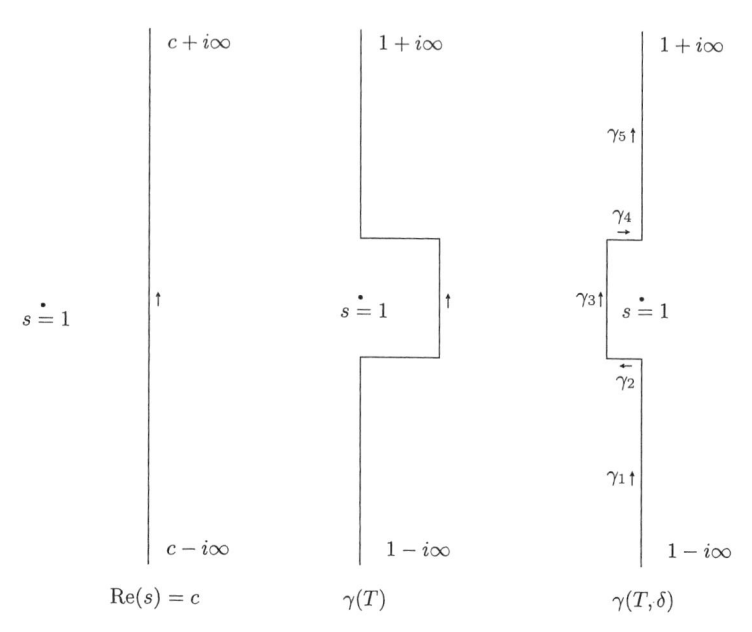

図 2 三つの工程：直線 $\mathrm{Re}(s) = c$, 積分路 $\gamma(T)$ および $\gamma(T, \delta)$.

コーシーの定理を用いる通常のおなじみの議論により，

(7) $$\frac{1}{2\pi i}\int_{c-i\infty}^{c+i\infty} F(s)ds = \frac{1}{2\pi i}\int_{\gamma(T)} F(s)ds$$

と見ることができる．実際，第 6 章の命題 2.7 と本章の命題 1.6 により，$s = \sigma + it$, $\sigma \geq 1$, $|t| \geq 1$ のとき，任意の $\eta > 0$ を固定するごとに，$|\zeta'(s)/\zeta(s)| \leq A|t|^\eta$ であることがわかる．ゆえに，$(c-i\infty, c+i\infty)$ と $\gamma(T)$ で囲まれる二つの (無限の長さの場合も含めた) 矩形において，$|F(s)| \leq A'|t|^{-2+\eta}$ である．F はその領域で正則で，無限遠での減衰が十分速いので，主張 (7) が示される．

次に，積分路 $\gamma(T)$ を積分路 $\gamma(T, \delta)$ へと移す (再び，図 2 を見よ). 固定された T に対して，$\delta > 0$ を十分小さく選んで，ζ が箱型領域
$$\{s = \sigma + it : 1 - \delta \leq \sigma \leq 1, \, |t| \leq T\}$$
の中に零点をもたないようにする．ζ は直線 $\sigma = 1$ 上で消えないので，このような δ をとることは可能である．

さて，$F(s)$ は $s = 1$ に 1 位の極をもつ．実際，第 6 章の系 2.6 により，$H(s)$ を $s = 1$ の近傍で正則な関数として，$\zeta(s) = 1/(s-1) + H(s)$ と表される．よって，$h(s)$ を $s = 1$ の近傍で正則な関数として，$-\zeta'(s)/\zeta(s) = 1/(s-1) + h(s)$ と表されて，$F(s)$ の $s = 1$ における留数は $x^2/2$ となる．その結果，
$$\frac{1}{2\pi i} \int_{\gamma(T)} F(s) ds = \frac{x^2}{2} + \frac{1}{2\pi i} \int_{\gamma(T,\delta)} \frac{x^{s+1}}{s(s+1)} F(s) ds$$
である．ここで，積分路 $\gamma(T, \delta)$ を図 2 のように $\gamma_1 + \gamma_2 + \gamma_3 + \gamma_4 + \gamma_5$ と分解して，積分 $\int_{\gamma_j} F(s) ds$, $j = 1, 2, 3, 4, 5$ をそれぞれ評価する．

まず，十分大きい T が存在して，
$$\left| \int_{\gamma_1} F(s) ds \right| \leq \frac{\varepsilon}{2} x^2, \quad \left| \int_{\gamma_5} F(s) ds \right| \leq \frac{\varepsilon}{2} x^2$$
となることを主張する．これを見るために，まず，$s \in \gamma_1$ に対して，
$$|x^{1+s}| = x^{1+\sigma} = x^2$$
であることに注意しよう．よって，命題 1.6 により，たとえば $|\zeta'(s)/\zeta(s)| \leq A|t|^{1/2}$ であるから，
$$\left| \int_{\gamma_1} F(s) ds \right| \leq Cx^2 \int_T^\infty \frac{|t|^{1/2}}{t^2} dt$$
となる．右辺の積分は収束するので，T を十分大きくとると，右辺 $\leq \varepsilon x^2/2$ とすることができる．γ_5 上の議論も同様である．

固定した T に対して，δ を適当に小さく選ぶ．γ_3 上では，
$$|x^{1+s}| = x^{1+1-\delta} = x^{2-\delta}$$
で，これにより，(T に依存した) 定数 C_T が存在して，
$$\left| \int_{\gamma_3} F(s) ds \right| \leq C_T x^{2-\delta}$$
が成り立つ．最後に小さい水平な線分 γ_2 上 (および γ_4 上でも同様に)，積分は次

のように評価することができる：
$$\left|\int_{\gamma_2} F(s)ds\right| \le C'_T \int_{1-\delta}^1 x^{1+\sigma} d\sigma \le C'_T \frac{x^2}{\log x}.$$
以上により，定数 C_T と C'_T が (上のものとは異なるかもしれないが) 存在して，
$$\left|\psi_1(x) - \frac{x^2}{2}\right| \le \varepsilon x^2 + C_T x^{2-\delta} + C'_T \frac{x^2}{\log x}$$
が成り立つ．両辺を $x^2/2$ で割ると，
$$\left|\frac{2\psi_1(x)}{x^2} - 1\right| \le 2\varepsilon + 2C_T x^{-\delta} + 2C'_T \frac{1}{\log x}$$
であるから，すべての大きい x に対して，
$$\left|\frac{2\psi_1(x)}{x^2} - 1\right| \le 4\varepsilon$$
である．これにより，$x \to \infty$ のとき，
$$\psi_1(x) \sim \frac{x^2}{2}$$
であることの証明がおわり，素数定理の証明が完成した．

二重和の順序交換についての注意

無限和の順序交換について次の事実を証明する．$\{a_{k\ell}\}_{1 \le k, \ell < \infty}$ が，$\mathbb{N} \times \mathbb{N}$ によって添え字づけられた複素数列で，

(8)
$$\sum_{k=1}^\infty \left(\sum_{\ell=1}^\infty |a_{k\ell}|\right) < \infty$$

ならば，次の (i), (ii), (iii) が成り立つ：

(i) 二重和 $A = \sum_{k=1}^\infty \left(\sum_{\ell=1}^\infty a_{k\ell}\right)$ は，この順番で和をとると収束し，さらに和の順序交換
$$A = \sum_{k=1}^\infty \sum_{\ell=1}^\infty a_{k\ell} = \sum_{\ell=1}^\infty \sum_{k=1}^\infty a_{k\ell}$$
が成り立つ．

(ii) 与えられた $\varepsilon > 0$ に対して，正整数 N が存在して，すべての $K, L > N$ に対して，
$$\left|A - \sum_{k=1}^K \sum_{\ell=1}^L a_{k\ell}\right| < \varepsilon$$
が成り立つ．

(iii) $m \mapsto (k(m), \ell(m))$ が $\mathbb{N}$ から $\mathbb{N} \times \mathbb{N}$ への全単射で，$c_m = a_{k(m)\ell(m)}$ と書くと，
$$A = \sum_{k=1}^{\infty} c_k$$
が成り立つ．

(iii) は，数列 $\{a_{k\ell}\}$ の任意の再配列は総和可能で極限値は変わらない，ということを述べている．絶対収束級数は任意の順序で総和可能であったから，これは絶対収束級数の場合との類似点である．

条件 (8) は，各 k ごとの和 $\sum_{\ell} a_{k\ell}$ が絶対収束し，さらにこの収束が k について「一様」であることをいっている．関数列の場合に類似の状況が起こる．この場合，重要な課題は，極限値の順序交換
$$\lim_{x \to x_0} \lim_{n \to \infty} f_n(x) \stackrel{?}{=} \lim_{n \to \infty} \lim_{x \to x_0} f_n(x)$$
が成り立つかどうか，ということである．よく知られているように，各 f_n が連続で，収束が一様であれば，極限関数自体が連続だから，上の等式は正しい．この事実を用いるために，$b_k = \sum_{\ell=1}^{\infty} |a_{k\ell}|$ と定義し，$S = \{x_0, x_1, \cdots\}$ を加算個の点の集合で，$\lim_{n \to \infty} x_n = x_0$ をみたすものとする．さらに S 上の関数を次のように定義する：
$$f_k(x_0) = \sum_{\ell=1}^{\infty} a_{k\ell}, \quad k = 1, 2, \cdots,$$
$$f_k(x_n) = \sum_{\ell=1}^{n} a_{k\ell}, \quad k = 1, 2, \cdots, n = 1, 2, \cdots,$$
$$g(x) = \sum_{k=1}^{\infty} f_k(x), \quad x \in S.$$
仮定 (8) により，各 f_k は x_0 で連続である．さらに，$|f_k(x)| \leq b_k$ で，$\sum b_k < \infty$ であるから，関数 g を定義する級数は S 上で一様収束し，g も x_0 で連続である．それにより，
$$\sum_{k=1}^{\infty} \sum_{\ell=1}^{\infty} a_{k\ell} = g(x_0) = \lim_{n \to \infty} g(x_n) = \lim_{n \to \infty} \sum_{k=1}^{\infty} \sum_{\ell=1}^{n} a_{k\ell}$$
$$= \lim_{n \to \infty} \sum_{\ell=1}^{n} \sum_{k=1}^{\infty} a_{k\ell} = \sum_{\ell=1}^{\infty} \sum_{k=1}^{\infty} a_{k\ell}$$

であるから，(i) が成り立つことがわかる．

2番目の主張については，まず
$$\left|A - \sum_{k=1}^{K}\sum_{\ell=1}^{L} a_{k\ell}\right| \leq \sum_{k \leq K}\sum_{\ell > L} |a_{k\ell}| + \sum_{k > K}\sum_{\ell=1}^{\infty} |a_{k\ell}|$$
である．第2項を評価するために，$\sum b_k$ は収束するから，ある K_0 に対して $K > K_0$ ならば，$\sum_{k>K}\sum_{\ell=1}^{\infty} |a_{k\ell}| < \varepsilon/2$ であるという事実を用いる．上の第1項については，$\sum_{k \leq K}\sum_{\ell > L} |a_{k\ell}| \leq \sum_{k=1}^{\infty}\sum_{\ell > L} |a_{k\ell}|$ と評価されることに注意しよう．先の議論により，二つの和の順序交換ができるから，$\sum_{\ell=1}^{\infty}\sum_{k=1}^{\infty} |a_{k\ell}| < \infty$ となる．それにより，すべての $L > L_0$ に対して，$\sum_{\ell > L}\sum_{k=1}^{\infty} |a_{kl}| < \varepsilon/2$ である．$N > \max(L_0, K_0)$ をとることにより，(ii) が証明される．

(iii) の証明は (ii) の直接的帰結である．実際，与えられた任意の矩形
$$R(K, L) = \{(k, \ell) \in \mathbb{N} \times \mathbb{N} : 1 \leq k \leq K,\ 1 \leq \ell \leq L\}$$
に対して，ある M が存在して，$[1, M]$ の写像 $m \mapsto (k(m), \ell(m))$ の像は，$R(K, L)$ に含まれている．

U を $\mathbb{R}^2$ の原点を含む任意の開集合とするとき，$R > 0$ に対して，その伸張 $U(R) = \{y \in \mathbb{R}^2 : \text{ある } x \in U \text{ が存在して } y = Rx \text{ である}\}$ を定義し，(ii) を用いて
$$A = \lim_{R \to \infty} \sum_{(k, \ell) \in U(R)} a_{k\ell}$$
であることを確かめることができる．別の言い方をすると，条件 (8) のもとで，二重和 $\sum_{k\ell} a_{k\ell}$ は，円板，正方形，矩形，楕円などの上の和で値を求めることができる．

最後に，複素数列 $\{a_{k\ell}\}$ で
$$\sum_{k}\sum_{\ell} a_{k\ell} \neq \sum_{\ell}\sum_{k} a_{k\ell}$$
となるものを見つけることは教育的課題として読者にゆだねる．
[ヒント：$\{a_{k\ell}\}$ を無限次の行列の成分で，対角線より上では 0, 対角線上では -1, $k > \ell$ のとき $a_{k\ell} = 2^{\ell-k}$ となるものを考えよ．]

3. 練習

1. $\{a_n\}_{n=1}^\infty$ は実数列で，部分和
$$A_n = a_1 + \cdots + a_n$$
は有界列と仮定する．ディリクレ級数
$$\sum_{n=1}^\infty \frac{a_n}{n^s}$$
は $\mathrm{Re}(s) > 0$ で収束して，この半平面における正則関数を定義することを証明せよ．
[ヒント：部分求和法により，もとの（絶対収束しない）級数を（絶対収束）級数 $\sum A_n(n^{-s} - (n+1)^{-s})$ と比較せよ．括弧内の項の評価は平均値の定理によって与えられる．級数が解析的であることを証明するには，部分和が半平面 $\mathrm{Re}(s) > 0$ のすべてのコンパクト部分集合上で一様収束することを示せ．]

2. 次は，ディリクレ級数の乗法とその係数の整除法とを関連づけるものである．
(a) $\{a_m\}$ と $\{b_k\}$ が二つの有界な複素数列ならば，
$$\left(\sum_{m=1}^\infty \frac{a_m}{m^s}\right)\left(\sum_{k=1}^\infty \frac{b_k}{k^s}\right) = \sum_{n=1}^\infty \frac{c_n}{n^s}, \qquad c_n = \sum_{mk=n} a_m b_k$$
であることを示せ．上の級数は $\mathrm{Re}(s) > 1$ のとき絶対収束する．
(b) $\mathrm{Re}(s) > 1$，および $\mathrm{Re}(s-a) > 1$ のとき，それぞれ，
$$(\zeta(s))^2 = \sum_{n=1}^\infty \frac{d(n)}{n^s}, \qquad \zeta(s)\zeta(s-a) = \sum_{n=1}^\infty \frac{\sigma_a(n)}{n^s}$$
が成り立つことを証明せよ．ここに $d(n)$ は n の約数の数に等しく，$\sigma_a(n)$ は n の約数の a 乗の和である．特に $\sigma_0(n) = d(n)$ である．

3. 前問に引き続き $1/\zeta$ に対するディリクレ級数を考察する．
(a) $\mathrm{Re}(s) > 1$ に対して
$$\frac{1}{\zeta(s)} = \sum_{n=1}^\infty \frac{\mu(n)}{n^s}$$
となることを証明せよ．ここに，$\mu(n)$ は**メビウス関数**と呼ばれるもので，
$$\mu(n) = \begin{cases} 1, & n=1\text{ のとき}, \\ (-1)^k, & n = p_1 \cdots p_k, \ p_j\text{ は相異なる素数}, \\ 0, & \text{その他} \end{cases}$$
によって定義される．n と m が互いに素ならば，$\mu(nm) = \mu(n)\mu(m)$ となることに注意しよう．[ヒント：$\zeta(s)$ に対するオイラーの乗積公式を用いよ．]

(b) 次を示せ：
$$\sum_{k|n} \mu(k) = \begin{cases} 1, & n=1 \text{ のとき}, \\ 0, & \text{その他}. \end{cases}$$

4. $\{a_n\}_{n=1}^{\infty}$ は複素数列で，ある正整数 q に対して $n \equiv m \mod q$ ならば $a_n = a_m$ となるものとする．$\{a_m\}$ に関連したディリクレの L–関数を
$$L(s) = \sum_{n=1}^{\infty} \frac{a_n}{n^s}, \qquad \mathrm{Re}(s) > 1$$
によって定義する．また，$a_0 = a_q$ とおいて，
$$Q(x) = \sum_{m=0}^{q-1} a_{q-m} e^{mx}$$
とする．前章の練習 15 と 16 のようにして，
$$L(s) = \frac{1}{\Gamma(s)} \int_0^{\infty} \frac{Q(x) x^{s-1}}{e^{qx} - 1} dx, \qquad \mathrm{Re}(s) > 1$$
を示せ．さらに，この結果から，$L(s)$ は複素平面上に延長され，特異点は高々 $s=1$ にのみ存在する極であることを証明せよ．実際，$L(s)$ が $s=1$ で正則であるのは，$\sum_{m=0}^{q-1} a_m = 0$ のとき，そのときに限る．第 I 巻第 8 章で取り上げたディリクレ $L(s, \chi)$ 級数との関係に注意せよ．さらに，それから従うことであるが，$L(s, \chi)$ が $s=1$ で正則であるのは χ が自明でない指標のとき，そのときに限る，ということに注意せよ．

5. 次の関数
$$\tilde{\zeta}(s) = 1 - \frac{1}{2^s} + \frac{1}{3^s} - \cdots = \sum_{n=1}^{\infty} \frac{(-1)^{n+1}}{n^s}$$
を考えよう．
(a) $\tilde{\zeta}(s)$ を定義する級数は $\mathrm{Re}(s) > 0$ で収束し，その半平面で正則関数を定義することを証明せよ．
(b) $s > 1$ に対して $\tilde{\zeta}(s) = (1 - 2^{1-s}) \zeta(s)$ となることを示せ．
(c) $\tilde{\zeta}$ は交代級数として定義されるので，ζ は線分 $0 < \sigma < 1$ に零点をもたないことを導け．さらに，関数等式を用いて $\sigma = 0$ に，この結果を拡張せよ．

6. すべての $c > 0$ に対して，
$$\lim_{N \to \infty} \frac{1}{2\pi i} \int_{c-iN}^{c+iN} a^s \frac{ds}{s} = \begin{cases} 1, & a > 1, \\ \frac{1}{2}, & a = 1, \\ 0, & 0 \le a < 1 \end{cases}$$

が成り立つことを示せ．積分は鉛直方向の $c-iN$ から $c+iN$ への線分にわたってとる．

7. 関数
$$\xi(s) = \pi^{-s/2}\Gamma\left(\frac{s}{2}\right)\zeta(s)$$
は，s が実数のとき，あるいは $\mathrm{Re}(s)=1/2$ のとき，実数であることを示せ．

8. 関数 ζ は臨界領域に無限個の零点をもつ．このことを以下に従って見てみよう．

(a) 関数 $F(s)$ を
$$F(s) = \xi\left(\frac{1}{2}+s\right), \qquad \xi(s) = \pi^{-s/2}\Gamma\left(\frac{s}{2}\right)\zeta(s)$$
とする．$F(s)$ は s の偶関数で，ある G が存在して $G(s^2)=F(s)$ となることを示せ．

(b) 関数 $(s-1)\zeta(s)$ は増大度 1 の整関数であること，すなわち，
$$|(s-1)\zeta(s)| \leq A_\varepsilon e^{a_\varepsilon |s|^{1+\varepsilon}}$$
であることを示せ．これにより，$G(s)$ は増大度 $1/2$ であることがわかる．

(c) 上の結果から，ζ は臨界領域に無限個の零点をもつことを導け．

[ヒント：(a) と (b) を証明するには，$\zeta(s)$ の関数等式を用いよ．(c) を示すには，アダマールの結果，すなわち，増大度が分数である整関数は無限個の零点をもつ (第 5 章の練習 14) を用いよ．]

9. 第 6 章の命題 2.7 と本章の命題 1.6 を精密化して，$|t|\geq 2$ のとき，

(a) $|\zeta(1+it)| \leq A\log|t|$,

(b) $|\zeta'(1+it)| \leq A(\log|t|)^2$,

(c) $1/|\zeta(1+it)| \leq A(\log|t|)^a \quad (a=7)$

を示せ．

10. 素数理論において，$\pi(x)$ の ($x/\log x$ の代わりの) よりよい近似は，
$$\mathrm{Li}(x) = \int_2^x \frac{dt}{\log t}$$
によって定義される $\mathrm{Li}(x)$ であることがわかる．

(a) $x\to\infty$ のとき
$$\mathrm{Li}(x) = \frac{x}{\log x} + O\left(\frac{x}{(\log x)^2}\right)$$
であること，さらに $x\to\infty$ のとき
$$\pi(x) \sim \mathrm{Li}(x)$$
であることを示せ．

[ヒント：$\mathrm{Li}(x)$ の定義において部分積分すると，
$$\int_2^x \frac{dt}{(\log t)^2} = O\left(\frac{x}{(\log x)^2}\right)$$
を示せば十分であることがわかる．これを見るために，積分を 2 から $\sqrt{x}$ までの積分と $\sqrt{x}$ から x までの積分に分けてみよ．]

(b) すべての整数 $N > 0$ に対して，$x \to \infty$ のとき，次の漸近展開
$$\mathrm{Li}(x) = \frac{x}{\log x} + \frac{x}{(\log x)^2} + 2\frac{x}{(\log x)^3} + \cdots + (N-1)!\,\frac{x}{(\log x)^N} + O\left(\frac{x}{(\log x)^{N+1}}\right)$$
が成り立つことを示すことにより，(a) の解析を精密化せよ．

11. 関数 $\varphi(x)$ を
$$\varphi(x) = \sum_{p \leq x} \log p$$
とおく．ここに，和は $p \leq x$ をみたす素数全体にわたってとる．以下の $x \to \infty$ のときの同値性を示せ：

 (i) $\varphi(x) \sim x$,
 (ii) $\pi(x) \sim x/\log x$,
 (iii) $\psi(x) \sim x$,
 (iv) $\psi_1(x) \sim x^2/2$.

12. p_n で n 番目の素数を表すことにすると，素数定理により，$n \to \infty$ のとき $p_n \sim n \log n$ であることを以下に従って証明せよ．

(a) $\pi(x) \sim x/\log x$ により
$$\log \pi(x) + \log \log x \sim \log x$$
が従うことを示せ．

(b) 上の結果により，$\log \pi(x) \sim \log x$ で，$x = p_n$ とおくと結論が証明される．

4. 問題

1. $F(s) = \sum_{n=1}^{\infty} \frac{a_n}{n^s}$ とする．ここに，すべての n に対して $|a_n| \leq M$ とする．

(a) $\sigma > 1$ ならば，
$$\lim_{T \to \infty} \frac{1}{2T} \int_{-T}^{T} |F(\sigma + it)|^2 dt = \sum_{n=1}^{\infty} \frac{|a_n|^2}{n^{2\sigma}}$$
であることを示せ．これはパーセヴァル–プランシュレルの定理を想起させるであろう．たとえば第 I 巻第 3 章を見よ．

(b) 上の結果により，ディリクレ級数の一意性を示せ．すなわち，$F(s) = \sum_{n=1}^{\infty} a_n n^{-s}$ で，ある k に対してすべての係数が $|a_n| \leq cn^k$ をみたし，かつ $F(s) \equiv 0$ であるならば，すべての n に対して $a_n = 0$ となることを示せ．
[ヒント：(a) については，

$$\frac{1}{2T} \int_{-T}^{T} (nm)^{-\sigma} n^{-it} m^{it} dt \to \begin{cases} n^{-2\sigma}, & n = m, \\ 0, & n \neq m \end{cases}$$

という事実を用いよ．]

2.[*] 素数理論における「明示的な公式」の一つとして次のようなものがある．ψ_1 を第 2 節で考察した積分されたチェビシェフ関数とすると，

$$\psi_1(x) = \frac{x^2}{2} - \sum_{\rho} \frac{x^\rho}{\rho(\rho+1)} - E(x)$$

となる．ここに，和は臨界領域におけるゼータ関数のすべての零点 ρ にわたってとる．誤差項は $E(x) = c_1 x + c_0 + \sum_{k=1}^{\infty} x^{1-2k}/(2k(2k-1))$ で与えられるが，ここで $c_1 = \zeta'(0)/\zeta(0)$, $c_0 = \zeta'(-1)/\zeta(-1)$ である．$(1-s)\zeta(s)$ は増大度 1 であるから，任意の $\varepsilon > 0$ に対して，$\sum_{\rho} 1/|\rho|^{1+\varepsilon} < \infty$ であることに注意しよう (練習 8 を見よ)．また，明らかに $x \to \infty$ のとき $E(x) = O(x)$ である．

3.[*] 前問の結果を用いると，α が $1/2 \leq \alpha < 1$ をみたす固定された数で，$\zeta(s)$ が帯状領域 $\alpha < \mathrm{Re}(s) < 1$ に零点をもたないとき，またそのときに限り，任意の $\varepsilon > 0$ に対して，$x \to \infty$ のとき

$$\pi(x) - \mathrm{Li}(x) = O(x^{\alpha + \varepsilon})$$

であることを示すことができる．$\alpha = 1/2$ の場合はリーマン仮説に対応する．

4.[*] 素数定理からくる考え方と (第 I 巻で与えた) 等差数列における素数に関するディリクレの定理の証明の考え方とを合わせることによって，次を証明することができる．q と ℓ を互いに素な整数とする．等差数列 $\{qk+\ell\}_{k=1}^{\infty}$ に属する素数を考えて，$\pi_{q,\ell}(x)$ は x 以下のそのような素数の個数を表すとする．$x \to \infty$ のとき，

$$\pi_{q,\ell}(x) \sim \frac{x}{\varphi(q) \log x}$$

となることがわかる．ここに，$\varphi(q)$ は，q より小さく，q と互いに素である正整数の個数を表す．

第8章 等角写像

> 多角形に対して私が発見した結果は，かなり一般的な仮定下のものに拡張できよう．写像問題については，リーマンの学位論文以来，さほどのことは起きていなかったが，私のこの研究は，写像問題をより深く理解するための第一歩になる．だから，私はこの研究に携わってきたのだ．この研究は，写像の理論だけれども，リーマンの関数論の基本定理と密接に関連していて，さらに発展させる価値は最高位にランクされる．
>
> ——E.B. クリストッフェル，1870

　この章で紹介する問題や考え方は，これまで見てきたものより幾何学的な内容になる．なぜなら，ここでの一番の興味は，正則関数の写像としての性質にあるからである．最初の三つの章で「局所的」な解析の結果を紹介したのと対照的に，この章の結果のほとんどは「大域的」になる．また，この章の背景には次の素朴な問題があり，大部分の話題はこの問題に動機づけられている．

　　$\mathbb{C}$ の二つの開集合 U, V に対して，U から V への正則全単射が存在するか？

　ここで，正則全単射とは，文字どおり，正則かつ全単射な関数のことである (自動的に，その逆写像も正則なことがいえる)．上の問題が解ければ，幾何学的情報の少ない開集合 U 上の解析関数の問題を，より便利な性質をもつであろう開集合 V 上の解析関数の問題に，移行することができる．ここで，もっとも重要な場合は，V が単位円板 $\mathbb{D}$ の場合である[1]．実際，$\mathbb{D}$ 上の解析関数を研究するにあたっ

---

[1] $V = \mathbb{C}$ の場合の上の問題は簡単に解ける．U と $\mathbb{C}$ の間に正則全単射が存在するのは，

ては，たくさんの考え方を展開することができた．このように，もっとも効果的な V の候補は単位円板 $\mathbb{D}$ といえるので，上の問題を次のようにかき換えておくことにしよう．

　　$\mathbb{C}$ の開集合 Ω にどんな条件を課せば，Ω から $\mathbb{D}$ への正則全単射が存在するか？

正則全単射が存在するようないくつかのケースでは，その写像を具体的な式で表すことができる．まずは，そのようなケースに目を向ける．たとえば，上半平面は，ある正則全単射によって単位円板に写され，しかも，その写像は1次分数変換で表される．この写像を，有理関数・三角関数・対数関数などの既知の簡単な写像と合成すれば，さらに多くの例をつくることができる．また，これらの例を用いた応用として，ある特定の領域 (帯領域) 上のラプラシアンであるディリクレ問題を解く．

次に，具体例につづき，この章で初めての一般論として，シュヴァルツの補題を証明する．そして，それを直接用いて，正則全単射 (単位円板からそれ自身への「自己同型」) 全部を決定する．これらはふたたび1次分数変換で表される．

最後に問題の核心に入る．リーマンの写像定理の登場である．それは，「Ω が単連結領域で，$\mathbb{C}$ 全体でないとき，Ω から単位円板 $\mathbb{D}$ への正則全単射が存在する」という定理である．この定理が注目に値するのは，Ω についての仮定がほとんどないに等しく，しかも，(単位円板の境界は滑らかなのに) Ω の境界について何も仮定していないからである．とくに，三角形・四角形などの多角形の内部は，ある正則全単射により単位円板に写される．この多角形の場合の写像を具体的に表現したシュヴァルツ–クリストッフェルの公式は，この章の最終節でとりあげる．長方形に関するこの公式が「楕円積分」によって与えられることは興味深いことで，二重周期関数の研究につながっていく．二重周期関数は次の章の主題である．

1. 等角同値と例

この章で今後使う用語を定めておこう．正則かつ全単射な関数 $f: U \to V$ は，**等角写像**または**双正則写像**と呼ぶ．また，等角写像 $f: U \to V$ が存在するとき，U と V は**等角同値**または**双正則**であるという．ここで，大切なのは，等角写像

$U = \mathbb{C}$ のときだけである (第3章の練習14を参照せよ)．

の逆写像が自動的に正則になることである．

命題 1.1 $f: U \to V$ が正則かつ単射ならば，すべての $z \in U$ に対して $f'(z) \neq 0$ である．とくに，f の値域 $f(U)$ 上で定義された f の逆写像は正則になる．こうして，等角写像の逆写像はまた正則になる．

証明 背理法で証明しよう．ある点 $z_0 \in U$ で $f'(z_0) = 0$ と仮定する．そのとき，z_0 のある近傍上で，

$$f(z) - f(z_0) = a(z - z_0)^k + G(z)$$

と書ける．ただし，$a \neq 0$, $k \geq 2$ であり，G はその近傍上の正則関数で，z_0 において $k+1$ 次で消える．いま，十分小さい w に対して $F(z) = a(z - z_0)^k - w$ とおくと，

$$f(z) - f(z_0) - w = F(z) + G(z)$$

である．z_0 を中心にした小さい半径の円周上で $|G(z)| < |F(z)|$ が成り立ち，しかも，F はその円周の内部に少なくとも 2 個の零点をもつので，ルーシェの定理から，$f(z) - f(z_0) - w$ もその円周の内部に少なくとも 2 個の零点をもつ．$z \neq z_0$ であるが z_0 に十分近い場合には $f'(z) \neq 0$ となるから，方程式 $f(z) - f(z_0) - w = 0$ の解は相異なっている．これは f が単射でないことをいっており，矛盾が生じた．

次に，f の値域をあらためて V で表し，V 上の f の逆写像を $g = f^{-1}$ と書く．また，$w_0 \in V$ とし，w は w_0 に近いものとする．$w = f(z)$, $w_0 = f(z_0)$ と書く．$w \neq w_0$ のとき，

$$\frac{g(w) - g(w_0)}{w - w_0} = \frac{1}{\dfrac{w - w_0}{g(w) - g(w_0)}} = \frac{1}{\dfrac{f(z) - f(z_0)}{z - z_0}}$$

となる．$f'(z_0) \neq 0$ より $z \to z_0$ とすることができ，g が点 w_0 で正則で，$g'(w_0) = 1/f'(g(w_0))$ となることがわかる． ∎

この命題からわかるように，二つの開集合 U と V が等角同値であるための必要十分条件は，二つの正則関数 $f: U \to V$ と $g: V \to U$ が存在して，$g(f(z)) = z \, (z \in U)$, $f(g(w)) = w \, (w \in V)$ となることである．

ここで採用されている用語は，一般的なものではないことを指摘しておこう．ある本では，正則関数 $f: U \to V$ が $f'(z) \neq 0 \, (z \in U)$ をみたすとき，等角であるという．この定義は明らかにわれわれの定義ほど限定的ではない．たとえば，

関数 $f(z) = z^2$ は，穴あき領域 $\mathbb{C} - \{0\}$ 上で $f'(z) \neq 0$ をみたすが，そこで単射でない．しかしながら，条件 $f'(z) \neq 0$ は，f が局所全単射であることと同等である (練習 1)．この条件 $f'(z) \neq 0$ にはある幾何学的な結論が伴っており，それが定義の食い違いを引き起こす原因となっている．この条件をみたす正則関数は，角を保存するのである．大雑把にいうと，二つの曲線 γ, η が点 z_0 で交わっており，その接ベクトル同士のなす角を，向きもこめて α とするとき，像曲線 $f \circ \gamma, f \circ \eta$ は $f(z_0)$ で交わり，それらの接ベクトルは同じ角 α をなす．問題 2 でこのことを詳しく取り上げる．

等角写像の勉強をはじめるにあたり，具体例をたくさん調べることにしよう．1 番目の例は，単位円板と上半平面との間の等角同値で，これは多くの問題で重要な役割を果たす．

1.1 単位円板と上半平面

上半平面とは，虚部が正の複素数全体の集合のことで，記号で $\mathbb{H}$ と表す．つまり，

$$\mathbb{H} = \{z \in \mathbb{C} : \operatorname{Im}(z) > 0\}$$

とする．この非有界な集合 $\mathbb{H}$ が，単位円板 $\mathbb{D}$ と等角同値になるというと，一見意外なようだが，これは驚くべき事実である．さらに，その等角写像を表す具体的な式も存在する．実際，

$$F(z) = \frac{i-z}{i+z}, \qquad G(w) = i\frac{1-w}{1+w}$$

として，次が成り立つ．

定理 1.2 写像 $F : \mathbb{H} \to \mathbb{D}$ は等角写像であり，$G : \mathbb{D} \to \mathbb{H}$ はその逆写像である．

証明 まず，これらの写像は，それぞれの定義域上で正則であることがわかる．また，上半平面上の任意の点が，点 $-i$ より点 i の方により近いことを留意すると，$|F(z)| < 1$ であり，F は上半平面 $\mathbb{H}$ を単位円板 $\mathbb{D}$ 内に写すことがわかる．G の写す先が $\mathbb{H}$ であることを見るためには，$\operatorname{Im}(G(w))$ を計算しなければならない．そのため $w = u + iv$ とおき，

$$\operatorname{Im}(G(w)) = \operatorname{Re}\left(\frac{1-u-iv}{1+u+iv}\right)$$

$$= \text{Re}\Big(\frac{(1-u-iv)(1+u-iv)}{(1+u)^2+v^2}\Big)$$
$$= \frac{1-u^2-v^2}{(1+u)^2+v^2} > 0$$

となることに注意する．最後の不等式は，$|w|<1$ であることからでる．よって，G は単位円板を上半平面上に写す．最後に，

$$F(G(w)) = \frac{i-i\dfrac{1-w}{1+w}}{i+i\dfrac{1-w}{1+w}} = \frac{1+w-1+w}{1+w+1-w} = w$$

であり，同様に $G(F(z)) = z$ もいえる．これで定理が証明できた． ■

これらの関数のここでの開集合の境界におけるふるまい[2]は，おもしろい一面を見せる．まず，F は，$\mathbb{C}$ から点 $z=-i$ を除いた部分で正則で，とくに，$\mathbb{H}$ の境界である実軸上でいたるところ連続である．いま，z として実数 x をとると，x から i への距離は，x から $-i$ への距離と等しいから，$|F(x)|=1$ である．よって，F は $\mathbb{R}$ を $\mathbb{D}$ の境界上に写す．さらに詳しく見るために，

$$F(x) = \frac{i-x}{i+x} = \frac{1-x^2}{1+x^2} + i\frac{2x}{1+x^2}$$

と書き，実軸を $x = \tan t$ ($t \in (-\pi/2, \pi/2)$) とパラメータ表示する．すると，三角関数の等式

$$\sin 2a = \frac{2\tan a}{1+\tan^2 a}, \qquad \cos 2a = \frac{1-\tan^2 a}{1+\tan^2 a}$$

より，$F(x) = \cos 2t + i \sin 2t = e^{i2t}$ となる．ゆえに，F による実軸の像は，単位円周から点 -1 を除いた弧になる．さらに，x が $-\infty$ から ∞ へ動くと，$F(x)$ は，-1 からスタートして，その弧に沿って，まずは単位円周の下半平面にある部分の方へと進む．単位円周の点 -1 は，上半平面の「無限遠点」に対応している．

注意 次のような形をした写像は，ふつう **1 次分数変換**と呼ばれる．

$$z \mapsto \frac{az+b}{cz+d}.$$

ただし，a, b, c, d は複素数の定数で，分数式の分母が分子の定数倍にならないとする．1 次分数変換の他の例としては，定理 2.2 や 2.4 における単位円板や上半平

---

[2] 等角写像の境界でのふるまいは，今後何度となくでてくるテーマで，この章で重要な役割を担っている．

面の自己同型がある．

1.2 いろいろな例

ここで，等角写像の例をいくつか集めておこう．いくつかの写像については，その定義域の境界でのふるまいにも言及する．またいくつかは，図1に図示した．

例1 最初の簡単な例は，平行移動と伸張である．実際，$h \in \mathbb{C}$ のとき，平行移動 $z \mapsto z + h$ は，複素平面 $\mathbb{C}$ からそれ自身への等角写像で，その逆写像は $w \mapsto w - h$ である．もし，h が実数ならば，この平行移動は，上半平面からそれ自身への等角写像でもある．

c が 0 でない複素数のとき，写像 $f : z \mapsto cz$ は，複素平面からそれ自身への等角写像で，その逆写像は単に $g : w \mapsto c^{-1}w$ である．もし，c の絶対値が 1 ならば，ある実数 φ を用いて $c = e^{i\varphi}$ と表され，f は角 φ の**回転**になる．一方，$c > 0$ のときは，f は c 倍の伸張になる．最後に，$c < 0$ のとき，f は，$|c|$ 倍の伸張のあと角 π の回転を合成したものとなる．

例2 n が正の整数のとき，写像 $z \mapsto z^n$ は，扇形 $S = \{z \in \mathbb{C} : 0 < \arg z < \pi/n\}$ から上半平面への等角写像になる．この逆写像は，単に $w \mapsto w^{1/n}$ である．ただし，対数関数の主分枝によって定義されているものとする．

もっと一般に $0 < \alpha < 2$ のとき，写像 $f(z) = z^\alpha$ は，上半平面を扇形 $S = \{w \in \mathbb{C} : 0 < \arg w < \alpha\pi\}$ に写す等角写像である．実際，正の実軸を除くことによって得られる対数関数の分枝を用い，$z = re^{i\theta}$ $(r > 0, 0 < \theta < \pi)$ とおけば，

$$f(z) = z^\alpha = |z|^\alpha e^{i\alpha\theta}$$

となる．それゆえ，f は $\mathbb{H}$ を S に写す．さらに，f の逆写像 g が，対数関数の $0 < \arg w < \alpha\pi$ の範囲の分枝を用いて $g(z) = w^{1/\alpha}$ と表されるのも，簡単にわかるだろう．

ここで話した写像 f と，例1の平行移動，回転を適当に合成すれば，上半平面を任意の (無限) 扇形に写すことができる．

f の境界でのふるまいについて注意しておく．x が実軸上を $-\infty$ から 0 まで動くとき，像 $f(x)$ は半直線 $\arg z = \alpha\pi$ 上を $\infty e^{i\alpha\pi}$ から 0 まで動く．また，x が実軸上を 0 から ∞ まで動くと，$f(x)$ も同じく実軸上を 0 から ∞ まで動く．

例3 写像 $f(z) = (1+z)/(1-z)$ は，上半円板 $\{z = x + iy : |z| < 1 \text{ かつ } y > 0\}$

を，第 1 象限 $\{w = u + iv : u > 0 \text{ かつ } v > 0\}$ に写す等角写像である．実際，$z = x + iy$ と書くと，
$$f(z) = \frac{1-(x^2+y^2)}{(1-x)^2+y^2} + i\frac{2y}{(1-x)^2+y^2}$$
だから，f は上半円板を第 1 象限内に写す．また，f の逆写像は $g(w) = (w-1)/(w+1)$ であり，明らかに第 1 象限上で正則である．さらに，第 1 象限の任意の点 w は，w から 1 までの距離よりも w から -1 までの距離の方が大きいので，$|w+1| > |w-1|$ であり，g は単位円板内へと写すことがわかる．最後に，第 1 象限の任意の点 w に対して，$g(w)$ の虚部が正になることが，簡単な計算でわかる．よって，g は第 1 象限を上半円板内に写す．g は f の逆写像であることから f は等角写像であることがわかる．

f の境界でのふるまいを調べるため，$z = e^{i\theta}$ が上半円周上にあるとき，
$$f(z) = \frac{1+e^{i\theta}}{1-e^{i\theta}} = \frac{e^{-i\theta/2}+e^{i\theta/2}}{e^{-i\theta/2}-e^{i\theta/2}} = \frac{i}{\tan(\theta/2)}$$
となることに注意しよう．θ が 0 から π まで動くとき，$f(e^{i\theta})$ は虚軸にそって，無限遠から 0 まで動く．さらに，$z = x$ が実数のとき，
$$f(z) = \frac{1+x}{1-x}$$
も実数である．この式から，f が区間 $(-1, 1)$ から正の実数全体への全単射であること，とくに，x が -1 から 1 まで動くとき，$f(x)$ が実軸上を 0 から無限遠まで増加していくことがわかる．また，$f(0) = 1$ である．

例 4 写像 $z \mapsto \log z$ は，上半平面を帯領域 $\{w = u + iv : u \in \mathbb{R}, 0 < v < \pi\}$ に写す等角写像である．ただし，ここでの対数関数 $\log$ は，負の虚軸を除くことによって得られる分枝をとることにする．このことは，$z = re^{i\theta}$ ($r > 0$, $-\pi/2 < \theta < 3\pi/2$) とおけば，定義より
$$\log z = \log r + i\theta$$
となることよりすぐにわかる．このとき逆写像は $w \mapsto e^w$ である．

x が $-\infty$ から 0 まで動くとき，点 $f(x)$ は直線 $\{x + i\pi : -\infty < x < \infty\}$ 上を $\infty + i\pi$ から $-\infty + i\pi$ まで動く．また，x が実軸上を 0 から ∞ まで動くとき，像 $f(x)$ は実軸上を $-\infty$ から ∞ まで動く．

例 5 例 4 の写像を念頭におき，写像 $z \mapsto \log z$ が，上半円板 $\{z = x + iy :$

$|z| < 1, y > 0\}$ を，半帯領域 $\{w = u + iv : u < 0, 0 < v < \pi\}$ に写す等角写像にもなることを見てみよう．x が実軸上を 0 から 1 まで動くとき，$\log x$ は実軸上を $-\infty$ から 0 まで動く．また，x が上半円周上を 1 から -1 まで動くと，$\log x$ は，帯端の縦線分上を，0 から πi まで動く．最後に，x が -1 から 0 まで動くと，点 $\log x$ は，帯の上部の半直線上を πi から $-\infty + i\pi$ まで動く．

例 6 写像 $f(z) = e^{iz}$ は，半帯領域 $\{z = x + iy : -\pi/2 < x < \pi/2, y > 0\}$ を，半円板 $\{w = u + iv : |w| < 1, u > 0\}$ に写す等角写像である．このことは，$z = x + iy$ のとき

$$e^{iz} = e^{-y}e^{ix}$$

と書けることから，すぐにわかる．

 x が半帯領域の右端の半直線上を $\pi/2 + i\infty$ から $\pi/2$ まで動くとき，$f(x)$ は 0 から i まで動く．また，x が実軸上を $\pi/2$ から $-\pi/2$ まで動くとき，e^{ix} は半円周上を i から $-i$ まで移動する．最後に，x が $-\pi/2$ から $-\pi/2 + i\infty$ まで動けば，$f(x)$ は虚軸上を $-i$ から 0 へともどる．

 この写像 f は，例 5 の写像の逆写像と深く関連している．

例 7 関数 $f(z) = -\frac{1}{2}(z + 1/z)$ は，半円板 $\{z = x + iy : |z| < 1, y > 0\}$ を上半平面に写す等角写像である (練習 5)．

 f の境界でのふるまいは次のようになる．x が実軸上を 0 から 1 まで動くとき，$f(x)$ は実軸上を $-\infty$ から -1 まで動く．次に，$z = e^{i\theta}$ のとき $f(z) = -\cos\theta$ だから，x が上半円周に沿って 1 から -1 まで半回転すると，$f(x)$ は実軸上を -1 から 1 まで動く．最後に，x が実軸上を -1 から 0 まで動くと，$f(x)$ は実軸上を 1 から ∞ まで動く．

例 8 写像 $f(z) = \sin z$ は，半帯領域 $\{w = x + iy : -\pi/2 < x < \pi/2, y > 0\}$ を上半平面に写す等角写像である．これを確かめるためには，$\zeta = e^{iz}$ とおくと

$$f(z) = \sin z = \frac{e^{iz} - e^{-iz}}{2i} = -\frac{1}{2}\left(i\zeta + \frac{1}{i\zeta}\right)$$

となることにより，f は，例 6 の写像と，i をかける変換 (角 $\pi/2$ の回転) と，例 7 の写像を，この順に組合せた写像となることに注意せよ．

 x が $-\pi/2 + i\infty$ から $-\pi/2$ まで動くとき，点 $f(x)$ は $-\infty$ から -1 まで動く．また，x が実軸上を $-\pi/2$ から $\pi/2$ まで動くとき，$f(x)$ は実軸上を -1 か

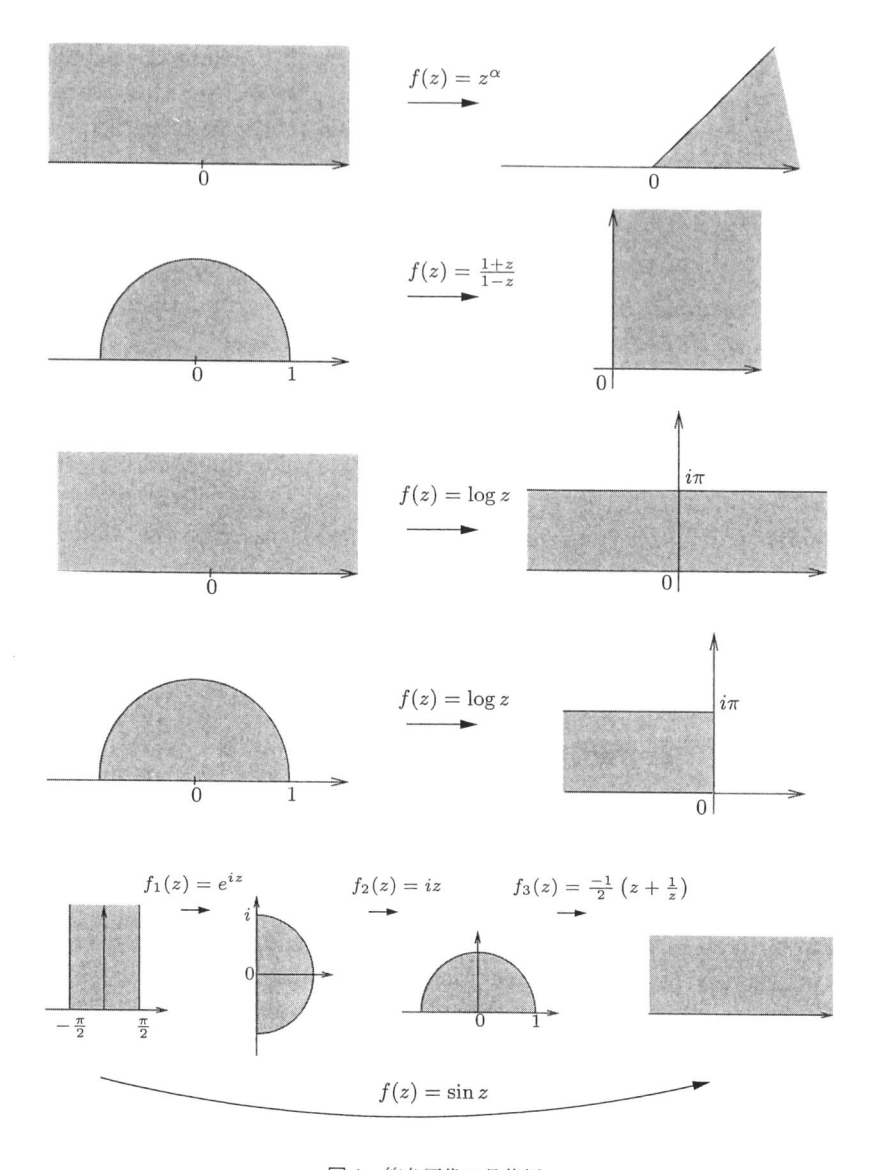

図 1 　等角写像の具体例.

ら1まで動く．最後に，x が $\pi/2$ から $\pi/2 + i\infty$ まで動くとき，$f(x)$ は実軸上を1から ∞ まで動く．

1.3 帯領域上のディリクレ問題

開集合 Ω 上のディリクレ問題とは，方程式

(1) $$\begin{cases} \Omega \text{ 上で} & \triangle u = 0, \\ \partial\Omega \text{ 上で} & u = f \end{cases}$$

を解くことである．ただし，$\triangle$ はラプラシアン $\partial^2/\partial x^2 + \partial^2/\partial y^2$ を表し，f は Ω の境界 $\partial\Omega$ 上のあらかじめ与えられた関数である．言い換えると，これは，Ω 上で調和であって，境界での値が f になる関数 u を見つける問題である．Ω が単位円板や上半平面の場合のこの問題は，第I巻において定常熱方程式の解において登場し，すでに考察ずみである．これら特別な場合には，解は具体的に，ポアソン核との畳み込みで表された．

ここでの目的は，Ω 上のディリクレ問題を，これまでに考察してきた等角写像と関連づけることである．まずは，Ω が帯領域という特殊な場合に，問題 (1) の解の公式を証明しよう．実は，この場合は第I巻第5章の問題3で取り扱っている．そこでは，フーリエ変換を用いて解を求めた．ここでは，等角写像と，単位円板上の問題の既知の解のみを用いて，解を再現してみよう．

われわれが用いる最初の重要な事実は，調和関数の正則関数との合成は，やはり調和であるということである．

補題 1.3 V, U を $\mathbb{C}$ の開集合とし，$F: V \to U$ を正則関数とする．$u: U \to \mathbb{C}$ が調和関数なら，$u \circ F : V \to \mathbb{C}$ も調和である．

証明 この補題の意味するところは，純粋に局所的であるから，U は開円板としてもさしつかえない．まず，U 上の正則関数 G で，実部が u となるものを選ぶ (第2章の練習12により，このような関数 G は存在し，定数の差を無視すれば一意的に定まる)．そこで，$H = G \circ F$ とおくと，H の実部は $u \circ F$ になる．H は正則だから，$u \circ F$ は調和である． ■

この補題の (計算による) 別証明については，練習6を見よ．

この補題をふまえ，今回は，Ω が横帯領域

$$\Omega = \{x + iy : x \in \mathbb{R},\ 0 < y < 1\}$$

の場合に問題 (1) を考えよう．Ω の境界は，二つの水平直線 $\mathbb{R}$, $i + \mathbb{R}$ の和集合である．境界条件を，$\mathbb{R}$ 上の二つの関数 f_0, f_1 で表し，$\triangle u = 0$ であって，しかも

$$u(x, 0) = f_0(x), \qquad u(x, 1) = f_1(x)$$

をみたす Ω 上の解 u を求めることを考える．ここで，f_0 と f_1 は連続で，無限遠点で 0 になる，すなわち $\lim_{|x| \to \infty} f_j(x) = 0$ $(j = 0, 1)$ と仮定する．

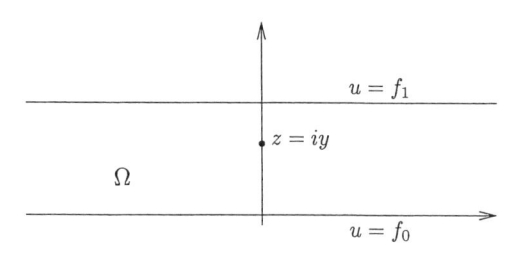

図2 帯領域上のディリクレ問題．

これからの方針は，横帯領域に関するこの問題を，等角写像を用いて，単位円板に関する問題に移し変えることである．単位円板上のディリクレ問題の解 $\tilde{u}$ は，ポアソン核との畳み込みとして表現できた．最後に，この $\tilde{u}$ を，さきの等角写像の逆写像を用いて横帯領域に引き戻すと，ここでの問題の最終的な解が得られるというわけである．

この目標を達成するために，二つの等角写像 $F : \mathbb{D} \to \Omega$, $G : \Omega \to \mathbb{D}$:

$$F(w) = \frac{1}{\pi} \log\left(i\,\frac{1-w}{1+w}\right), \qquad G(z) = \frac{i - e^{\pi z}}{i + e^{\pi z}}$$

を導入しよう．これら二つの関数は，前節の例のいくつかの写像を合成したもので，等角写像であり，互いに他の逆写像になっている．また，F の境界でのふるまいを調べると，F は，下半円周を直線 $i + \mathbb{R}$ に，上半円周を実軸 $\mathbb{R}$ に写すことがわかる．もっと正確に述べると，φ が $-\pi$ から 0 まで動くとき，$F(e^{i\varphi})$ は $i + \infty$ から $i - \infty$ まで動き，φ が 0 から π まで動くとき，$F(e^{i\varphi})$ は実軸上を $-\infty$ から ∞ まで動く．

F の単位円周上のふるまいを念頭において，

$$\tilde{f}_1(\varphi) = f_1(F(e^{i\varphi}) - i), \qquad -\pi < \varphi < 0 \text{ のとき}$$
$$\tilde{f}_0(\varphi) = f_0(F(e^{i\varphi})), \qquad 0 < \varphi < \pi \text{ のとき}$$

とおく．さらに，f_0 と f_1 が無限遠点で 0 になることより，$\tilde{f}$ を，下半円周上では $\tilde{f}_1$，上半円周上では $\tilde{f}_0$，点 $\varphi = \pm\pi, 0$ では $\tilde{f}(\varphi) = 0$ と定めれば，これは単位円周上の連続関数となる．このとき，$\tilde{f}$ を境界条件とする単位円板上のディリクレ問題の解 $\tilde{u}$ は，次のようにポアソン積分で書ける[3]．

$$\tilde{u}(w) = \frac{1}{2\pi} \int_{-\pi}^{\pi} P_r(\theta - \varphi) \tilde{f}(\varphi) \, d\varphi$$
$$= \frac{1}{2\pi} \int_{-\pi}^{0} P_r(\theta - \varphi) \tilde{f}_1(\varphi) \, d\varphi + \frac{1}{2\pi} \int_{0}^{\pi} P_r(\theta - \varphi) \tilde{f}_0(\varphi) \, d\varphi.$$

ただし，$w = re^{i\theta}$ であり，

$$P_r(\theta) = \frac{1 - r^2}{1 - 2r\cos\theta + r^2}$$

はポアソン核である．補題 1.3 より，

$$u(z) = \tilde{u}(G(z))$$

で定義される関数 u は横帯領域 Ω 上で調和になる．また，つくり方から，u は指定された境界値をとることもわかる．

f_0, f_1 を用いた u に対する公式は，まず点 $z = iy \, (0 < y < 1)$ において与えられる．適当な変数変換により (練習 7)，$re^{i\theta} = G(iy)$ とすれば，

$$\frac{1}{2\pi} \int_{0}^{\pi} P_r(\theta - \varphi) \tilde{f}_0(\varphi) \, d\varphi = \frac{\sin \pi y}{2} \int_{-\infty}^{\infty} \frac{f_0(t)}{\cosh \pi t - \cos \pi y} \, dt$$

となる．同様の計算により

$$\frac{1}{2\pi} \int_{-\pi}^{0} P_r(\theta - \varphi) \tilde{f}_1(\varphi) \, d\varphi = \frac{\sin \pi y}{2} \int_{-\infty}^{\infty} \frac{f_1(t)}{\cosh \pi t + \cos \pi y} \, dt$$

となることも示される．これらの最後の二つの積分を足すことにより，$u(0, y)$ を表す式が得られる．第 I 巻第 5 章の練習 13 によれば，一般に帯領域でのディリクレ問題の解で無限遠点で 0 になるものは，一意的に決まる．よって，境界条件の関数を x だけ平行移動すると，解も同様に x だけ平行移動することがわかる．それゆえ，(x を固定し) 関数 $f_0(x+t), f_1(x+t)$ に上の議論を適用してもよい

---

[3] 単位円板上のディリクレ問題やポアソン積分公式についての詳細は，第 I 巻第 2 章を参考にされたい．また，ポアソン積分公式は，この本の第 2 章の練習 12 や第 3 章の問題 2 においても導かれている．

ことになり，最終的に変数変換をして，
$$u(x, y) = \frac{\sin \pi y}{2} \left(\int_{-\infty}^{\infty} \frac{f_0(x-t)}{\cosh \pi t - \cos \pi y} \, dt + \int_{-\infty}^{\infty} \frac{f_1(x-t)}{\cosh \pi t + \cos \pi y} \, dt \right)$$
となることがわかる．これが，帯領域 Ω 上のディリクレ問題の解の公式である．特に，この解の公式も，関数 f_0, f_1 との畳み込みのような形で表現されているのがわかる．また，帯の中心線 ($y = 1/2$) 上で，解は，関数 $1/\cosh \pi t$ との積分で表される．この関数は，第 3 章の例 3 に見たように，自分自身のフーリエ変換と偶然にも一致する．

ディリクレ問題についての注意

円板 $\mathbb{D}$ から Ω への等角写像 F がわかっていれば，より一般に (適当な領域) Ω についてのディリクレ問題の解も，上の例のようにして予測することができる．すなわち，連続関数 f が与えられ，$\partial \Omega$ が Ω の境界であるときに，問題 (1) を解きたいものとしよう．まず，$\mathbb{D}$ から Ω への等角写像 F (で，$\mathbb{D}$ の境界から Ω の境界への連続な全単射に連続的に拡張可能なもの) が存在すると仮定すると，$\tilde{f} = f \circ F$ は単位円周上で定義されるので，$\tilde{f}$ を境界値とする単位円板上のディリクレ問題を解くことができる．その解 $\tilde{u}$ は，ポアソン積分公式
$$\tilde{u}(re^{i\theta}) = \frac{1}{2\pi} \int_0^{2\pi} P_r(\theta - \varphi) \tilde{f}(e^{i\varphi}) \, d\varphi$$
で表される．ここで，P_r はポアソン核である．そこで，$u = \tilde{u} \circ F^{-1}$ とおくと，u がはじめの問題 (1) の解であることが期待される．

さて，この手法がうまくいくには，次の二つの問題点を肯定的に解決する必要がある．

- Ω から $\mathbb{D}$ への等角写像 $\Phi = F^{-1}$ が存在するか？
- もし存在するなら，その写像は，Ω の境界から $\mathbb{D}$ の境界への連続な全単射に連続的に拡張できるか？

1 番目の存在に関する問題については，次節で証明するリーマンの写像定理により解決する．この定理はきわめて一般的であり (開集合 Ω が $\mathbb{C}$ の単連結な真部分集合であることのみを仮定する)，Ω の境界 $\partial \Omega$ についてはどんな滑らかさも必要としない．2 番目の問題に肯定的解答を与えるには，$\partial \Omega$ にある種の滑らかさが必要になる．特別な場合として，Ω が多角形の内部である場合を，このあと

第4節でとりあげる (より一般的な主張については，練習18や問題6を見よ).

ここで，リーマンのオリジナルの手法においては，推論の連鎖が逆転していることに言及しておくのもおもしろいであろう．彼の手法では，Ω から $\mathbb{D}$ への等角写像 Φ の存在が，Ω 上のディリクレ問題の可解性の結果として示されるのである．彼は次のように，議論を進めた．このような Φ で，与えれらた点 $z_0 \in \Omega$ を 0 に写すものを見つけたいとしよう．このとき Φ は，

$$\Phi(z) = (z - z_0)\, G(z)$$

と表せるはずである．ただし，G は，Ω 上で値 0 をとらない正則関数である．したがって，H をうまく選んで，

$$\Phi(z) = (z - z_0)\, e^{H(z)}$$

と書くことができるはずである．さて，$u(z)$ を $u = \mathrm{Re}\,(H)$ で与えられる調和関数とするならば，$\partial\Omega$ 上で $|\Phi(z)| = 1$ であることから，u は，境界条件 $u(z) = \log(1/|z - z_0|)\,(z \in \partial\Omega)$ をみたすことになる．したがって，このディリクレ問題の解 u[4] が見つかれば，H を構成することができ，さらにそれから写像 Φ が復元できるというのである．

ただ，この手法にはいくつかの欠陥がある．まず，Φ が全単射であることを示さなければならない．さらに，この手法がうまくいくには，Ω の境界にある種の滑らかさが必要になろう．それだけでなく，Ω 上のディリクレ問題を解くという問題が依然として立ちはだかっている．リーマンは，そこで「ディリクレの原理」を使うよう提案していた．しかしながら，この考え方を適用するには，いくつもの難点をのりこえなければならない[5]．

それでも，別の方法を用いることにすれば，一般の設定で写像の存在を示すことができる．この方法は，あとの第3節で実行される．

2. シュヴァルツの補題；単位円板と上半平面の自己同型

シュヴァルツの補題は，主張も証明も単純だが，その応用は広範にわたる．それを述べるにあたり，回転とは，$|c| = 1$，すなわち $c = e^{i\theta}\,(\theta \in \mathbb{R})$ を用いて，

---

[4] この調和関数 u は，極 z_0 をもった領域 Ω 上のグリーン関数として知られている．
[5] ここでの2次元の場合におけるディリクレの原理の履行は，第III巻でとりあげられる．

$z \mapsto cz$ と表される写像であり，θ はその回転の角と呼ばれ，2π の整数倍を無視すれば一意的に定まることを思い出しておこう．

補題 2.1 $f : \mathbb{D} \to \mathbb{D}$ は正則で，$f(0) = 0$ とする．このとき，
(i) すべての $z \in \mathbb{D}$ に対して，$|f(z)| \le |z|$.
(ii) ある点 $z_0 \ne 0$ で $|f(z_0)| = |z_0|$ ならば，f は回転である．
(iii) $|f'(0)| \le 1$ であり，もし等号が成り立てば，f は回転である．

証明 まず f を，原点を中心にして，次のように $\mathbb{D}$ のすべての点で収束するベキ級数に展開する．
$$f(z) = a_0 + a_1 z + a_2 z^2 + \cdots.$$
また，$f(0) = 0$ だから，$a_0 = 0$ である．よって，関数 $f(z)/z$ も点 0 で除去可能な特異性をもつので，$\mathbb{D}$ 上で正則になる．さて，$|z| = r < 1$ とすると，$|f(z)| \le 1$ より，
$$\left| \frac{f(z)}{z} \right| \le \frac{1}{r}$$
である．さらに，最大値の原理から，この不等式は，$|z| \le r$ であるすべての z に対して成り立つ．$r \to 1$ とすれば，(i) が得られる．

(ii) については，関数 $f(z)/z$ は $\mathbb{D}$ の内部で最大値をとるので，定数でなければならない．たとえば $f(z) = cz$ とする．この式の z_0 での値を評価して絶対値をとると，$|c| = 1$ となることがわかる．よって，$c = e^{i\theta}$ となる $\theta \in \mathbb{R}$ が存在し，f は回転となる．

最後に，$g(z) = f(z)/z$ とおけば，$\mathbb{D}$ 上で $|g(z)| \le 1$ であり，
$$g(0) = \lim_{z \to 0} \frac{f(z) - f(0)}{z} = f'(0)$$
となる．したがって，もし $|f'(0)| = 1$ ならば $|g(0)| = 1$ であり，最大値の原理から g は定数となり，$f(z) = cz$ ($|c| = 1$) を得る． ∎

この補題の最初の応用は，単位円板の自己同型の決定についてである．

2.1 単位円板の自己同型

開集合 Ω をそれ自身に写す等角写像を，Ω の**自己同型**という．また，Ω の自己同型全体の集合は $\mathrm{Aut}(\Omega)$ で表され，それには群の構造が入っている．群演算

は写像の合成であり，単位元は写像 $z \mapsto z$，逆元は単に逆写像のことである．また，f と g が自己同型ならば，$f \circ g$ もまた自己同型であり，実際その逆元は，

$$(f \circ g)^{-1} = g^{-1} \circ f^{-1}$$

で与えられることは明らかである．上に述べたように，恒等写像はつねに自己同型である．単位円板の自己同型としては，恒等写像以外のよりおもしろいものを与えることができる．明らかに任意の角 $\theta \in \mathbb{R}$ の回転，すなわち $r_\theta : z \mapsto e^{i\theta}z$ は，単位円板の自己同型であり，その逆写像は，角 $-\theta$ の回転，すなわち $r_{-\theta} : z \mapsto e^{-i\theta}z$ である．もっと興味深い例は，$|\alpha| < 1$ である $\alpha \in \mathbb{C}$ を用いて

$$\psi_\alpha(z) = \frac{\alpha - z}{1 - \overline{\alpha}z}$$

と表される自己同型である．この写像 ψ_α は，第 1 章の練習 7 でも導入されたが，有用な性質をたくさんもっているため，複素解析のさまざまな問題の中で登場する．この ψ_α が $\mathbb{D}$ の自己同型になることの証明は非常に簡単である．まず，$|\alpha| < 1$ だから，ψ_α は単位円板上で正則である．また，$|z| = 1$ のときは，$z = e^{i\theta}$ と表せるから，$w = \alpha - e^{i\theta}$ とおくと，

$$\psi_\alpha(e^{i\theta}) = \frac{\alpha - e^{i\theta}}{e^{i\theta}(e^{-i\theta} - \overline{\alpha})} = -e^{-i\theta}\frac{w}{\overline{w}}$$

となり，$|\psi_\alpha(z)| = 1$ を得る．ここで，最大値の原理を使えば，すべての $z \in \mathbb{D}$ に対して $|\psi_\alpha(z)| < 1$ となることがわかる．最後に，次の非常に単純な考察をしてみる：

$$\begin{aligned}(\psi_\alpha \circ \psi_\alpha)(z) &= \frac{\alpha - \dfrac{\alpha - z}{1 - \overline{\alpha}z}}{1 - \overline{\alpha}\dfrac{\alpha - z}{1 - \overline{\alpha}z}} \\ &= \frac{\alpha - |\alpha|^2 z - \alpha + z}{1 - \overline{\alpha}z - |\alpha|^2 + \overline{\alpha}z} \\ &= \frac{(1 - |\alpha|^2)z}{1 - |\alpha|^2} \\ &= z.\end{aligned}$$

なんと，ψ_α の逆写像は自分自身なのだ！　もう一つの ψ_α の重要な性質として，$z = \alpha$ において 0 になること，そればかりか α と 0 を交換すること，つまり，

$$\psi_\alpha(0) = \alpha, \qquad \psi_\alpha(\alpha) = 0$$

が成立する．

次の定理は，回転と写像 ψ_α との合成が，単位円板の自己同型をすべて汲みつくすことを述べている．

定理 2.2 f が単位円板の自己同型ならば，ある $\theta \in \mathbb{R}$ と $\alpha \in \mathbb{D}$ を用いて，
$$f(z) = e^{i\theta} \frac{\alpha - z}{1 - \overline{\alpha} z}$$
と表せる．

証明 f は単位円板の自己同型であるので，$f(\alpha) = 0$ となる $\alpha \in \mathbb{D}$ がただ一つ存在する．そこで，自己同型 g を $g = f \circ \psi_\alpha$ で定義する．このとき $g(0) = 0$ となるから，シュヴァルツの補題より，

(2) $$|g(z)| \leq |z|, \quad z \in \mathbb{D}$$

となる．さらに，$g^{-1}(0) = 0$ だから，g^{-1} にシュヴァルツの補題を使うと，
$$|g^{-1}(w)| \leq |w|, \quad w \in \mathbb{D}$$
となる．この最後の不等式を，各 $z \in \mathbb{D}$ ごとに $w = g(z)$ に対して用いれば，

(3) $$|z| \leq |g(z)|, \quad z \in \mathbb{D}$$

がいえる．(2), (3) より，すべての $z \in \mathbb{D}$ について $|g(z)| = |z|$ となり，よってシュヴァルツの補題から，ある $\theta \in \mathbb{R}$ を用いて $g(z) = e^{i\theta} z \ (z \in \mathbb{D})$ と書けることになる．この式の z を $\psi_\alpha(z)$ に置き換えると，$(\psi_\alpha \circ \psi_\alpha)(z) = z$ であることから，$f(z) = e^{i\theta} \psi_\alpha(z)$ となり，定理が示された． ∎

定理において $\alpha = 0$ の場合を考えると，次の系が得られる．

系 2.3 単位円板の自己同型で，原点を動かさないものは，回転 (変換) だけである．

写像 ψ_α を用いることにより，単位円板の自己同型全体の群 $\mathrm{Aut}(\mathbb{D})$ が**推移的に作用**すること，すなわち，単位円板上の任意の 2 点 α, β に対し α を β に写す自己同型 ψ の存在が示されることに注意しておく．実際，$\psi = \psi_\beta \circ \psi_\alpha$ ととればよい．

$\mathbb{D}$ の自己同型の具体的な式は，群 $\mathrm{Aut}(\mathbb{D})$ のうまい表現を与える．実は，この自己同型全体の群は，しばしば $\mathrm{SU}(1,1)$ で表される複素成分の 2×2 行列のなす群とほとんど同型である．この群は 2×2 行列で，$\mathbb{C}^2 \times \mathbb{C}^2$ 上のエルミート内積

$$\langle Z, W \rangle = z_1 \overline{w}_1 - z_2 \overline{w}_2, \qquad Z = (z_1, z_2), \quad W = (w_1, w_2)$$

を保存するもの全体からなる．このことのより詳しいことについては，問題 4 を参照せよ．

2.2　上半平面の自己同型

$\mathbb{D}$ の自己同型についての知識と，1.1 節でみつけた等角写像 $F : \mathbb{H} \to \mathbb{D}$ を利用して，$\mathbb{H}$ の自己同型全体の群 $\mathrm{Aut}(\mathbb{H})$ を決定することができる．

写像

$$\Gamma : \mathrm{Aut}(\mathbb{D}) \;\to\; \mathrm{Aut}(\mathbb{H})$$

を，「F による相似変換」

$$\Gamma(\varphi) = F^{-1} \circ \varphi \circ F$$

によって定義する．明らかに，$\mathbb{D}$ の任意の自己同型 φ に対して，$\Gamma(\varphi)$ は $\mathbb{H}$ の自己同型になる．また，Γ は全単射で，その逆写像は，$\Gamma^{-1}(\psi) = F \circ \psi \circ F^{-1}$ となる．実はより多くのこと，すなわち Γ が自己同型の群の演算を保存することまで示される．実際，$\varphi_1, \varphi_2 \in \mathrm{Aut}(\mathbb{D})$ とする．$F \circ F^{-1}$ が $\mathbb{D}$ の恒等写像であることから，

$$\begin{aligned}\Gamma(\varphi_1 \circ \varphi_2) &= F^{-1} \circ \varphi_1 \circ \varphi_2 \circ F \\ &= F^{-1} \circ \varphi_1 \circ F \circ F^{-1} \circ \varphi_2 \circ F \\ &= \Gamma(\varphi_1) \circ \Gamma(\varphi_2)\end{aligned}$$

となる．この結果，二つの群 $\mathrm{Aut}(\mathbb{D})$, $\mathrm{Aut}(\mathbb{H})$ は，Γ がそれらの間の同型写像となることより，同じものとなる．とはいっても，われわれには，まだ $\mathrm{Aut}(\mathbb{H})$ の元を式で表現する仕事が残されている．F を通して，単位円板の自己同型を，上半平面の自己同型に引きもどす一連の計算により，$\mathrm{Aut}(\mathbb{H})$ は写像

$$z \;\mapsto\; \frac{az+b}{cz+d}$$

の全体からなることがわかる．ここで，a, b, c, d は実数で $ad - bc = 1$ であるものとする．ここでもやはり行列の群が潜んでいる．成分が実数の 2×2 行列で，行列式が 1 のもの全体の群を $\mathrm{SL}_2(\mathbb{R})$ と書こう．つまり，

$$\mathrm{SL}_2(\mathbb{R}) = \left\{ M = \begin{pmatrix} a & b \\ c & d \end{pmatrix} : a, b, c, d \in \mathbb{R},\ \det(M) = ad - bc = 1 \right\}$$

とおこう．この群は**特殊線形群**と呼ばれている．

各 $M \in \mathrm{SL}_2(\mathbb{R})$ に対し，関数 f_M を
$$f_M(z) = \frac{az+b}{cz+d}$$
と定める．

定理 2.4 $\mathbb{H}$ の任意の自己同型 f は，ある行列 $M \in \mathrm{SL}_2(\mathbb{R})$ を用いて，$f = f_M$ と表される．逆に任意のこの形の写像は $\mathbb{H}$ の自己同型である．

証明 5段階に分けて証明する．また簡単のため，群 $\mathrm{SL}_2(\mathbb{R})$ を $\mathcal{G}$ とかく．

第1段 $M \in \mathcal{G}$ に対して，f_M は $\mathbb{H}$ をそれ自身に写す．このことは次の式から明らかだろう．

$$\mathrm{Im}(f_M(z)) = \frac{(ad-bc)\,\mathrm{Im}(z)}{|cz+d|^2} = \frac{\mathrm{Im}(z)}{|cz+d|^2} > 0, \qquad z \in \mathbb{H}. \tag{4}$$

第2段 $\mathcal{G}$ に属する二つの行列 M, M' に対して，$f_M \circ f_{M'} = f_{MM'}$ が成り立つ．このことは直接計算すればわかるので，証明は省く．結果として定理の後半部分が示される．各 f_M は正則な逆写像 $(f_M)^{-1}$ をもつので自己同型である．逆写像は単に $f_{M^{-1}}$ で与えられる．実際，単位行列を I とかくと，
$$(f_M \circ f_{M^{-1}})(z) = f_{MM^{-1}}(z) = f_I(z) = z$$
となる．

第3段 任意の2点 $z, w \in \mathbb{H}$ に対して，$f_M(z) = w$ となる $M \in \mathcal{G}$ が存在すること，それゆえ，$\mathcal{G}$ が $\mathbb{H}$ に推移的に作用することを示そう．これを示すには，任意の $z \in \mathbb{H}$ に対して，それを i に写せることを示せば十分である．式 (4) において，$d=0$ とおくと，
$$\mathrm{Im}(f_M(z)) = \frac{\mathrm{Im}(z)}{|cz|^2}$$
となり，$\mathrm{Im}(f_M(z)) = 1$ となるように実数 c を選ぶ．次に
$$M_1 = \begin{pmatrix} 0 & -c^{-1} \\ c & 0 \end{pmatrix}$$
と定めれば，$f_{M_1}(z)$ の虚部は 1 となる．そうすれば，$b \in \mathbb{R}$ による
$$M_2 = \begin{pmatrix} 1 & b \\ 0 & 1 \end{pmatrix}$$
という形の行列による平行移動で，点 $f_{M_1}(z)$ を i に写すことができる．最後に

そこで $M = M_2 M_1$ とおけば，f_M は z を i に写す．

第4段 $\theta \in \mathbb{R}$ のとき，行列
$$M_\theta = \begin{pmatrix} \cos\theta & -\sin\theta \\ \sin\theta & \cos\theta \end{pmatrix}$$
は $\mathcal{G}$ の元であり，標準的な等角写像 $F: \mathbb{H} \to \mathbb{D}$ に対して，$F \circ f_{M_\theta} \circ F^{-1}$ は単位円板における角 -2θ の回転になる．このことは，簡単に示される $F \circ f_{M_\theta} = e^{-2i\theta} F(z)$ という事実による．

第5段 定理の証明を完成させよう．f を $f(\beta) = i$ となる $\mathbb{H}$ の自己同型とし，$f_N(i) = \beta$ となる行列 $N \in \mathcal{G}$ を考える．このとき，$g = f \circ f_N$ は $g(i) = i$ をみたし，それゆえ $F \circ g \circ F^{-1}$ は原点を動かさない単位円板の自己同型となる．よって，$F \circ g \circ F^{-1}$ は回転になり，第4段より，ある $\theta \in \mathbb{R}$ が存在して
$$F \circ g \circ F^{-1} = F \circ f_{M_\theta} \circ F^{-1}$$
と書ける．これより $g = f_{M_\theta}$ となり求める形 $f = f_{M_\theta N^{-1}}$ が得られる． ∎

最後に，群 $\mathrm{Aut}(\mathbb{H})$ が $\mathrm{SL}_2(\mathbb{R})$ とぴったり同型になるわけではないことを注意しておこう．その理由は，二つの行列 $M, -M \in \mathrm{SL}_2(\mathbb{R})$ が，同じ関数 $f_M = f_{-M}$ を引き起こすからである．よって，二つの行列 $M, -M$ を同一視すれば，**射影特殊線形群**と呼ばれる新しい群 $\mathrm{PSL}_2(\mathbb{R})$ が得られ，これが $\mathrm{Aut}(\mathbb{H})$ と同型になる．

3. リーマンの写像定理

3.1 必要条件と定理の主張

予告していたように，ここからこの章の核心に入る．基本的な問題は，等角写像 $F: \Omega \to \mathbb{D}$ の存在を保証する，開集合 Ω に対する条件を決定することにある．

等角写像 $F: \Omega \to \mathbb{D}$ が存在するための必要条件は，一連のちょっとした考察で得ることができる．まず，$\Omega = \mathbb{C}$ ならば，等角写像 $F: \Omega \to \mathbb{D}$ は存在し得ない．なぜなら，リューヴィルの定理により F は定数でなくてはいけないからである．よって，$\Omega \neq \mathbb{C}$ は必要条件である．$\mathbb{D}$ が連結であることから，Ω にも連結性の仮定をおいておく必要がある．さらにもう一つ付け加えなくてはならない条件がある．$\mathbb{D}$ は単連結なのだから，Ω もそうでなくてはいけない (練習3を見よ)．

実は驚くべきことに，これら Ω に対する仮定は，Ω から $\mathbb{D}$ への双正則写像の

存在を保証する十分条件にもなっているのである．

簡単のため，$\mathbb{C}$ の部分集合 Ω は，空でなく，また，全体 $\mathbb{C}$ とも一致しないときに，**真**であるということにする．

定理 3.1（リーマンの写像定理） Ω は真の単連結領域とする．$z_0 \in \Omega$ に対し，等角写像 $F : \Omega \to \mathbb{D}$ で

$$F(z_0) = 0, \qquad F'(z_0) > 0$$

となるものがただ一つ存在する．

系 3.2 $\mathbb{C}$ の任意の二つの真の単連結領域は，等角同値である．

中間段階として単位円板をはさめばよいので，系が定理から得られることは明らかである．また，定理における一意性の主張も簡単にわかる．実際，二つの等角写像 $F, G : \Omega \to \mathbb{D}$ が定理の二つの条件をみたせば，$H = F \circ G^{-1}$ は，単位円板の自己同型でかつ原点を動かさない．したがって $H(z) = e^{i\theta}z$ と表され，$H'(0) > 0$ より，$e^{i\theta} = 1$ でなければならず，結果として $F = G$ となる．

この節の残りは，等角写像 F の存在の証明にあてられている．証明の方針は次のとおりである．まず，$f(z_0) = 0$ をみたす正則な単射 $f : \Omega \to \mathbb{D}$ 全体の関数族を考える．この関数族から，値域 $f(\Omega)$ が $\mathbb{D}$ 全体になるような写像 f を選び出したいが，それは，できるだけ $f'(z_0)$ が大きいものを選ぶことにより成し遂げられる．このとき，与えられた関数列から，収束極限として f を抜き出すことができる必要がある．まずは，このことから始めよう．

3.2 モンテルの定理

Ω を $\mathbb{C}$ の開部分集合とする．Ω 上の正則関数からなる族 $\mathcal{F}$ が**正規族**であるとは，$\mathcal{F}$ の任意の列が，Ω 内の任意のコンパクト集合上で一様収束するような部分列をもつことである（ここで，その極限は $\mathcal{F}$ の関数である必要はない）．

実際に，ある関数族が正規族になることを証明するには，二つの関連する性質，すなわち一様有界性と同程度連続性を示せばよい．そこで，これら用語の定義を述べよう．

関数族 $\mathcal{F}$ が Ω のコンパクト部分集合上で**一様有界**であるとは，各コンパクト集合 $K \subset \Omega$ に対して定数 $B > 0$ が存在して，

$$|f(z)| \leq B, \qquad z \in K, \quad f \in \mathcal{F}$$

となることである.また,$\mathcal{F}$ がコンパクト集合 K 上で**同程度連続**であるとは,任意の $\varepsilon > 0$ に対して,$\delta > 0$ が存在して,

$$|f(z) - f(w)| < \varepsilon, \qquad f \in \mathcal{F}$$

となることである.同程度連続性は,関数族において一様に一様連続性を要求するものであり,強い性質である.たとえば,$[0,1]$ 上の微分可能な関数からなる族で,導関数の族が $[0,1]$ 上で一様有界なものは,同程度連続である.このことは,平均値の定理から直接わかる.他方,$f_n(x) = x^n$ とおくと,関数列 $\{f_n\}$ は $[0,1]$ 上で同程度連続にならないことに注意しよう.それは,$0 < x_0 < 1$ であるどの点 x_0 においても,$|f_n(1) - f_n(x_0)| \to 1 \ (n \to \infty)$ となるからである.

次の定理はこれら新しい概念を考えあわせたものであり,リーマンの写像定理の証明における重要な構成要素となる.

定理 3.3(モンテルの定理) $\mathcal{F}$ を,Ω 上の正則関数からなる族で,Ω のコンパクト部分集合上で一様有界であるとする.このとき,
(i) $\mathcal{F}$ は,Ω 内の任意のコンパクト部分集合上で同程度連続である.
(ii) $\mathcal{F}$ は正規族である.

実際,定理は二つの独立した部分からなっている.最初の部分は,$\mathcal{F}$ が <u>正則</u> 関数からなる族で,Ω 内のコンパクト部分集合上で一様有界であるという仮定のもとで,$\mathcal{F}$ が同程度連続であることを述べている.その証明では,コーシーの積分公式を用いるので,$\mathcal{F}$ が正則関数からなるという事実が決め手になる.この結論は,一様有界な $(0,1)$ 上の関数族 $f_n(x) = \sin(nx)$ を見ればわかるように,実変数における状況とはまったく対照的である.この族は同程度連続とならず,$(0,1)$ のいかなるコンパクトな部分区間においても収束する部分列をもたない.

一方,定理の 2 番目の部分は,複素解析的な内容ではない.実際,$\mathcal{F}$ が正規族になることは,$\mathcal{F}$ が,Ω のコンパクト部分集合上で一様有界であり,かつ同程度連続であることだけから導ける.この結果は,アルツェラ–アスコリの定理として知られており,その証明の主な部分は対角線論法である.

Ω の任意のコンパクト部分集合上での収束を示すことが求められているので,次の概念を導入しておくと便利である.Ω のコンパクト部分集合の列 $\{K_\ell\}_{\ell=1}^{\infty}$

は，次の2条件をみたすとき，**エグゾースチョン**であるという．

(a) 各 $\ell = 1, 2, \cdots$ に対し，K_ℓ は $K_{\ell+1}$ の内部に含まれる．

(b) 任意のコンパクト集合 $K \subset \Omega$ は，ある ℓ に対して，K_ℓ に含まれる．とくに $\Omega = \bigcup_{\ell=1}^{\infty} K_\ell$ である．

補題 3.4 複素平面における任意の開集合 Ω に対し，エグゾースチョンが存在する．

証明 Ω が有界な場合，Ω の境界からの距離が $1/\ell$ 以上の Ω の点全体の集合を K_ℓ とおけばよい．Ω が有界でない場合は，K_ℓ として今までのものと同じ集合であるが，$z \in K_\ell$ ならば $|z| \leq \ell$ となることをさらに課したものにとればよい．∎

これで，モンテルの定理の証明にとりかかれる．K を Ω のコンパクト部分集合とし，$r > 0$ を十分小さくとれば，すべての $z \in K$ に対して $D_{3r}(z)$ が Ω に含まれるようにできる．$r > 0$ は，K から Ω の境界までの距離の $1/3$ より小さくなるようにとればよい．$z, w \in K$, $|z - w| < r$ とし，円板 $D_{2r}(w)$ の境界の円周を γ で表す．このとき，コーシーの積分公式から，

$$f(z) - f(w) = \frac{1}{2\pi i} \int_\gamma f(\zeta) \left[\frac{1}{\zeta - z} - \frac{1}{\zeta - w} \right] d\zeta$$

となる．ここで，$\zeta \in \gamma$ かつ $|z - w| < r$ だから，

$$\left| \frac{1}{\zeta - z} - \frac{1}{\zeta - w} \right| = \frac{|z - w|}{|\zeta - z| |\zeta - w|} \leq \frac{|z - w|}{r^2}$$

である．よって，K からの最短距離が $2r$ 以下の点全体からなる Ω 内のコンパクト集合での $\mathcal{F}$ の一様有界の定数を B とすれば，

$$|f(z) - f(w)| \leq \frac{1}{2\pi} \frac{2\pi r}{r^2} B |z - w|$$

となる．こうして，$|f(z) - f(w)| \leq C|z - w|$ が得られたが，この式は，$|z - w| < r$ であるすべての $z, w \in K$ と，すべての $f \in \mathcal{F}$ に対して成り立つから，この関数族は同程度連続であり，これが示すべきことであった．

定理の2番目の部分を証明するには，以下のように議論を進める．$\{f_n\}_{n=1}^\infty$ を $\mathcal{F}$ の列とし，また，K を Ω 内のコンパクト部分集合とする．Ω で稠密な点列 $\{w_j\}_{j=1}^\infty$ をとる．$\{f_n\}$ は一様有界だから，$\{f_n\}$ の部分列 $\{f_{n,1}\} = \{f_{1,1}, f_{2,1}, f_{3,1}, \cdots\}$ で，$f_{n,1}(w_1)$ が収束するものが存在する．

この部分列 $\{f_{n,1}\}$ から，部分列 $\{f_{n,2}\} = \{f_{1,2}, f_{2,2}, f_{3,2}, \cdots\}$ を $f_{n,2}(w_2)$ が

収束するように選ぶ．この操作を続けて，$\{f_{n,j-1}\}$ の部分列 $\{f_{n,j}\}$ を $f_{n,j}(w_j)$ が収束するように選び出す．

最後に，$g_n = f_{n,n}$ とおいて，対角線の部分列 $\{g_n\}$ を考える．$\{g_n\}$ の選び方から，各 j について $g_n(w_j)$ は収束するが，さらに同程度連続性より，g_n が K 上で一様収束することを主張する．任意の $\varepsilon > 0$ に対して，同程度連続の定義で述べられている $\delta > 0$ を選び，また，コンパクト集合 K はある J に対し $D_\delta(w_1), \cdots, D_\delta(w_J)$ で覆われることに注意せよ．十分大きく N をとれば，$m, n > N$ のとき，

$$|g_m(w_j) - g_n(w_j)| < \varepsilon, \qquad j = 1, \cdots, J$$

となる．$z \in K$ ならば，ある $1 \leq j \leq J$ に対して $z \in D_\delta(w_j)$ となる．したがって $n, m > N$ であれば，

$|g_n(z) - g_m(z)|$
$\leq |g_n(z) - g_n(w_j)| + |g_n(w_j) - g_m(w_j)| + |g_m(w_j) - g_m(z)| < 3\varepsilon$

である．このことから，$\{g_n\}$ が K 上で一様収束することがわかる．

最後にもう一度対角線論法を使って，Ω 内の<u>すべての</u>コンパクト部分集合上で一様収束する部分列を選び出そう．$K_1 \subset K_2 \subset \cdots \subset K_\ell \subset \cdots$ を Ω のエグゾースチョンとし，$\{g_{n,1}\}$ をもともとの列 $\{f_n\}$ の部分列で，K_1 で一様収束するものとする．次に，$\{g_{n,1}\}$ から，K_2 上で一様収束するような部分列 $\{g_{n,2}\}$ を選ぶなど，このような操作を続けていく．すると，$\{g_{n,n}\}$ は，すべての K_ℓ 上で一様収束する $\{f_n\}$ の部分列となり，$\{K_\ell\}$ が Ω のエグゾースチョンであるので，部分列 $\{g_{n,n}\}$ が，Ω の任意のコンパクト集合上で一様収束することになり，これこそが示すべきことであった．

リーマンの写像定理を証明をするには，もう一つさらなる結果が必要である．

命題 3.5 Ω を $\mathbb{C}$ の連結開部分集合とし，$\{f_n\}$ は Ω 上の単射な正則関数の列で，ある正則関数 f に Ω のすべてのコンパクト部分集合上において収束するものとする．このとき，f は単射であるか，または定数関数である．

証明 背理法で証明することにし，f は単射でないと仮定すると，$f(z_1) = f(z_2)$ となる相異なる複素数 $z_1, z_2 \in \Omega$ が存在する．新しい関数列を $g_n(z) = f_n(z) - f_n(z_1)$ により定義し，各 g_n が z_1 以外に零点をもたず，また，関数列 $\{g_n\}$ が，

関数 $g(z) = f(z) - f(z_1)$ に Ω のコンパクト部分集合上で一様収束するようにする．もし g が恒等的に 0 ではないならば，z_2 は (Ω が連結であることから) g の孤立した零点であり，それゆえ

$$1 = \frac{1}{2\pi i} \int_\gamma \frac{g'(\zeta)}{g(\zeta)} \, d\zeta$$

となる．ここで γ は z_2 を中心とする小さい円周であり，γ もしくは z_2 を除くその内部において，0 にはならないように選ばれている．それゆえ，$1/g_n$ は $1/g$ に γ 上で一様収束し，g'_n は g' に γ 上で一様収束するから，

$$\frac{1}{2\pi i} \int_\gamma \frac{g'_n(\zeta)}{g_n(\zeta)} \, d\zeta \ \to \ \frac{1}{2\pi i} \int_\gamma \frac{g'(\zeta)}{g(\zeta)} \, d\zeta$$

がいえる．ところが，g_n は γ の内部に零点をもたないから，

$$\frac{1}{2\pi i} \int_\gamma \frac{g'_n(\zeta)}{g_n(\zeta)} \, d\zeta = 0, \qquad n = 1, 2, \cdots$$

であり，矛盾となる． ■

3.3 リーマンの写像定理の証明

技術的な道具がでそろったいま，リーマンの写像定理の残りの部分の証明は非常にエレガントである．証明を，3 段階に分けて述べる．

第 1 段 Ω を単連結な $\mathbb{C}$ の真の開部分集合とする．Ω は，原点を含むある単位円板の開部分集合と等角同値になることを主張する．実際，α を Ω に属さない複素数として選び (Ω は真であることを思い出すこと)，$z - \alpha$ が単連結領域 Ω 上で値 0 をとらないことに注意する．このとき，対数関数としてしかるべき性質をもった正則関数

$$f(z) = \log(z - \alpha)$$

が定義できる．したがって $e^{f(z)} = z - \alpha$ となるので，この式から，特に f が単射であることがわかる．さて，1 点 $w \in \Omega$ をとり固定すると，

$$\text{すべての } z \in \Omega \text{ に対し，} \quad f(z) \neq f(w) + 2\pi i$$

となる．なぜなら，もしそうでないとすると，その関係を指数とすることにより，$z = w$ が得られ，$f(z) = f(w)$ となって矛盾が生じるからである．実際は，$f(z)$ は $f(w) + 2\pi i$ からは真に離れている．すなわち，$f(w) + 2\pi i$ を中心とする円板で像 $f(\Omega)$ のいかなる点をも含まないものが存在する．さもなくば，$f(z_n) \to f(w) + 2\pi i$

となる Ω の点列 $\{z_n\}$ が存在する．この関係を指数とすれば，指数関数の連続性より $z_n \to w$ とならなくてはいけない．しかし，$f(z_n) \to f(w)$ となって，矛盾が生じる．最後に写像

$$F(z) = \frac{1}{f(z) - (f(w) + 2\pi i)}$$

を考えよう．f は単射だったから，F も単射で，$F : \Omega \to F(\Omega)$ は等角写像である．さらに，上の考察から，$F(\Omega)$ は有界集合である．それゆえ，Ω から原点を含む $\mathbb{D}$ の開部分集合への等角写像を得るには，F は平行移動して定数倍すればよい．

第2段 第1段より，Ω は $0 \in \Omega$ となる $\mathbb{D}$ の開部分集合と仮定してよい．Ω 上の単射な正則関数で，値域が単位円板に含まれ，原点を動かさないもの全体の族 $\mathcal{F}$ を考える．つまり，

$$\mathcal{F} = \Big\{ f : \Omega \to \mathbb{D} \text{ 正則,単射 \ かつ } f(0) = 0 \Big\}$$

とおく．まず，恒等写像を含むので，$\mathcal{F}$ は空でない．また，この族は，その構成法により一様有界である．実際，どの関数も値域が単位円板に含まれなければならない．

さて，$f \in \mathcal{F}$ の中で $|f'(0)|$ を最大にするものを見つけ出す問題にとりかかろう．はじめに注意したいのは，f が F のすべてにわたるとき $|f'(0)|$ が一様に有界であることである．このことは，0 を中心にした小さい円板において，f' に関するコーシーの不等式 (第 2 章の系 4.3) を用いることによりわかる．

次に，

$$s = \sup_{f \in \mathcal{F}} |f'(0)|$$

とおき，$|f'_n(0)| \to s \ (n \to \infty)$ となる $\mathcal{F}$ の関数列 $\{f_n\}$ をとる．モンテルの定理 (定理 3.3) より，この列は正規族となるから，そのある部分列が，ある正則関数 f に，Ω 内のコンパクト集合上で一様収束する．さて (恒等写像 $z \mapsto z$ は $\mathcal{F}$ に属しているので) $s \geq 1$ であるから，f は定数関数ではなく，命題 3.5 から f は単射になる．また，連続性から $z \in \Omega$ に対して $|f(z)| \leq 1$ となるが，最大値の原理を考慮すると，$|f(z)| < 1$ であることがわかる．それに，明らかに $f(0) = 0$ もいえるから，$f \in \mathcal{F}$ かつ $|f'(0)| = s$ となることが結論づけられる．

第3段 この最後の段で，f が Ω を $\mathbb{D}$ に写す等角写像であることを示す．f が正則な単射であることはすでにわかっているので，あとは f が全射であること

を示せばよい．そうではないものと仮定するとき，0 での導関数の大きさが s より大きくなるように $\mathcal{F}$ の関数が構成できてしまう．実際，$f(z) \neq \alpha$ となる $\alpha \in \mathbb{D}$ が存在するとして，0 と α を交換する単位円板の自己同型，すなわち

$$\psi_\alpha(z) = \frac{\alpha - z}{1 - \overline{\alpha} z}$$

を考える．Ω は単連結だから，$U = (\psi_\alpha \circ f)(\Omega)$ も単連結であり，さらに，U は原点を含まない．よって，U 上で平方根関数

$$g(w) = e^{\frac{1}{2} \log w}$$

を定義することができる．次に，

$$F = \psi_{g(\alpha)} \circ g \circ \psi_\alpha \circ f$$

とおく．$F \in \mathcal{F}$ となることを確かめよう．F が正則で，0 を 0 に写すことは明らかだろう．また，合成に関わる個々の関数がそうであることより，F は $\mathbb{D}$ 内へと写す写像である．最後に，F も単射である．これは自己同型 ψ_α および $\psi_{g(\alpha)}$ については当たり前であり，また平方根関数 g や f もそうであるからである．後者が単射であるのは仮定からきている．h で 2 乗関数 $h(w) = w^2$ を表すことにすれば，

$$f = \psi_\alpha^{-1} \circ h \circ \psi_{g(\alpha)}^{-1} \circ F = \Phi \circ F$$

と書ける．しかし，Φ は $\mathbb{D}$ を $\mathbb{D}$ 内に写すので，$\Phi(0) = 0$ であり，また，F は単射であるのに h がそうでないことから，Φ も単射ではない．よって，シュヴァルツの補題の最後の部分から，$|\Phi'(0)| < 1$ となる．証明は

$$f'(0) = \Phi'(0) F'(0),$$

したがって，$|f'(0)|$ の $\mathcal{F}$ における最大性とは矛盾する

$$|f'(0)| < |F'(0)|$$

を見ることにより完成する．

最後に，絶対値 1 のある複素定数をかけて，$f'(0) > 0$ となるようにすれば，定理の証明は終わる．

リーマンの写像定理の別証明については，問題 7 を見よ．

注意 証明中で，単連結の仮定が用いられているのは，対数関数と平方根関数を用いる箇所だけであることを指摘しておくことは，意味があるであろう．これ

によって，Ω が真であるという仮定に加えて Ω は正則単連結であると仮定すれば十分だとわかる．ここで，Ω が**正則単連結**であるとは，Ω 上の任意の正則関数 f と，Ω 内の任意の閉曲線 γ に対して，$\int_\gamma f(z)\,dz = 0$ となることである．より発展的な事柄や，単連結のさまざまな同値な性質が，付録 B で与えられている．

4. 多角形上への等角写像

任意の真の単連結開集合から単位円板，あるいはそれと等角同値な上半平面への等角写像が存在することは，リーマンの写像定理によって保証されるが，この定理は，その等角写像の具体的な形について，ほとんど何も語ってくれない．第 1 節では，対称性のあるいろいろな領域の間の等角写像を具体的な式で与えたが，一般の領域の間でこのような具体的な式を求めるのは，もちろん無理な話である．とはいっても，また別のある種の開集合，すなわち多角形に対しては，見事な公式が成立する．この最終節では，単位円板 (あるいは上半平面) から多角形領域への等角写像の特質を述べたシュヴァルツ–クリストッフェルの公式に，証明を与えることを目標とする．

4.1 いくつかの例

ヒントになる例からはじめよう．はじめの二つの例は，簡単な (しかし，形が崩れて無限領域になった) 場合に相当する．

例 1 まずは，$0 < \alpha < 2$ として，第 1 節で $f(z) = z^\alpha$ により与えられた，上半平面から扇形 $\{z \in \mathbb{C} : 0 < \arg z < \alpha\pi\}$ への等角写像について調べよう．ここでは，シュヴァルツ–クリストッフェルの公式を見越して，$\alpha + \beta = 1$ に対し，

$$z^\alpha = f(z) = \int_0^z f'(\zeta)\,d\zeta = \alpha \int_0^z \zeta^{-\beta}\,d\zeta$$

と書いてみる．ここで，積分は上半平面内の任意の経路上にとるものとする．実は，連続性とコーシーの定理より，積分路は上半平面の閉包内にとってもよい．f のふるまいは，そのもともとの定義より直ちにわかるが，ここでは，あとの一般の場合への展開を見据え，上の積分表現にもとづいて考察してみよう．

まず，$\beta < 1$ より関数 $\zeta^{-\beta}$ は 0 の近くでも可積分なので，$f(0) = 0$ であることに注意する．また，$z = x$ が実数で正のとき，$f'(x) = \alpha x^{\alpha-1}$ も正で，∞ で

の積分は有限とはならない．よって，x が実軸上を 0 から ∞ まで動くと，$f(x)$ も実軸上を 0 から ∞ まで増加する．こうして，f は区間 $[0,\infty)$ を区間 $[0,\infty)$ に写す．他方，$z=x$ が負のとき，

$$f'(z) = \alpha |x|^{\alpha-1} e^{i\pi(\alpha-1)} = -\alpha |x|^{\alpha-1} e^{i\pi\alpha}$$

だから，f は半直線 $(-\infty, 0]$ を半直線 $(e^{i\pi\alpha}\infty, 0]$ に写す．この状況を図3に表したが，半直線 A は A' に，半直線 B は B' にそれぞれ図3で示された動きの向きに従って写される．

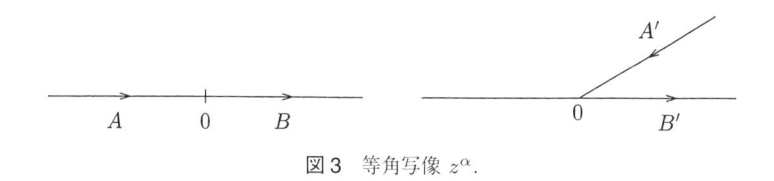

図3　等角写像 z^α．

例2　次に，$z \in \mathbb{H}$ に対して，

$$f(z) = \int_0^z \frac{d\zeta}{(1-\zeta^2)^{1/2}}$$

とおこう．ここで，積分は，0 から z まで閉上半平面内にある任意の曲線に沿って行う．また，関数 $(1-\zeta^2)^{1/2}$ の分枝は，上半平面で正則であって，しかも $-1 < \zeta < 1$ のとき正値をとるように定める．この分枝では，

$$\zeta > 1 \text{ のとき，} (1-\zeta^2)^{-1/2} = i(\zeta^2-1)^{-1/2}$$

となる．f によって，実軸が，図4の半帯領域の境界に写されることを見てみよう．

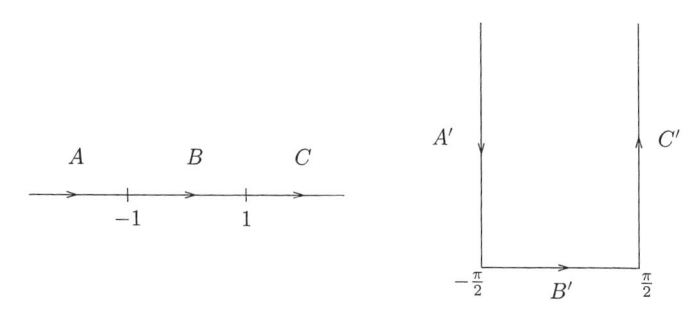

図4　例2の境界でのふるまい．

実際，$f(\pm 1) = \pm \pi/2$ であり，また $-1 < x < 1$ のとき $f'(x) > 0$ だから，f

は線分 B を B' に写す．また，
$$f(x) = \frac{\pi}{2} + \int_1^x f'(x)\,dx \quad (x > 1) \quad \text{かつ} \quad \int_1^\infty \frac{dx}{(x^2-1)^{1/2}} = \infty$$
である．したがって x が半直線 C に沿って動くとき，その像は半直線 C' に沿って動く．同様に，半直線 A は A' に写される．

この例と 1.2 節の例 8 との関係に注意しよう．実は，$f(z)$ は $\sin z$ の逆写像であることを示すことができ，よって f は，$\mathbb{H}$ から 線分 A', B', C' に囲まれた半帯領域の内部への等角写像である．

例 3 k を $0 < k < 1$ である実数の定数とし，$z \in \mathbb{H}$ に対して，
$$f(z) = \int_0^z \frac{d\zeta}{\left[(1-\zeta^2)(1-k^2\zeta^2)\right]^{1/2}}$$
とおく（ここで，関数 $\left[(1-\zeta^2)(1-k^2\zeta^2)\right]^{1/2}$ の分枝は，上半平面上で正則であって，ζ が実数で $-1 < \zeta < 1$ のとき正値をとるものを選ぶ）．この種の積分は，**楕円積分**と呼ばれている．それは，楕円の弧の長さを計算するとき，これとよく似た形の積分が出てくるからである．いまから，f によって，実軸が，図 5(b) で示した長方形の周に写されることを観察しよう．ただし，K と K' は次の式で定められた定数である．
$$K = \int_0^1 \frac{dx}{\left[(1-x^2)(1-k^2x^2)\right]^{1/2}}, \quad K' = \int_1^{1/k} \frac{dx}{\left[(x^2-1)(1-k^2x^2)\right]^{1/2}}.$$

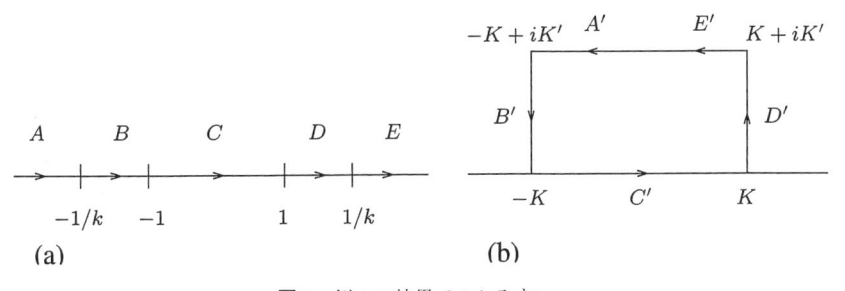

図 5 例 3 の境界でのふるまい．

まず実軸を，分点 $-1/k$, -1, 1, $1/k$ によって四つの「線分」に分ける（図 5(a) を見よ）．その線分とは，$[-1/k, -1]$, $[-1, 1]$, $[1, 1/k]$ と $[1/k, -1/k]$ であり，最後の $[1/k, -1/k]$ は，二つの半直線 $[1/k, \infty)$, $(-\infty, -1/k]$ の和集合と解釈す

る. 定義から明らかに, $f(\pm 1) = \pm K$ であり, また $-1 < x < 1$ のとき $f'(x) > 0$ だから, f は閉区間 $[-1, 1]$ を閉区間 $[-K, K]$ に写す. また, $1 < x < 1/k$ のときは,
$$f(x) = K + \int_1^x \frac{d\zeta}{[(1-\zeta^2)(1-k^2\zeta^2)]^{1/2}}$$
だから, f は線分 $[1, 1/k]$ を $[K, K+iK']$ に写す. ただし, K' は上で定義した定数である. 同様に, f は $[-1/k, -1]$ を $[-K+iK', -K]$ に写す. 次に, $x > 1/k$ のときは,
$$f'(x) = -\frac{1}{[(x^2-1)(k^2x^2-1)]^{1/2}}$$
だから,
$$f(x) = K + iK' - \int_{1/k}^x \frac{dx}{[(x^2-1)(k^2x^2-1)]^{1/2}}$$
となる. しかし, $x = 1/ku$ と変数変換すれば,
$$\int_{1/k}^\infty \frac{dx}{[(x^2-1)(k^2x^2-1)]^{1/2}} = \int_0^1 \frac{dx}{[(1-x^2)(1-k^2x^2)]^{1/2}}$$
となる. よって, f は線分 $[1/k, \infty)$ を線分 $[K+iK', iK')$ に写す. 同様に, f は $(-\infty, -1/k]$ を $(iK', -K+iK']$ に写す. 以上のことをまとめると, f は実軸を図の長方形の周に写す. ここで, 無限遠点は, 長方形の上辺の中点に対応する.

　これまでに与えられた例から, 自然に二つの問題へと行きつく.

　最初の問題は, このすぐ後に行うのであるが, これらの例を一般化することである. より正確に述べると, シュヴァルツ–クリストッフェル積分を定義し, それが実軸を多角形の周に写すことを証明する.

　もう一つの問題として, 上の例では, f の $\mathbb{H}$ 上のふるまいについてほとんど議論しなかったことに注意しよう. とくに, f が $\mathbb{H}$ から対応する多角形の内部への等角写像になることすら, きちんと示していない. そこで, 等角写像の境界でのふるまいについて入念に調べた後で, 上半平面から折れ線に囲まれた有界な単連結領域への等角写像が, 本質的にシュヴァルツ–クリストッフェル積分で与えられることを保証する定理を証明しよう.

4.2 シュヴァルツ–クリストッフェル積分

4.1 節の例を踏まえて，一般的にシュヴァルツ–クリストッフェル積分を，

$$(5) \qquad S(z) = \int_0^z \frac{d\zeta}{(\zeta - A_1)^{\beta_1} \cdots (\zeta - A_n)^{\beta_n}}$$

と定義する．ここで，$A_1 < A_2 < \cdots < A_n$ は実軸上に小さい順に並んだ異なる n 個の点である．また，指数 β_k は各 k ごとに $\beta_k < 1$ であり，かつ $1 < \sum_{k=1}^n \beta_k$ [6]) をみたすとする．

(5) の被積分関数は次のように解釈する．関数 $(z - A_k)^{\beta_k}$ の分枝は，(半直線 $\{A_k + iy : y \leq 0\}$ に沿って截線を入れた複素平面上で定義され) $z = x$ が実数で $x > A_k$ のとき正値をとるものを選ぶ．このとき，

$$(x - A_k)^{\beta_k} = \begin{cases} (x - A_k)^{\beta_k}, & x \text{ が実数で } x > A_k \text{ のとき}, \\ |x - A_k|^{\beta_k} e^{i\pi\beta_k}, & x \text{ が実数で } x < A_k \text{ のとき} \end{cases}$$

である．半直線の和集合 $\bigcup_{k=1}^n \{A_k + iy : y \leq 0\}$ に沿って截線が入った複素平面は，単連結だから (練習 19)，$S(z)$ はその開集合上で正則である．また，仮定 $\beta_k < 1$ からは，$(\zeta - A_k)^{-\beta_k}$ の特異性が点 A_k の近くで可積分なものであることがわかり，よって，関数 S は，点 $A_k, k = 1, \cdots, n$ を含め，実軸全体まで連続になる．最後にこの連続性のおかげで，積分は，<u>端が開いた</u> 截線の和集合 $\bigcup_{k=1}^n \{A_k + iy : y < 0\}$ と交わらないような，複素平面内の任意の積分路上でとればよいことになる．

さて，$|\zeta|$ が十分大きいときは，つねに

$$\left|\prod_{k=1}^n (\zeta - A_k)^{-\beta_k}\right| \leq c|\zeta|^{-\sum \beta_k}$$

が成り立つ．だから，仮定 $\sum \beta_k > 1$ より，(5) の積分は無限大で収束する．このこととコーシーの定理から，極限 $\lim_{r \to \infty} S(re^{i\theta})$ が存在し，かつ偏角 $\theta\, (0 \leq \theta \leq \pi)$ に依存しないことがわかる．そこで，この極限を a_∞ と書くことにし，$k = 1, \cdots, n$ について，$a_k = S(A_k)$ とおこう．

命題 4.1 $S(z)$ は (5) で定義されたものとする.

---

[6]) 上の例 1, 2 は $\sum \beta_k \leq 1$ の場合にあたるが，ここではその場合を除外している．しかし，あとの命題は，この場合の内容も含むように修正することができる．しかし，この場合，$S(z)$ はもはや上半平面上で有界にならない．

(i) $\sum_{k=1}^{n} \beta_k = 2$ とし, $a_1, a_2, \cdots, a_n$ を (この順に) 頂点とする多角形を $\mathfrak{p}$ で表すと, S は実軸を $\mathfrak{p} - \{a_\infty\}$ に写す. 点 a_∞ は辺 $[a_n, a_1]$ 上にあり, 無限遠点の像である. また, 各 $k = 1, \cdots, n$ について, $\alpha_k = 1 - \beta_k$ とおくと, 頂点 a_k の (内) 角の大きさは $\alpha_k \pi$ になる.

(ii) $1 < \sum_{k=1}^{\infty} \beta_k < 2$ の場合も, 実軸と無限遠点の像が, $a_1, a_2, \cdots, a_n, a_\infty$ を頂点とする $n+1$ 角形になることを除き, 同様のことが成り立つ. $\beta_\infty = 2 - \sum_{k=1}^{n} \beta_k$ として $\alpha_\infty = 1 - \beta_\infty$ とおくと, 頂点 a_∞ の内角の大きさは $\alpha_\infty \pi$ となる.

図 6 は命題の内容を示したものである. 証明のアイデアは, すでに例 1 においてつかんでいる.

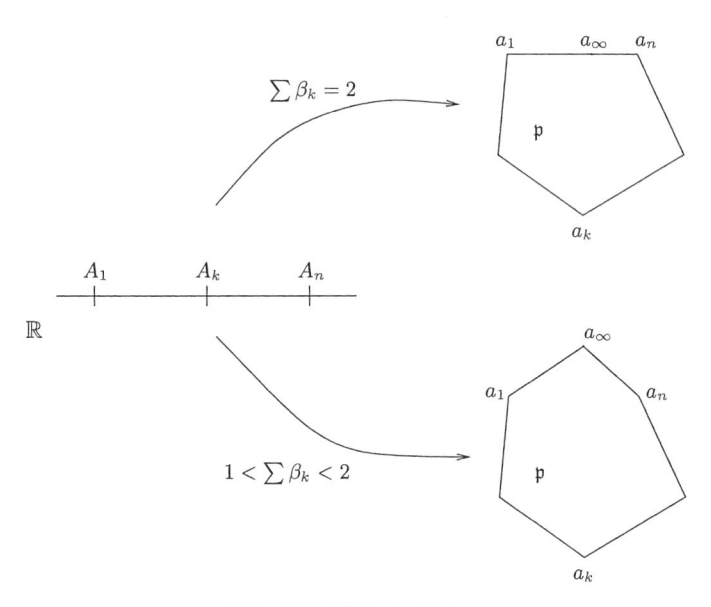

図 6 積分 $S(z)$ のふるまい.

証明 $\sum_{k=1}^{\infty} \beta_k = 2$ とする. $1 \leq k \leq n-1$ に対し $A_k < x < A_{k+1}$ のとき,
$$S'(x) = \prod_{j \leq k} (x - A_j)^{-\beta_j} \prod_{j > k} (x - A_j)^{-\beta_j}$$
である. よって,

$$\arg S'(x) = \arg\left(\prod_{j>k}(x-A_j)^{-\beta_j}\right) = \arg\prod_{j>k} e^{-i\pi\beta_j} = -\pi\sum_{j>k}\beta_j$$

となり，もちろん，x が開区間 (A_k, A_{k+1}) 上を動くとき，これは定数である．また，このとき，

$$S(x) = S(A_k) + \int_{A_k}^{x} S'(y)\,dy$$

だから，x が A_k から A_{k+1} まで動くとき，像 $S(x)$ は，$S(A_k) = a_k$ から $S(A_{k+1}) = a_{k+1}$ まで，線分 $[a_k, a_{k+1}]^{7)}$ 上を動く．また，この辺と実軸とのなす角は $-\pi\sum_{j>k}\beta_j$ である．同様に，$A_n < x$ のとき $S'(x)$ は正であり，また，$x < A_1$ のときは，$S'(x)$ の偏角は $-\pi\sum_{k=1}^{n}\beta_k = -2\pi$ で，$S'(x)$ はまたもや正である．よって，x が $[A_n, \infty)$ 上を動くとき，$S(x)$ は，a_n と a_∞ を結ぶ (x 軸に平行な) 線分上を動き，同様に x が区間 $(-\infty, A_1]$ 上を動くとき，$S(x)$ は，a_∞ と a_1 を結ぶ (その軸に平行な) 線分上を動く．さらに，$[a_n, a_\infty)$ と $(a_\infty, a_1]$ の和集合は，線分 $[a_n, a_1]$ から点 a_∞ を除いたものになる．

さて，線分 $[a_k, a_{k+1}]$ の角は，線分 $[a_{k-1}, a_k]$ の角に対し，$\pi\beta_k$ の増加となっているので，頂点 a_k の角の大きさは $\pi\alpha_k$ となる．

$1 < \sum_{k=1}^{n}\beta_k < 2$ の場合の証明も同様にできるので，読者にまかせよう． ∎

この命題はエレガントではあるが，与えられた多角形による領域 P に対して，半平面から P への等角写像を見つける問題に解決を与えているわけではない．それには二つの理由がある．

1. 任意の n と $A_1, \cdots, A_n$ の一般的な選び方に対して，多角形 (実軸の S による像) が単純である，すなわち自己交叉しないというのは，正しいことではない．そればかりか，写像 S が上半平面上で等角であるというのも，一般には正しくはない．

2. 上の命題は，(境界が多角形 $\mathfrak{p}$ である) 単連結領域 P を与えてから，$A_1, \cdots, A_n$ を適当に選び，多少の修正を加えることにより，S が $\mathbb{H}$ から P への等角写像に

---

7) 二つの複素数 z, w を結ぶ閉線分は $[z, w]$ とかく．すなわち，$[z, w] = \{(1-t)z + tw : t \in [0, 1]\}$ である．ここで，t の範囲を $0 < t < 1$ に制限した z と w を結ぶ開線分は，(z, w) と書く．同様に t の範囲を $0 \leq t < 1$，$0 < t \leq 1$ に制限した半開線分は，それぞれ $[z, w)$，$(z, w]$ と書く．

なることを示しているというわけでもない．しかし，実際にはそれができるのであり，これからその証明に取り組んでいく．

4.3 境界でのふるまい

これから，**多角形領域** P，すなわち有界かつ単連結な開集合で，その境界が多角形をなす折れ線 $\mathfrak{p}$ になるものを考えよう．ここでは，多角形をなす折れ線とはつねに閉曲線であるものと仮定し，しばしば $\mathfrak{p}$ 自身のことを**多角形**と呼ぶことにする．

上半平面 $\mathbb{H}$ から P への等角写像を調べるために，まず単位円板 $\mathbb{D}$ から P への等角写像と，その境界でのふるまいを考える．

定理 4.2 $F : \mathbb{D} \to P$ を等角写像とする．このとき，F は，$\mathbb{D}$ の閉包 $\overline{\mathbb{D}}$ から多角形領域 P の閉包 $\overline{P}$ への連続な全単射に拡張できる．とくに，F は，単位円周から多角形 $\mathfrak{p}$ への全単射を引き起こす．

証明の主要なポイントは，単位円周の点 z_0 に対して，極限 $\lim_{z \to z_0} F(z)$ の存在を示すことにある．この事実を示すために，一つ補題が必要となるのだが，その証明には，$f : U \to f(U)$ が等角写像のとき，

$$\mathrm{Area}(f(U)) = \iint_U |f'(z)|^2 \, dxdy$$

が成り立つという事実を用いる．この公式は，面積の定義式 $\mathrm{Area}(f(U)) = \iint_{f(U)} dxdy$ と，変数変換 $w = f(z)$ におけるヤコビアンは単に $|f'(z)|^2$ であることから導かれる．このことは，第 1 章の 2.2 節の式 (4) でも見たとおりである．

補題 4.3 各 $0 < r < 1/2$ に対し，C_r は中心が z_0 で半径が r の円周を表すものとする．いま，十分小さい各 $r > 0$ に対して，単位円板上の C_r の部分に 2 点 z_r, z'_r が与えられているものとする．$\rho(r) = |f(z_r) - f(z'_r)|$ とおくとき，0 に収束する半径の列 $\{r_n\}$ で $\lim_{n \to \infty} \rho(r_n) = 0$ となるものが存在する．

証明 もしそうでないのであれば，定数 $c > 0$ と $0 < R < 1/2$ が存在して，任意の $0 < r < R$ に対して $\rho(r) \geq c$ となる．$\mathbb{D}$ 内において z_r と z'_r をつなぐ C_r 上の弧 α を積分路としてとることにより，

$$f(z_r) - f(z'_r) = \int_\alpha f'(\zeta) \, d\zeta$$

と書ける．いま，その弧を $z_0 + re^{i\theta}$ $(\theta_1(r) \leq \theta \leq \theta_2(r))$ とパラメータ表示すると，
$$\rho(r) \leq \int_{\theta_1(r)}^{\theta_2(r)} |f'(z)| \, r \, d\theta$$
となる．さて，この右辺にコーシー–シュヴァルツの不等式を適用すると，
$$\rho(r) \leq \left(\int_{\theta_1(r)}^{\theta_2(r)} |f'(z)|^2 r \, d\theta \right)^{1/2} \left(\int_{\theta_1(r)}^{\theta_2(r)} r \, d\theta \right)^{1/2}$$
となる．両辺を 2 乗し r で割れば，
$$\frac{\rho(r)^2}{r} \leq 2\pi \int_{\theta_1(r)}^{\theta_2(r)} |f'(z)|^2 r \, d\theta$$
となる．この両辺を r について 0 から R まで積分することにし，その領域上では，$c \leq \rho(r)$ であることから，
$$c^2 \int_0^R \frac{dr}{r} \leq 2\pi \int_0^R \int_{\theta_1(r)}^{\theta_2(r)} |f'(z)|^2 r \, d\theta dr \leq 2\pi \iint_{\mathbb{D}} |f'(z)|^2 \, dxdy$$
となる．ここで，$1/r$ は原点の近くでは可積分ではないので，左辺は無限大であり，また，多角形領域の面積が有界であることより，右辺は有界であるので，ここに求めていた矛盾が生じ，補題が証明された．■

補題 4.4 z_0 を単位円周上の点とする．このとき，z が単位円板内において z_0 に近づけば，$F(z)$ はある極限に収束する．

証明 そうではないと仮定すると，z_0 に収束する単位円板内の二つの点列 $\{z_1, z_2, \cdots\}$, $\{z'_1, z'_2, \cdots\}$ で，$F(z_n)$, $F(z'_n)$ が P の閉包上の相異なる 2 点 ζ, ζ' に収束するものが存在する．F は等角写像だったので，ζ と ζ' は P の境界 $\mathfrak{p}$ になければならない．それゆえ，ζ と ζ' をそれぞれの中心とする交わらない二つの円板 D と D' で，互いの距離が $d > 0$ であるものを選べるとしてよい．このとき，十分大きいすべての n については，$F(z_n) \in D$ かつ $F(z'_n) \in D'$ となる．よって，それぞれ $D \cap P$ および $D' \cap P$ の中における二つの連続曲線[8] Λ, Λ' で，十分大きな n に対して，$F(z_n) \in \Lambda$, $F(z'_n) \in \Lambda'$ であり，Λ と Λ' の端点がそれぞれ ζ と ζ' に等しくなるものが存在する．

$\lambda = F^{-1}(\Lambda)$, $\lambda' = F^{-1}(\Lambda')$ とおく．このとき，λ, λ' は，$\mathbb{D}$ 内の二つの連続曲

---
[8] 連続曲線とは，閉区間 $[a, b]$ から $\mathbb{C}$ への連続 (区分的に滑らかである必要はない) 関数の像のことである．

線である.さらに λ と λ' はどちらもそれぞれ $\{z_n\}$, $\{z'_n\}$ の無限個の点を含んでいる.ここで,これらの点列は z_0 に収束することを思い出そう.連続性より,すべての小さい r に対して,中心が z_0 で半径が r の円周 C_r は,λ と λ' の両方に交わり,それらを $z_r \in \lambda, z'_r \in \lambda'$ とする.このことは,$|F(z_r) - F(z'_r)| > d$ となることから,前補題に矛盾する.ゆえに,z が単位円板内で z_0 に近づくとき,$F(z)$ は $\mathfrak{p}$ 上のある極限に収束し,証明は完結した. ∎

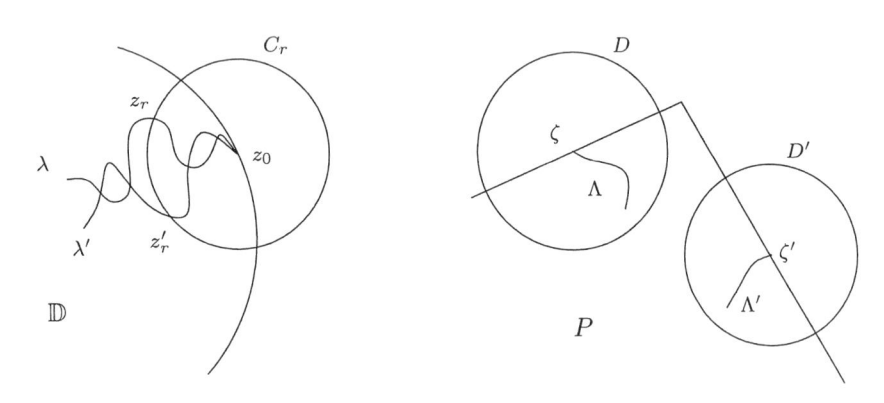

図 7 補題 4.4 の証明の図.

補題 4.5 等角写像 F は,円板の閉包から多角形の閉包への連続関数に拡張できる.

証明 前補題より,極限

$$\lim_{z \to z_0} F(z)$$

が存在し,その極限の値で $F(z_0)$ を定義する.あとは,単位円板の閉包上で F が連続になることを示さなければならない.実際,任意の $\varepsilon > 0$ に対して,$\delta > 0$ が存在し,$z \in \mathbb{D}$, $|z - z_0| < \delta$ のとき $|F(z) - F(z_0)| < \varepsilon$ が成り立つ.z が $\mathbb{D}$ の境界で,$|z - z_0| < \delta$ のときは,w を $|F(z) - F(w)| < \varepsilon$ と $|w - z_0| < \delta$ をみたす点に選ぶことができる.よって

$$|F(z) - F(z_0)| \leq |F(z) - F(w)| + |F(w) - F(z_0)| < 2\varepsilon$$

となり,補題が示された. ∎

さて,定理 4.2 の証明を完成させよう.われわれは,すでに,F が $\overline{\mathbb{D}}$ から $\overline{P}$ 内

への連続関数に拡張されることを示した．これまでの議論は，F の逆関数 G に対してもあてはめることができる．実際，われわれが用いた単位円板に関する鍵となる幾何学的性質は，z_0 が $\mathbb{D}$ の境界上にあり，C を z_0 を中心とする任意の小さい円周とするとき，$C \cap \mathbb{D}$ が弧になるということであった．明らかに，この性質は多角形領域 P の任意の境界上の点においても成立する．よって，G もまた，$\overline{P}$ から $\overline{\mathbb{D}}$ への連続関数に拡張される．あとは，F と G の拡張が互いに他の逆関数になっていることを示せばよい．$z \in \partial \mathbb{D}$ で，$\{z_k\}$ が z に収束する円板内の点列であれば，$G(F(z_k)) = z_k$ であり，極限をとり F の連続性を用いれば，すべての $z \in \overline{\mathbb{D}}$ について $G(F(z)) = z$ となることがわかる．同様に，すべての $w \in \overline{P}$ について $F(G(w)) = w$ となることもいえ，定理が証明された．

この証明における考え方全体は，等角写像の境界への連続的拡張に関する，より一般的な定理の証明に対しても用いることができる．以下の練習 18 や問題 6 を見よ．

4.4 写像の公式

P を多角形 $\mathfrak{p}$ により囲まれた多角形領域とし，その頂点を並んでいる順に $a_1, a_2, \cdots, a_n$ と書く（$n \geq 3$）．頂点 a_k の内角の大きさを $\pi \alpha_k$ と表し，外角の大きさ $\pi \beta_k$ を $\alpha_k + \beta_k = 1$ により定義する．簡単な幾何学的議論により，$\sum_{k=1}^{n} \beta_k = 2$ がわかる．

これから，半平面 $\mathbb{H}$ から P への等角写像を考え，それに，前節の円板 $\mathbb{D}$ から P への等角写像に関する結果を応用しよう．基本対応 $w = (i-z)/(i+z)$, $z = i(1-w)/(1+w)$ のおかげで，われわれは，点 $z \in \mathbb{H}$ と点 $w \in \mathbb{D}$ を行ったり来たりできる．単位円周上の点 $w = -1$ は，実軸の無限遠点に対応しており，それゆえ，$\mathbb{H}$ から $\mathbb{D}$ への等角写像は，$\mathbb{H}$ の境界にまで連続な全単射として拡張され，その議論のために，$\mathbb{H}$ には無限遠点を含めておくことにする．

さて，F を $\mathbb{H}$ から P への等角写像としよう（その存在は，リーマンの写像定理やこれまでの議論により保証されている）．はじめに，$\mathfrak{p}$ のどの頂点も無限遠点には対応しないものと仮定する．すると，各 k に対し $F(A_k) = a_k$ となる実数 $A_1, A_2, \cdots, A_n$ がとれる．ここで，F は連続な単射で，頂点は並んでいる順に番号づけられているので，A_k は，単調増加か単調減少となる．よって，頂点 a_k と点 A_k の番号を適当につけ直せば，$A_1 < A_2 < \cdots < A_n$ とできる．このとき，

これらの点は，実軸を $n-1$ 個の線分 $[A_k, A_{k+1}]$ $(1 \leq k \leq n-1)$ と，二つの半直線の和集合 $(-\infty, A_1] \cup [A_n, \infty]$ とに分割される．これらは，F によって，多角形の対応する辺，すなわち線分 $[a_k, a_{k+1}]$ $(1 \leq k \leq n-1)$ と $[a_n, a_1]$ に全単射に写される (図 8 参照).

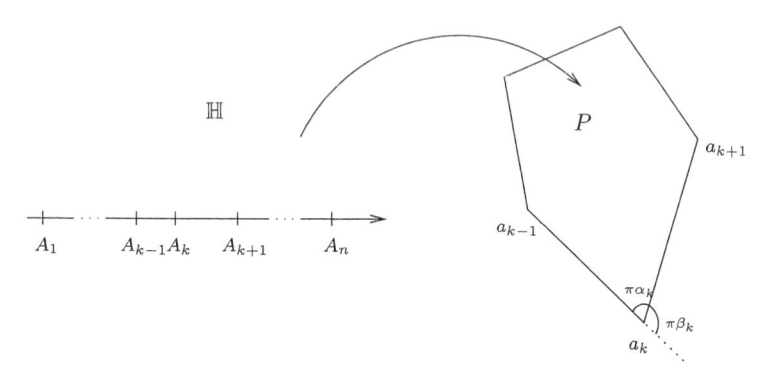

図 8 写像 F.

定理 4.6 $\mathbb{H}$ から P への等角写像 F に対し，
$$F(z) = c_1 S(z) + c_2$$
となる複素数 c_1, c_2 が存在する．ここで，S は 4.2 節で導入したシュヴァルツ – クリストッフェル積分である．

証明 はじめに，z が，隣り合った二つの閉区間 $[A_{k-1}, A_k], [A_k, A_{k+1}], 1 < k < n$ にある場合を考える．F は，これらの二つの線分を，$a_k = F(A_k)$ で交わり，角 $\pi\alpha_k$ ではさむ二つの線分に写す．

対数の分枝を選びながら，2 直線 $\mathrm{Re}(z) = A_{k-1}, \mathrm{Re}(z) = A_{k+1}$ にはさまれた上半平面内の半帯領域上の任意の z に対し，
$$h_k(z) = (F(z) - a_k)^{1/\alpha_k}$$
を順々に定義していくことができる．F は $\mathbb{H}$ の境界もこめて連続だから，実は，写像 h_k は実軸上の線分 (A_{k-1}, A_k) 上まで連続である．また，定義から，h_k は A_k を 0 に写し，線分 $[A_{k-1}, A_{k+1}]$ を，複素平面の (まっすぐな) 線分 L_k に写す．したがって，シュヴァルツの鏡像原理を適用すれば，h_k は，上下に無限に伸びた帯領域 $A_{k-1} < \mathrm{Re}(z) < A_{k+1}$ 上の正則関数に解析接続できることがわかる

(図9参照).ここで h'_k が,帯領域 $A_{k-1} < \mathrm{Re}(z) < A_{k+1}$ 上で値 0 をとらないことを主張する.まず,z が上半帯領域にあるときは,

$$\frac{F'(z)}{F(z) - F(A_k)} = \alpha_k \frac{h'_k(z)}{h_k(z)}$$

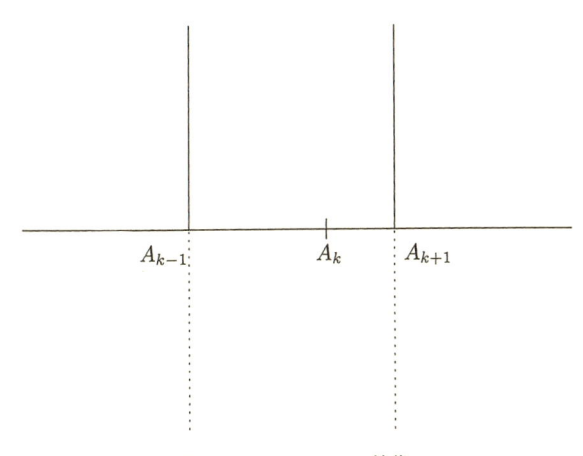

図9 シュヴァルツの鏡像.

であるが,F は等角写像なので,(命題1.1 より) $F'(z) \neq 0$ であり,$h'_k(z) \neq 0$ を得る.鏡像をとることにより,このことは下半帯領域の場合も成立し,あとは,線分 (A_{k-1}, A_{k+1}) の点を調べることが残される.$A_{k-1} < x < A_{k+1}$ ならば,x を中心とした小さい半円板で $\mathbb{H}$ に含まれるものの h_k による像は,線分 L_k の片側の上にある.(F が単射ゆえ)h_k は L_k までこめて単射であり,シュヴァルツの鏡像原理の対称性により,h_k は x を中心とした円板全体で単射になっていることが保証され,よって,$h'_k(x) \neq 0$ であり,したがって帯領域 $A_{k-1} < \mathrm{Re}(z) < A_{k+1}$ のすべての点 z に対して,$h'_k(z) \neq 0$ となる.

さて,$F' = \alpha_k h_k^{-\beta_k} h'_k$ かつ $F'' = -\beta_k \alpha_k h_k^{-\beta_k - 1}(h'_k)^2 + \alpha_k h_k^{-\beta_k} h''_k$ であるので,$h'_k(z) \neq 0$ から,帯領域 $A_{k-1} < \mathrm{Re}(z) < A_{k+1}$ で正則な E_k により,

$$\frac{F''(z)}{F'(z)} = \frac{-\beta_k}{z - A_k} + E_k(z)$$

と表すことができる.$k = 1$ と $k = n$ の場合にも同様のことが成立する.すなわち帯領域 $-\infty < \mathrm{Re}(z) < A_2$ 上の正則関数 E_1 により

$$\frac{F''(z)}{F'(z)} = -\frac{\beta_1}{z - A_1} + E_1$$

と表され，また，帯領域 $A_{n-1} < \operatorname{Re}(z) < +\infty$ 上の正則関数 E_n により，
$$\frac{F''(z)}{F'(z)} = -\frac{\beta_n}{z - A_n} + E_n$$
と表される．最後に，もう一回鏡像原理を用いれば，F が，大きな R ($R > \max_{1 \leq k \leq n} |A_k|$ とする) に対し，円板 $|z| \leq R$ の外部にまで解析接続されることが示される．実際，F は，二つの線分の和集合 $(-\infty, A_1) \cup (A_n, \infty)$ を超えて解析接続される．なぜなら，F によるその像はまっすぐな線分であり，シュヴァルツの鏡像原理が適用されるからである．もともと，F は上半平面を有界な領域に写したから，大円板の外に解析接続した関数も有界であり，それゆえ，無限遠点で正則になる．したがって F''/F' は無限遠点で正則であり，さらにここで $|z| \to \infty$ のときに 0 に収束することを主張したい．実際，F は，$z = \infty$ を中心にして，
$$F(z) = c_0 + \frac{c_1}{z} + \frac{c_2}{z^2} + \cdots$$
という形に展開できる．これを微分することで，$|z|$ が大きくなるに従って，F''/F' は $1/z$ のようにふるまいながら減衰することがわかり，この主張が示されるのである．

以上のことから，いくつかの帯領域が重なり合いながら複素平面 $\mathbb{C}$ 全体を覆うので，
$$\frac{F''(z)}{F'(z)} + \sum_{k=1}^{n} \frac{\beta_k}{z - A_k}$$
は全平面で正則で，無限遠点で 0 になることがわかる．よって，リューヴィルの定理から，この関数は 0 である．したがって，
$$\frac{F''(z)}{F'(z)} = -\sum_{k=1}^{n} \frac{\beta_k}{z - A_k}$$
となる．これより，$F'(z) = c(z - A_1)^{-\beta_1} \cdots (z - A_n)^{-\beta_n}$ となることを主張する．実際，この積を $Q(z)$ と書くことにより，
$$\frac{Q'(z)}{Q(z)} = -\sum_{k=1}^{n} \frac{\beta_k}{z - A_k}$$
となる．よって，
$$\frac{d}{dz}\left(\frac{F'(z)}{Q(z)}\right) = 0$$
となり，主張が示される．最後にこれを積分して，定理を得る．

冒頭では，F は無限遠点を P の頂点には写さないものとしていたが，今やこの仮定は取り去ってもよく，その場合においてもやはり公式が得られる．

定理4.7 F は上半平面から多角形領域 P への等角写像で，点 $A_1, \cdots, A_{n-1}, \infty$ を $\mathfrak{p}$ の頂点に写すものとするとき，二つの複素数 C_1, C_2 が存在して，
$$F(z) = C_1 \int_0^z \frac{d\zeta}{(\zeta - A_1)^{\beta_1} \cdots (\zeta - A_{n-1})^{\beta_{n-1}}} + C_2$$
と表される．

言い換えると，この公式は，シュヴァルツ–クリストッフェル積分 (5) の最後の項を削除することにより得られる．

証明 前もって平行移動しておけば，$A_j \neq 0 \, (j = 1, \cdots, n-1)$ と仮定してよい．実軸上に1点 $A_n^* > 0$ をとり，1次分数変換
$$\Phi(z) = A_n^* - \frac{1}{z}$$
を考えよう．Φ は上半平面の自己同型である．$k = 1, \cdots, n-1$ に対して，$A_k^* = \Phi(A_k)$ とおき，$A_n^* = \Phi(\infty)$ に注意する．このとき，
$$(F \circ \Phi^{-1})(A_k^*) = a_k, \qquad k = 1, 2, \cdots, n$$
である．ここで，たったいま証明したシュヴァルツ–クリストッフェルの公式を適用することができ，
$$(F \circ \Phi^{-1})(z') = C_1 \int_0^{z'} \frac{d\zeta}{(\zeta - A_1^*)^{\beta_1} \cdots (\zeta - A_n^*)^{\beta_n}} + C_2$$
となることがわかる．変数変換 $\zeta = \Phi(w)$ は，$d\zeta = dw/w^2$ をみたし，また $2 = \beta_1 + \cdots + \beta_n$ と書くことができるから，
$$\begin{aligned}
&(F \circ \Phi^{-1})(z') \\
&= C_1 \int_0^{\Phi^{-1}(z')} \frac{dw}{(w(A_n^* - A_1^*) - 1)^{\beta_1} \cdots (w(A_n^* - A_{n-1}^*) - 1)^{\beta_{n-1}}} + C_2' \\
&= C_1' \int_0^{\Phi^{-1}(z')} \frac{dw}{\left(w - \frac{1}{A_n^* - A_1^*}\right)^{\beta_1} \cdots \left(w - \frac{1}{A_n^* - A_{n-1}^*}\right)^{\beta_{n-1}}} + C_2'
\end{aligned}$$
を得る．ここで，$1/(A_n^* - A_k^*) = A_k$ であることに注意し，上の等式において $\Phi^{-1}(z') = z$ とおくことにより，示すべき式

$$F(z) = C_1' \int_0^z \frac{dw}{(w-A_1)^{\beta_1}\cdots(w-A_{n-1})^{\beta_{n-1}}} + C_2'$$

が得られる． ∎

4.5 楕円積分再考

4.1 節の例 3 に出てきた楕円積分

$$I(z) = \int_0^z \frac{d\zeta}{[(1-\zeta^2)(1-k^2\zeta^2)]^{1/2}}, \qquad 0 < k < 1$$

を再度考察しよう．これが，実軸を，4 点 $-K, K, K+iK', -K+iK'$ を頂点とする長方形に写すことは見ている．ここでは，この写像が，$\mathbb{H}$ を長方形の内部 R に写す等角写像であることを見てみよう．

定理 4.6 によれば，実軸上の 4 点を R の頂点に写す長方形への等角写像 F が存在する．この写像に先立ち $\mathbb{H}$ の適当な自己同型を施すことにより，F は $-1, 0, 1$ をそれぞれ $-K, 0, K$ に写すものとしてよい．実際，事前の自己同型により $-K, 0, K$ は，$A_1 < 0 < A_2$ としたときの点 $A_1, 0, A_2$ の像であると仮定してよく，このときさらに $A_1 = -1, A_2 = 1$ ととることができる．練習 15 を見よ．

次に，ℓ を，$0 < \ell < 1$ で，実軸上の点 $1/\ell$ が F により $-K, K$ の次にくる頂点 $K+iK'$ に写されるように選ぶ．$F(-1/\ell)$ は頂点 $-K+iK'$ であることを主張する．実際，$F^*(z) = -\overline{F(-\bar{z})}$ とおくと，R の対称性から，F^* も $\mathbb{H}$ から R への等角写像であり，さらに $F^*(0) = 0, F^*(\pm 1) = \pm K$ が成り立つ．かくして，$F^{-1} \circ F^*$ は $\mathbb{H}$ の自己同型であり，3 点 $-1, 0, 1$ を動かさないものとなる．このことから，$F^{-1} \circ F^*$ は恒等写像であり (練習 15 参照)，よって $F = F^*$ となり，これより

$$F(-1/\ell) = -\overline{F}(1/\ell) = -K + iK'$$

となる．

それゆえ，定理 4.6 により，

$$F(z) = c_1 \int_0^z \frac{d\zeta}{[(1-\zeta^2)(1-\ell^2\zeta^2)]^{1/2}} + c_2$$

と表せる．$z=0$ とおくことにより，$c_2 = 0$ がいえ，また，$z=1, z=1/\ell$ とおくと，

$$K(k) = c_1 K(\ell), \qquad K'(k) = c_1 K'(\ell)$$

となる.ただし,
$$K(k) = \int_0^1 \frac{dx}{[(1-x^2)(1-k^2x^2)]^{1/2}},$$
$$K'(k) = \int_1^{1/k} \frac{dx}{[(x^2-1)(1-k^2x^2)]^{1/2}}$$

である.さて,$K(k)$ は k が $(0,1)$ 内を動くとき,明らかに狭義の単調増加である.さらに,適当に変数変換すると,等式
$$K'(k) = K(\tilde{k}), \quad \tilde{k}^2 = 1-k^2, \quad \tilde{k} > 0$$
がいえ (練習 24),$K'(k)$ は狭義の単調減少であることがわかる.よって $K(k)/K'(k)$ は狭義の単調増加である.いまは $K(k)/K'(k) = K(\ell)/K'(\ell)$ となっているから,$k = \ell$ でなければならず,結局 $c_1 = 1$ となる.こうして,$I(z) = F(z)$ が示され,よって I は等角となり,これが示すべきことであった.

最後に大事な注意をしておこう.楕円積分に対する基本的な洞察は,逆関数を考えることによって得ることができる.そこで,写像 $z \mapsto I(z)$ の逆写像 $z \mapsto \mathrm{sn}(z)$[9] を考察する.これは,閉長方形を閉上半平面に写す.底辺を折り目につぎつぎに折り返して得られる長方形の列,$R = R_0, R_1, R_2, \cdots$ を考えよう (図 10).

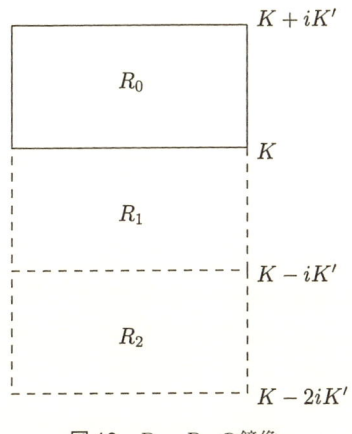

図 10　$R = R_0$ の鏡像.

---

9)　記号 $\mathrm{sn}(z)$ は,やや異なる形でヤコビが導入したもので,$\sin z$ との類似性により,採用された.

R_0 上で定義された $\mathrm{sn}(z)$ をもとに，鏡像原理にしたがって，$z \in R_1$ に対し ($\bar{z} \in R_0$ だから)，$\mathrm{sn}(z) = \overline{\mathrm{sn}(\bar{z})}$ とおくことにより，$\mathrm{sn}(z)$ は R_1 上に拡張される．次に，$z \in R_2$ に対しては $-2iK' + \bar{z} \in R_1$ だから，$\mathrm{sn}(z) = \overline{\mathrm{sn}(-2iK' + \bar{z})}$ とおくと，$\mathrm{sn}(z)$ は R_2 まで拡張される．これら鏡像を合成し，この操作を続けていけば，$\mathrm{sn}(z)$ は帯領域 $-K < \mathrm{Re}(z) < K$ 全体にまで拡張され，$\mathrm{sn}(z) = \mathrm{sn}(z + 2iK')$ をみたす．

同様に，水平方向にも長方形を折り返し，先ほどの鏡像をあわせることにより，$\mathrm{sn}(z)$ は複素平面全体に拡張され，$\mathrm{sn}(z)$ は $\mathrm{sn}(z) = \mathrm{sn}(z + 4K)$ をみたすことがわかる．こうして，$\mathrm{sn}(z)$ は (二つの周期 $4K, 2iK'$ をもつ)二重周期関数になる．より深く調べることにより，この関数の特異性は極だけになることがわかる．「楕円関数」と呼ばれるこの種の関数は，次の章の主題となる．

5. 練習

1. 正則関数 $f : U \to V$ が**局所全単射**であるとは，各点 $z \in U$ ごとに，z を中心とする開円板 $D \subset U$ が存在し，$f : D \to f(D)$ が全単射になることである．

正則関数 $f : U \to V$ が局所全単射であるための必要十分条件は，すべての $z \in U$ に対して $f'(z) \neq 0$ となることである．このことを証明せよ．[ヒント：命題 1.1 の証明と同様にルーシェの定理を用いよ．]

2. $F(z)$ は $z = z_0$ の近傍で正則な関数で，$F(z_0) = F'(z_0) = 0$ かつ $F''(z_0) \neq 0$ とする．このとき，z_0 を通る二つの曲線 Γ_1, Γ_2 で，z_0 において直交し，F の Γ_1 への制限は実数値で z_0 で最小値をとり，また F の Γ_2 への制限も実数値であるが z_0 で最大値をとるものが存在することを示せ．
[ヒント：z_0 の近傍で $F(z) = (g(z))^2$ と表し，写像 $z \mapsto g(z)$ とその逆写像を考えよ．]

3. U と V が等角同値であるとする．このとき，U が単連結ならば，V も単連結であることを証明せよ．この結論は，U から V への連続な全単射が存在することを仮定するだけでも成り立つ．

4. 単位円板から $\mathbb{C}$ 全体への正則な全射は存在するか？ [ヒント：上半平面を下に平行移動し，それを 2 乗して $\mathbb{C}$ 全体に写せ．]

5. 関数 $f(z) = -\dfrac{1}{2}(z + 1/z)$ が，上半円板 $\{z = x + iy : |z| < 1, \, y > 0\}$ を上半平

面に写す等角写像であることを証明せよ.
[ヒント: 方程式 $f(z) = w$ は 2 次方程式 $z^2 + 2wz + 1 = 0$ に変形でき, それは $w \neq \pm 1$ の場合に $\mathbb{C}$ に二つの異なる解をもつ. $w \in \mathbb{H}$ のときは確かにこの場合となる.]

6. 直接 $u \circ F$ のラプラシアンを計算して 0 になることを示すことにより, 補題 1.3 の別証明を考えよ.
[ヒント: F の実部と虚部はコーシー – リーマンの方程式をみたす.]

7. 1.3 節で述べた横帯領域上のディリクレ問題の解の公式を導く証明の詳細を与えよう. 点 $z = iy \, (0 < y < 1)$ における u の値を計算すれば十分であった.

(a) $re^{i\theta} = G(iy)$ のとき,
$$re^{i\theta} = i \frac{\cos \pi y}{1 + \sin \pi y}$$
となることを示せ. これより, $0 < y \leq 1/2$ かつ $\theta = \pi/2$ の場合と, $1/2 < y < 1$ かつ $\theta = -\pi/2$ の場合の二つの場合が起こる. いずれにしても,
$$r^2 = \frac{1 - \sin \pi y}{1 + \sin \pi y}, \qquad P_r(\theta - \varphi) = \frac{\sin \pi y}{1 - \cos \pi y \sin \varphi}$$
となることを示せ.

(b) 積分 $\dfrac{1}{2\pi} \displaystyle\int_0^{\pi} P_r(\theta - \varphi) \, \tilde{f}_0(\varphi) \, d\varphi$ において, $t = F(e^{i\varphi})$ と変数変換しよう. 等式
$$e^{i\varphi} = \frac{i - e^{\pi t}}{i + e^{\pi t}}$$
に注意し, 両辺の虚部をとり, また両辺を微分することにより
$$\sin \varphi = \frac{1}{\cosh \pi t}, \qquad \frac{d\varphi}{dt} = \frac{\pi}{\cosh \pi t}$$
を示せ. これより
$$\frac{1}{2\pi} \int_0^{\pi} P_r(\theta - \varphi) \, \tilde{f}_0(\varphi) \, d\varphi = \frac{1}{2\pi} \int_0^{\pi} \frac{\sin \pi y}{1 - \cos \pi y \sin \varphi} \tilde{f}_0(\varphi) \, d\varphi$$
$$= \frac{\sin \pi y}{2} \int_{-\infty}^{\infty} \frac{f_0(t)}{\cosh \pi t - \cos \pi y} \, dt$$
を導け.

(c) 積分 $\dfrac{1}{2\pi} \displaystyle\int_{-\pi}^0 P_r(\theta - \varphi) \, \tilde{f}_1(\varphi) \, d\varphi$ についての式も, 同様の議論を用いて証明せよ.

8. 第 1 象限の内部で調和な関数 u で, 2 点 $0, 1$ を除いて, 第 1 象限の境界まで連続的に拡張でき, 半直線 $\{x > 1, y = 0\}, \{x = 0, y > 0\}$ 上で $u(x, y) = 1$, 線分 $\{0 < x < 1, y = 0\}$ 上で $u(x, y) = 0$ となる境界値をとるものを見つけよ.
[ヒント: 図 11 に示した等角写像 $F_1, F_2, \cdots, F_5$ を見つけよ. 関数 $\dfrac{1}{\pi} \arg z$ は, 上半平面で調和で, 正の実軸上で値 0 をとり, 負の実軸上で値 1 をとることに注意せよ.]

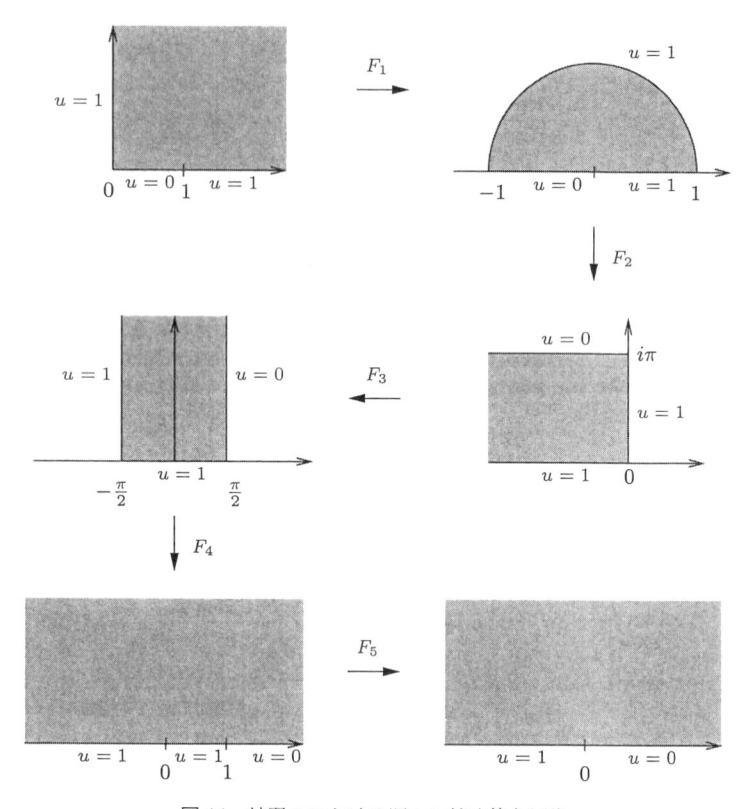

図 11 練習 8 における順々に続く等角写像.

9.
$$u(x, y) = \mathrm{Re}\left(\frac{i+z}{i-z}\right), \qquad u(0, 1) = 0$$
で定義される関数は，単位円板 $\mathbb{D}$ 上で調和で，単位円周上で 0 になることを証明せよ．u が $\mathbb{D}$ 上で有界ではないことを注意しておく．

10. $F: \mathbb{H} \to \mathbb{C}$ は正則で，
$$|F(z)| \leq 1, \qquad F(i) = 0$$
をみたすとする．このとき，
$$|F(z)| \leq \left|\frac{z-i}{z+i}\right|, \qquad z \in \mathbb{H}$$
となることを証明せよ．

11. $f: D(0, R) \to \mathbb{C}$ は正則で，ある定数 $M > 0$ が存在して，$|f(z)| \leq M$ となる

とき，
$$\left|\frac{f(z)-f(0)}{M^2-\overline{f(0)}f(z)}\right|\le\frac{|z|}{MR}$$
が成り立つことを示せ．[ヒント：シュヴァルツの補題を用いよ．]

12. 写像 $f:\mathbb{D}\to\mathbb{D}$ に対し，$f(w)=w$ となる点 $w\in\mathbb{D}$ を f の**不動点**という．
  (a) 正則関数 $f:\mathbb{D}\to\mathbb{D}$ が二つの異なる不動点をもつとき，f が恒等写像 $f(z)=z$ $(z\in\mathbb{D})$ になることを証明せよ．
  (b) 任意の正則関数 $f:\mathbb{D}\to\mathbb{D}$ は不動点をもつか？　[ヒント：上半平面上で考えよ．]

13. 2点 $z,w\in\mathbb{D}$ の間の**擬–双曲的距離**は
$$\rho(z,w)=\left|\frac{z-w}{1-\overline{w}z}\right|$$
と定義される．
  (a) $f:\mathbb{D}\to\mathbb{D}$ が正則なとき，
$$\rho(f(z),f(w))\le\rho(z,w),\qquad z,w\in\mathbb{D}$$
となることを証明せよ．さらに，f が $\mathbb{D}$ の自己同型ならば，f が擬–双曲的距離を保存すること；
$$\rho(f(z),f(w))=\rho(z,w),\qquad z,w\in\mathbb{D}$$
を証明せよ．[ヒント：自己同型 $\psi_\alpha(z)=(z-\alpha)/(1-\overline{\alpha}z)$ を考え，$\psi_{f(w)}\circ f\circ\psi_w^{-1}$ にシュヴァルツの補題をあてはめよ．]
  (b) 不等式
$$\frac{|f'(z)|}{1-|f(z)|^2}\le\frac{1}{1-|z|^2},\qquad z\in\mathbb{D}$$
を証明せよ．この結果はシュヴァルツ–ピックの補題と呼ばれる．この補題の重要な応用に関しては問題3を参照せよ．

14. 上半平面 $\mathbb{H}$ から単位円板 $\mathbb{D}$ への任意の等角写像が，
$$e^{i\theta}\frac{z-\beta}{z-\overline{\beta}},\qquad \theta\in\mathbb{R},\quad \beta\in\mathbb{H}$$
と表されることを証明せよ．

15. 上半平面 $\mathbb{H}$ の自己同型に関して成立する，二つの性質がある．
  (a) $\mathbb{H}$ の自己同型 Φ が，実軸上の異なる3点を動かさないとする．このとき Φ は恒等写像である．

(b) (x_1, x_2, x_3) と (y_1, y_2, y_3) は，ともに実軸上の異なる3点で，
$$x_1 < x_2 < x_3, \qquad y_1 < y_2 < y_3$$
とする．$\Phi(x_j) = y_j \ (j = 1, 2, 3)$ となる $\mathbb{H}$ の自己同型 Φ が (ただ一つ) 存在することを証明せよ．$y_3 < y_1 < y_2$ や $y_2 < y_3 < y_1$ の場合にも同じ結果が成り立つ．

16. 次の写像を考える．
$$f(z) = \frac{i-z}{i+z}, \qquad f^{-1}(w) = i\frac{1-w}{1+w}.$$

(a) 任意の $\theta \in \mathbb{R}$ に対して，
$$\frac{az+b}{cz+d} = f^{-1}(e^{i\theta} f(z)), \qquad z \in \mathbb{H}$$
と $ad - bc = 1$ をみたす実数 a, b, c, d を見つけよ．

(b) 任意の $\alpha \in \mathbb{D}$ に対して，
$$\frac{az+b}{cz+d} = f^{-1}(\psi_\alpha(f(z))), \qquad z \in \mathbb{H}$$
と $ad - bc = 1$ をみたす実数 a, b, c, d を見つけよ．ただし，ψ_α は2.1節で定義したものとする．

(c) g が単位円板の自己同型であるならば，
$$\frac{az+b}{cz+d} = f^{-1} \circ g \circ f(z), \qquad z \in \mathbb{H}$$
と $ad - bc = 1$ をみたす実数 a, b, c, d が存在することを証明せよ．
[ヒント：(a), (b) を使え．]

17. $|\alpha| < 1$ に対して，$\psi_\alpha(z) = (\alpha - z)/(1 - \overline{\alpha} z)$ とおくとき，
$$\frac{1}{\pi} \iint_\mathbb{D} |\psi'_\alpha|^2 \, dxdy = 1, \qquad \frac{1}{\pi} \iint_\mathbb{D} |\psi'_\alpha| \, dxdy = \frac{1 - |\alpha|^2}{|\alpha|^2} \log \frac{1}{1 - |\alpha|^2}$$
を示せ．ただし，$\alpha = 0$ のとき，右辺は，$|\alpha| \to 0$ のときの極限と解釈する．
[ヒント：1番目の積分は計算せずに値がわかるだろう．2番目の積分については，極座標を用い，各 r を固定するごとに，θ の積分を線積分で計算すればよい．]

18. Ω を，区分的に滑らかな閉曲線 γ によって囲まれた単連結領域とする (第1章での用語を用いた)．このとき $\mathbb{D}$ から Ω への任意の等角写像 F は，$\overline{\mathbb{D}}$ から $\overline{\Omega}$ への連続な全単射に拡張できることを証明せよ．証明は，定理4.2の証明で用いた論法の単なる一般化である．

19. 複素平面に，半直線の和集合 $\bigcup_{k=1}^n \{A_k + iy : y \leq 0\}$ による截線を入れたものは，単連結であることを証明せよ．

[ヒント：与えられた曲線を，まずは上半平面にすっぽり入ってしまうように上に移動せよ．]

20. 上半平面から長方形の内部への等角写像を表す，別の楕円積分の例を以下に与える．

(a) 関数
$$\int_0^z \frac{d\zeta}{\sqrt{\zeta(\zeta-1)(\zeta-\lambda)}}, \quad \lambda \in \mathbb{R}, \quad \lambda \neq 1$$
は上半平面を長方形に写し，その頂点の一つは，無限遠点の像となっている．

(b) $\lambda = -1$ の場合，
$$\int_0^z \frac{d\zeta}{\sqrt{\zeta(\zeta^2-1)}}$$
による像は，1 辺の長さが $\Gamma^2(1/4)/(2\sqrt{2\pi})$ の正方形になる．

21. 三角形領域への等角写像を考えよう．

(a) $0 < \beta_1 < 1$, $0 < \beta_2 < 1$, $1 < \beta_1 + \beta_2 < 2$ として，
$$\int_0^z z^{-\beta_1}(1-z)^{\beta_2} dz$$
は，$\mathbb{H}$ を，$0, 1, \infty$ の像を頂点としその内角の大きさが $\alpha_1\pi, \alpha_2\pi, \alpha_3\pi$ である三角形に写すことを示せ．ただし $\alpha_j + \beta_j = 1$, $\beta_1 + \beta_2 + \beta_3 = 2$ とする．

(b) $\beta_1 + \beta_2 = 1$ のときは，どうなるか？

(c) $0 < \beta_1 + \beta_2 < 1$ のときは，どうなるか？

(d) (a) において，内角が $\alpha_j\pi$ の頂点の対辺の長さが $\dfrac{\sin(\alpha_j\pi)}{\pi}\Gamma(\alpha_1)\Gamma(\alpha_2)\Gamma(\alpha_3)$ となることを示せ．

22. P は，$a_1, \cdots, a_n$ を頂点とし，$\beta_1\pi, \cdots, \beta_n\pi$ を外角とする多角形に囲まれた単連結領域とし，F を円板 $\mathbb{D}$ から P への等角写像であるものとするとき，単位円周上の点 $B_1, \cdots, B_n$ と複素数 c_1, c_2 が存在して，
$$F(z) = c_1 \int_1^z \frac{d\zeta}{(\zeta-B_1)^{\beta_1}\cdots(\zeta-B_n)^{\beta_n}} + c_2$$
と表される．[ヒント：$\mathbb{H}$ と $\mathbb{D}$ の間の基本対応と，定理 4.7 の証明と同様の論法により得られる．]

23. 関数 F を
$$F(z) = \int_1^z \frac{d\zeta}{(1-\zeta^n)^{2/n}}$$
と定めるとき，F は，単位円板を，周の長さが

$$2^{\frac{n-2}{n}}\int_0^\pi (\sin\theta)^{-2/n}\,d\theta$$

となる正 n 角形の内部に写す等角写像である.

24. $0 < k < 1$ に対して,
$$K(k) = \int_0^1 \frac{dx}{((1-x^2)(1-k^2x^2))^{1/2}}, \quad K'(k) = \int_1^{1/k} \frac{dx}{((x^2-1)(1-k^2x^2))^{1/2}}$$

と定められた楕円積分 K, K' は, 興味深い等式の数々をみたしている. たとえば,

(a) $\tilde{k}^2 = 1 - k^2, 0 < \tilde{k} < 1$ のとき,
$$K'(k) = K(\tilde{k})$$

となることを示せ. [ヒント: $K'(k)$ を定義する積分において, $x = (1 - \tilde{k}^2 y^2)^{-1/2}$ と変数変換せよ.]

(b) $\tilde{k}^2 = 1 - k^2, 0 < \tilde{k} < 1$ のとき,
$$K(k) = \frac{2}{1+\tilde{k}} K\left(\frac{1-\tilde{k}}{1+\tilde{k}}\right)$$

となることを示せ. [ヒント: $x = 2t/(1 + \tilde{k} + (1 - \tilde{k})t^2)$ と変数変換せよ.]

(c) $0 < k < 1$ のとき,
$$K(k) = \frac{\pi}{2} F\left(\frac{1}{2}, \frac{1}{2}, 1; k^2\right)$$

となることを示せ. ここで F は超幾何級数とする. [ヒント: 第 6 章の練習 9 で与えた F の積分表現から導かれる.]

6. 問題

1. f を点 z_0 の近傍で定義された C^1 級の複素数値関数とする. 点 z_0 での等角性と密接に関連したいくつかの概念を紹介しよう. f が点 z_0 で**共形**であるとは, $\gamma(0) = \eta(0) = z_0$ である二つの滑らかな曲線 $\gamma(t), \eta(t)$ が $t = 0$ で角 θ ($|\theta| < \pi$) をなすとき, $f(\gamma(t)), f(\eta(t))$ がつねに $t = 0$ で $|\theta'| = |\theta|$ となる角 θ' をなすことである. また, f が点 z_0 で**等方的**であるとは, z_0 からでる任意の方向に対して, 長さをある定数倍にすること, つまり, θ に無関係な 0 でない極限
$$\lim_{r \to 0} \frac{|f(z_0 + re^{i\theta}) - f(z_0)|}{r}$$

が存在することである.

f が点 z_0 で共形であることは, 点 z_0 で等方的であることと同値である. さらに, f が点 z_0 で共形であるための必要十分条件は, $f'(z_0)$ が存在して 0 ではないか, f を $\overline{f}$

に置き換えて同じことがいえるかのどちらかである.

2. 二つの 0 でない複素数 z, w のなす (順序を考慮した) 角とは,単に,$\mathbb{R}^2$ において,点 z, w に対応するベクトルがつくる $(-\pi, \pi]$ の範囲の (向きのある) 角のことである.この向きのある角は,たとえばそれを α として,二つの量

$$\frac{(z, w)}{|z||w|}, \qquad \frac{(z, -iw)}{|z||w|}$$

によって一意的に定まり,これらは単にそれぞれ α のコサインとサインにすぎない.ここで,記号 $(\cdot, \cdot)$ は,ユークリッド空間 $\mathbb{R}^2$ におけるふつうの内積で,複素数で書くと $(z, w) = \mathrm{Re}(z\overline{w})$ である.

特に,いま,二つの滑らかな曲線 $\gamma : [a, b] \to \mathbb{C}$, $\eta : [a, b] \to \mathbb{C}$ が点 z_0 で交わっている場合,たとえば,ある点 $t_0 \in (a, b)$ で $\gamma(t_0) = \eta(t_0) = z_0$ となっている場合を考えよう.もし $\gamma'(t_0), \eta'(t_0)$ がともに 0 でないなら,それらは,点 z_0 での曲線 γ, η の接方向を表しており,二つの曲線 γ, η は点 z_0 で二つのベクトル $\gamma'(t_0), \eta'(t_0)$ のなす角で交わるという言い方をする.

さて,点 z_0 の近傍で定義された正則関数が,点 z_0 で**角を保存する**とは,点 z_0 で交わる任意の二つの滑らかな曲線 γ, η に対して,γ と η が点 z_0 でなす角と,$f \circ \gamma$ と $f \circ \eta$ が点 $f(z_0)$ でなす角が等しいときにいう (図 12 に図示した).特に,曲線 $\gamma, \eta, f \circ \gamma, f \circ \eta$ の点 $z_0, f(z_0)$ での接ベクトルが,すべて 0 にならないと仮定しておく.

図 12 点 z_0 での角の保存.

(a) $f : \Omega \to \mathbb{C}$ が正則で,$f'(z_0) \neq 0$ のとき,f は点 z_0 で角を保存することを証明せよ.[ヒント:次の等式に注意せよ.

$$(f'(z_0)\gamma'(t_0), f'(z_0)\eta'(t_0)) = |f'(z_0)|^2 (\gamma'(t_0), \eta'(t_0)).]$$

(b) 逆に,次の主張が成り立つことを証明せよ.複素関数 $f : \Omega \to \mathbb{C}$ は,2 実変数の関数として点 z_0 で全微分可能で,$J_f(z_0) \neq 0$ とする.もし f が点 z_0 で角を保存したら,f は点 z_0 で正則で,$f'(z_0) \neq 0$ である.

3.* シュヴァルツ–ピックの補題は (練習 13) は,複素解析や幾何における重要な概

念の無限小的解釈である.

複素数 $z \in \mathbb{D}$ と $w \in \mathbb{C}$ に対して,z での w の**双曲的長さ**を,
$$\|w\|_z = \frac{|w|}{1-|z|^2}$$
と定義する.ここで,$|w|$ と $|z|$ は通常の絶対値を表す.この長さは,ときに**ポアンカレ計量**とも呼ばれ,リーマン計量として,
$$ds^2 = \frac{|dz|^2}{(1-|z|^2)^2}$$
と書かれることもある.この考え方は,点 w を,z での接空間のベクトルとみなすことによる.また,w を固定して,z を円板の境界に近づけると,双曲的長さ $\|w\|_z$ は無限に大きくなることを注意しておこう.さて,この無限小的な接ベクトルの双曲的長さから,積分による大域的な2点間の双曲距離へと,話を移そう.

(a) 円板上の2点 z_1, z_2 に対して,それらの間の**双曲的距離**を
$$d(z_1, z_2) = \inf_{\gamma} \int_0^1 \|\gamma'(t)\|_{\gamma(t)} \, dt$$
と定義する.ここで,下限は,z_1 と z_2 を結ぶ滑らかな曲線 $\gamma \colon [0,1] \to \mathbb{D}$ すべてにわたってとる.$f \colon \mathbb{D} \to \mathbb{D}$ が正則なとき,
$$d(f(z_1), f(z_2)) \leq d(z_1, z_2), \qquad z_1, z_2 \in \mathbb{D}$$
となることを,シュヴァルツ–ピックの補題を用いて証明せよ.言い換えると,正則関数は双曲的距離に関して距離を縮める.

(b) 単位円板の自己同型は,双曲的距離を保存すること,すなわち任意の自己同型 φ に対し,
$$d(\varphi(z_1), \varphi(z_2)) = d(z_1, z_2), \qquad z_1, z_2 \in \mathbb{D}$$
となることを証明せよ.逆に,$\varphi \colon \mathbb{D} \to \mathbb{D}$ が双曲的距離を保存するとき,φ と $\overline{\varphi}$ のどちらかは $\mathbb{D}$ の自己同型になる.

(c) 任意の2点 $z_1, z_2 \in \mathbb{D}$ に対して,$\varphi(z_1) = 0$ かつ実軸上の線分 $[0,1)$ 内のある s に対して $\varphi(z_2) = s$ となる自己同型 φ が存在することを示せ.

(d) 点 0 と点 $s \in [0,1)$ の間の双曲的距離が,
$$d(0, s) = \frac{1}{2} \log \frac{1+s}{1-s}$$
で与えられることを証明せよ.

(e) 単位円板の任意の2点間の双曲的距離を表す公式をつくれ.

4.[*] 行列

$$M = \begin{pmatrix} a & b \\ c & d \end{pmatrix}$$

のなす群で,次の条件をみたすものを考えよう.
 (i) $a, b, c, d \in \mathbb{C}$,
 (ii) M の行列式が 1,
 (iii) 行列 M が, $\mathbb{C}^2 \times \mathbb{C}^2$ 上のエルミート内積

$$\langle Z, W \rangle = z_1 \overline{w}_1 - z_2 \overline{w}_2, \quad Z = (z_1, z_2), \quad W = (w_1, w_2)$$

を保存する.すなわち,

$$\langle MZ, MW \rangle = \langle Z, W \rangle, \quad Z, W \in \mathbb{C}^2.$$

このような行列の群を,SU(1, 1) で表す.
 (a) SU(1, 1) の任意の行列が,$|a|^2 - |b|^2 = 1$ として

$$\begin{pmatrix} a & b \\ \overline{b} & \overline{a} \end{pmatrix}$$

と表されることを証明せよ.そのためには,行列

$$J = \begin{pmatrix} 1 & 0 \\ 0 & -1 \end{pmatrix}$$

を考え,$\langle Z, W \rangle = {}^t W J Z$ となることに注意せよ.ここで,${}^t W$ は W の共役転置を表す.
 (b) SU(1, 1) の任意の行列に,1 次分数変換

$$\frac{az + b}{cz + d}$$

を対応させよう.群 SU(1, 1)/$\{\pm 1\}$ が,円板の自己同型全体の群と同型になることを証明せよ.[ヒント:対応

$$e^{2i\theta} \frac{z - \alpha}{1 - \overline{\alpha} z} \rightarrow \begin{pmatrix} \dfrac{e^{i\theta}}{\sqrt{1 - |\alpha|^2}} & -\dfrac{\alpha e^{i\theta}}{\sqrt{1 - |\alpha|^2}} \\ -\dfrac{\overline{\alpha} e^{-i\theta}}{\sqrt{1 - |\alpha|^2}} & \dfrac{e^{-i\theta}}{\sqrt{1 - |\alpha|^2}} \end{pmatrix}$$

を用いよ.]

5. 以下の問題は,モジュラー関数を扱った第 10 章の問題 4 と関連している.
 (a) $F: \mathbb{H} \to \mathbb{C}$ は正則かつ有界とする.また $F(z)$ は $z = ir_n$ ($n = 1, 2, \cdots$) で値 0 をとるとする.ここで $\{r_n\}$ は正の数からなる有界列とする.$\sum_{n=1}^{\infty} r_n = \infty$ のとき,$F = 0$ となることを証明せよ.

(b) $\sum r_n < \infty$ ならば，点 $z = ir_n\, (n = 1, 2, \cdots)$ でだけ値 0 をとる上半平面上の有界関数を構成することが可能である．

単位円板での関連する結果については，第 5 章の問題 1, 2 を見よ．

6.[*] 練習 18 の結果は，γ が単に連続な単純閉曲線と仮定した場合にまで拡張される．しかしながら，その証明にはさらなる考えが必要となる．

7.[*] ケーベは，カラテオドリの考え方を応用して，求める等角写像に収束する関数列を (より具体的に) 構成することによって，リーマンの写像定理に対して証明を与えた．

ケーベ領域，すなわち単連結領域 $\mathcal{K}_0 \subset \mathbb{D}$ で，0 を含み，$\mathbb{D}$ 全体でないものをから始めることにして，方針は，単射 f_0 をうまくつくって，$f_0(\mathcal{K}_0) = \mathcal{K}_1$ を $\mathcal{K}_0$ より大きなケーベ領域にすることにある．これができると，この過程を繰り返して，関数 $F_n = f_n \circ \cdots \circ f_0 : \mathcal{K}_0 \to \mathbb{D}$ で，$F_n(\mathcal{K}_0) = \mathcal{K}_{n+1}$ となるものが得られ，$\lim F_n = F$ が $\mathcal{K}_0$ から $\mathbb{D}$ への等角写像となる．

$\mathcal{K} \subset \mathbb{D}$ を 0 を含む領域としたとき，その**内径**は，$r_\mathcal{K} = \sup\{\rho \geq 0 : D_\rho(0) \subset \mathcal{K}\}$ で定義される．また，正則な単射 $f : \mathcal{K} \to \mathbb{D}$ は，$f(0) = 0$ と $|f(z)| > |z|\, (z \in \mathcal{K} - \{0\})$ をみたすとき，**拡大写像**と呼ばれる．

(a) f が拡大写像なら，$r_{f(\mathcal{K})} \geq r_\mathcal{K}$ かつ $|f'(0)| > 1$ であることを証明せよ．[ヒント： $f(z) = zg(z)$ と表し，最大値の原理を用いて，$|f'(0)| = |g(0)| > 1$ を示せ．]

さて，ケーベ領域 $\mathcal{K}_0$ から始めるとして，拡大写像列 $\{f_0, f_1, \cdots, f_n, \cdots\}$ があって，$\mathcal{K}_{n+1} = f_n(\mathcal{K}_n)$ が再びケーベ領域になっていると仮定する．そうして，正則関数 $F_n : \mathcal{K}_0 \to \mathbb{D}$ を $F_n = f_n \circ \cdots \circ f_0$ により定義する．

(b) 各 n に対して，F_n が拡大写像であることを証明せよ．さらに，等式 $F_n'(0) = \prod_{k=0}^{n} f_k'(0)$ を示して，$\lim_{n \to \infty} |f_n'(0)| = 1$ を導け．[ヒント：$\{|F_n'(0)|\}$ が上に有界な単調増加数列であることを示して，その極限の存在を証明せよ．シュヴァルツの補題を使え．]

(c) その列がキスをしそうになっているとき，すなわち $r_{\mathcal{K}_n} \to 1\, (n \to \infty)$ のとき $\{F_n\}$ は，ある等角写像 $F : \mathcal{K}_0 \to \mathbb{D}$ に，$\mathcal{K}_0$ のコンパクト集合上で一様収束することを示せ．[ヒント：$r_{F(\mathcal{K}_0)} \geq 1$ のとき，F は全射である．]

この求めるべきキスをしそうな列を構成するために，自己同型 $\psi_\alpha(z) = (\alpha - z)/(1 - \overline{\alpha}z)$ を用いよう．

(d) $\mathcal{K}$ を任意のケーベ領域とし，$|\alpha| = r_\mathcal{K}$ をみたす点 $\alpha \in \mathbb{D}$ を $\mathcal{K}$ の境界上にとり，$\beta \in \mathbb{D}$ を $\beta^2 = \alpha$ となるように選ぶ．S は $\mathcal{K}$ 上における ψ_α の平方根関数で，$S(0) = 0$

となるものを表すものとする．このような関数 S がうまく定義できるのはどうしてか？ $f(z) = \psi_\beta \circ S \circ \psi_\alpha$ で定義される関数 $f : \mathcal{K} \to \mathbb{D}$ が拡大写像になることを証明せよ．さらに，$|f'(0)| = (1 + r_\mathcal{K})/2\sqrt{r_\mathcal{K}}$ も示せ．[ヒント：$|f(z)| > |z|\,(z \in \mathcal{K} - \{0\})$ を示すには，逆関数，すなわち $g(z) = z^2$ を用いて $\psi_\alpha \circ g \circ \psi_\beta$ にシュヴァルツの補題をあてはめればよい．]

(e) (d) を用いて，求める拡大写像の列を構成せよ．

8.[*] 単位円板上の正則関数 f は単射で，$f(0) = 0$ と $f'(0) = 1$ をみたすとする．また，$f(z) = z + a_2 z^2 + a_3 z^3 + \cdots$ と表すとき，第3章の問題1により，$|a_2| \leq 2$ となる．ビーベルバッハは，実はすべての $n \geq 2$ に対して $|a_n| \leq n$ となるだろうと予想し，ドゥ・ブランジェがこれを証明した．この問題では，係数 a_n がすべて実数であるという仮定のもとで，この予想を証明しよう．

(a) $z = re^{i\theta}\,(0 < r < 1)$ と表し，$f(re^{i\theta})$ の虚部を $v(r, \theta)$ と書くと，
$$a_n r^n = \frac{2}{\pi} \int_0^\pi v(r, \theta) \sin n\theta \, d\theta$$
となる．

(b) $0 \leq \theta \leq \pi$ と $n = 1, 2, \cdots$ に対し，$|\sin n\theta| \leq n \sin \theta$ が成り立つことを示せ．

(c) $a_n \in \mathbb{R}$ であることを使って，$f(\mathbb{D})$ が実軸に関して対称であることを示せ．また，このことを用いて，f が，上半円板を，$f(\mathbb{D})$ の上半部分か下半部分のどちらかに写すことを示せ．

(d) 小さい r に対して，
$$v(r, \theta) = r \sin \theta \, [1 + O(r)]$$
であることを示せ．また，前のことを用いて，$v(r, \theta) \sin \theta \geq 0 \,(0 < r < 1,\, 0 \leq \theta \leq \pi)$ となることも示せ．

(e) $|a_n r^n| \leq nr$ を示し，$r \to 1$ とすることにより，$|a_n| \leq n$ を導け．

(f) 関数 $f(z) = z/(1 - z)^2$ がこの問題の仮定をすべてみたすことと，すべての n に対して $|a_n| = n$ となることを確かめよ．

9.[*] ガウスは，楕円積分が，算術平均や幾何平均を求めるよく知られた演算と関連していることを発見した．

まず，$a \geq b > 0$ である数の組 (a, b) から始めて，a, b の算術平均と幾何平均をつくる，すなわち
$$a_1 = \frac{a + b}{2}, \qquad b_1 = (ab)^{1/2}.$$
次に，a, b を a_1, b_1 に置き換えてこの演算を繰り返す．この操作を続けることにより，二つの数列 $\{a_n\}, \{b_n\}$ が得られるが，ここで a_{n+1}, b_{n+1} はそれぞれ a_n と b_n の算術

平均と幾何平均である.

(a) 二つの数列 $\{a_n\}$, $\{b_n\}$ が同じ極限に収束することを証明せよ. この共通の極限は a と b の**算術—幾何平均**と呼ばれ, ここでは $M(a, b)$ と書くことにする. [ヒント: $a \geq a_1 \geq a_2 \geq \cdots \geq a_n \geq b_n \geq \cdots \geq b_2 \geq b_1 \geq b$ と $a_n - b_n \leq (a-b)/2^n$ を示せ.]

(b) ガウスの恒等式
$$\frac{1}{M(a,b)} = \frac{2}{\pi} \int_0^{\pi/2} \frac{d\theta}{(a^2 \cos^2 \theta + b^2 \sin^2 \theta)^{1/2}}$$
を示そう. この関係を示すには, 右辺の積分を $I(a, b)$ と書くとき, I の不変性, すなわち

(6) $$I(a, b) = I\left(\frac{a+b}{2}, (ab)^{1/2}\right)$$

を示せば十分である. そこで, 楕円積分との関連式
$$I(a, b) = \frac{1}{a} K(k) = \frac{1}{a} \int_0^1 \frac{dx}{\sqrt{(1-x^2)(1-k^2 x^2)}}, \qquad k^2 = 1 - \frac{b^2}{a^2}$$
が成り立つことを確かめ, 関係式 (6) は, 練習 24 の (b) の恒等式からの帰結であることを見よ.

第9章 楕円関数入門

> ヤコビの楕円関数論の研究は，完成形にはほど遠く，その不備は明白である．彼の理論の基礎には，三つの基本関数 sn, cn, dn がある．これらは同じ周期をもたない．……
>
> ワイエルシュトラスの理論では，三つの基本関数に代わって，たった一つの関数 $\wp(u)$ が登場する．それは，同じ周期をもつ関数の中でもっとも簡単な関数で，たった一つ2位の極をもつ．また，その定義は，周期を同等な周期に置き換えても本質的に変わらない．
>
> ——H. ポアンカレ，1899

　楕円関数論は，数学のいろいろな分野と関連しているが，もともとは楕円積分の研究から発生した．楕円積分とは，一般に，有理関数 $R(x,y)$ と，3次または4次の多項式 $P(x)$ を用いて，$\int R(x,\sqrt{P(x)})\,dx$ と表される不定積分のことである[1]．この形の積分は，楕円やレムニスケートの弧の長さの計算など，さまざまな問題に現れる．楕円積分の初期の研究では，その特殊な変換の性質を調べたり，それ固有の二重周期性を発見したりすることが主であった．後者の現象の例は，前章の4.5節でとりあげた上半平面を長方形の内部に写す等角写像に見られた．

　楕円積分の研究を発展させて，二重周期関数 (いわゆる楕円関数) の体系的な研究を開始したのは，ヤコビであった．その研究では，彼が導入したテータ関数が決定的役割を果たした．ヤコビのあと，ワイエルシュトラスは別の手法を展開した．手法は，出発段階から簡明かつエレガントであった．それは彼の $\wp$ 関数を理

---
[1]　$P(x)$ が2次の多項式の場合は，本質的には「円関数」の場合になり，三角関数 $\sin x, \cos x$ などに帰着される．

論の基礎にしていた．この章では，その理論のさわりを概説し，整数論との関連性を垣間見るあたりまで進み，最後には，アイゼンシュタイン級数を考え，それを約数関数を用いて表現する．一方，テータ関数も，組合せ論や整数論の数々の話題と直に関連している．その辺の話題は次章にまわそう．これから見ていく注目すべきいくつかの結果は，これらの関数が，数学において，いかに偉大な力を発揮してきたかを物語っている．そういうわけで，冒頭に引用したヤコビの研究の不備に対する手厳しい意見は，影をひそめることだろう．

1. 楕円関数

ここでの興味の対象は，二つの周期をもつ $\mathbb{C}$ 上の有理型関数 f である．$\mathbb{C}$ 上の関数 f が二つの周期をもつとは，すべての $z \in \mathbb{C}$ に対して

$$f(z+\omega_1) = f(z), \qquad f(z+\omega_2) = f(z)$$

となる二つの 0 でない複素数 ω_1, ω_2 が存在することである．二つの周期をもつ関数 f を**二重周期関数**という．

f の周期 ω_1, ω_2 が $\mathbb{R}$ 上 1 次従属な場合，つまり $\omega_2/\omega_1 \in \mathbb{R}$ の場合は，おもしろくない．というのは，その場合，f の周期は一つに集約される (商 ω_2/ω_1 が有理数のときにおこる) か，f が定数関数になる (ω_2/ω_1 が無理数のときにおこる) かのどちらかだからである (練習 1)．そこで，次の仮定をする：f の周期 ω_1, ω_2 は $\mathbb{R}$ 上 1 次独立とする．

次に，今後の理論展開で必要な周期の正規化について述べよう．$\tau = \omega_2/\omega_1$ とおく．上の仮定より τ は実数ではなく，τ と $1/\tau$ の虚部は異符号になるから，(必要なら ω_1 と ω_2 を入れ換えることにより) $\mathrm{Im}(\tau) > 0$ と仮定することができる．いま，$F(z) = f(\omega_1 z)$ とおこう．すると，f が周期 ω_1, ω_2 をもつことと，F が周期 $1, \tau$ をもつことは同値であり，また，f が有理型であることと，F が有理型であることも同値である．さらに，f の性質は，F の性質から簡単に導ける．よって，f は $\mathbb{C}$ 上の有理型関数で，周期 $1, \tau$ をもち，$\mathrm{Im}(\tau) > 0$ であると仮定しても一般性を失わない．

この周期性に関する条件を繰り返し用いれば，

(1) $\qquad f(z+n+m\tau) = f(z), \qquad$ すべての整数 m, n と $z \in \mathbb{C}$ に対して

となることがわかる．このことから

$$\Lambda = \{n + m\tau : n, m \in \mathbb{Z}\}$$

により定義される $\mathbb{C}$ における格子が自然に考えられる. 1 と τ は格子 Λ を**生成**するという (図 1 参照).

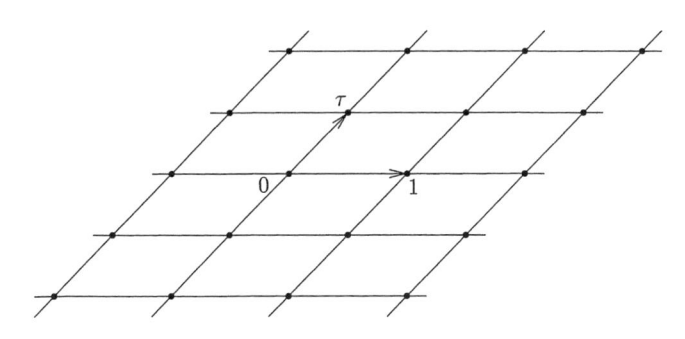

図1　1 と τ によって生成された格子 Λ.

式 (1) は, 関数 f が, Λ の点だけ平行移動しても変わらないことをいっている. そこで, 格子 Λ に関する**基本平行四辺形**を

$$P_0 = \{z \in \mathbb{C} : z = a + b\tau,\ 0 \le a < 1,\ 0 \le b < 1\}$$

と定義する. 基本平行四辺形 P_0 を考える意義は, 関数 f が, P_0 上のふるまいだけから完全に決定できる点にある. いまからこの点を確認するために, 次の定義が必要である. 二つの複素数 z, w は,

$$\text{ある } n, m \in \mathbb{Z} \text{ に対して,} \quad z = w + n + m\tau$$

となるとき, Λ を法として**合同**であるといい, $z \sim w$ と書く. 言い換えると, $z \sim w$ とは, z と w の差が Λ の点になること, つまり $z - w \in \Lambda$ となることである. (1) から, $z \sim w$ のときは, $f(z) = f(w)$ が成り立つ. よって, f が, 基本平行四辺形 P_0 上の値だけから完全に決定できることを証明するには, 任意の点 $z \in \mathbb{C}$ が, P_0 のあるただ一つの点と合同になることを示せばよい. $z = x + iy$ が与えられているとする. 1 と τ は, $\mathbb{R}$ 上の 2 次元線形空間 $\mathbb{C}$ における基底になっているから, z は, $a, b \in \mathbb{R}$ を用いて $z = a + b\tau$ と一意的に表せる. いま, a 以下の最大の整数を n, b 以下の最大の整数を m とし, $w = z - n - m\tau$ とおく. すると, 定義より $z \sim w$ である. また, $w = (a - n) + (b - m)\tau$ である. この作り方から $w \in P_0$ となることは明らかである. 一意性を示すため, w と w' を P_0 の点で, Λ を法として合同なものとする. $w = a + b\tau$, そして $w' = a' + b'\tau$ と表

すと，$w - w' = (a - a') + (b - b')\tau \in \Lambda$ であり，したがって $a - a'$ と $b - b'$ は整数である．$0 \leq a, a' < 1$ であるから，$-1 < a - a' < 1$ が得られ，$a - a' = 0$ が示される．同様にして，$b - b' = 0$ であり，$w = w'$ となることがいえる．

より一般に，**周期平行四辺形** P とは，ある $h \in \mathbb{C}$ により，$P = P_0 + h$ のように基本平行四辺形を平行移動したものである (図 2)．

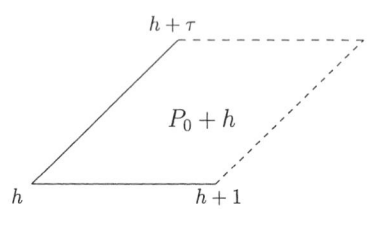

図 2 周期平行四辺形.

上の議論を $z - h$ に対して適用すると，任意の点 $z \in \mathbb{C}$ が，与えられた周期平行四辺形におけるただ一つの点と合同になることがわかる．したがって，f は，周期平行四辺形 P 上の値だけから完全に決定できる．

最後に，Λ と P_0 が $\mathbb{C}$ の被覆 (タイリング)

(2) $$\mathbb{C} = \bigcup_{n, m \in \mathbb{Z}} (n + m\tau + P_0)$$

をつくり，さらに，この和集合は，互いに交わらない集合の和集合であることを注意しておこう．このことは，P_0 の定義とこれまでの議論から，簡単にわかる．以上のことを，まとめておこう．

命題 1.1 f は，格子 Λ を生成するような 1 と τ を二重周期とする有理型関数であるとする．このとき，

(i) 任意の $\mathbb{C}$ の点は，基本平行四辺形のあるただ一つの点と，Λ を法として合同である．

(ii) 任意の点は，与えられた周期平行四辺形のあるただ一つの点と，Λ を法として合同である．

(iii) 格子 Λ は (2) の意味で，複素平面の互いに交わらない被覆をつくる．

(iv) 関数 f は，一つの周期平行四辺形上の値だけから，完全に決定できる．

1.1 リューヴィルの定理

はじめの設定で，なぜ関数 f が正則ではなく有理型としたかを，ここで理解することができる．

定理 1.2 二重周期をもつ整関数は，定数関数だけである．

証明 このような関数は，基本平行四辺形 P_0 上の値で完全に決まり，P_0 の閉包はコンパクト集合だから，$\mathbb{C}$ 全体で有界になる．ゆえに，第 2 章のリューヴィルの定理から，定数関数でなければならない． ∎

定数でない有理型の二重周期関数を，**楕円関数**という．有理型関数は，どのように大きな円板内にも零点と極を有限個しかもたないから，楕円関数は，一つの周期平行四辺形――とくに基本平行四辺形――内に，零点と極を有限個しかもたない．もちろん，零点や極は基本平行四辺形の境界にあることもある．

いつものように，零点や極の個数は，重複度を込めて (位数の分だけ) 数えることにする．このことに留意して，次の定理を証明しよう．

定理 1.3 楕円関数の基本平行四辺形内にある極の個数は，2 以上である．

言い換えると，楕円関数の基本平行四辺形内にある極は，1 位の極一つだけということはない．つまり，少なくとも 2 個以上の異なる極があるか，2 位以上の極があるかの少なくとも一方がいえる．

証明 f を楕円関数とする．はじめに，f が，基本平行四辺形 P_0 の境界 ∂P_0 上に極をもたない場合を考えよう．この場合，留数の公式から，

$$\int_{\partial P_0} f(z)\,dz = 2\pi i \sum \mathrm{res}\, f$$

が成り立つ．この左辺の積分が 0 になることを見ていこう．これを見るため f の周期性を用いる．

$$\int_{\partial P_0} f(z)\,dz = \int_0^1 f(z)\,dz + \int_1^{1+\tau} f(z)\,dz + \int_{1+\tau}^{\tau} f(z)\,dz + \int_{\tau}^0 f(z)\,dz$$

となり，対辺上の積分同士がキャンセルすることに注意する．たとえば

$$\int_0^1 f(z)\,dz + \int_{1+\tau}^{\tau} f(z)\,dz = \int_0^1 f(z)\,dz + \int_1^0 f(s+\tau)\,ds$$

$$= \int_0^1 f(z)\,dz + \int_1^0 f(s)\,ds$$

$$= \int_0^1 f(z)\,dz - \int_0^1 f(z)\,dz$$

$$= 0$$

となる．もう一組の対辺についても同様の計算ができる．結局 $\int_{\partial P_0} f(z)\,dz = 0$，したがって，$\sum \mathrm{res} f = 0$ である．よって P_0 内の f の極の個数は少なくとも 2 でなければならない．

次に，f が ∂P_0 上に極をもつ場合を考える．この場合，適当に小さく $h \in \mathbb{C}$ を選んで周期平行四辺形 $P = P_0 + h$ を考えれば，f はその境界 ∂P 上に極をもたない．そこで，上の議論の P_0 を P に置き換えれば，P 内の f の極の個数は少なくとも 2 個はあることがわかる．このことから，P_0 についても同様の結論が得られる． ∎

楕円関数 f の基本平行四辺形 P_0 内にある極の (重複度を込めた) 個数を，f の **位数** という．次の定理では，楕円関数が P_0 内で極と同数の零点をもつことを示す．ここで，零点の個数はもちろん重複度を込めて数える．

定理 1.4 m 位の楕円関数は，P_0 内に m 個の零点をもつ．

証明 f を m 位の楕円関数とする．はじめは，f が P_0 の境界 ∂P_0 上に零点も極ももたない場合を考える．この場合，P_0 内の f の零点の個数を $\mathcal{N}_{\mathfrak{z}}$，極の個数を $\mathcal{N}_{\mathfrak{p}}$ と書くと，第 3 章の偏角の原理から，

$$\int_{\partial P_0} \frac{f'(z)}{f(z)}\,dz = 2\pi i\,(\mathcal{N}_{\mathfrak{z}} - \mathcal{N}_{\mathfrak{p}})$$

が成り立つ．前定理の証明と同様に f の周期性を考えると，$\int_{\partial P_0} f'/f\,dz = 0$ が示せる．よって，$\mathcal{N}_{\mathfrak{z}} = \mathcal{N}_{\mathfrak{p}}$ である．

f が ∂P_0 上に零点か極をもつ場合は，P を平行移動する議論を適用すればよい． ∎

定理の結果，楕円関数 f と $c \in \mathbb{C}$ に対し，方程式 $f(z) = c$ は，f の位数個の解をもつ．実際，$f - c$ も楕円関数で，f と同じ極をもつ．

以上の定理によって，楕円関数の性質がいくぶん解明されてきたが，われわれには，楕円関数そのものが存在するかどうかという問題が残されている．この問題に答えるため，これから，楕円関数の例を構成しよう．

1.2 ワイエルシュトラスの $\wp$ 関数

2位の楕円関数

この節では，楕円関数の基本例を構成する．定理 1.3 より，楕円関数は基本平行四辺形内に少なくとも 2 個の極をもつ．そこで，実際に格子点で 2 位の極をもつような 2 位の楕円関数を構成することにしよう．

二重周期関数を構成する準備として，周期が一つだけの関数の構成法を，少しばかり考えてみよう．いま，整数点 $0, \pm 1, \pm 2, \cdots$ で 1 位の極をもつような，周期 1 の関数の例をつくりたいとしよう．すぐに浮かぶのは，級数で表された関数

$$F(z) = \sum_{n=-\infty}^{\infty} \frac{1}{z+n}$$

である．この右辺の級数は z を $z+1$ に置き換えても同じであり，整数点で極をもつように思える．ところが，この級数はどの点 z でも絶対収束しない．この問題点を矯正する一つの方法は，対称和をとることである．つまり，

$$F(z) = \lim_{N \to \infty} \sum_{n=-N}^{N} \frac{1}{z+n} = \frac{1}{z} + \sum_{n=1}^{\infty} \left[\frac{1}{z+n} + \frac{1}{z-n} \right]$$

と定義する．最右辺の和では，先に n 項と $-n$ 項をペアにして足してから，無限和をとっている．ここでは，[ ] 内が $O(1/n^2)$ となることが秘策で，おかげで，この級数は絶対収束する．結果として，F は，整数点だけで 1 位の極をもつ有理型関数となる．実は，$F(z) = \pi \cot \pi z$ となることを，第 5 章 3.2 節の式 (4) ですでに学んでいる．

級数 $\sum_{n=-\infty}^{\infty} 1/(z+n)$ をうまく解釈する方法がもう一つある．その第二の方法では，

$$\frac{1}{z} + \sum_{n \neq 0} \left[\frac{1}{z+n} - \frac{1}{n} \right]$$

と解釈する．ここで，和 $\sum_{n \neq 0}$ は，n が 0 でないすべての整数にわたる和である．今回は，$1/(z+n) - 1/n = O(1/n^2)$ に注意すれば，この級数が絶対収束するこ

とがわかる．さらに，
$$\frac{1}{z+n} + \frac{1}{z-n} = \left(\frac{1}{z+n} - \frac{1}{n}\right) + \left(\frac{1}{z-n} - \frac{1}{-n}\right)$$
だから，第一の解釈でも第二の解釈でも，$F(z)$ は同じ値をとる．

これから類推して，上述の考察を参考にして，楕円関数の最初の例を構成しよう．構成予定の関数は，級数で，
$$\sum_{\omega \in \Lambda} \frac{1}{(z+\omega)^2}$$
と書きたいところである．しかし，この級数も絶対収束しない．この級数に意味をもたせる解釈はいくつかある(問題1)が，コタンジェントの級数 $\sum_{n=-\infty}^{\infty} 1/(z+n)$ を扱ったときの第二の方法にならうのが，もっとも簡明であろう．

級数が絶対収束しないという問題を克服するため，Λ^* を格子から原点を除いたもの，すなわち $\Lambda^* = \Lambda - \{0\}$ とし，代わりに，次の級数
$$\frac{1}{z^2} + \sum_{\omega \in \Lambda^*} \left[\frac{1}{(z+\omega)^2} - \frac{1}{\omega^2}\right]$$
を考える．ここで，級数が収束するように，各項から $1/\omega^2$ を引いた．このとき，カッコの中の式について，
$$\frac{1}{(z+\omega)^2} - \frac{1}{\omega^2} = \frac{-z^2 - 2z\omega}{(z+\omega)^2\omega^2} = O\left(\frac{1}{\omega^3}\right), \qquad |\omega| \to \infty$$
がいえる．次の補題が証明されれば，この新しい級数が求める極をもつ有理型関数を定義することを示せる．

補題 1.5 $r > 2$ のとき，二つの級数
$$\sum_{(n,m) \neq (0,0)} \frac{1}{(|n|+|m|)^r}, \qquad \sum_{n+m\tau \in \Lambda^*} \frac{1}{|n+m\tau|^r}$$
は収束する．

証明 第7章の最後の注意で述べたように，二重級数が絶対収束するかどうかは，和の順序に関係しない．そこで，ここの級数では，先に m について足してから，そのあと n について足すことにする．

最初の級数については，通常の積分比較法を用いる[2]．$n \neq 0$ のとき，

---
2) $k-1 \leq x \leq k$ のとき $1/k^r \leq 1/x^r$ であることを使った．第I巻第8章の図1を見よ．

$$\sum_{m \in \mathbb{Z}} \frac{1}{(|n|+|m|)^r} = \frac{1}{|n|^r} + 2 \sum_{m \geq 1} \frac{1}{(|n|+|m|)^r}$$
$$= \frac{1}{|n|^r} + 2 \sum_{k \geq |n|+1} \frac{1}{k^r}$$
$$\leq \frac{1}{|n|^r} + 2 \int_{|n|}^{\infty} \frac{dx}{x^r}$$
$$\leq \frac{1}{|n|^r} + C \frac{1}{|n|^{r-1}}$$

である．よって，$r > 2$ のとき，
$$\sum_{(n,m) \neq (0,0)} \frac{1}{(|n|+|m|)^r} = \sum_{m \neq 0} \frac{1}{|m|^r} + \sum_{n \neq 0} \sum_{m \in \mathbb{Z}} \frac{1}{(|n|+|m|)^r}$$
$$\leq \sum_{m \neq 0} \frac{1}{|m|^r} + \sum_{n \neq 0} \left(\frac{1}{|n|^r} + C \frac{1}{|n|^{r-1}} \right)$$
$$< \infty$$

となる．

右の級数が収束することを証明するには，
$$|n| + |m| \leq c|m + \tau n|, \quad n, m \in \mathbb{Z}$$
となる定数 c が存在することを示せばよい．ある正の定数 a が存在して，不等式 $x \leq ay$ が成り立つことを，$x \lesssim y$ と表すような表記法を用いる．さらに，$x \lesssim y$ と $y \lesssim x$ の両方が成り立つときは，$x \approx y$ と書く．任意の正数 A, B に対して
$$(A^2 + B^2)^{1/2} \approx A + B$$
となることに注意しておく．まず，$A \leq (A^2 + B^2)^{1/2}$ と $B \leq (A^2 + B^2)^{1/2}$ より，$A + B \leq 2(A^2 + B^2)^{1/2}$ が成り立つ．他方，$(A^2 + B^2)^{1/2} \leq A + B$ であることは，この両辺を 2 乗することで示せる．

さて，補題 1.5 の 2 番目の級数が収束することを見るには，
$$|n| + |m| \approx |n + m\tau|, \quad \tau \in \mathbb{H}$$
であることをいえばよい．実際，前述の考察より，$\tau = s + it \, (s, t \in \mathbb{R}, t > 0)$ と書くと，
$$|n + m\tau| = [(n+ms)^2 + (mt)^2]^{1/2} \approx |n+ms| + |mt| \approx |n+ms| + |m|$$
である．このとき，$|n| \leq 2|m||s|$ と $|n| \geq 2|m||s|$ の場合をそれぞれ考えること

により, $|n+ms|+|m| \approx |n|+|m|$ が示せる. ∎

注意 上の証明より, $r > 2$ のとき, 級数 $\sum |n+m\tau|^{-r}$ が, 半平面 $\{z \in \mathbb{C} : \mathrm{Im}(\tau) \geq \delta\}$ $(\delta > 0)$ 上で一様収束することがわかる. 一方, $r = 2$ のとき, この級数は収束しない (練習 3).

技術的な予備知識がついたので, ワイエルシュトラスの $\wp$ (ペー) 関数を定義することにしよう. それは次の式で定義される.

$$\wp(z) = \frac{1}{z^2} + \sum_{\omega \in \Lambda^*} \left[\frac{1}{(z+\omega)^2} - \frac{1}{\omega^2} \right]$$
$$= \frac{1}{z^2} + \sum_{(n,m) \neq (0,0)} \left[\frac{1}{(z+n+m\tau)^2} - \frac{1}{(n+m\tau)^2} \right].$$

まず, $\wp$ が, Λ の各格子点で 2 位の極をもつ有理型関数であることを確かめよう. これを見るため, $|z| < R$ として,

$$\wp(z) = \frac{1}{z^2} + \sum_{|\omega| \leq 2R} \left[\frac{1}{(z+\omega)^2} - \frac{1}{\omega^2} \right] + \sum_{|\omega| > 2R} \left[\frac{1}{(z+\omega)^2} - \frac{1}{\omega^2} \right]$$

と書く. 和のうち 2 番目の和は $|z| < R$ に対して一様に $O(1/|\omega|^3)$ であるから, 補題 1.5 より, $|z| < R$ における正則関数を定義している. 最終的には 1 番目の和が円板 $|z| < R$ 内の格子点で 2 位の極をもっている.

さて, 上の定義式の級数の各項には $-1/\omega^2$ がついているので, $\wp$ が二重周期をもつことは, もはや明らかではない. しかし, 実際にはそうであり, $\wp$ は 2 位の楕円関数になるのである. それを定理としてまとめておく.

定理 1.6 関数 $\wp$ は, 周期 $1, \tau$ をもつ 2 位の楕円関数で, 各格子点で 2 位の極をもつ.

証明 示さなければならないのは, $\wp$ が二つの周期 $1, \tau$ をもつことだけである. それを示すために, 関数 $\wp$ の導関数が項別微分により,

$$\wp'(z) = -2 \sum_{n,m \in \mathbb{Z}} \frac{1}{(z+n+m\tau)^3}$$

となることに注意する. ここで, 二つのことがわかる. 一つは, z が格子点でない限り, $\wp'(z)$ の級数が, 補題 1.5 ($r=3$ の場合) より, 絶対収束することである. もう一つは, $\wp'(z)$ の級数では, 余計だった項 $1/\omega^2$ が消えてしまい, z を $z+1$ や $z+\tau$ に置き換えても, 同じであるから $\wp'$ に対する級数は周期 $1, \tau$ をもつ.

それゆえ

$$\wp(z+1) = \wp(z) + a, \qquad \wp(z+\tau) = \wp(z) + b, \qquad z \in \mathbb{C}$$

をみたす二つの定数 a, b が存在する．一方，定義より $\wp$ は偶関数，すなわち $\wp(z) = \wp(-z)$ をみたす．なぜなら，$\wp(z)$ の定義の級数において，$\omega \in \Lambda$ についての和を，$-\omega \in \Lambda$ についての和に置き換えることができるからである．よって，$\wp(1/2) = \wp(-1/2)$, $\wp(\tau/2) = \wp(-\tau/2)$ となり，$z = -1/z$ と $z = -\tau/2$ を代入すれば $a = b = 0$ を得る． ∎

$\wp$ が周期 $1, \tau$ をもつことは，$\wp$ を微分しないで，直接示すこともできる (練習 4)．

$\wp$ の性質

$\wp$ の性質を列挙していこう．1 番目の性質は，すでに見たことで，$\wp$ が偶関数であることである．これより $\wp'$ は奇関数になる．また，$\wp'$ も周期 $1, \tau$ をもつ二重周期関数である．これらのことから，

$$\wp'\left(\frac{1}{2}\right) = \wp'\left(\frac{\tau}{2}\right) = \wp'\left(\frac{1+\tau}{2}\right) = 0$$

がいえる．実際たとえば，

$$\wp'\left(\frac{1}{2}\right) = -\wp'\left(-\frac{1}{2}\right) = -\wp'\left(-\frac{1}{2}+1\right) = -\wp'\left(\frac{1}{2}\right).$$

$\wp'$ は 3 位の楕円関数であり，基本平行四辺形内における零点は $1/2, \tau/2$, そして $(1+\tau)/2$ (これらは**半周期**と呼ばれる) である．これらの位数は 1 である．それゆえ

$$\wp\left(\frac{1}{2}\right) = e_1, \quad \wp\left(\frac{\tau}{2}\right) = e_2, \quad \wp\left(\frac{1+\tau}{2}\right) = e_3$$

とおくと，方程式 $\wp(z) = e_1$ の解 $1/2$ は，二重解になる．さらに，$\wp$ は 2 位の楕円関数だから，方程式 $\wp(z) = e_1$ は基本平行四辺形内に $1/2$ 以外の解をもたない．同様に，方程式 $\wp(z) = e_2$ や $\wp(z) = e_3$ も，それぞれ二重解 $\tau/2, (1+\tau)/2$ をもち，基本平行四辺形内にはそれ以外に解をもたない．また，三つの数 e_1, e_2, e_3 はすべて異なる．なぜなら，もしそうでないとすると $\wp$ は基本平行四辺形内に少なくとも 4 個の解をもつことになり，$\wp$ の位数が 2 であることに矛盾するからである．これらの考察をもとに，次の定理が証明できる．

定理 1.7 関数 $(\wp')^2$ は, $\wp$ の 3 次の多項式として,
$$(\wp')^2 = 4(\wp - e_1)(\wp - e_2)(\wp - e_3)$$
と表される.

証明 $F(z) = (\wp(z) - e_1)(\wp(z) - e_2)(\wp(z) - e_3)$ の, 基本平行四辺形内にある零点は 2 位であり, $1/2, \tau/2, (1+\tau)/2$ のみである. 一方, $(\wp')^2$ も同様に, これらの 3 点で 2 位の零点をもつ. また, F は, 各格子点で 6 位の極をもつ. 一方, $(\wp')^2$ も同様である (なぜなら $\wp'$ は格子点で 3 位の極をもっている). したがって, 関数 $(\wp')^2/F$ は正則になり, やはり二重周期であるからこの商は定数になる. この定数の値を求めるために, 0 の近くの z に対して
$$\wp(z) = \frac{1}{z^2} + \cdots, \quad \wp'(z) = \frac{-2}{z^3} + \cdots$$
と展開できることに注意する. ただし, 上式の $\cdots$ には適当なベキ級数がくる. したがって, 求める定数は 4 とわかり, 定理が証明された. ∎

次に, 任意の楕円関数が, $\wp$ と $\wp'$ の単純な組合せで表せることを示し, $\wp$ の普遍性を証明する.

定理 1.8 周期が $1, \tau$ の任意の楕円関数 f は, $\wp$ と $\wp'$ の有理式で表される.

この定理は, その変形である次の補題から容易に示される.

補題 1.9 周期が $1, \tau$ の楕円関数 F は, 偶関数のとき, $\wp$ の有理式で表される.

証明 F は偶関数だから, 原点で零点または極をもつとき, その位数は偶数である. ゆえに, $F\wp^m$ が Λ の格子点で零点も極ももたなくなるような整数 m が存在する. したがって F 自身が Λ の格子点に零点と極をもたないと仮定してよい.

証明の方針は, $\wp$ を用いて, F とまったく同じ零点と極をもつ二重周期関数 G をつくることである. これを達成するために, $\wp(z) - \wp(a)$ は a が半周期のときは 2 位の単独の零点であり, それ以外のときは, a と $-a$ で零点をもつことを想起しておこう. それゆえ F の零点を注意深く拾い出さなければならない.

a を F の零点とする. F は偶関数だから, $-a$ も F の零点である. また, a が半周期のときに限り, a と $-a$ は (Λ を法として) 合同であり, 零点 a の位数は偶数になる. そこで, 重複度を込めて F の零点すべてを表すように, 点

$a_1, -a_1, \cdots, a_m, -a_m$ をとると[3]，関数
$$[\wp(z) - \wp(a_1)] \cdots [\wp(z) - \wp(a_m)]$$
は，F とまったく同じ零点をもつことになる．同様に，重複度を込めて F の極すべてを表すように，点 $b_1, -b_1, \cdots, b_m, -b_m$ をとると，
$$G(z) = \frac{[\wp(z) - \wp(a_1)] \cdots [\wp(z) - \wp(a_m)]}{[\wp(z) - \wp(b_1)] \cdots [\wp(z) - \wp(b_m)]}$$
は，F とまったく同じ周期と零点と極をもつ．したがって，関数 F/G は，正則かつ二重周期をもつので，定数になる．このことから補題が導かれる． ■

定理を証明するため，まず $\wp$ が偶関数で，$\wp'$ が奇関数であることを思い出しておこう．そして f を偶関数と奇関数の和として
$$f(z) = f_{\text{even}}(z) + f_{\text{odd}}(z)$$
と表す．ただし，
$$f_{\text{even}}(z) = \frac{f(z) + f(-z)}{2}, \qquad f_{\text{odd}}(z) = \frac{f(z) - f(-z)}{2}$$
である．このとき，$f_{\text{odd}}/\wp'$ は偶関数であるから，f_{even} と $f_{\text{odd}}/\wp'$ に補題 1.9 を適用すれば，f が $\wp$ と $\wp'$ の有理式で表せることがわかる．

2. 楕円関数とアイゼンシュタイン級数のモジュラー性

楕円関数のモジュラー性，すなわち τ との関連性を調べよう．

まず，この章の最初に設定した周期の正規化を思い出そう．はじめに，二つの周期 ω_1, ω_2 は $\mathbb{R}$ 上 1 次独立と仮定した．次に，$\tau = \omega_2/\omega_1$ とおいて，$\operatorname{Im}(\tau) > 0$ と仮定した．そして，二つの周期が 1 と τ である場合に帰着できることを見た．そのあと，1 と τ が生成する格子を考え，周期 $1, \tau$ をもつ 2 位の楕円関数 $\wp$ を構成した．$\wp$ は，つくり方から τ に依存しているので，本来 $\wp_\tau$ と書くべきであろう．こう書くと，観点を変えて，$\wp_\tau(z)$ を τ の関数と見ることができる．この観点からは，多くの興味深い新見解が生まれでる．

---

[3] a_j が半周期でないとき，a_j と $-a_j$ はこれらの点での F の重複度をもっている．a_j が半周期のときは，a_j と $-a_j$ は合同であり，それぞれが F のその点での F の重複度を半分ずつ分け合って有する．

これからの考え方は，次の二つの考察に沿っている．第一に，1 と τ は $\wp_\tau$ の周期を生成し，また，1 と $\tau+1$ も同じ周期を生成するから，$\wp_\tau(z)$ と $\wp_{\tau+1}(z)$ との間に密接な関連が期待される．実際，それらは一致することが簡単にわかる．第二に，第 1 節の正規化では $\tau = \omega_2/\omega_1$ とおいたが，ω_1 と ω_2 の役割を入れ換えたものとして $-1/\tau = -\omega_1/\omega_2$ (このとき $\mathrm{Im}\,(-1/\tau) > 0$) が考えられるから，$\wp_\tau(z)$ と $\wp_{-1/\tau}(z)$ との間にも密接な関連が期待できる．実際，$\wp_{-1/\tau}(z) = \tau^2 \wp_\tau(\tau z)$ となることが簡単に示せる．

いまの考察の根本には，上半平面 $\{\tau \in \mathbb{C} : \mathrm{Im}\,(\tau) > 0\}$ 上の変換 $\tau \mapsto \tau + 1$ と $\tau \mapsto -1/\tau$ があり，この二つの変換によって生成される上半平面上の変換群が浮かんでくる．この変換群を**モジュラー群**という．上の考察から，$\wp_\tau(z)$ が本来もっている量的性質は，モジュラー群の変換に関連していることが期待される．こうした関連は，アイゼンシュタイン級数を考えるときにも，はっきり認められる．

2.1 アイゼンシュタイン級数

3 以上の整数 k に対して，k 位の**アイゼンシュタイン級数**を
$$E_k(\tau) = \sum_{(n,m) \neq (0,0)} \frac{1}{(n + m\tau)^k}$$
と定義する．ただし，τ は，$\mathrm{Im}\,(\tau) > 0$ をみたす複素数である．Λ が 1 と τ により生成される格子であり，$\omega = n + m\tau$ と書くと，アイゼンシュタイン級数の別の表記 $E_k(\tau) = \sum_{\omega \in \Lambda^*} 1/\omega^k$ が得られる．

定理 2.1 アイゼンシュタイン級数について，次のことが成り立つ．

(i) $k \geq 3$ のとき，上半平面の任意の点 τ に対して，級数 $E_k(\tau)$ は収束し，E_k は上半平面上の正則関数になる．

(ii) k が奇数のとき，$E_k(\tau) = 0$ ($\mathrm{Im}\,(\tau) > 0$) である．

(iii) 変換法則
$$E_k(\tau + 1) = E_k(\tau), \qquad E_k(\tau) = \frac{1}{\tau^k} E_k\left(-\frac{1}{\tau}\right)$$
が成り立つ．

性質 (iii) は，アイゼンシュタイン級数の**モジュラー性**と呼ばれることがある．次の章では，この性質を利用するだけでなく，他の関数のモジュラー性も扱う．

証明 補題 1.5 とその後の注意より，級数 $E_k(\tau)$ が任意の $\delta > 0$ について，半平面 $\mathrm{Im}(\tau) \geq \delta > 0$ 上で絶対かつ一様収束するので，$E_k(\tau)$ は上半平面上 $\mathrm{Im}(\tau) > 0$ で正則になる．

n と m を $-n$ と $-m$ に置き換えると対称性より，k が奇数の場合にはアイゼンシュタイン級数は恒等的に 0 になる．

最後に，$E_k(\tau)$ が周期 1 をもつことは，$n + m(\tau+1) = n + m + m\tau$ であることと，和をとる際に $n + m$ を n に置き換えれば，明らかである．また

$$\left(n + m\left(-\frac{1}{\tau}\right)\right)^k = \frac{1}{\tau^k}(n\tau - m)^k$$

であることと，和をとる際に，今度は $(-m, n)$ を (n, m) に置き換えることにより，(iii) の (二つ目の) 結論が得られる． ∎

注意 性質 (ii) のために，k 位のアイゼンシュタイン級数は，$\sum_{(n,m) \neq (0,0)} 1/(n+m\tau)^{2k}$ やその定数倍と定義されることもある．

ワイエルシュトラスの $\wp$ 関数を，原点 0 の周りで展開すると，E_k と $\wp$ の関連が現れる．

定理 2.2 0 に近い z に対して

$$\wp(z) = \frac{1}{z^2} + 3E_4 z^2 + 5E_6 z^4 + \cdots$$
$$= \frac{1}{z^2} + \sum_{k=1}^{\infty}(2k+1)E_{2k+2} z^{2k}.$$

証明 $\wp(z)$ の定義の級数は，ω を $-\omega$ に置き換えても変わらず，$\omega = n + m\tau$ に対して

$$\wp(z) = \frac{1}{z^2} + \sum_{\omega \in \Lambda^*}\left[\frac{1}{(z+\omega)^2} - \frac{1}{\omega^2}\right] = \frac{1}{z^2} + \sum_{\omega \in \Lambda^*}\left[\frac{1}{(z-\omega)^2} - \frac{1}{\omega^2}\right]$$

である．ここで，幾何級数を微分して得られる等式

$$\frac{1}{(1-w)^2} = \sum_{\ell=0}^{\infty}(\ell+1)w^\ell, \qquad |w| < 1$$

を用いると，十分小さな任意の z に対して，

$$\frac{1}{(z-\omega)^2} = \frac{1}{\omega^2}\sum_{\ell=0}^{\infty}(\ell+1)\left(\frac{z}{\omega}\right)^\ell = \frac{1}{\omega^2} + \frac{1}{\omega^2}\sum_{\ell=1}^{\infty}(\ell+1)\left(\frac{z}{\omega}\right)^\ell$$

を得る．よって，0 のある近傍上で，

$$\wp(z) = \frac{1}{z^2} + \sum_{\omega \in \Lambda^*} \sum_{\ell=1}^{\infty} (\ell+1) \frac{z^\ell}{\omega^{\ell+2}}$$
$$= \frac{1}{z^2} + \sum_{\ell=1}^{\infty} (\ell+1) \left(\sum_{\omega \in \Lambda^*} \frac{1}{\omega^{\ell+2}} \right) z^\ell$$
$$= \frac{1}{z^2} + \sum_{\ell=1}^{\infty} (\ell+1) E_{\ell+2} z^\ell$$
$$= \frac{1}{z^2} + \sum_{k=1}^{\infty} (2k+1) E_{2k+2} z^{2k}$$

となるが,最後の等号では,ℓ が奇数のとき $E_{\ell+2} = 0$ となることを用いた. ∎

この定理から,0 の近くの z に対して三つの展開式
$$\wp'(z) = -\frac{2}{z^3} + 6E_4 z + 20E_6 z^3 + \cdots,$$
$$(\wp'(z))^2 = \frac{4}{z^6} - \frac{24E_4}{z^2} - 80E_6 + \cdots,$$
$$(\wp(z))^3 = \frac{1}{z^6} + \frac{9E_4}{z^2} + 15E_6 + \cdots$$

が得られる.これらの式から,関数 $(\wp'(z))^2 - 4(\wp(z))^3 + 60E_4 \wp(z) + 140E_6$ は,0 のある近傍上で正則になり,原点で値 0 をとる.また,この関数は,明らかに二重周期関数だから,定理 1.2 より定数関数になり,その定数は 0 である.こうして次の系が示せた.

系 2.3 $g_2 = 60E_4, g_3 = 140E_6$ とおくと,
$$(\wp')^2 = 4\wp^3 - g_2\wp - g_3$$

である.

系 2.3 が定理 1.7 の別記述になっていることに気づこう.これらを比べることにより,e_1, e_2, e_3 の基本対称式を,アイゼンシュタイン級数を用いて表すことができる.

2.2 アイゼンシュタイン級数と約数関数

ここでは,アイゼンシュタイン級数と整数論の等式との関連を述べよう.ここで扱う等式がでてきたきっかけには,周期関数 $E_k(\tau)$ をフーリエ展開したときのフーリエ係数を考えたことがある.このことは,$z = e^{2\pi i \tau}$ とし $\mathcal{E}(z) = E_k(\tau)$ と

おいたとき，z の関数 $\mathcal{E}(z)$ のローラン展開を調べることといってもよい．

補題からはじめよう．

補題 2.4 $k \geq 2$, $\mathrm{Im}\,(\tau) > 0$ のとき，
$$\sum_{n=-\infty}^{\infty} \frac{1}{(n+\tau)^k} = \frac{(-2\pi i)^k}{(k-1)!} \sum_{\ell=1}^{\infty} \ell^{k-1} e^{2\pi i \tau \ell}$$
が成り立つ．

証明 第 4 章の練習 7 で見たように，この補題は，ポアソンの和公式に関数 $f(z) = 1/(z+\tau)^k$ をあてはめることにより，証明することができる．ここでは，別証明を与えよう．証明の要は，$k=2$ の場合の等式を示すことである．これが示せれば，その両辺を，微分していくことにより，一般の場合の等式が得られる．この特別の場合を示すため，第 5 章の 3.2 節で導いた公式 (4)
$$\sum_{n=-\infty}^{\infty} \frac{1}{n+\tau} = \pi \cot \pi \tau$$
を微分する．そうすることにより
$$\sum_{n=-\infty}^{\infty} \frac{1}{(n+\tau)^2} = \frac{\pi^2}{\sin^2 \pi \tau}$$
を得る．この右辺において，正弦関数に対するオイラーの公式と $w = e^{2\pi i \tau}$ とした，等式
$$\sum_{\ell=1}^{\infty} \ell \, w^\ell = \frac{w}{(1-w)^2}$$
を利用すると，示すべき等式が導ける． ∎

この補題から，アイゼンシュタイン級数，ゼータ関数，約数関数が結びついた等式を導くことができる．ここで，**約数関数** $\sigma_\ell(r)$ とは，r の約数の ℓ 乗の和，すなわち，
$$\sigma_\ell(r) = \sum_{d|r} d^\ell$$
と定義される関数である．

定理 2.5 k が 4 以上の偶数で，$\mathrm{Im}\,(\tau) > 0$ のとき，
$$E_k(\tau) = 2\zeta(k) + \frac{2(-1)^{k/2}(2\pi)^k}{(k-1)!} \sum_{r=1}^{\infty} \sigma_{k-1}(r)\, e^{2\pi i \tau r}$$

が成り立つ.

証明 はじめに, $\sigma_{k-1}(r) \leq r r^{k-1} = r^k$ であることに注意しておく. $\mathrm{Im}\,(\tau) = t$ のとき, $t \geq t_0$ ならば $|e^{2\pi i r\tau}| \leq e^{-2\pi r t_0}$ であり, $\sum_{r=1}^{\infty} r^k e^{-2\pi r t_0}$ と比較することにより, 定理の級数が半平面 $t \geq t_0$ で絶対収束することがわかる. このことをふまえ, E_k の定義, ζ の定義, k が偶数であること, 前補題 (τ を $m\tau$ に置き換える) を, 順次用いると,

$$\begin{aligned}
E_k(\tau) &= \sum_{(n,m) \neq (0,0)} \frac{1}{(n+m\tau)^k} \\
&= \sum_{n \neq 0} \frac{1}{n^k} + \sum_{m \neq 0} \sum_{n=-\infty}^{\infty} \frac{1}{(n+m\tau)^k} \\
&= 2\zeta(k) + \sum_{m \neq 0} \sum_{n=-\infty}^{\infty} \frac{1}{(n+m\tau)^k} \\
&= 2\zeta(k) + 2 \sum_{m > 0} \sum_{n=-\infty}^{\infty} \frac{1}{(n+m\tau)^k} \\
&= 2\zeta(k) + 2 \sum_{m > 0} \frac{(-2\pi i)^k}{(k-1)!} \sum_{\ell=1}^{\infty} \ell^{k-1} e^{2\pi i m\tau \ell} \\
&= 2\zeta(k) + \frac{2(-1)^{k/2}(2\pi)^k}{(k-1)!} \sum_{m>0} \sum_{\ell=1}^{\infty} \ell^{k-1} e^{2\pi i \tau m\ell} \\
&= 2\zeta(k) + \frac{2(-1)^{k/2}(2\pi)^k}{(k-1)!} \sum_{r=1}^{\infty} \sigma_{k-1}(r) e^{2\pi i \tau r}
\end{aligned}$$

となり, 定理の等式が示せた. ■

最後に, 規定外の $k=2$ の場合に目を向けてみよう. この場合は, もはや級数 $\sum_{(n,m) \neq (0,0)} 1/(n+m\tau)^2$ は絶対収束しない. しかし, この級数になんとか意味をもたせる試みはできる.

$$F(\tau) = \sum_m \left(\sum_n \frac{1}{(n+m\tau)^2} \right)$$

とする. ここで, 無限和は, $(n,m) \neq (0,0)$ について指定の順序でとるものとする. 上の定理における議論により, この二重級数は収束することがわかり, 実際に予期した次の表示を得る.

系 2.6 F を定義する二重級数は，指定の順序で和をとると収束し，
$$F(\tau) = 2\zeta(2) - 8\pi^2 \sum_{r=1}^{\infty} \sigma(r) e^{2\pi i r \tau}$$
となる．ただし，$\sigma(r) = \sum_{d|r} d$ は r の約数の和である．

この系から，$F(\tau) = \tau^{-2} F(-1/\tau)$ が成り立たないことが示せる[4]．このことを言い換えると，$F(\tau)$ の定義の二重級数は，足す順序を逆にして，先に m について足し，そのあと n について足すと，和が異なることになる．この異なる和は $F(\tau)$ の裏といい，$\widetilde{F}(\tau)$ と書く．このような意外な事実にもかかわらず，**規定外アイゼンシュタイン級数** $F(\tau)$ は，「正の整数が，すべて，4つの平方数の和で表せる」という名高い定理の証明で，決定的な道具になる．この話題は次の章でとりあげよう．

3. 練習

1. $\mathbb{C}$ 上の有理型関数 f は二つの周期 ω_1, ω_2 をもつとし，$\omega_2/\omega_1 \in \mathbb{R}$ とする．

(a) ω_2/ω_1 が有理数の場合を考えよう．この場合，互いに素な二つの整数 p, q を用いて，$\omega_2/\omega_1 = p/q$ と表せる．f が二つの周期 ω_1, ω_2 をもつことと，f が一つの周期 $\omega_0 = \omega_1/q$ をもつことが同値になることを証明せよ．[ヒント：p と q は互いに素だから，$mq + np = 1$ となる整数 m, n が存在する (第 I 巻第 8 章の系 1.3)．]

(b) ω_2/ω_1 が無理数の場合，f が定数関数になることを証明せよ．これを示すため，τ が無理数のとき，$\{m - n\tau : m, n \in \mathbb{Z}\}$ が $\mathbb{R}$ で稠密になることを用いよ．

2. 二つの周期 $1, \tau$ をもつ楕円関数 f の基本平行四辺形内にある零点を $a_1, \cdots, a_r$，極を $b_1, \cdots, b_r$ と書く．このとき，
$$a_1 + \cdots + a_r - b_1 - \cdots - b_r = n + m\tau$$
となる整数 n, m が存在することを示せ．[ヒント：はじめは，f が基本平行四辺形 P_0 の境界 ∂P_0 上に零点も極ももたない場合を考えよう．その場合に，関数 $zf'(z)/f(z)$ を ∂P_0 上で積分せよ．そして，平行四辺形 P_0 の一辺上での関数 $f'(z)/f(z)$ の積分が $2\pi i$ の整数倍になることを用いよ．f が ∂P_0 上に零点や極をもつ場合は，P_0 を平行移動して，上の場合に帰着せよ．]

---

[4] 訳注：次の章の補題 3.9 で示される．

3. 補題 1.5 と対照的に，$\tau \in \mathbb{H}$ のとき級数
$$\sum_{n+m\tau \in \Lambda^*} \frac{1}{|n+m\tau|^2}$$
が収束しないことを証明せよ．実際には，
$$\sum_{1 \leq n^2+m^2 \leq R^2} \frac{1}{n^2+m^2} = 2\pi \log R + O(1), \qquad R \to \infty$$
を示せ．

4. ワイエルシュトラスの $\wp$ 関数
$$\wp(z) = \frac{1}{z^2} + \sum_{\omega \in \Lambda^*} \left[\frac{1}{(z+\omega)^2} - \frac{1}{\omega^2} \right]$$
について，$\wp$ を微分せずに，級数の和の順序を適当に定めることにより，$\omega \in \Lambda$ に対して，$\wp(z+\omega) = \wp(z)$ $(z \in \mathbb{C})$ となることを，直接示せ．[ヒント：十分大きな R に対して，$\wp^R(z) = z^{-2} + \sum_{0<|\omega|<R} [(z+\omega)^{-2} - \omega^{-2}]$ とおくと，$\wp(z) = \wp^R(z) + O(1/R)$ がいえる．次に，$\wp^R(z+1) - \wp^R(z)$ と $\wp^R(z+\tau) - \wp^R(z)$ が $O\left(\sum_{R-c<|\omega|<R+c} |\omega|^{-2}\right) = O(1/R)$ となることに注意せよ．]

5. 周期 $\{n+m\tau\}$, $(n,m) \neq (0,0)$ 全部を一列に並べたものを $\{\tau_j\}$ と書き，$E_2(z) = (1-z)e^{z+z^2/2}$ とし，
$$\sigma(z) = z \prod_{j=1}^{\infty} E_2\left(\frac{z}{\tau_j}\right)$$
と定義する．

  (a) $\sigma(z)$ が増大度 2 の整関数であり，各周期点 $n+m\tau$ で単純零点をもち，周期以外の点では零点をもたないことを示せ．

  (b) 等式
$$\frac{\sigma'(z)}{\sigma(z)} = \frac{1}{z} + \sum_{(n,m)\neq(0,0)} \left[\frac{1}{z-n-m\tau} + \frac{1}{n+m\tau} + \frac{z}{(n+m\tau)^2} \right]$$
を示せ．同時に，z が格子点でない限り，この右辺の級数が収束することも示せ．

  (c) $L(z) = -\sigma'(z)/\sigma(z)$ とおくとき，
$$L'(z) = \frac{(\sigma'(z))^2 - \sigma(z)\sigma''(z)}{(\sigma(z))^2} = \wp(z)$$
が成り立つことを示せ．

6. $\wp''$ が $\wp$ の 2 次の多項式として表されることを証明せよ．

7. 展開式
$$\sum_{m=-\infty}^{\infty} \frac{1}{(m+\tau)^2} = \frac{\pi^2}{\sin^2 \pi \tau}$$
において，$\tau = 1/2$ とおくことにより，次の2式を示せ．
$$\sum_{m \geq 1,\, m:奇数} \frac{1}{m^2} = \frac{\pi^2}{8}, \qquad \zeta(2) = \sum_{m \geq 1} \frac{1}{m^2} = \frac{\pi^2}{6}.$$
同様に $\sum_{m=-\infty}^{\infty} 1/(m+\tau)^4$ を考えて，次の2式を導け．
$$\sum_{m \geq 1,\, m:奇数} \frac{1}{m^4} = \frac{\pi^4}{96}, \qquad \zeta(4) = \sum_{m \geq 1} \frac{1}{m^4} = \frac{\pi^4}{90}.$$
これらの結果は，第I巻第2, 3章の練習において，フーリエ級数を用いて導いている．

8.
$$E_4(\tau) = \sum_{(n,m) \neq (0,0)} \frac{1}{(n+m\tau)^4}$$
を4位のアイゼンシュタイン級数とする．
 (a) $\mathrm{Im}(\tau) \to \infty$ のとき，$E_4(\tau) \to \pi^4/45$ となることを示せ．
 (b) より正確に，$\tau = x + it$ $(t \geq 1)$ のとき，
$$\left| E_4(\tau) - \frac{\pi^4}{45} \right| \leq c e^{-2\pi t}$$
となることを示せ．
 (c) $\tau = it$ $(0 < t \leq 1)$ のとき，
$$\left| E_4(\tau) - \tau^{-4} \frac{\pi^4}{45} \right| \leq c\, t^{-4} e^{-2\pi/t}$$
となることを示せ．

4. 問題

1. 1.2節に出てきた級数 $\sum_{\omega \in \Lambda} 1/(z+\omega)^2$ $(\omega = n + m\tau)$ を扱うにあたっては，いくつかの別の方法もある．たとえば，和のとり方として，(a)円状にとる，(b)最初に n，次に m をとる，(c)最初に m，次に n をとる，などが可能である．
 (a) $z \notin \Lambda$ のとき，極限
$$\lim_{R \to \infty} \sum_{n^2 + m^2 \leq R^2} \frac{1}{(z+n+m\tau)^2} = S_1(z)$$
が存在することと，$S_1(z) = \wp(z) + c_1$ と表せることを示せ．

(b) 同様に
$$\sum_m \left(\sum_n \frac{1}{(z+n+m\tau)^2} \right) = S_2(z)$$
が存在することと, $S_2(z) = \wp(z) + c_2$ と表せることを示せ. ただし, $c_2 = F(\tau)$ で, F は規定外アイゼンシュタイン級数である.

(c) また
$$\sum_n \left(\sum_m \frac{1}{(z+n+m\tau)^2} \right) = S_3(z)$$
が存在することと, $S_3(z) = \wp(z) + c_3$ と表せることを示せ. ただし, $c_3 = \widetilde{F}(\tau)$ で, $\widetilde{F}$ は規定外アイゼンシュタイン級数の裏である.

[ヒント: (a) 極限 $\displaystyle\lim_{R\to\infty} \sum_{1 \leq n^2+m^2 \leq R^2} \frac{1}{(n+m\tau)^2} = c_1$ の存在を示せば十分である. これを示すには, 積分 $\displaystyle\int_{1 \leq x^2+y^2 < R^2} \frac{dx}{(x+y\tau)^2} = I(R)$ との比較を考えよ. さらに, $(x+y\tau)^{-2} = -(\partial/\partial x)(x+y\tau)^{-1}$ であることから, $I(R) = 0$ が示せる.]

2. ある定数 c に対して,
$$\wp(z) = c + \pi^2 \sum_{m=-\infty}^{\infty} \frac{1}{\sin^2(z+m\tau)\pi}$$
となることを示せ. 実際, 前問の (b) より, $c = -F(\tau)$ となることがわかる.

3.* Ω は単連結領域で, 方程式 $4z^3 - g_2 z - g_3 = 0$ の 3 個の解を含まないとする (系 2.3 を参照). いま, 1 点 w_0 を固定しておき, Ω 上の関数 I を
$$I(w) = \int_{w_0}^{w} \frac{dz}{\sqrt{4z^3 - g_2 z - g_3}}, \qquad w \in \Omega$$
と定める. このとき, I の逆関数が, ある定数 α を用いて $\wp(z+\alpha)$ と表されること:
$$I(\wp(z+\alpha)) = z$$
を示せ. [ヒント: $(I(\wp(z+\alpha)))' = \pm 1$ を示し, $\wp$ が偶関数であることを用いよ.]

4.* τ を純虚数, すなわち $\tau = it\,(t > 0)$ とする. 直線群 $x = n/2, y = tm/2\,(n, m$ は整数$)$ により, 複素平面を合同な長方形に分割する (分割された長方形の一つは, 4 点 $0, 1/2, 1/2 + \tau/2, \tau/2$ を頂点とする長方形である).

(a) $\wp$ が, これらの直線群——それゆえ, 各長方形の周——上で, 実数値をとることを示せ.

(b) $\wp$ が, 各長方形の内部を, 上半平面または下半平面に写す等角写像であることを証明せよ.

第10章　テータ関数の応用

> 与えられた k に対して，整数 n を k 個の平方数の和で表せるかという問題は，整数論のもっとも名高いものの一つである．その歴史は，ディオファントスまでさかのぼれるが，実質的には，ジラール(またはフェルマー)の定理から始まったといえよう．その定理は，$4m+1$ なる素数は，二つの平方数の和で表せるというものである．フェルマー以来の著名な算術家は，ほとんどすべて，この問題の解決に貢献してきた．それでもなおこの問題は，謎を秘めている．
>
> ——G.H. ハーディ，1940

　この章の目的は，テータ関数の理論と，その組合せ論や整数論への応用をいくつか，ていねいに見ていくことである．

　テータ関数は，次のように級数で定義される．

$$\Theta(z|\tau) = \sum_{n=-\infty}^{\infty} e^{\pi i n^2 \tau} e^{2\pi i n z}.$$

ここで，右辺の級数は，複素平面 $\mathbb{C}$ の任意の z と，上半平面 $\mathbb{H}$ の任意の τ に対して収束する．

　テータ関数 Θ の注目すべき特徴は，二面性をもっていることである．z の関数として見たとき，Θ は，周期 1 と準周期 τ をもち，楕円関数の範疇でとらえられる．一方，τ の関数として見ると，Θ のモジュラー性が現れ，分割関数や整数を平方和で表す問題に関連してくる．

　この特徴を活かした二つの主道具がある．Θ の三重積公式と変換法則である．これらを証明した後に，分割関数との関連を簡単に紹介し，そのあと，整数を二つの平方和あるいは四つの平方和で表す問題に関する有名な定理を証明する．

1. ヤコビのテータ関数に対する乗積公式

ヤコビの**テータ関数**のもっとも精巧な形は，$z \in \mathbb{C}$ と $\tau \in \mathbb{H}$ に対して，

$$\Theta(z|\tau) = \sum_{n=-\infty}^{\infty} e^{\pi i n^2 \tau} e^{2\pi i n z} \tag{1}$$

と定義される．テータ関数の重要な特別の場合 (あるいは変形) は，次の式で定義される $\theta(\tau)$ と $\vartheta(t)$ である．

$$\theta(\tau) = \sum_{n=-\infty}^{\infty} e^{\pi i n^2 \tau}, \qquad \tau \in \mathbb{H},$$

$$\vartheta(t) = \sum_{n=-\infty}^{\infty} e^{-\pi n^2 t}, \qquad t > 0.$$

実際これらの関数は，関係式 $\theta(\tau) = \Theta(0|\tau)$ および $\vartheta(t) = \theta(it), t > 0$ で結びついている．

われわれは，いままでに，これらの関数に，何回か遭遇している．たとえば，第 I 巻第 4 章で，単位円周上の熱拡散方程式を学んだとき，熱核

$$H_t(x) = \sum_{n=-\infty}^{\infty} e^{-4\pi^2 n^2 t} e^{2\pi i n x}$$

がでてきた．これは，$H_t(x) = \Theta(x|4\pi it)$ と表せる．

また，別の例として，ゼータ関数を学んだときには，関数 ϑ が登場した．実際，第 6 章では，テータ関数 ϑ の関数等式が，ゼータ関数 ζ の関数等式を導き，それを用いて ζ の解析接続をした．

はじめは，τ を固定し，z の関数として Θ をより詳しく見てみよう．Θ の基本的な構造上の性質をまとめておく．これらは Θ をだいたい特徴づけているものである．

命題 1.1 関数 Θ は，次の性質をもつ．
 (i) Θ は，$z \in \mathbb{C}$ に関して整関数であり，$\tau \in \mathbb{H}$ に関して正則である．
 (ii) $\Theta(z+1|\tau) = \Theta(z|\tau)$.
 (iii) $\Theta(z+\tau|\tau) = \Theta(z|\tau) e^{-\pi i \tau} e^{-2\pi i z}$.
 (iv) $z = 1/2 + \tau/2 + n + m\tau$ $(n, m \in \mathbb{Z})$ のとき，$\Theta(z|\tau) = 0$ である．

証明 $\mathrm{Im}(\tau) = t \geq t_0 > 0$ とし，$z = x + iy$ が $\mathbb{C}$ のある有界集合，たとえば $|z| \leq M$ に属しているとする．このとき

$$\sum_{n=-\infty}^{\infty} |e^{\pi i n^2 \tau} e^{2\pi i n z}| \leq C \sum_{n \geq 0} e^{-\pi n^2 t_0} e^{2\pi n M} < \infty$$

が成り立つから，Θ を定義する級数は絶対かつ一様収束する．それゆえ $\tau \in \mathbb{H}$ を固定したとき $\Theta(\cdot | \tau)$ は，整関数であり，$z \in \mathbb{C}$ を固定したとき，$\Theta(z | \cdot)$ は上半平面上正則である．

指数関数 $e^{2\pi i n z}$ は周期 1 をもつから，(ii) は Θ の定義からすぐに導かれる．

3 番目の性質を示すため，$\Theta(z + \tau | \tau)$ を級数で表し，その各項の指数を平方完成する．つまり

$$\begin{aligned}
\Theta(z + \tau | \tau) &= \sum_{n=-\infty}^{\infty} e^{\pi i n^2 \tau} e^{2\pi i n(z+\tau)} \\
&= \sum_{n=-\infty}^{\infty} e^{\pi i (n^2 + 2n)\tau} e^{2\pi i n z} \\
&= \sum_{n=-\infty}^{\infty} e^{\pi i (n+1)^2 \tau} e^{-\pi i \tau} e^{2\pi i n z} \\
&= \sum_{n=-\infty}^{\infty} e^{\pi i (n+1)^2 \tau} e^{-\pi i \tau} e^{2\pi i (n+1) z} e^{-2\pi i z} \\
&= \Theta(z | \tau) e^{-\pi i \tau} e^{-2\pi i z}.
\end{aligned}$$

よって $\Theta(z|\tau)$ が z の関数として周期 1 と「準周期」τ をもつことが示せた．

最後の性質を証明するには，これまで示したことから，$\Theta(1/2 + \tau/2 | \tau) = 0$ を証明すれば十分である．今回も n と n^2 が相互作用して，

$$\begin{aligned}
\Theta\left(\frac{1}{2} + \frac{\tau}{2} \Big| \tau\right) &= \sum_{n=-\infty}^{\infty} e^{\pi i n^2 \tau} e^{2\pi i n(1/2 + \tau/2)} \\
&= \sum_{n=-\infty}^{\infty} (-1)^n e^{\pi i (n^2 + n)\tau}
\end{aligned}$$

となる．最後の項が恒等的に 0 になることを示すには，$n \geq 0$ の項と $-n-1$ の項を合わせて考えると，それらが $(-n-1)^2 + (-n-1) = n^2 + n$ より打ち消し合うことを見ればよい．これで命題の証明が完了した． ∎

次に，z の関数として，$\Theta(z|\tau)$ と同じ構造上の性質をもつ無限積を考えよう．その無限積は，$z \in \mathbb{C}$ と $\tau \in \mathbb{H}$ に対して，

$$\Pi(z|\tau) = \prod_{n=1}^{\infty} (1-q^{2n})(1+q^{2n-1}e^{2\pi iz})(1+q^{2n-1}e^{-2\pi iz})$$

と定義される．ここでは，この分野で標準的に用いられる記法 $q = e^{\pi i\tau}$ を用いた．関数 $\Pi(z|\tau)$ は，しばしば**三重積**と呼ばれる．

命題 1.2 関数 $\Pi(z|\tau)$ は，次の性質をもつ．
 (i) $\Pi(z|\tau)$ は，$z \in \mathbb{C}$ に関して整関数であり，$\tau \in \mathbb{H}$ に関して正則である．
 (ii) $\Pi(z+1|\tau) = \Pi(z|\tau)$．
 (iii) $\Pi(z+\tau|\tau) = \Pi(z|\tau)\,e^{-\pi i\tau}e^{-2\pi iz}$．
 (iv) $z = 1/2 + \tau/2 + n + m\tau\,(n, m \in \mathbb{Z})$ のとき，$\Pi(z|\tau) = 0$ である．さらに，これらの点は，$\Pi(\cdot|\tau)$ の単純零点で，これらの点以外に，関数 $\Pi(\cdot|\tau)$ は零点をもたない．

証明 $\mathrm{Im}(\tau) = t \geq t_0 > 0$ かつ $z = x + iy$ のとき，$|q| \leq e^{-\pi t_0} < 1$ であり，

$$(1-q^{2n})(1+q^{2n-1}e^{2\pi iz})(1+q^{2n-1}e^{-2\pi iz}) = 1 + O(|q|^{2n-1}e^{2\pi|z|})$$

がいえる．ここで，級数 $\sum |q|^{2n-1}$ は収束するから，第 5 章における無限積の結果[1]より，固定された $\tau \in \mathbb{H}$ に対して z の整関数であり，固定された $z \in \mathbb{C}$ に対しては $\tau \in \mathbb{H}$ の正則関数であることがいえる．定義より，$\Pi(z|\tau)$ が変数 z について周期 1 をもつことは明らかである．

3 番目の性質を証明するため，まず $q^2 = e^{2\pi i\tau}$ より

$$\Pi(z+\tau|\tau) = \prod_{n=1}^{\infty} (1-q^{2n})(1+q^{2n-1}e^{2\pi i(z+\tau)})(1+q^{2n-1}e^{-2\pi i(z+\tau)})$$
$$= \prod_{n=1}^{\infty} (1-q^{2n})(1+q^{2n+1}e^{2\pi iz})(1+q^{2n-3}e^{-2\pi iz})$$

であることに注意しておく．最後の無限積と $\Pi(z|\tau)$ の定義の無限積を比較して，過不足している因子を拾い出すと，

$$\Pi(z+\tau|\tau) = \Pi(z|\tau)\left(\frac{1+q^{-1}e^{-2\pi iz}}{1+qe^{2\pi iz}}\right)$$

となることがわかる．ここで，$x \neq -1, 0$ のとき $(1+x)/(1+x^{-1}) = x$ となることに注意すれば，(iii) にたどり着く．

---

[1] 訳注：命題 3.2(i)．

最後に $\Pi(z|\tau)$ の零点を見いだすため，無限積の少なくとも一つの因子が 0 になれば無限積が 0 に収束することを思い出しておこう．このことを用いて，z の関数 $\Pi(z|\tau)$ の零点を求めよう．まず，第 1 因子 $(1-q^{2n})$ は，$|q|<1$ により，決して 0 にならない．次に，第 2 因子 $(1+q^{2n-1}e^{2\pi iz})$ が 0 になるのは，$q^{2n-1}e^{2\pi iz} = -1 = e^{\pi i}$ のときである．ここで，$q = e^{\pi i\tau}$ であったから，

$$(2n-1)\tau + 2z = 1 \pmod{2}{}^{2)},$$

すなわち，

$$z = \frac{1}{2} + \frac{\tau}{2} - n\tau \pmod{1}$$

と書ける．よって，第 2 因子が 0 になる点は，$z = 1/2 + \tau/2 - n\tau + m$ $(n \geq 1, m \in \mathbb{Z})$ である．また，第 3 因子が 0 になるのは，

$$(2n-1)\tau - 2z = 1 \pmod{2},$$

すなわち，

$$\begin{aligned}z &= -\frac{1}{2} - \frac{\tau}{2} + n\tau &\pmod{1} \\ &= \frac{1}{2} + \frac{\tau}{2} + n'\tau &\pmod{1}\end{aligned}$$

のときである．ただしここで $n' \geq 0$．これで $\Pi(\cdot|\tau)$ の零点を取り尽くした．最後に，これらの零点は 1 位である．なぜなら関数 $e^w - 1$ が，原点で単純零点をもつからである (このことは，関数をベキ級数展開することでも，あるいは，微分することでも，確かめられる)．∎

Π の重要性は，テータ関数の乗積公式と呼ばれている下記の定理からきている．$\Theta(z|\tau)$ と $\Pi(z|\tau)$ が同じような性質をもつことは，それらに密接な関連があることを連想させる．このことは実際に正しく，次が成り立つ．

定理 1.3 (三重積公式) すべての $z \in \mathbb{C}, \tau \in \mathbb{H}$ に対して，等式 $\Theta(z|\tau) = \Pi(z|\tau)$ が成り立つ．

証明 任意に $\tau \in \mathbb{H}$ をとり固定する．はじめに，

(2) $$\Theta(z|\tau) = c(\tau)\Pi(z|\tau)$$

---

2) 標準的な略記法を用いた．「$a = b \pmod{c}$」とは，$a - b$ が c の整数倍になることである．

となる定数 $c(\tau)$ が存在することを示そう．$F(z) = \Theta(z|\tau)/\Pi(z|\tau)$ とおくと，命題 1.1, 1.2 より，関数 F は整関数であり，周期 $1, \tau$ をもつ二重周期関数になる．ゆえに，F は定数関数になり，(2) が示せた．

定理を示すには，すべての $\tau \in \mathbb{H}$ について，$c(\tau) = 1$ となることを証明しなければならない．その証明のポイントは，等式 $c(\tau) = c(4\tau)$ を導くことである．式 (2) に $z = 1/2$ を代入しよう．すると，$e^{2\pi i z} = e^{-2\pi i z} = -1$ だから，

$$\sum_{n=-\infty}^{\infty} (-1)^n q^{n^2} = c(\tau) \prod_{n=1}^{\infty} (1-q^{2n})(1-q^{2n-1})(1-q^{2n-1})$$

$$= c(\tau) \prod_{n=1}^{\infty} [(1-q^{2n-1})(1-q^{2n})](1-q^{2n-1})$$

$$= c(\tau) \prod_{n=1}^{\infty} (1-q^n)(1-q^{2n-1})$$

となる．ゆえに，

(3) $$c(\tau) = \frac{\sum\limits_{n=-\infty}^{\infty} (-1)^n q^{n^2}}{\prod\limits_{n=1}^{\infty} (1-q^n)(1-q^{2n-1})}$$

である．次に，(2) に $z = 1/4$ を代入すると $e^{2\pi i z} = i$ である．一方

$$\Theta\left(\frac{1}{4}\Big|\tau\right) = \sum_{n=-\infty}^{\infty} q^{n^2} i^n$$

となる．ここで，$1/i = -i$ であることを考えると，この級数の偶数番目 $n = 2m$ の項だけが残る．よって，

$$\Theta\left(\frac{1}{4}\Big|\tau\right) = \sum_{m=-\infty}^{\infty} q^{4m^2} (-1)^m$$

である．他方，

$$\Pi\left(\frac{1}{4}\Big|\tau\right) = \prod_{m=1}^{\infty} (1-q^{2m})(1+iq^{2m-1})(1-iq^{2m-1})$$

$$= \prod_{m=1}^{\infty} (1-q^{2m})(1+q^{4m-2})$$

$$= \prod_{n=1}^{\infty} (1-q^{4n})(1-q^{8n-4})$$

である．ここで，最後の等号は，$2m = 4n$ と $2m = 4n-2$ の二つの場合に分け

て式変形した結果である．こうして，

$$(4) \qquad c(\tau) = \frac{\sum_{n=-\infty}^{\infty} (-1)^n q^{4n^2}}{\prod_{n=1}^{\infty} (1-q^{4n})(1-q^{8n-4})}$$

となる．以上，(3) と (4) から，主張した式 $c(\tau) = c(4\tau)$ が得られる．この式を繰り返し使うと，$c(\tau) = c(4^k\tau) \, (k \in \mathbb{Z})$ となることがわかる．そこで，$q^{4^k} = e^{i\pi 4^k \tau} \to 0 \, (k \to \infty)$ であることに注意すると，式 (2) から，$c(\tau) = 1$ となることがいえる．これで定理が示された． ∎

関数 Θ の三重積公式を限定して，関数 $\theta(\tau) = \Theta(0|\tau)$ についての公式が得られる．また，その公式からは，関数 θ が $\mathbb{H}$ 上で値 0 をとらないことがわかる．

系 1.4 $\mathrm{Im}\,(\tau) > 0$, $q = e^{\pi i \tau}$ のとき，

$$\theta(\tau) = \prod_{n=1}^{\infty}(1-q^{2n})(1+q^{2n-1})^2$$

が成り立つ．また，すべての $\tau \in \mathbb{H}$ に対して，$\theta(\tau) \neq 0$ である．

次の系では，関数 Θ の性質をうまく利用すると，楕円関数がつくれることを示す (その楕円関数は，ワイエルシュトラスの $\wp$ 関数に，かなり似ている)．

系 1.5 任意に固定した $\tau \in \mathbb{H}$ に対して，

$$(\log \Theta(z|\tau))'' = \frac{\Theta(z|\tau)\Theta''(z|\tau) - (\Theta'(z|\tau))^2}{\Theta(z|\tau)^2}$$

は，周期 $1, \tau$ をもつ 2 位の楕円関数で，点 $z = 1/2 + \tau/2$ で 2 位の極をもつ．

上の式において，プライム記号 $'$ は，変数 z に関する微分を表す．

証明 $F(z) = (\log \Theta(z|\tau))' = \Theta'(z|\tau)/\Theta(z|\tau)$ とおく．命題 1.1 の (ii), (iii) において，両辺を微分した等式をもとの等式で割ると，それぞれ，$F(z+1) = F(z), F(z+\tau) = F(z) - 2\pi i$ となる．これらの両辺をもう 1 回微分すると，$F'(z)$ が二重周期をもつことがわかる．$\Theta(z|\tau)$ は基本平行四辺形においては，$z = 1/2 + \tau/2$ のみで 0 になるので，そこで関数 $F(z)$ は 1 位の極を一つもち，$F'(z)$ は 2 位の極を一つもつ． ∎

二つの関数 $(\log \Theta(z|\tau))'', \wp_\tau(z)$ の正確な関連式は，練習 1 に記してある．

また、Θ 関数とワイエルシュトラスの σ (シグマ) 関数との関連については、前章の練習 5 を参照せよ.

1.1 他の変換法則

今度は、関数 Θ のモジュラー性、つまり、変数 τ に関する変換法則を調べよう.

前章の第 2 節で勉強したワイエルシュトラスの $\wp$ 関数やアイゼンシュタイン級数 E_k のモジュラー性を思い出そう. それらは、上半平面の二つの変換 (自己同型)

$$\tau \mapsto \tau + 1, \qquad \tau \mapsto -\frac{1}{\tau}$$

と関連していた. これら二つの変換をそれぞれ T_1, S と表す.

関数 Θ のモジュラー性を調べるには、上の二つの変換の代わりに、変換

$$T_2 : \tau \mapsto \tau + 2, \qquad S : \tau \mapsto -\frac{1}{\tau}$$

を考えるのが自然だろう. なぜなら、$\Theta(z|\tau+1) = \Theta(z|\tau)$ ではなく、$\Theta(z|\tau+2) = \Theta(z|\tau)$ が成り立つからである.

最初は、$S : \tau \mapsto -1/\tau$ による $\Theta(z|\tau)$ の変換法則を調べよう.

定理 1.6 すべての $z \in \mathbb{C}, \tau \in \mathbb{H}$ に対して、

(5) $$\Theta\left(z \Big| -\frac{1}{\tau}\right) = \sqrt{\frac{\tau}{i}} \, e^{\pi i \tau z^2} \, \Theta(\tau z | \tau)$$

が成り立つ.

ここで $\sqrt{\tau/i}$ は、上半平面における平方根の分枝で、$\tau = it \, (t > 0)$ のとき正値をとるようなものとする.

証明 $z = x$ が実数かつ $\tau = it \, (t > 0)$ のときに、等式を示せば十分である. いま仮に、それが示せたとしよう. そのとき、任意に $x \in \mathbb{R}$ を選んで固定すると、(5) の両辺は、τ の関数として上半平面上で正則で、正の虚軸上で値が一致するから、全体で値が一致する. 次に、任意に $\tau \in \mathbb{H}$ を選んで固定すると、(5) の両辺は、z の関数として正則で、実軸上で値が一致するから、全体で値が一致する.

実数 x と $\tau = it$ に対して示すべき公式は次のようになる.

$$\sum_{n=-\infty}^{\infty} e^{-\pi n^2/t} e^{2\pi i n x} = t^{1/2} \, e^{-\pi t x^2} \sum_{n=-\infty}^{\infty} e^{-\pi n^2 t} e^{-2\pi n t x}.$$

x を a に置き換えると示すべき式は
$$\sum_{n=-\infty}^{\infty} e^{-\pi t(n+a)^2} = \sum_{n=-\infty}^{\infty} t^{-1/2} e^{-\pi n^2/t} e^{2\pi i n a}$$
となる．しかしこれはポアソンの和公式から導かれた第 4 章の式 (3) ($a = x$ の場合) に他ならない． ∎

この定理において $z = 0$ とすると，次の系が得られる．

系 1.7 $\operatorname{Im}(\tau) > 0$ のとき，$\theta(-1/\tau) = \sqrt{\tau/i}\,\theta(\tau)$ が成り立つ．

この系において $\tau = it$ ($t > 0$) とすると，関数 $\theta(\tau) = \vartheta(t)$ であり，上記の関係式は，第 4 章で導いた ϑ の関数等式に他ならない．

変換法則 $\theta(-1/\tau) = (\tau/i)^{1/2}\theta(\tau)$ は，$\tau \to 0$ のときのふるまいについて，かなり正確な情報を与えてくれる．次の系は，$\tau \to 1$ のときの $\theta(\tau)$ のふるまいを，あとで解析するとき，利用される．

系 1.8 すべての $\tau \in \mathbb{H}$ に対して，
$$\theta\left(1 - \frac{1}{\tau}\right) = \sqrt{\frac{\tau}{i}} \sum_{n=-\infty}^{\infty} e^{\pi i (n+\frac{1}{2})^2 \tau}$$
$$= \sqrt{\frac{\tau}{i}} \left(2 e^{\pi i \tau/4} + \cdots\right)$$
が成り立つ．ここで，2 番目の等式は $\theta(1 - 1/\tau) \sim \sqrt{\tau/i}\, 2 e^{i\pi\tau/4}$ ($\operatorname{Im}(\tau) \to \infty$) を意味する．

証明 はじめに，n と n^2 が同じ符号の反転性をもつことに注意する．すると
$$\theta(1 + \tau) = \sum_{n=-\infty}^{\infty} (-1)^n e^{i\pi n^2 \tau} = \Theta\left(\frac{1}{2}\Big|\tau\right)$$
となる．この式から，$\theta(1 - 1/\tau) = \Theta(1/2 | -1/\tau)$ がいえる．そこで，定理 1.6 で $z = 1/2$ の場合を考えると，
$$\theta\left(1 - \frac{1}{\tau}\right) = \sqrt{\frac{\tau}{i}}\, e^{\pi i \tau/4} \Theta\left(\frac{\tau}{2}\Big|\tau\right)$$
$$= \sqrt{\frac{\tau}{i}}\, e^{\pi i \tau/4} \sum_{n=-\infty}^{\infty} e^{\pi i n^2 \tau} e^{\pi i n \tau}$$

$$= \sqrt{\frac{\tau}{i}} \sum_{n=-\infty}^{\infty} e^{\pi i (n+\frac{1}{2})^2 \tau}$$

となる．$\tau = \sigma + it$ とする．$n=0$ と $n=-1$ に対応する項をたすと，$2e^{\pi i \tau/4}$ で，その絶対値は $2e^{-\pi t/4}$ である．一方，この級数の $n = 0, -1$ の項を除いた和は，

$$O\left(\sum_{k=1}^{\infty} e^{-\pi (k+\frac{1}{2})^2 t} \right) = O(e^{-9\pi t/4})$$

である．

この節最後の変換法則は，**デデキントのエータ関数**に関するものである．それは，任意の $\mathrm{Im}(\tau) > 0$ に対して，

$$\eta(\tau) = e^{\frac{\pi i \tau}{12}} \prod_{n=1}^{\infty} (1 - e^{2\pi i n \tau})$$

と定義される．次の命題で示す η の関数等式は，のちに，四平方和の定理や分割関数の性質を議論するとき，有用になるだろう．

命題 1.9 $\mathrm{Im}(\tau) > 0$ に対して，

$$\eta\left(-\frac{1}{\tau}\right) = \sqrt{\frac{\tau}{i}}\, \eta(\tau)$$

が成り立つ．

命題の等式は，定理 1.6 の等式の両辺を z で微分し，その式に $z_0 = 1/2 + \tau/2$ を代入すれば得られる．詳しい証明を次に記す．

証明 テータ関数の三重積公式から，$q = e^{\pi i \tau}$ と書くと，

$$\Theta(z|\tau) = (1 + qe^{-2\pi i z}) \prod_{n=1}^{\infty} (1 - q^{2n})(1 + q^{2n-1} e^{2\pi i z})(1 + q^{2n+1} e^{-2\pi i z})$$

である．右辺の第 1 因子は $z_0 = 1/2 + \tau/2$ で 0 になり，

$$\Theta'(z_0|\tau) = 2\pi i H(\tau), \qquad \text{ただし } H(\tau) = \prod_{n=1}^{\infty} (1 - e^{2\pi i n \tau})^3$$

となる．次に等式 (5) で，$-1/\tau$ を τ に置き換えると，

$$\Theta(z|\tau) = \sqrt{\frac{i}{\tau}}\, e^{-\pi i z^2/\tau}\, \Theta\left(-\frac{z}{\tau} \bigg| -\frac{1}{\tau}\right)$$

となる．この等式の両辺を微分して，$z_0 = 1/2 + \tau/2$ での値を計算すると，

を得る.ゆえに

$$e^{\frac{\pi i \tau}{4}} H(\tau) = \left(\sqrt{\frac{i}{\tau}}\right)^3 e^{-\frac{\pi i}{4\tau}} H\left(-\frac{1}{\tau}\right)$$

である.$\tau = it\,(t>0)$ のとき,$\eta(\tau)$ は正値だから,上式の立方根をとることにより $\eta(\tau) = \sqrt{i/\tau}\,\eta(-1/\tau)$ が導かれる.したがって,解析接続することにより,この等式がすべての $\tau \in \mathbb{H}$ に対して成立する. ∎

問題 5 では,関数 η と楕円関数論との関連を述べた.

2. 母関数

数列 $\{F_n\}_{n=0}^{\infty}$ が,組合せ論的,再帰的,あるいは何らかの整数論の法則を用いて,与えられているとしよう.$\{F_n\}$ について研究する一つの有力な手法は,その**母関数**

$$F(x) = \sum_{n=0}^{\infty} F_n\, x^n$$

の方を調べることである.実際,数列 $\{F_n\}$ の定義から,母関数 $F(x)$ の代数的あるいは解析的な興味深い性質が,しばしば導かれる.そして,その性質から,結果的に,もとの数列 $\{F_n\}$ に関する新しい見識が得られる.この手法が有効に働く初等的な例は,フィボナッチ数列である (練習 2 参照).ここでは,もう少し高等的な例で,この手法を活用してみよう.一つの例では,テータ関数が関連してくる.

はじめに,数の分割の理論に手短かに触れよう.

まず,**分割関数** $p(n)$ を定義する.正の整数 n を,いくつかの正の整数の和で表す方法 (和の順序は問わない) の総数を,$p(n)$ と書く.たとえば,1 は,一つの整数 1 でしか表せないから,$p(1) = 1$ である.2 は,$2 = 2 + 0 = 1 + 1$ であるから,$p(2) = 2$ で,3 は,$3 = 3 + 0 = 2 + 1 = 1 + 1 + 1$ より,$p(3) = 3$ である.このように考えていくと,$p(n)$ は次の表のような値をとる (ただし,$p(0) = 1$ と約束する).

n	0	1	2	3	4	5	6	7	8	$\cdots$	12
$p(n)$	1	1	2	3	5	7	11	15	22	$\cdots$	77

最初の定理は，分割の列 $\{p(n)\}$ の母関数についてのオイラーの等式である．これはゼータ関数の乗積公式を想起させる．

定理 2.1 $|x| < 1$ のとき，

$$\sum_{n=0}^{\infty} p(n) x^n = \prod_{k=1}^{\infty} \frac{1}{1-x^k}$$

が成り立つ．

形式的に各分数は

$$\frac{1}{1-x^k} = \sum_{m=0}^{\infty} x^{km}$$

と表すことができる．それらを掛け合わせて，x^n の係数を求める．実際 n がいくつかの正の整数の和として表されているとき，その和に現れた異なる正の整数を $k_1, \cdots, k_r$ と書き，各 k_i が和に現れた回数を m_i と書くと，

$$n = m_1 k_1 + \cdots + m_r k_r$$

と表せる．この表し方と，無限積 $\prod_{k=1}^{\infty} \sum_{m=0}^{\infty} x^{km}$ から現れる項

$$(x^{k_1})^{m_1} \cdots (x^{k_r})^{m_r}$$

との対応を考えると，求める x^n の係数が $p(n)$ になることがわかる．

以上の形式的な議論の正当化は，ゼータ関数の乗積公式 (第7章の第1節) の証明方法を，そのままたどればよい．その際，無限積 $\prod 1/(1-x^k)$ が収束することが必要になる．実際，$|x| < 1$ を固定したとき，

$$\frac{1}{1-x^k} = 1 + O(x^k)$$

となるから，導かれる．

同様の議論により，乗積 $\prod 1/(1-x^{2n-1})$ は，n の奇数への分割の仕方の総数 $p_o(n)$ の母関数に等しくなる．また，$\prod(1+x^n)$ は，n の相異なる整数への分割の総数 $p_u(n)$ の母関数となる．このとき，驚くべきことに，すべての n に対して等式 $p_o(n) = p_u(n)$ が成り立つ．この等式は，等式

$$\prod_{n=1}^{\infty}\Big(\frac{1}{1-x^{2n-1}}\Big) = \prod_{n=1}^{\infty}(1+x^n)$$

のように書き換えることができる．これを証明するため $(1+x^n)(1-x^n) = 1-x^{2n}$ に注意すると，

$$\prod_{n=1}^{\infty}(1+x^n)\prod_{n=1}^{\infty}(1-x^n) = \prod_{n=1}^{\infty}(1-x^{2n})$$

となる．さらに整数の偶奇を考慮して，

$$\prod_{n=1}^{\infty}(1-x^{2n})\prod_{n=1}^{\infty}(1-x^{2n-1}) = \prod_{n=1}^{\infty}(1-x^n)$$

が得られ，上記の結果とあわせて求める等式が証明される．

最後に，もう少し内容の深い例をあげよう．この例は，テータ関数 Θ が直接的に関連してくる．正の整数 n を，偶数個の異なる正の整数の和で表す方法の総数を，$p_{e,u}(n)$ と書き，奇数個の異なる正の整数の和で表す方法の総数を，$p_{o,u}(n)$ と書く[3]．オイラーは，n が五角数でない限り，$p_{e,u}(n) = p_{o,u}(n)$ となることを示した．まず，**五角数**[4]とは，$k \in \mathbb{Z}$ を用いて $k(3k+1)/2$ と表される整数のことである．たとえば最初のいくつかの五角数を小さい順に書き並べると，1, 2, 5, 7, 12, 15, 22, 26, $\cdots$ となる．実際，n が五角数ならば

$$p_{e,u}(n) - p_{o,u}(n) = (-1)^k, \qquad n = k(3k+1)/2.$$

結果を証明するため，まず，次の等式を確かめよう．

$$\prod_{n=1}^{\infty}(1-x^n) = \sum_{n=0}^{\infty}[p_{e,u}(n) - p_{o,u}(n)]x^n.$$

無限積における項を掛けると，$(-1)^r x^{n_1+\cdots+n_r}$ の形の項が得られる．ただし，ここで $n_1, \cdots, n_r$ は相異なる．それゆえ，x^n の係数では，n の分割 $n_1 + \cdots + n_r$ は，異なる偶数個の分割では $+1$ (r は偶数)，異なる奇数個の分割では -1 (r は奇数) となる．これにより，$p_{e,u}(n) - p_{o,u}(n)$ の係数が与えられる．

いま得られた等式から，オイラーの定理を示すには，次の命題を証明すればよい．

---

3) 訳注：今回も，和で表す方法は，和の順序を意識しない．
4) 慣用の定義を記しておく．$k(k-1)/2$ $(k \in \mathbb{Z})$ という形の整数を三角数，k^2 という形の整数を四角数，$k(3k+1)/2$ という形の整数を五角数という．一般に，$k((\ell-2)k+\ell-4)/2$ という形の整数を ℓ 角数という．

命題 2.2 $|x| < 1$ のとき，
$$\prod_{n=1}^{\infty}(1-x^n) = \sum_{k=-\infty}^{\infty}(-1)^k x^{\frac{k(3k+1)}{2}}$$
が成り立つ．

証明 $x = e^{2\pi i u}$ とすると，
$$\prod_{n=1}^{\infty}(1-x^n) = \prod_{n=1}^{\infty}(1-e^{2\pi i n u})$$
を $q = e^{3\pi i u}$, $z = 1/2 + u/2$ として，三重積
$$\prod_{n=1}^{\infty}(1-q^{2n})(1+q^{2n-1}e^{2\pi i z})(1+q^{2n-1}e^{-2\pi i z})$$
を用いて表すことができる．その理由は，
$$\prod_{n=1}^{\infty}(1-e^{2\pi i 3nu})(1-e^{2\pi i(3n-1)u})(1-e^{2\pi i(3n-2)u}) = \prod_{n=1}^{\infty}(1-e^{2\pi i n u})$$
による．そこで，定理 1.3 を用いると，乗積は
$$\sum_{n=-\infty}^{\infty} e^{3\pi i n^2 u}(-1)^n e^{2\pi i n u/2} = \sum_{n=-\infty}^{\infty}(-1)^n e^{\pi i n(3n+1)u}$$
$$= \sum_{n=-\infty}^{\infty}(-1)^n x^{n(3n+1)/2}$$
となり，命題が示せた． ∎

最後に，分割関数 $p(n)$ についてのコメントを付記しておこう．$n \to \infty$ のときの $p(n)$ の増大度は，$|x| \to 1$ のときの無限積 $1/\prod_{n=1}^{\infty}(1-x)^n$ のふるまいを調べることで，解析できる．実際，$x \to 1$ のときの母関数の増大度から，$p(n)$ の増大度を，初等的な計算で，おおまかに評価することができる．詳しくは，練習 5, 6 を見られたい．さらによい評価を得るには，η 関数の関数等式 (命題 1.9) に帰する母関数の変換法則が必要になる．それを用いると，$p(n)$ の優れた漸近公式が得られる．この辺の話題を，付録 A で解説した．

3. 平方和に関する定理

古代ギリシア人は，3 辺の長さが整数の直角三角形の辺として現れる整数の組 (a, b, c) に魅せられていた．これは $a^2 + b^2 = c^2$ をみたすもので，ピタゴラス数と呼ばれている．アレキサンドリアのディオファントス (西暦 250 年頃) によれば，c が上述のような整数で，a と b が互いに素なとき (そうでないときはこの場合に帰着できる)，c は二つの平方数の和，すなわち，$m, n \in \mathbb{Z}$ により $c = m^2 + n^2$ となる．逆に，そのような c は，あるピタゴラス数 (a, b, c) によって与えられる直角三角形の斜辺の長さになる (練習 8)．以上のいきさつから，次の問題が自然に生まれる．どんな整数が，二つの平方数の和として表せるか？ $4k+3$ の整数が，二つの平方数の和として表せないことが，簡単に示せる．とはいえ，二つの平方数の和になる整数全部を完全に決定するのは，そんなに簡単なことではない．

そこで，上の問題を数量的な形で述べてみよう．関数 $r_2(n)$ を，非負の整数 n を二つの平方数の和で表す方法の総数により定義する．ただし，自明な繰り返しも数え上げることにする[5]．つまり，$r_2(n)$ は，

$$n = x^2 + y^2, \qquad x, y \in \mathbb{Z}$$

をみたす整数の順序組 (x, y) の総数である．たとえば，3 は二つの平方数の和では表せないから，$r_2(3) = 0$ であり，5 は $5 = (\pm 2)^2 + (\pm 1)^2$ ならびに $5 = (\pm 1)^2 + (\pm 2)^2$ と書けるから，$r_2(5) = 8$ である．これにより，最初の問題は次のようになる．

二平方和の問題．どんな整数が，二つの平方数の和として表されるか？
より詳しく，$r_2(n)$ の値を表す式を求められるか？

正の整数すべてが，二つの平方数の和で表せるわけではないから，次は，三つの平方あるいは四つの平方の場合はどうかと考えたくなる．しかし，三つの平方数の和で表せない正の整数も，無限にたくさん存在する．実際，$8k+7$ の形の整数は，三つの平方数の和で表せないことが簡単に確かめられる．こうなると，四つの平方数が問題となる．$r_2(n)$ にならって，非負の整数 n を，四つの平方数の和で表す方法の総数を，$r_4(n)$ と書こう．このとき，われわれの第二の問題は，次のようになる．

---

[5] 訳注：和の順序や整数の正負も区別する．

四平方和の問題. 正の整数は,すべて,四つの平方数の和として表せるか? より詳しく,$r_4(n)$ の値を表す式を求めよ.

二平方和や四平方和の問題は,古く3世紀には考えられていたようだが,その後1500年もの長い間,未解決のままであった.これらの問題は,テータ関数に関するヤコビの理論を使うことにより,初めて完全解答が与えられたのである.

3.1 二平方和の定理

整数を二つの平方数の和で表す問題は,和に関する問題といえるが,積に関する良い性質をもっている.n, m がそれぞれ二つの平方数の和で表されたら,積 nm もそう表せるのである.実際,$n = a^2 + b^2$, $m = c^2 + d^2$ ($a, b, c, d \in \mathbb{Z}$) としよう.複素数

$$x + iy = (a + ib)(c + id)$$

を考えると,置き方から,x, y は整数である.また,上の等式の両辺に絶対値をつけると,

$$x^2 + y^2 = (a^2 + b^2)(c^2 + d^2)$$

となり,$nm = x^2 + y^2$ がいえた.

このことから,$r_2(n)$ の値をきめるには,n の約数の性質が重要な役割を果たしそうだと期待できる.そこで,新しい**約数関数**を二つ導入しよう.正の整数 n の約数で,$4k + 1$ の形のものの個数を $d_1(n)$ と書き,$4k + 3$ の形をしているものの個数を $d_3(n)$ と書く.これらを用いると,二平方和の問題の解答は,次のように述べられる.

定理 3.1 $r_2(n) = 4(d_1(n) - d_3(n))\,(n \geq 1)$ が成り立つ.

$r_2(n)$ に関する上記の公式の直接的な結果として,次のことがいえる.$n = p_1^{a_1} \cdots p_r^{a_r}$ を素因数分解とする.ただし,$p_1, \cdots, p_r$ は相異なるとする.このとき

正の整数 n が,二つの平方数の和として表されるための必要十分条件は,$4k + 3$ の形の素因数 p_j の指数 a_j が,どれも偶数になることである.

この結果の証明のアウトラインは練習9にある.

今から，定理 3.1 の証明を進めていこう．この証明で決定的な働きをする事実は，数列 $\{r_2(n)\}_{n=0}^{\infty}$ の母関数が，関数 θ の 2 乗と一致すること，すなわち，

$$\text{(6)} \qquad \theta(\tau)^2 = \sum_{n=0}^{\infty} r_2(n)\, q^n, \qquad q = e^{\pi i \tau}, \quad \tau \in \mathbb{H}$$

である．この等式は，θ と r_2 の定義から簡単に示せる．実際 $\theta(\tau) = \sum_{n=-\infty}^{\infty} q^{n^2}$ だから，

$$\theta(\tau)^2 = \left(\sum_{n_1=-\infty}^{\infty} q^{n_1^2} \right) \left(\sum_{n_2=-\infty}^{\infty} q^{n_2^2} \right)$$
$$= \sum_{(n_1, n_2) \in \mathbb{Z} \times \mathbb{Z}} q^{n_1^2 + n_2^2}$$
$$= \sum_{n=0}^{\infty} r_2(n)\, q^n$$

となる．最後の等式は，$r_2(n)$ が，$n_1^2 + n_2^2 = n$ である整数の順序組 (n_1, n_2) の総数であることによる．

命題 3.2 等式 $r_2(n) = 4\left(d_1(n) - d_3(n)\right) (n \geq 1)$ が成り立つことと，等式

$$\text{(7)} \qquad \theta(\tau)^2 = 2 \sum_{n=-\infty}^{\infty} \frac{1}{q^n + q^{-n}} = 1 + 4 \sum_{n=1}^{\infty} \frac{q^n}{1 + q^{2n}}, \qquad q = e^{\pi i \tau},\ \tau \in \mathbb{H}$$

が成り立つことは，同値である．

証明 $|q| < 1$ であることから，右辺の両方の級数が絶対収束することがわかる．また，$1/(q^n + q^{-n}) = q^{|n|}/(1 + q^{2|n|})$ から，1 番目と 2 番目の級数が等しいことがわかる．$(1 + q^{2n})^{-1} = (1 - q^{2n})/(1 - q^{4n})$ より (7) の右辺は

$$1 + 4 \sum_{n=1}^{\infty} \left(\frac{q^n}{1 - q^{4n}} - \frac{q^{3n}}{1 - q^{4n}} \right)$$

と等しい．さらに，$1/(1 - q^{4n}) = \sum_{m=0}^{\infty} q^{4nm}$ だから，

$$\sum_{n=1}^{\infty} \frac{q^n}{1 - q^{4n}} = \sum_{n=1}^{\infty} \sum_{m=0}^{\infty} q^{n(4m+1)} = \sum_{k=1}^{\infty} d_1(k)\, q^k$$

となる．後半の等式では，$d_1(k)$ が，k の約数で $4m+1$ の形をしたものの個数であることを用いた．また，$d_1(k) \leq k$ より，級数 $\sum d_1(k) q^k$ が収束することも注意しておこう．

一方，同様の計算で，
$$\sum_{n=1}^{\infty} \frac{q^{3n}}{1-q^{4n}} = \sum_{k=1}^{\infty} d_3(k)\, q^k$$
もいえ，命題の証明が完了する．　　　　　　　　　　　　　　　　　　　　■

等式 (6) が実際には整数論的 (算術的) な当初の問題と，等式 (7) を示すという複素解析的な問題を結びつけていることがわかる．

さて，記述の便宜のために，$\mathcal{C}(\tau)$ により

(8) $\quad \mathcal{C}(\tau) = 2\sum_{n=-\infty}^{\infty} \frac{1}{q^n + q^{-n}} = \sum_{n=-\infty}^{\infty} \frac{1}{\cos(n\pi\tau)}, \qquad q = e^{\pi i \tau}, \quad \tau \in \mathbb{H}$

を表す[6]．すると，等式 $\theta(\tau)^2 = \mathcal{C}(\tau)$ を示せばよいことになる．

ここで，まさに注目すべきは，二つの関数 $\theta, \mathcal{C}$ が，由来が異なっていながら，対比できる内容をもっていることである．関数 θ の起源は，実直線上の熱 (拡散) 方程式に求められ，そのときの熱核は，ガウス関数 $e^{-\pi x^2}$ の形をしていた[7]．また，関数 $e^{-\pi x^2}$ は，フーリエ変換が自分自身になる関数であった[8]．さらに，θ の関数等式は，ポアソンの和公式から導かれた[9]．

これらのことと対比しながら，関数 $\mathcal{C}$ を見てみよう．関数 $\mathcal{C}$ の起源は，別の微分方程式に求められる．それは，帯領域上の定常熱方程式で，そのときに出てくる核は，関数 $1/\cosh \pi x$ であった (第 8 章の 1.3 節)．また，関数 $1/\cosh \pi x$ のフーリエ変換も自分自身であった (第 3 章の例 3)．さらに，$\mathcal{C}$ についての変換法則は，このあと，ポアソンの和公式から導かれる．

さて，等式 $\theta^2 = \mathcal{C}$ を示すために，これら二つの関数が，構造上同じ性質をもっていることを見てみよう．系 1.7 より，θ^2 は変換法則 $\theta(\tau)^2 = (i/\tau)\,\theta(-1/\tau)^2$ をみたす．

これと同じ変換法則が $\mathcal{C}$ に対しても成り立つ！　実際，第 4 章の式 (5) で $a = 0$ とおくと，
$$\sum_{n=-\infty}^{\infty} \frac{1}{\cosh(\pi n t)} = \frac{1}{t}\sum_{n=-\infty}^{\infty} \frac{1}{\cosh(\pi n / t)}$$

---

[6] この関数は，(8) の最終辺のように cos の級数の和になるので，文字 $\mathcal{C}$ を用いて表した．
[7] 訳注：第 I 巻第 5 章の 2.1 節．
[8] 訳注：第 2 章の例 1．
[9] 第 4 章の式 (3) とこの章の系 1.7．

となる．この式は，等式
$$\mathcal{C}(\tau) = \left(\frac{i}{\tau}\right)\mathcal{C}\left(-\frac{1}{\tau}\right)$$
が $\tau = it\,(t>0)$ のときに成り立つことをいっている．それゆえ，解析接続により，すべての $\tau \in \mathbb{H}$ に対しても成立する．

定義から，$\mathrm{Im}(\tau) \to \infty$ のとき，$\theta(\tau)^2$ も $\mathcal{C}(\tau)$ も 1 に収束することがいえる．最後に，カスプ $\tau = 1$[10] における関数 $\theta^2, \mathcal{C}$ のふるまいを調べよう．

系 1.8 から，θ^2 については，$\mathrm{Im}(\tau) \to \infty$ のとき $\theta(1-1/\tau)^2 \sim 4\,(\tau/i)\,e^{\pi i \tau/2}$ がいえる．

$\mathcal{C}$ についても，ポアソンの和公式を用いて，同様のことが示せる．実際，第 4 章の式 (5) で $a = 1/2$ とおくと，
$$\sum_{n=-\infty}^{\infty} \frac{(-1)^n}{\cosh(\pi n/t)} = t \sum_{n=-\infty}^{\infty} \frac{1}{\cosh(\pi(n+1/2)t)}$$
となる．それゆえ解析接続により，
$$\mathcal{C}\left(1-\frac{1}{\tau}\right) = \left(\frac{\tau}{i}\right) \sum_{n=-\infty}^{\infty} \frac{1}{\cos(\pi(n+1/2)\tau)}$$
を導くことができる．そこで，この級数の主要項は，$n = -1, 0$ の項である．このことから
$$\mathcal{C}\left(1-\frac{1}{\tau}\right) = 4\left(\frac{\tau}{i}\right) e^{\pi i \tau/2} + O(|\tau|e^{-3\pi t/2}), \quad t \to \infty$$
となることが容易にわかる．ただし，$\tau = \sigma + it$ である．以上のことを，命題にまとめておこう．

命題 3.3 上半平面上で定義される関数 $\mathcal{C}(\tau) = \sum 1/\cos(\pi n \tau)$ は，次の性質をもつ．
 (i) $\mathcal{C}(\tau + 2) = \mathcal{C}(\tau)$．
 (ii) $\mathcal{C}(\tau) = (i/\tau)\mathcal{C}(-1/\tau)$．
 (iii) $\mathrm{Im}(\tau) \to \infty$ のとき，$\mathcal{C}(\tau) \to 1$．
 (iv) $\mathrm{Im}(\tau) \to \infty$ のとき，$\mathcal{C}(1-1/\tau) \sim 4\,(\tau/i)\,e^{\pi i \tau/2}$．
また，関数 $\theta^2(\tau)$ も同じ性質をもつ．

この命題を踏まえ，あとあと $f = \mathcal{C}/\theta^2$ とおくことを想定して，次の定理を証

---
10) 点 $\tau = 1$ をカスプと呼ぶ理由や，その意義は，後にわかるだろう．

明しておくことにしよう．

定理 3.4 f は，上半平面上の正則関数で，次の 3 条件をみたすとする．
(i) $f(\tau + 2) = f(\tau)$,
(ii) $f(-1/\tau) = f(\tau)$,
(iii) f は有界．

このとき，f は定数関数になる．

定理の証明のために，閉上半平面の部分集合
$$\mathcal{F} = \left\{ \tau \in \overline{\mathbb{H}} : |\mathrm{Re}\,(\tau)| \leq 1, |\tau| \geq 1 \right\}$$
を考えよう．集合 $\mathcal{F}$ を図 1 に示した．

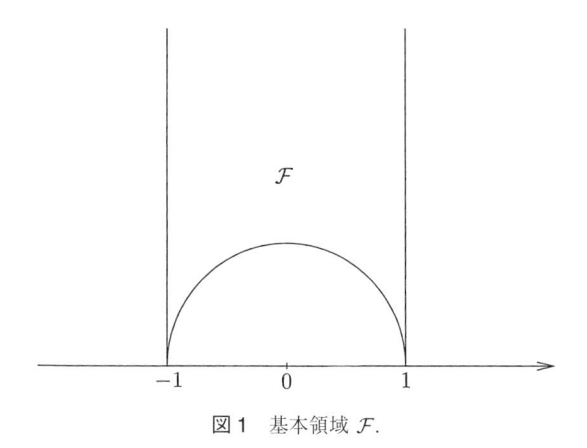

図 1 基本領域 $\mathcal{F}$.

$\tau = \pm 1$ に対応する点を**カスプ**という．これらの 2 点は，変換 $\tau \mapsto \tau + 2$ に関して合同である．

補題 3.5 上半平面の任意の点は，1 次分数変換
$$T_2 : \tau \mapsto \tau + 2, \qquad S : \tau \mapsto -\frac{1}{\tau}$$
およびそれらの逆写像を，適当に何回か組合せて作用させることにより，$\mathcal{F}$ の点に写すことができる．

このことから，集合 $\mathcal{F}$ は，T_2 と S によって生成される変換群に関する**基本領**

域と呼ばれる[11].

T_2 と S によって生成される変換群を G と書こう．T_2, S は，ともに1次分数変換[12]だから，任意の $g \in G$ は行列

$$g = \begin{pmatrix} a & b \\ c & d \end{pmatrix}$$

を

$$g(\tau) = \frac{a\tau + b}{c\tau + d}$$

と考えることにより，g により表すことができる．T_2, S を表す行列は成分が整数で，行列式が 1 である．したがって，任意の変換 $g \in G$ についても，成分が整数で，行列式が 1 の行列が対応する．特に，$\tau \in \mathbb{H}$ のとき

$$\text{Im}(g(\tau)) = \frac{\text{Im}(\tau)}{|c\tau + d|^2} \tag{9}$$

が成り立つ．

補題 3.5 の証明 $\tau \in \mathbb{H}$ とする．任意の $g \in G$ を，上の行列表現にしたがって $g(\tau) = (a\tau + b)/(c\tau + d)$ と表すと，c, d は整数で，(9) が成り立つから，$\text{Im}(g_0(\tau))$ が最大となる $g_0 \in G$ を選ぶことができる．また，写像 T_2 とその逆写像は，虚部を変化させないので，何回か作用させると，$g_1 \in G$ で，$|\text{Re}(g_1(\tau))| \leq 1$ かつ $\text{Im}(g_1(\tau))$ が最大となるものが存在する．さて，$g_1(\tau) \in \mathcal{F}$ を示すには $|g_1(\tau)| \geq 1$ を示せば十分である．もし，$|g_1(\tau)| < 1$ と仮定すると，$\text{Im}(Sg_1(\tau))$ は $\text{Im}(g_1(\tau))$ よりも大きい．なぜなら

$$\text{Im}(Sg_1(\tau)) = \text{Im}\left(-\frac{1}{g_1(\tau)}\right) = -\frac{\text{Im}(\overline{g_1(\tau)})}{|g_1(\tau)|^2} > \text{Im}(g_1(\tau))$$

となるからであるが，このことは $\text{Im}(g_1(\tau))$ の最大性に反する．∎

これにより定理の証明をすることができる．f は定数関数でないと仮定し，$z = e^{\pi i \tau}$ に対して $g(z) = f(\tau)$ とする．f が周期 2 をもつから関数 g は原点を抜いた穴あき単位円板上では矛盾なく定義でき，さらに，g は定理の仮定 (iii) よ

---

[11] 厳密にいうと，「基本領域」という用語は，定義域の任意の点が，基本領域のただ一つの点と変換に関して合同であるときに用いられる．いまの場合，$\mathcal{F}$ の境界に合同な 2 点があり，一意性に関する条件がみたされていない．

[12] 訳注：$\mathbb{H}$ の自己同型でもある．

り原点の近くで有界である．それゆえ，0 は g の除去可能な特異点であり，極限 $\lim_{z \to 0} g(z) = \lim_{\text{Im}(\tau) \to \infty} f(\tau)$ が存在する．また，最大値の原理より，

$$\lim_{\text{Im}(\tau) \to \infty} |f(\tau)| < \sup_{\tau \in \mathcal{F}} |f(\tau)|$$

が成り立つ．

次に，f の点 $\tau = \pm 1$ における挙動を調べなければならない．$f(\tau+2) = f(\tau)$ であるから，$\tau = 1$ なる点のみ考えれば十分である．そこで

$$\lim_{\text{Im}(\tau) \to \infty} f\left(1 - \frac{1}{\tau}\right)$$

が存在し，さらに

$$\lim_{\text{Im}(\tau) \to \infty} \left|f\left(1 - \frac{1}{\tau}\right)\right| < \sup_{\tau \in \mathcal{F}} |f(\tau)|$$

となることを示す．本質的に上と同様の議論をする．ただし，今度は，上における無限遠点 ∞ が，点 1 に変わる．言い換えれば，$F(\tau) = f(1 - 1/\tau)$ の τ に関する無限遠 ∞ での挙動を調べたいのである．この目的のために，行列

$$U_n = \begin{pmatrix} 1-n & n \\ -n & 1+n \end{pmatrix}$$

に対する 1 次分数変換，すなわち，

$$\tau \mapsto \frac{(1-n)\tau + n}{-n\tau + (1+n)}$$

を考える．これは 1 を 1 に写す．$\mu(\tau) = 1/(1-\tau)$ とおく．これは 1 を ∞ に写し，その逆写像 $\mu^{-1}(\tau) = 1 - 1/\tau$ は ∞ を 1 に写す．そこで，T_n を $T_n(\tau) = \tau + n$ なる平行移動とし，

$$U_n = \mu^{-1} T_n \mu$$

とする．すると

$$U_n U_m = U_{n+m}$$

となり，

$$U_{-1} = \begin{pmatrix} 2 & -1 \\ 1 & 0 \end{pmatrix} = T_2 S$$

である．

よって任意の U_n は，T_2, S あるいはその逆を有限回施すことにより得ること

ができる．f は T_2 と S に関して不変であるから，U_m に対しても不変である．このようにして

$$f(\mu^{-1}T_n\mu(\tau)) = f(\tau)$$

が得られる．それゆえ，$F(\tau) = f(\mu^{-1}(\tau)) = f(1-1/\tau)$ とするので，f が周期 1 をもつこと，すなわち任意の整数 n に対して，

$$F(T_n\tau) = F(\tau)$$

となることがわかる．

さて，前の議論によって，$h(z) = F(\tau), z = e^{2\pi i\tau}$ とおくと，h は $z = 0$ で除去可能な特異点をもち，したがって最大値の原理より求める不等式が導かれる．

以上の解析から，f が上半平面の内部で最大値をとることになるが，これは最大値の原理に矛盾する．

ここまでくると，二平方の定理[13]の証明は，あと一歩である．

$f(\tau) = \mathcal{C}(\tau)/\theta(\tau)^2$ とおく．系 1.4 より，$\theta(\tau)$ は上半平面上で値 0 をとらないから，f は $\mathbb{H}$ 上の正則関数である．また，命題 3.3 から，f は変換 T_2, S に関して不変である，すなわち $f(\tau+2) = f(\tau), f(-1/\tau) = f(\tau)$ が成り立つ．さらに，f は基本領域 $\mathcal{F}$ 上で有界になる．実際，$\mathcal{C}$ と θ^2 について示した命題 3.3(iii),(iv) より，$\mathrm{Im}(\tau)$ を ∞ に，あるいは τ をカスプ ± 1 に近づけたとき，$f(\tau)$ は 1 に近づく．よって f は $\mathbb{H}$ で有界になる．その結果，f は定数になり，それは 1 でなければならない．これで等式 $\theta(\tau)^2 = \mathcal{C}(\tau)$ がいえ，二平方の定理が証明できた．

3.2 四平方和の定理

定理の言明

この章の最後では，四平方和について考察する．正確にいうと，正の整数が，すべて，四つの平方数の和として表されることを証明する．さらに，その表し方の総数である $r_4(n)$ の値も決定する．

もう一つ別種の約数関数を導入する必要がある．それは，正の整数 n の約数で，4 で割り切れないもの全部の和で，$\sigma_1^*(n)$ と書く．ここで証明する主定理は次のものである．

---

[13] 訳注：定理 3.1.

定理 3.6 正の整数は，すべて，四つの平方数の和として表せる．さらに，
$$r_4(n) = 8\,\sigma_1^*(n), \qquad n \geq 1$$
が成り立つ．

二平方和の問題のときと同様に，数列 $\{r_4(n)\}$ を，その母関数を通して，関数 θ を何乗かしたものと結びつけよう．今回は θ の 4 乗が結びつく．すなわち，
$$\theta(\tau)^4 = \sum_{n=0}^{\infty} r_4(n)\,q^n, \qquad q = e^{\pi i \tau}, \quad \tau \in \mathbb{H}$$
である[14]．

次に，$\theta(\tau)^4$ と等しくなるモジュラー関数を見つけて，その等式が，$r_4(n) = 8\,\sigma_1^*(n)$ と同値になることを示そう．今回は残念ながら，二平方和の問題のときの関数 $\mathcal{C}(\tau)$ のように，簡明なモジュラー関数が見つからない．$\mathcal{C}(\tau)$ の代役には，前章で考えたアイゼンシュタイン級数をかなり巧妙に変形した関数を考える必要がある．それは次の関数である．
$$E_2^*(\tau) = \sum_m \sum_n \frac{1}{\left(\dfrac{m\tau}{2} + n\right)^2} - \sum_m \sum_n \frac{1}{\left(m\tau + \dfrac{n}{2}\right)^2}, \qquad \tau \in \mathbb{H}.$$
これらの二重級数は絶対収束しないので，和の順序に注意が必要である．次の命題により四平方和の定理が E_2^* のモジュラー性に還元される．

命題 3.7 等式 $r_4(n) = 8\,\sigma_1^*(n)$ が成り立つことと，等式
$$\theta(\tau)^4 = -\frac{1}{\pi^2} E_2^*(\tau), \qquad \tau \in \mathbb{H}$$
が成り立つことは，同値である．

証明 命題を証明するには，$q = e^{\pi i \tau}$ としたとき，等式
$$-\frac{1}{\pi^2} E_2^*(\tau) = 1 + \sum_{k=1}^{\infty} 8\,\sigma_1^*(k)\,q^k$$
を示せばよい．

第 9 章の 2.2 節で考えた規定外アイゼンシュタイン級数 F を思い出そう．F は次のように定義された．

---
[14] 訳注：この等式が成り立つことは，等式 (6) の証明を参考にすればわかるだろう．

$$F(\tau) = \sum_m \left[\sum_n \frac{1}{(m\tau+n)^2} \right].$$

ここで，和をとるとき，$n = m = 0$ の項は除いている．この二重級数は絶対収束しないので，和の順序に注意を要する．このことを踏まえて，関数 E_2^*, F の定義を見ると，

(10) $$E_2^*(\tau) = F\left(\frac{\tau}{2}\right) - 4\,F(2\tau)$$

であることがすぐにわかる．

$\sigma_1(k)$ を k の約数全部の和とする．第9章の系2.6 (と練習7) より，

$$F(\tau) = \frac{\pi^2}{3} - 8\pi^2 \sum_{k=1}^{\infty} \sigma_1(k)\, e^{2\pi i k \tau}$$

である．

ここで，

$$\sigma_1^*(n) = \begin{cases} \sigma_1(n), & n \text{ が 4 で割り切れないとき}, \\ \sigma_1(n) - 4\,\sigma_1(n/4), & n \text{ が 4 で割り切れるとき} \end{cases}$$

となることに注意しておく．実際，n が 4 で割り切れなければ，n の約数で，4 により割り切れるものはない．一方，$n = 4\tilde{n}$ で，d が 4 で割り切れる n の約数，たとえばそれを $d = 4\tilde{d}$ と表すと $\tilde{d}$ は $\tilde{n}$ の約数である．これにより 2 番目の場合の等式が得られる．したがって，このことと (10) より

$$E_2^*(\tau) = -\pi^2 - 8\pi^2 \sum_{k=1}^{\infty} \sigma_1^*(k)\, e^{\pi i k \tau}$$

となることがわかり，示すべき等式が得られる． ∎

命題 3.7 により，定理 3.6 の証明は，等式 $\theta^4 = -\pi^{-2} E_2^*$ を示すことに帰着された．この等式を示す際のキーポイントは，E_2^* が θ^4 と同じモジュラー性をもっていることである．

命題 3.8 $\mathbb{H}$ 上の関数 $E_2^*(\tau)$ は，次の性質をもつ．
(i) $E_2^*(\tau + 2) = E_2^*(\tau)$.
(ii) $E_2^*(\tau) = -\tau^{-2} E_2^*(-1/\tau)$.
(iii) $\mathrm{Im}\,(\tau) \to \infty$ のとき，$E_2^*(\tau) \to -\pi^2$.
(iv) $\mathrm{Im}\,(\tau) \to \infty$ のとき，$|E_2^*(1 - 1/\tau)| = O(|\tau^2 e^{\pi i \tau}|)$.

また，関数 $-\pi^2\theta(\tau)^4$ も，同じ性質 (i)〜(iv) をもつ．

E_2^* の周期性 (i) は定義より直接示せる．E_2^* のその他の性質の証明には若干の考察が必要である．

規定外アイゼンシュタイン級数 $F(\tau)$ と，和の順序を入れ換えた裏 $\widetilde{F}(\tau)$ の性質を調べておこう．それらは，次のように定義した．

$$F(\tau) = \sum_m \sum_n \frac{1}{(m\tau+n)^2}, \qquad \widetilde{F}(\tau) = \sum_n \sum_m \frac{1}{(m\tau+n)^2}.$$

ここで，和をとるにあたっては，$n=m=0$ の項は除いてある．

補題 3.9 関数 $F, \widetilde{F}$ は，次の性質をもつ．
(a) $F(-1/\tau) = \tau^2 \widetilde{F}(\tau)$.
(b) $F(\tau) - \widetilde{F}(\tau) = 2\pi i/\tau$.
(c) $F(-1/\tau) = \tau^2 F(\tau) - 2\pi i \tau$.

証明 $F, \widetilde{F}$ の定義と，等式

$$\left(n + m\left(-\frac{1}{\tau}\right)\right)^2 = \tau^{-2}(-m+n\tau)^2$$

から，(a) はすぐにでる．

デデキントの η 関数 $\eta(\tau) = q^{1/12} \prod_{n=1}^{\infty}(1-q^{2n})$, $q = e^{\pi i \tau}$ を思い出そう．これについては，命題 1.9 で，関数等式

$$\eta\left(-\frac{1}{\tau}\right) = \sqrt{\frac{\tau}{i}}\,\eta(\tau)$$

を示した．

まず，この両辺の対数をとり，それを τ について微分してみよう．第 5 章の命題 3.2 から，

$$\left(\frac{\eta'}{\eta}\right)(\tau) = \frac{\pi i}{12} - 2\pi i \sum_{n=1}^{\infty} \frac{nq^{2n}}{1-q^{2n}}$$

となる．ここで，右辺の級数は，約数関数 $\sigma_1(k)$ を用いて，

$$\sum_{n=1}^{\infty} \frac{nq^{2n}}{1-q^{2n}} = \sum_{n=1}^{\infty}\sum_{\ell=0}^{\infty} nq^{2n}q^{2\ell n}$$

$$= \sum_{n=1}^{\infty}\sum_{m=1}^{\infty} nq^{2nm}$$

$$= \sum_{k=1}^{\infty} \sigma_1(k)\, q^{2k}$$

と表せる．さらに，$F(\tau) = \pi^2/3 - 8\pi^2 \sum_{k=1}^{\infty} \sigma_1(k)\, q^{2k}$ を加味すると，

$$\left(\frac{\eta'}{\eta}\right)(\tau) = \frac{i}{4\pi} F(\tau)$$

となる．連鎖律により $\eta(-1/\tau)$ の対数の微分は，$\tau^{-2}(\eta'/\eta)(-1/\tau)$ となり，性質 (a) を用いて，$\eta(-1/\tau)$ の対数の微分が $(i/4\pi)\widetilde{F}(\tau)$ となることがわかる．以上のことから，はじめの η の関数等式の両辺を対数にして微分すると，

$$\frac{i}{4\pi} \widetilde{F}(\tau) = \frac{1}{2\tau} + \frac{i}{4\pi} F(\tau)$$

となる．これから，$\widetilde{F}(\tau) = -2\pi i/\tau + F(\tau)$ を得，(b) が示せた．

(c) は，(a) と (b) から容易に導ける． ∎

$E_2^*(\tau)$ の $\tau \mapsto -1/\tau$ のもとでの変換公式 (ii) を示すため式

$$E_2^*(\tau) = F\left(\frac{\tau}{2}\right) - 4\, F(2\tau)$$

から変形していく．

$$\begin{aligned}
E_2^*\left(-\frac{1}{\tau}\right) &= F\left(-\frac{1}{2\tau}\right) - 4\, F\left(-\frac{2}{\tau}\right) \\
&= \left[4\tau^2 F(2\tau) - 4\pi i\tau\right] - 4\left[\left(\frac{\tau}{2}\right)^2 F\left(\frac{\tau}{2}\right) - \pi i\tau\right] \\
&= 4\tau^2 F(2\tau) - 4\left(\frac{\tau^2}{4}\right) F\left(\frac{\tau}{2}\right) \\
&= -\tau^2 \left(F\left(\frac{\tau}{2}\right) - 4\, F(2\tau)\right) \\
&= -\tau^2\, E_2^*(\tau)
\end{aligned}$$

となる．

3番目の性質を示すために，等式

$$F(\tau) = \frac{\pi^2}{3} - 8\pi^2 \sum_{k=1}^{\infty} \sigma_1(k)\, e^{2\pi i k\tau}$$

を思い出そう．$\mathrm{Im}(\tau) \to \infty$ のとき，上式の右辺の級数は 0 に収束する．よって，

$$E_2^*(\tau) = F\left(\frac{\tau}{2}\right) - 4\, F(2\tau)$$

により，$\mathrm{Im}(\tau) \to \infty$ のとき，$E_2^*(\tau) \to -\pi^2$ である．

最後の性質を示す．はじめに，等式

$$E_2^*\Big(1 - \frac{1}{\tau}\Big) = \tau^2 \Big[F\Big(\frac{\tau-1}{2}\Big) - F\Big(\frac{\tau}{2}\Big)\Big] \tag{11}$$

を示そう．F に関する変換公式より，

$$F\Big(\frac{1}{2} - \frac{1}{2\tau}\Big) = F\Big(\frac{\tau-1}{2\tau}\Big) = \Big(\frac{2\tau}{1-\tau}\Big)^2 F\Big(\frac{2\tau}{1-\tau}\Big) - 2\pi i \frac{2\tau}{1-\tau}$$

で，さらに

$$F\Big(\frac{2\tau}{1-\tau}\Big) = F\Big(-2 + \frac{2}{1-\tau}\Big) = F\Big(\frac{2}{1-\tau}\Big)$$
$$= \Big(\frac{\tau-1}{2}\Big)^2 F\Big(\frac{\tau-1}{2}\Big) - 2\pi i \frac{\tau-1}{2}$$

である．ゆえに，

$$F\Big(\frac{1}{2} - \frac{1}{2\tau}\Big) = \tau^2 F\Big(\frac{\tau-1}{2}\Big) - \frac{2\pi i 2\tau}{1-\tau} - 2\pi i \frac{(2\tau)^2}{(\tau-1)^2}\Big(\frac{\tau-1}{2}\Big)$$

となる．また $F(2 - 2/\tau) = F(-2/\tau) = (\tau^2/4) F(\tau/2) - 2\pi i \tau/2$ である．よって，

$$E_2^*\Big(1 - \frac{1}{\tau}\Big) = F\Big(\frac{1}{2} - \frac{1}{2\tau}\Big) - 4F\Big(2 - \frac{2}{\tau}\Big)$$
$$= \tau^2 \Big[F\Big(\frac{\tau-1}{2}\Big) - F\Big(\frac{\tau}{2}\Big)\Big] - 2\pi i \Big(\frac{2\tau}{1-\tau} + \frac{2\tau^2}{\tau-1}\Big) + 4\pi i \tau$$
$$= \tau^2 \Big[F\Big(\frac{\tau-1}{2}\Big) - F\Big(\frac{\tau}{2}\Big)\Big]$$

となり，(11) が示せた．この等式と

$$F(\tau) = \frac{\pi^2}{3} - 8\pi^2 \sum_{k=1}^{\infty} \sigma_1(k)\, e^{2\pi i k \tau}$$

より，(iv) が導ける．これで命題 3.8 が証明された．

最後に四平方和の定理の証明を完了させる．これは，$f(\tau) = E_2^*(\tau)/\theta(\tau)^4$ を考え，二平方和の定理のときと同様の議論を定理 3.4 を適用することにより証明できる．$\mathrm{Im}\,(\tau) \to \infty$ のとき，$\theta(\tau)^4 \to 1$ かつ $\theta(1 - 1/\tau)^4 \sim 16\tau^2 e^{\pi i \tau}$ であることに注意する．結果的に命題 3.8 により $f(\tau)$ が定数関数 $-\pi^2$ になることがわかる．こうして，四平方和の定理が証明できた．

4. 練習

1. 等式
$$\frac{(\Theta'(z|\tau))^2 - \Theta(z|\tau)\,\Theta''(z|\tau)}{\Theta(z|\tau)^2} = \wp_\tau\left(z - \frac{1}{2} - \frac{\tau}{2}\right) + c_\tau$$
を示せ．また，$z = 1/2 + \tau/2$ とし，$\Theta'(z|\tau)$ と $\Theta''(z|\tau)$ を用いて，定数 c_τ を表せ．この問題と，前章の練習5とを比べよ．

2. 二つの初期値 $F_0 = 0$, $F_1 = 1$ と漸化式
$$F_n = F_{n-1} + F_{n-2}, \qquad n \geq 2$$
によって定められる**フィボナッチ数列** $\{F_n\}_{n=0}^\infty$ を考えよう．

(a) $\{F_n\}$ の母関数 $F(x) = \sum_{n=0}^\infty F_n x^n$ が，0 のある近傍上で，
$$F(x) = x^2 F(x) + xF(x) + x$$
をみたすことを証明せよ．

(b) 2次方程式 $x^2 - x - 1 = 0$ の二つの解を α, β とすると，
$$1 - x - x^2 = (1 - \alpha x)(1 - \beta x)$$
と因数分解できることを，確かめよ．

(c) $F(x)$ を，次のように部分分数に分解せよ．
$$F(x) = \frac{x}{1 - x - x^2} = \frac{x}{(1 - \alpha x)(1 - \beta x)} = \frac{A}{1 - \alpha x} + \frac{B}{1 - \beta x}.$$
ただし，$A = 1/(\alpha - \beta)$, $B = 1/(\beta - \alpha)$ である．

(d) 一般項が，$F_n = A\alpha^n + B\beta^n$ $(n \geq 0)$ と書けることを示せ．ただし，各定数の値は，
$$\alpha = \frac{1 + \sqrt{5}}{2}, \quad \beta = \frac{1 - \sqrt{5}}{2}, \quad A = \frac{1}{\sqrt{5}}, \quad B = -\frac{1}{\sqrt{5}}$$
である．

ここで，$1/\alpha = (\sqrt{5} - 1)/2$ は，**黄金比**として知られる特徴のある数である．たとえば，長さ1の線分 AC 上に，比例式
$$\frac{AC}{AB} = \frac{AB}{BC}$$
をみたす点 B をとり，$\ell = AB$ とおく（図2）と，比例式から，方程式 $\ell^2 + \ell - 1 = 0$ が得られ，そのただ一つの正の解 ℓ が黄金比になる．また，正五角形を作図するときにも，黄金比は現れる．目を他に向けると，古代ギリシア時代のいろいろな建築物や芸術品にも，黄金比が見られる．

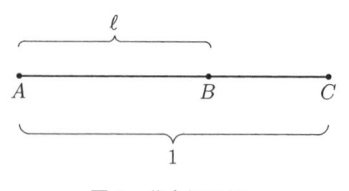

図 2　黄金比の例.

3. 一般に, 初期値 u_0, u_1 と, 漸化式 $u_n = au_{n-1} + bu_{n-2}$, $n \geq 2$ が与えられたとしよう. これらによって定められた数列 $\{u_n\}$ について, 以下のことを確かめよ. $\{u_n\}$ の母関数を $U(x) = \sum_{n=0}^{\infty} u_n x^n$ とすると, 0 のある近傍上で, $U(x)(1 - ax - bx^2) = u_0 + (u_1 - au_0)x$ が成り立つ. また, 2 次方程式 $x^2 - ax - b = 0$ の解を α, β とすると, $\alpha \neq \beta$ の場合,

$$U(x) = \frac{u_0 + (u_1 - au_0)x}{(1 - \alpha x)(1 - \beta x)} = \frac{A}{1 - \alpha x} + \frac{B}{1 - \beta x} = A \sum_{n=0}^{\infty} \alpha^n x^n + B \sum_{n=0}^{\infty} \beta^n x^n$$

と変形できる. ここで, 定数 A, B の値は簡単に求められ, 最終的に, 一般項は $u_n = A\alpha^n + B\beta^n$ となる. $\alpha = \beta$ の場合も, 同様に一般項 u_n を表す公式が得られる.

4. 分割の列 $\{p(n)\}$ の母関数を用いて, 次の漸化式を証明せよ.

$$p(n) = p(n-1) + p(n-2) - p(n-5) - p(n-7) + \cdots$$
$$= \sum_{k \neq 0} (-1)^{k+1} p\left(n - \frac{k(3k+1)}{2}\right).$$

ここで, 和 $\sum_{k \neq 0}$ は, $k(3k+1)/2 \leq n$ をみたす $k \in \mathbb{Z}, k \neq 0$ 全体にわたる有限和である. この漸化式を用いて, $p(5), p(6), p(7), p(8), p(9), p(10)$ の値を計算せよ. 検算のために, $p(10) = 42$ であることを付記しておく.

問題 5, 6 では, 分割関数の漸近挙動についての初等的結果を導く. もっと良い結果が付録 A にある.

5. 分割の列の母関数を

$$F(x) = \sum_{n=0}^{\infty} p(n) x^n = \prod_{n=1}^{\infty} \frac{1}{1 - x^n}$$

とする.

$$\log F(x) \sim \frac{\pi^2}{6(1-x)}, \quad x \to 1, \quad 0 < x < 1$$

であることを示せ. [ヒント：二つの等式 $\log F(x) = \sum \log(1/(1-x^n))$, $\log(1/(1-x^n)) = \sum (1/m) x^{nm}$ を用い,

$$\log F(x) = \sum \frac{1}{m} \frac{x^m}{1-x^m}$$

と表し，不等式 $mx^{m-1}(1-x) < 1-x^m < m(1-x)$ を用いよ．]

6. 練習5の結果として，
$$e^{c_1 n^{1/2}} \leq p(n) \leq e^{c_2 n^{1/2}}$$
となる二つの正の定数 c_1, c_2 が存在することを示せ．
[ヒント：$y \to 0$ のとき，$F(e^{-y}) = \sum p(n) e^{-ny} \leq C e^{c/y}$ だから，$p(n) e^{-ny} \leq c e^{c/y}$ と書ける．ここで，$y = 1/n^{1/2}$ とおけば，$p(n) \leq c' e^{c' n^{1/2}}$ が得られる．左の不等式については，
$$\sum_{n=0}^{m} p(n) e^{-ny} \geq C \left(e^{c/y} - \sum_{n=m+1}^{\infty} e^{cn^{1/2}} e^{-ny} \right)$$
に注意する．A を十分大きい定数として $y = Am^{-1/2}$ とおき，$p(n)$ が単調増加なことを用いよ．]

7. Θ 関数の三重積公式を用いて，次のことを示せ．
(a) 「三角数」等式
$$\prod_{n=0}^{\infty}(1+x^n)(1-x^{2n+2}) = \sum_{n=-\infty}^{\infty} x^{n(n+1)/2}$$
が $|x| < 1$ に対して成り立つ．
(b) 「七角数」等式
$$\prod_{n=0}^{\infty}(1-x^{5n+1})(1-x^{5n+4})(1-x^{5n+5}) = \sum_{n=-\infty}^{\infty} (-1)^n x^{n(5n+3)/2}$$
が $|x| < 1$ に対して成り立つ．

8. ピタゴラス数について考えよう．ピタゴラス数とは，$a^2+b^2=c^2$ をみたす三つの整数の組 (a,b,c) であった．
(a) a と b は互いに素とする．このとき，a, b の一方が奇数で，他方が偶数になることを示せ．
(b) (a)の仮定の下，a が奇数で，b が偶数とする．このとき，$a = m^2 - n^2, b = 2mn, c = m^2+n^2$ をみたす整数 m, n が存在することを示せ．[ヒント：$(c-a)/2, (c+a)/2$ が互いに素であることを示せ．また，$b^2 = (c-a)(c+a)$ に注意せよ．]
(c) 逆に，c が二つの平方数の和になっていたら，$a^2+b^2=c^2$ をみたす整数 a, b が存在することを示せ．

9. $r_2(n)$ に関する公式を用いて，次のことを示せ．

(a) p が $4k+1$ なる素数で $n=p$ のとき, $r_2(n)=8$ である. このことは, n が $n^2 = n_1^2 + n_2^2$ と表され, n_1, n_2 の符号と順序を無視すれば, この表現は一意であることを示している.

(b) q が $4k+3$ なる素数で, a が正の整数であり, $n=q^a$ であるとき, $r_2(n)>0$ であるための必要十分条件は, a が偶数であることである.

(c) 正の整数 n が, 二つの平方数の和として表されるための必要十分条件は, n の素因数分解に現れる $4k+3$ の形の素数のベキ指数が偶数となることである.

10. 次の (a), (b) は, $n \to \infty$ のときの関数 $r_2(n), r_4(n)$ の変則的なふるまいを述べている. それを確かめよ.

(a) $r_2(n)=0$ となる n が無限個ある. 一方で $\limsup_{n\to\infty} r_2(n) = \infty$.

(b) $r_4(n)=24$ となる n が無限個ある. 一方で $\limsup_{n\to\infty} r_4(n)/n = \infty$.

[ヒント：(a) $n=5^k$ のときを考えよ. (b) $n=2^k$ のときと, q が大きい奇数で $n=q^k$ のときを考えよ.]

11. 第 2 章の問題 2 では, 次の等式を示した.
$$\sum_{n=1}^{\infty} d(n) z^n = \sum_{n=1}^{\infty} \frac{z^n}{1-z^n}, \qquad |z|<1.$$
ただし, $d(n)$ は n の約数の個数を表す.

一般に, 次の等式が成り立つことを示せ.
$$\sum_{n=1}^{\infty} \sigma_\ell(n) z^n = \sum_{n=1}^{\infty} \frac{n^\ell z^n}{1-z^n}, \qquad |z|<1.$$
ただし, $\sigma_\ell(n)$ は n の約数の ℓ 乗の和である.

12. 四平方数の問題と同値な θ^4 を含む等式を, もう一つ導こう.

(a) 等式
$$\sum_{n=1}^{\infty} \frac{nq^n}{1-q^n} = \sum_{n=1}^{\infty} \frac{q^n}{(1-q^n)^2}, \qquad |q|<1$$
を示せ. [ヒント：左辺は, $\sum \sigma_1(n) q^n$ である. 等式 $x/(1-x)^2 = \sum_{n=1}^{\infty} n x^n$ を用いよ.]

(b) 等式
$$\sum_{n=1}^{\infty} \frac{nq^n}{1-q^n} - \sum_{n=1}^{\infty} \frac{4nq^{4n}}{1-q^{4n}} = \sum_{n=1}^{\infty} \frac{q^n}{(1-q^n)^2} - 4\sum_{n=1}^{\infty} \frac{q^{4n}}{(1-q^{4n})^2}$$
$$= \sum_{n=1}^{\infty} \sigma_1^*(n) q^n, \qquad |q|<1$$
を確かめよ. ここで, $\sigma_1^*(n)$ は, n の約数で, 4 で割り切れないもの全部の和であった.

(c) 四平方和の定理と等式
$$\theta(\tau)^4 = 1 + 8\sum_{n=1}^{\infty} \frac{q^n}{(1+(-1)^n q^n)^2}, \qquad q = e^{\pi i \tau}$$
が成り立つことが，同値であることを示せ．

5. 問題

1.* 二つの正の整数 a, k を用いて $n = 4^a(8k+7)$ と表される整数 n は，三つの平方数の和として決して表せない．このことを示せ．反対に，この形で表せない整数は，すべて，三つの平方数の和として表すことができる．これは，ルジャンドルとガウスによる深遠な定理である．

2. 成分が整数で，行列式が 1 の 2×2 行列全体の集合を $\mathrm{SL}_2(\mathbb{Z})$ と書こう．つまり，
$$\mathrm{SL}_2(\mathbb{Z}) = \left\{ g = \begin{pmatrix} a & b \\ c & d \end{pmatrix} : a, b, c, d \in \mathbb{Z}, ad - bc = 1 \right\}$$
とおこう．各 $g \in \mathrm{SL}_2(\mathbb{Z})$ に対し，1次分数変換 $g(\tau) = (a\tau + b)/(c\tau + d)$ を対応させると，$\mathrm{SL}_2(\mathbb{Z})$ は上半平面 $\mathbb{H}$ の自己同型からなる群と考えることができる．この変換群 $\mathrm{SL}_2(\mathbb{Z})$ に関する基本領域 $\mathcal{F}_1$ は，次のように定義する．
$$\mathcal{F}_1 = \left\{ \tau \in \mathbb{C} : |\tau| \geq 1, |\operatorname{Re}(\tau)| \leq \frac{1}{2}, \operatorname{Im}(\tau) \geq 0 \right\}.$$
$\mathcal{F}_1$ を図3に図示した．

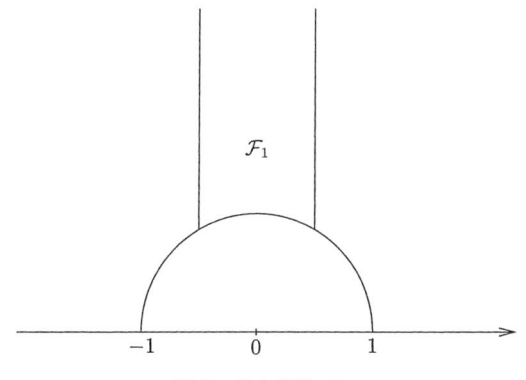

図3 基本領域 $\mathcal{F}_1$.

$\mathbb{H}$ の二つの自己同型 $S(\tau) = -1/\tau$, $T_1(\tau) = \tau + 1$ には，それぞれ，行列

$$\begin{pmatrix} 0 & -1 \\ 1 & 0 \end{pmatrix}, \quad \begin{pmatrix} 1 & 1 \\ 0 & 1 \end{pmatrix}$$

が対応するから，S, T_1 は $\mathrm{SL}_2(\mathbb{Z})$ の元と考えられる．そこで，S と T_1 によって生成される $\mathrm{SL}_2(\mathbb{Z})$ の部分群を $\mathfrak{g}$ と書く．

(a) 任意の $\tau \in \mathbb{H}$ に対して，$g(\tau) \in \mathcal{F}_1$ となる $g \in \mathfrak{g}$ が存在することを示せ．

(b) 2 点 $\tau, \tau' \in \mathbb{H}$ に対し，$g(\tau) = \tau'$ となる $g \in \mathrm{SL}_2(\mathbb{Z})$ が存在するとき，τ と τ' は合同であるということにする．$\mathcal{F}_1$ の 2 点 τ, τ' が合同ならば，「$\mathrm{Re}(\tau) = \pm 1/2$ かつ $\tau' = \tau \mp 1$」または「$|\tau| = 1$ かつ $\tau' = -1/\tau$」であることを証明せよ．[ヒント: $g(\tau) = \tau'$ とせよ．$\mathrm{Im}(\tau') \geq \mathrm{Im}(\tau)$ と仮定でき，そのとき $|c\tau + d| \leq 1$ となる．なぜか？ この不等式から $c = -1, 0, 1$ を得る．おのおのの場合を考察せよ．]

(c) S, T_1 が，次の意味で，モジュラー群を生成することを証明せよ．任意の $g \in \mathrm{SL}_2(\mathbb{Z})$ に対して，g に対応する 1 次分数変換は，S, T_1 とそれらの逆写像を，適当に何回か組合せて合成したものになる．もっと明確にいうと，S, T_1 に対応する行列は，射影特殊線形群 $\mathrm{PSL}_2(\mathbb{Z})(\pm I$ を法とした群 $\mathrm{SL}_2(\mathbb{Z}))$ を生成する．[ヒント: $\mathcal{F}_1$ の内点 $2i$ を考え，(a) にしたがって，$g(2i)$ を $\mathcal{F}_1$ に写し，(b) を用いて結論を得よ．]

3. この問題では，整数を成分とする行列 $\begin{pmatrix} a & b \\ c & d \end{pmatrix}$ で，行列式が 1 であり，a と d が同じ偶奇性，b と c が同じ偶奇性，c と d が反対の偶奇性をもつもの全体のなす群 G を考える．この群はその要素を 1 次分数変換に対応させることにより上半平面に作用する．この群 G に対する基本領域 $\mathcal{F}$ は，$|\tau| \geq 1, |\mathrm{Re}(\tau)| \leq 1, \mathrm{Im}(\tau) \geq 0$ で定義される領域である (図 1 を見よ)．

また，

$$S(\tau) = -\frac{1}{\tau} \leftrightarrow \begin{pmatrix} 0 & -1 \\ 1 & 0 \end{pmatrix}, \quad T_2(\tau) = \tau + 2 \leftrightarrow \begin{pmatrix} 1 & 2 \\ 0 & 1 \end{pmatrix}$$

とする．

前問題の類題として，次のことを証明せよ．任意の $g \in G$ に対して，g に対応する 1 次分数変換は，S, T_2 とそれらの逆写像を，適当に何回か組合せて合成したものになる．

4. 定理 3.4 の別証明を与えよう．G を，前問で定めた行列の群とする．このとき，定理 3.4 は次のように述べられる．$\mathbb{H}$ 上の有界正則関数で，G に関して不変なものは，定数関数だけである．

(a) f を，$\mathbb{H}$ 上の有界正則関数とし，条件

$$f(\tau_k) = 0, \quad \sum_{k=1}^{\infty} y_k = \infty, \quad 0 < y_k \leq 1, \quad |x_k| \leq 1$$

をみたす点列 $\{\tau_k\} = \{x_k + iy_k\}$ が存在するとする．このとき $f = 0$ となることを示せ．[ヒント：$x_k = 0$ の場合が，第8章の問題5にあたる．]

(b) 互いに素で偶奇性の異なる二つの整数 c, d が与えられているとする．このとき，$\begin{pmatrix} a & b \\ c & d \end{pmatrix} \in G$ となる整数 a, b が存在することを示せ．[ヒント：方程式 $cx + dy = 1$ の整数解は，どれも，特殊解 x_0, y_0 と $t \in \mathbb{Z}$ を用いて，$x_0 + dt, y_0 - ct$ と表される．]

(c) $\sum 1/(c^2 + d^2) = \infty$ を証明せよ．ただし，和は互いに素で偶奇性の異なる整数 c, d 全体にわたってとるものとする．[ヒント：反対に $\sum 1/(c^2 + d^2) < \infty$ と仮定せよ．すると，a, b が互いに素な整数全部を動くとき $\sum 1/(a^2 + b^2) < \infty$ となる．これを示すには，a と b がともに奇数で，互いに素なとき，$c = (a+b)/2, d = (a-b)/2$ とおくと，c, d が互いに素で，$c+d$ が奇数になり，さらに，a, b, c, d に無関係な定数 A があって $c^2 + d^2 \leq A(a^2 + b^2)$ となることに着目せよ．次に，
$$\sum_{n \neq 0} \frac{1}{n^2} \sum_{(a,b)=1} \frac{1}{a^2 + b^2} < \infty$$
に注意し，k, ℓ が 0 でないすべての整数を動くとき，$\sum 1/(k^2 + \ell^2) < \infty$ となることを導け．これがなぜ不合理か？]

(d) $\mathbb{H}$ 上の有界正則関数で，G に関して不変なもの F が，定数関数だけであることを証明せよ．[ヒント：F が $F(i) = 0$ をみたすと仮定して，$F = 0$ を示せばよい ($F(\tau)$ を $F(\tau) - F(i)$ に置き換える)．互いに素で偶奇性の異なる c, d に対して，$g(i) = x_{c,d} + i/(c^2 + d^2)$ かつ $|x_{c,d}| \leq 1$ となるような $g \in G$ を選べ．]

5.* 第9章では，ワイエルシュトラスの $\wp$ 関数が，3次方程式
$$(\wp')^2 = 4\wp^3 - g_2\wp - g_3$$
をみたすことを示した．ここで，$g_2 = 60E_4, g_3 = 140E_6$ で，E_k は k 位のアイゼンシュタイン級数である．また，3次方程式 $4x^3 - g_2 x - g_3 = 0$ の判別式 $\triangle$ は，$\triangle = g_2^3 - 27g_3^2$ である．これらについて，等式
$$\triangle(\tau) = (2\pi)^{12}\eta^{24}(\tau), \quad \tau \in \mathbb{H}$$
が成り立つことを証明せよ．[ヒント：二つの関数 $\triangle, \eta^{24}$ は，変換 $\tau \mapsto \tau+1, \tau \mapsto -1/\tau$ に関する同じ変換法則をみたす．また，問題2の基本領域 $\mathcal{F}_1$ を考え，そのカスプである無限遠点での $\triangle, \eta^{24}$ のふるまいを調べよ．]

6.* 非負の整数 n が，八つの平方数の和で表される方法[15]の総数を，$r_8(n)$ と書く．

---

15) 訳注：和の順序や整数の正負も区別する．

$r_8(n)$ についての次の定理を導こう.

定理. $r_8(n) = 16\,\sigma_3^*(n)$.

ここで, n が奇数のとき, $\sigma_3^*(n) = \sigma_3(n) = \sum\limits_{d|n} d^3$ である. また n が偶数のときは

$$\sigma_3^*(n) = \sum_{d|n}(-1)^d d^3 = \sigma_3^e(n) - \sigma_3^o(n),$$

ここで, $\sigma_3^e(n) = \sum\limits_{d|n,\,d:\text{偶数}} d^3$, $\sigma_3^o(n) = \sum\limits_{d|n,\,d:\text{奇数}} d^3$ とする.

$r_4(n)$ の等式 (定理 3.6) と同様の方法で, 定理を証明しよう (今回は, それほど難しくはない). 今度は, アイゼンシュタイン級数の類似物

$$E_4^*(\tau) = \sum \frac{1}{(n+m\tau)^4}$$

を考える. ここで和は反対の偶奇性をもつ整数 n, m 全体にわたってとるものとする. これと関連して, 普通のアイゼンシュタイン級数

$$E_4(\tau) = \sum_{(n,m)\neq(0,0)} \frac{1}{(n+m\tau)^4}$$

も扱う. $r_4(n)$ を考えたときに出てきた $E_2^*(\tau)$ と違って, $E_4(\tau)$ や $E_4^*(\tau)$ の定義の級数は, 絶対収束する. このことが, これからの考察を幾分簡単にしてくれるだろう. 以下のことを示し, 定理の証明を完成させよ.

(a) 等式 $r_8(n) = 16\,\sigma_3^*(n)$ が成り立つことと, 等式 $\theta(\tau)^8 = 48\pi^{-4} E_4^*(\tau)$ が成り立つことは, 同値である. [ヒント: 二つの等式 $E_4(\tau) = 2\zeta(4) + (2\pi)^4/3 \sum\limits_{k=1}^{\infty} \sigma_3(k)\, e^{2\pi i k\tau}$, $\zeta(4) = \pi^4/90$ を用いよ.]

(b) $E_4^*(\tau) = E_4(\tau) - 2^{-4} E_4((\tau-1)/2)$.

(c) $E_4^*(\tau + 2) = E_4^*(\tau)$.

(d) $E_4^*(\tau) = \tau^{-4} E_4^*(-1/\tau)$.

(e) $\tau \to \infty$ のとき, $(48/\pi^4) E_4^*(\tau) \to 1$.

(f) $\operatorname{Im}(\tau) \to \infty$ のとき, $|E_4^*(1-1/\tau)| \approx |\tau|^4 |e^{2\pi i \tau}|$. [ヒント: $E_4^*(1-1/\tau) = \tau^4(E_4(\tau) - E_4(2\tau))$ を示せ.]

命題 3.3 から, 関数 $\theta(\tau)^8$ も上の性質 (c), (d), (e), (f) をもつ. したがって, $\mathbb{H}$ 上の正則関数 $48\pi^{-4} E_4^*(\tau)/\theta(\tau)^8$ は, $\tau \mapsto \tau + 2$ と $\tau \mapsto -1/\tau$ に関して不変で, 有界になり, 定数 1 になる. このようにして, 定理が証明できる.

付録A：漸近挙動

> 極限 0 から $\frac{1}{0}$ までの定積分 $\int_w \cos \frac{\pi}{2}(w^3 - mw)$ の数値計算について．
>
> 微分係数の形の単純さから，この積分はたぶん数値表が与えられているなんらかの関数で表されるだろうと想像される．しかし幾度となく試みてはみたが，いかなる既知の積分に帰着することにも成功していない：それゆえこの値をかなりの程度まで実際の求和により計算し，剰余は級数により計算した．
>
> ——G.B. エアリー，1838

解析学の問題において，その解が，厳密な計算が容易ではない関数によって与えられることがしばしば起こる．そのかわり (そして唯一の頼みの綱として)，この関数の，問題とする点の近くでの漸近挙動を調べることがしばしば有用となる．ここでは，複素解析の考え方を重要な補助手段として，いくつかの関連しあった型の漸近挙動を調べることにする．これらは概して

$$(1) \qquad I(s) = \int_a^b e^{-s\Phi(x)} \, dx$$

の形をもつ積分の，変数 s の大きな値での挙動がその中心的課題となる．三つの指導原理を定式化することにより，これから述べることについて整理しておこう．

(i) **積分路の変形** 関数 Φ は一般には複素数値であり，それゆえ，大きな s に関して (1) の被積分関数は急激に振動し，その結果生ずる打ち消し合いが $I(s)$ の真の挙動を覆い隠しているかもしれない．Φ が正則であるときには (しばしばこの場合であるのだが)，積分路を可能な限り変更して，新しい積分路上では Φ が

本質的には実数値となることが期待できる．もしこれが可能ならば，$I(s)$ の挙動をかなり直接的に読み取れることが期待される．この考え方は，まずベッセル関数の場合において説明されるであろう．

(ii) **ラプラスの方法** Φ が積分路上で実数値でありかつ s が正値の場合は，Φ の最小値の近くでの積分が $I(s)$ に対して最も大きく寄与し，これにより Φ の最小値の近くでの 2 次的な挙動に基づいて，求める展開が導かれる．この考え方を，ガンマ関数の漸近挙動 (スターリングの公式) を表現するのに応用し，またエアリー関数に対しても同じことを行う．

(iii) **母関数** $\{F_n\}$ が数論的あるいは組合せ論的な列であるときには，$\{F_n\}$ に関する興味深い結論を得るために母関数 $F(u) = \sum F_n u^n$ の解析的性質が利用できることを，すでにいくつかの例において見てきた．実際，$\{F_n\}$ の $n \to \infty$ のときの漸近挙動は，公式
$$F_n = \int_\gamma F(e^{2\pi i z}) e^{-2\pi i n z}\, dz$$
を経由して，この方法により解析することが可能である．ここで γ は，上半平面内の単位長さをもった適当な線分である．そこでは，この公式は積分 (1) の変形として考察される．重要で特別な場合として，n の分割の個数 $p(n)$ に対する漸近公式を得るために，この考え方がいかにして応用されるのかを示そう．

1. ベッセル関数

ベッセル関数は，回転対称を説明する多くの問題において自然に登場する．たとえば，$\mathbb{R}^d$ 上の球関数のフーリエ変換は，$(d/2) - 1$ 次のベッセル関数の言葉できれいに表現される (第 I 巻第 6 章を見よ)．

ベッセル関数は，いくつかの公式の中から選択して定義することが可能である．我々は，$\nu > -1/2$ であるすべての次数に対して有効な，

(2) $$J_\nu(s) = \frac{(s/2)^\nu}{\Gamma(\nu+1/2)\Gamma(1/2)} \int_{-1}^1 e^{isx}(1-x^2)^{\nu-1/2}\, dx$$

により与えられるものを採用する．$\lim_{\nu \to -1/2} J_\nu(s)$ に対しても $J_{-1/2}(s)$ と書くことにすれば，これが $\sqrt{\dfrac{2}{\pi s}} \cos s$ に等しいことがわかる；さらに $J_{1/2}(s) = \sqrt{\dfrac{2}{\pi s}} \sin s$ を見よ．$J_\nu(s)$ は ν が半整数のときにのみ初等関数により表現され，一般の場合にこの関数を理解するにはさらに深い解析が必要である．その大きな s に対する

挙動は，上の二つの例が示唆している．

定理 1.1 $s \to \infty$ のとき，$J_\nu(s) = \sqrt{\dfrac{2}{\pi s}} \cos\left(s - \dfrac{\pi\nu}{2} - \dfrac{\pi}{4}\right) + O\left(s^{-3/2}\right)$ である．

$J_\nu(s)$ の公式により，

$$(3) \qquad I(s) = \int_{-1}^{1} e^{isx}(1-x^2)^{\nu-1/2}\,dx$$

を調べれば十分で，ここでの終わりまでは，半直線 $(-\infty, -1) \cup (1, \infty)$ に沿って切れ目を入れた複素平面上の解析関数 $f(z) = e^{isz}(1-z^2)^{\nu-1/2}$ を考える；$(1-z^2)^{\nu-1/2}$ に対しては，分枝を $z = x \in (-1,1)$ では正となるように選ぶ．$s > 0$ を固定しコーシーの積分公式を適用して，積分 $I(s), I_-(s)$, および $I_+(s)$ を図1で示される直線上でとれば

$$I(s) = -I_-(s) - I_+(s)$$

となることがわかる．これは，$\gamma_{\varepsilon, R}$ を図1における2番目の積分路とすれば，$\int_{\gamma_{\varepsilon, R}} f(z)\,dz = 0$ であるという事実を用いて，$\varepsilon \to 0$ かつ $R \to \infty$ とすることにより示される．

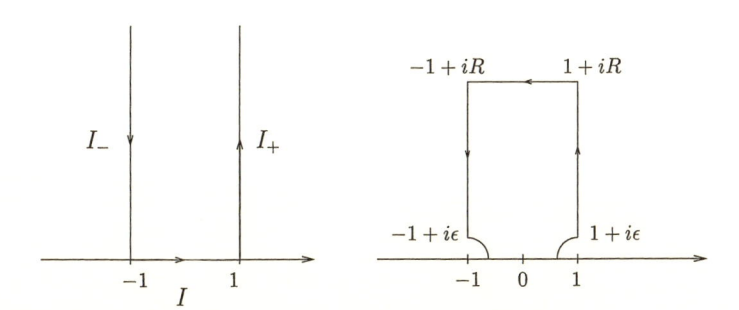

図1　$I(s), I_-(s), I_+(s)$ の積分路と積分路 $\gamma_{\varepsilon, R}$．

$I_+(s)$ の積分路上では $z = 1 + iy$ であるから，

$$(4) \qquad I_+(s) = ie^{is} \int_0^\infty e^{-sy}(1-(1+iy)^2)^{\nu-1/2}\,dy$$

となる．$I_-(s)$ に対しても同様の表現が成立する．

$I(s)$ を $-(I_-(s) + I_+(s))$ に移すことによって，何が得られるであろうか？大きな正の数 s に対しては (3) における指数関数 e^{isx} が急激に振動するので，積

分の評価が一目で明らかなわけではない．しかし (4) では，これに対して指数関数は e^{-sy} であり，$y = 0$ のときを除いて $s \to \infty$ で急減少する．よってこの場合，積分に対する主要な寄与が $y = 0$ の近くの積分からきていることが直ちにわかり，これによりこの積分を容易に概算することができる．この考え方は，以下により正確に述べられる．

命題 1.2 a および m を，$a > 0$ かつ $m > -1$ に固定する．このときある正の c に対して，$s \to \infty$ ならば

$$(5) \qquad \int_0^a e^{-sx} x^m \, dx = s^{-m-1} \Gamma(m+1) + O\left(e^{-cs}\right)$$

である．

証明 $m > -1$ であることにより，$\int_0^a e^{-sx} x^m \, dx = \lim_{\varepsilon \to 0} \int_\varepsilon^a e^{-sx} x^m \, dx$ の存在が保証される．このとき

$$\int_0^a e^{-sx} x^m \, dx = \int_0^\infty e^{-sx} x^m \, dx - \int_a^\infty e^{-sx} x^m \, dx$$

と書く．右辺の 1 番目の積分は，変数変換 $x \mapsto x/s$ を施せば $s^{-m-1} \Gamma(m+1)$ に等しいことがわかる．2 番目の積分に対しては，$c < a$ である限り

$$(6) \qquad \int_a^\infty e^{-sx} x^m \, dx = e^{-cs} \int_a^\infty e^{-s(x-c)} x^m \, dx = O(e^{-cs})$$

となることに注意し，よって命題は証明される． ∎

積分 (4) に戻って，

$$(1 - (1+iy)^2)^{\nu - 1/2} = (-2iy)^{\nu - 1/2} + O(y^{\nu + 1/2}), \qquad 0 \leq y \leq 1 \text{ に対して}$$

であり，一方で

$$(1 - (1+iy)^2)^{\nu - 1/2} = O(y^{\nu - 1/2} + y^{2\nu - 1}), \qquad 1 \leq y \text{ に対して}$$

であることを見てみよう．命題の $a = 1$ かつ $m = \nu \mp 1/2$ の場合を適用して，また (6) も用いて，

$$I_+(s) = i(-2i)^{\nu - 1/2} e^{is} s^{-\nu - 1/2} \Gamma(\nu + 1/2) + O(s^{-\nu - 3/2})$$

を得る．同様に

$$I_-(s) = i(2i)^{\nu - 1/2} e^{is} s^{-\nu - 1/2} \Gamma(\nu + 1/2) + O(s^{-\nu - 3/2})$$

である．

$$J_\nu(s) = \frac{(s/2)^\nu}{\Gamma(\nu+1/2)\Gamma(1/2)}[-I_-(s) - I_+(s)]$$

となることと $\Gamma(1/2) = \sqrt{\pi}$ である事実を思い出せば，定理の証明が得られることがわかる．

興味深い事実として後で用いるために指摘しておくが，ある制限された状況のもとでは，命題 1.2 での主要な結論は複素半平面 $\mathrm{Re}(s) \geq 0$ にまで拡張される．

命題 1.3 a および m を，$a > 0$ かつ $-1 < m < 0$ に固定する．このとき，$\mathrm{Re}(s) \geq 0$ で $|s| \to \infty$ ならば

$$\int_0^a e^{-sx} x^m \, dx = s^{-m-1} \Gamma(m+1) + O(1/|s|)$$

である（ここで，s^{-m-1} は，分枝を $s > 0$ に対して正となるようにとる）．

証明 初めに，$\mathrm{Re}(s) \geq 0,\ s \neq 0$ のときに

$$\int_0^\infty e^{-sx} x^m \, dx = \lim_{N \to \infty} \int_0^N e^{-sx} x^m \, dx$$

が存在し，これが $s^{-m-1} \Gamma(m+1)$ に等しいことを示そう．N が大きいとき，まず

$$\int_0^N e^{-sx} x^m \, dx = \int_0^a e^{-sx} x^m \, dx + \int_a^N e^{-sx} x^m \, dx$$

と書く．$m > -1$ なので，右辺の 1 番目の積分はいたるところ解析的な関数を定義する．2 番目の積分については，$-\frac{1}{s}\frac{d}{dx}(e^{-sx}) = e^{-sx}$ に注意し，部分積分により

(7) $$\int_a^N e^{-sx} x^m \, dx = \frac{m}{s} \int_a^N e^{-sx} x^{m-1} \, dx - \left[\frac{e^{-sx}}{s} x^m\right]_a^N$$

を得る．この恒等式と積分 $\int_a^\infty x^{m-1} \, dx$ の収束性を合わせると，$\int_a^\infty e^{-sx} x^m \, dx$ が $\mathrm{Re}(s) > 0$ 上の解析関数で，$\mathrm{Re}(s) \geq 0,\ s \neq 0$ で連続なものを定義していることがわかる．よって，$\int_0^\infty e^{-sx} x^m \, dx$ は半平面 $\mathrm{Re}(s) > 0$ 上解析的で，$\mathrm{Re}(s) \geq 0,\ s \neq 0$ 上連続となる．これは s が正のときには $s^{-m-1} \Gamma(m+1)$ に等しいので，$\mathrm{Re}(s) \geq 0,\ s \neq 0$ のときには $\int_0^\infty e^{-sx} x^m \, dx = s^{-m-1} \Gamma(m+1)$ であることが示される．

しかしながら，今

$$\int_0^a e^{-sx} x^m \, dx = \int_0^\infty e^{-sx} x^m \, dx - \int_a^\infty e^{-sx} x^m \, dx$$

が成立している．(7) および $m < 0$ であるという事実から，$N \to \infty$ として明らかに $\int_a^\infty e^{-sx} x^{m-1} dx = O(1/|s|)$ となる．よって命題は証明された．　∎

注意　もし命題 1.3 においてより良い誤差項を得たいのであれば，さらには m の範囲を広げたいのであれば，端点 $x = a$ がもたらす影響を緩和する必要がある．これは，適当な滑らかな切り落としを導入することにより実現可能である．問題 1 を見よ．

2. ラプラスの方法；スターリングの公式

Φ が実数値である場合には，$s \to \infty$ のときの $\int_a^b e^{-s\Phi(x)} dx$ における主要な寄与が，Φ がその最小値をとる点からきていることはすでに述べた．この最小値を端点 a または b においてとる状況は，命題 1.2 において考察した．ここでは重要な場合として，最小値が区間 $[a, b]$ の内部において実現される場合に目を向けることにする．

$$\int_a^b e^{-s\Phi(x)} \psi(x) \, dx$$

を考察するが，**位相** Φ は実数値であるとし，これと**振幅** ψ は簡単のため無限回微分可能とする．Φ の最小値に関する仮定として，ある $x_0 \in (a, b)$ で $\Phi'(x_0) = 0$ となるものが存在するが，$[a, b]$ 上すべてにおいて $\Phi''(x_0) > 0$ であるものとする (図 2 でこの状況が示されている)．

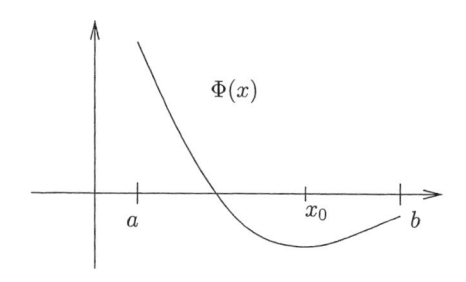

図 2　最小値を x_0 でとる関数 Φ．

命題 2.1　上の仮定のもと

$$A = \sqrt{2\pi} \frac{\psi(x_0)}{(\Phi''(x_0))^{1/2}}$$

として，$s > 0$ で $s \to \infty$ のとき

(8) $$\int_a^b e^{-s\Phi(x)} \psi(x)\, dx = e^{-s\Phi(x_0)} \left[\frac{A}{s^{1/2}} + O\left(\frac{1}{s}\right) \right]$$

が成り立つ．

証明 $\Phi(x)$ を $\Phi(x) - \Phi(x_0)$ に置き換えることにより，$\Phi(x_0) = 0$ と仮定してよい．$\Phi'(x_0) = 0$ より，滑らかで $x \to x_0$ のとき $\varphi(x) = 1 + O(x - x_0)$ である φ により

$$\frac{\Phi(x)}{(x - x_0)^2} = \frac{\Phi''(x_0)}{2} \varphi(x)$$

と表されることに注意する．それゆえ，$x = x_0$ の小さな近傍において滑らかな変数変換 $x \mapsto y = (x - x_0)(\varphi(x))^{1/2}$ を施すことができ，$dy/dx|_{x_0} = 1$ および $y \to 0$ のとき $dx/dy = 1 + O(y)$ がわかる．さらに，$y \to 0$ で $\tilde{\psi}(y) = \psi(x_0) + O(y)$ となるものにより $\psi(x) = \tilde{\psi}(y)$ となる．よって，$[a', b']$ が x_0 をその内部に含む十分に小さい区間であるならば，ここで述べた変数変換により $\alpha < 0 < \beta$ に対して

(9) $$\begin{aligned}\int_{a'}^{b'} & e^{-s\Phi(x)} \psi(x)\, dx \\ &= \psi(x_0) \int_\alpha^\beta e^{-s\frac{\Phi''(x_0)}{2} y^2} dy + O\left(\int_\alpha^\beta e^{-s\frac{\Phi''(x_0)}{2} y^2} |y|\, dy \right)\end{aligned}$$

を得る．ここで，さらに変数変換 $y^2 = X$, $dy = \frac{1}{2} X^{-1/2} dX$ を施し，(9) の右辺の1番目の積分が，ある $\delta > 0$ に関して

$$\int_0^{a_0} e^{-s\frac{\Phi''(x_0)}{2} X} X^{-1/2} dX + O(e^{-\delta s}) = s^{-1/2} \left(\frac{2\pi}{\Phi''(x_0)} \right)^{1/2} + O(e^{-\delta s})$$

となることが (5) よりわかる．同じ議論により，2番目の積分は $O(1/s)$ である．残っているのは，$[a, a']$ および $[b, b']$ 上での $e^{-s\Phi(x)} \psi(x)$ の積分である；しかしこれら二つの部分区間においては $\Phi(x) \geq c > 0$ であるので，これらの積分は $s \to \infty$ のとき指数関数的に減少する．これらを合わせて，(8) そして命題が示された． ∎

漸近関係 (8) が，$\mathrm{Re}(s) \geq 0$ となるすべての複素数 s にまで拡張されることを理解しておくのは重要である．しかしながら，その証明には幾分異なった議論が必要である：ここでは，$|s|$ は大きいが $\mathrm{Re}(s)$ が小さい場合の $e^{-s\Phi(x)}$ の振動を

考慮に入れる必要があり，これは簡単な部分積分により実現される．

命題 2.2 Φ と ψ に対する同じ仮定のもと，関係 (8) は $\mathrm{Re}(s) \geq 0$ で $|s| \to \infty$ のときにも引き続き成立する．

証明 前と同様に等式 (9) まで進み，命題 1.3 の $m = -1/2$ の場合により最初の項に対する妥当な漸近挙動を得る．残った部分を論ずるために，ある考察から始めよう．Ψ と ψ が区間 $[\bar{a}, \bar{b}]$ で与えられ，無限回微分可能であり，かつ $\Psi(x) \geq 0$ で $|\Psi'(x)| \geq c > 0$ であるならば，$\mathrm{Re}(s) \geq 0$ に対して

$$(10) \qquad \int_{\bar{a}}^{\bar{b}} e^{-s\Psi(x)} \psi(x)\, dx = O\left(\frac{1}{|s|}\right), \qquad |s| \to \infty \text{ のとき}$$

が成り立つ．実際，この積分は

$$-\frac{1}{s} \int_{\bar{a}}^{\bar{b}} \frac{d}{dx}\left(e^{-s\Psi(x)}\right) \frac{\psi(x)}{\Psi'(x)}\, dx$$

に等しく，これから部分積分により

$$\frac{1}{s} \int_{\bar{a}}^{\bar{b}} e^{-s\Psi(x)} \frac{d}{dx}\left(\frac{\psi(x)}{\Psi'(x)}\right) dx - \frac{1}{s}\left[e^{-s\Psi(x)} \frac{\psi(x)}{\Psi'(x)}\right]_{\bar{a}}^{\bar{b}}$$

となる．主張 (10) は，$\mathrm{Re}(s) \geq 0$ のときに $|e^{-s\Psi(x)}| \leq 1$ であることから直ちに得られる．これにより，$e^{-s\Phi(x)} \psi(x)$ の残りの区間 $[a, a']$ および $[b, b']$ での積分を扱うことができるが，それは，$\Phi'(x_0) = 0$ かつ $\Phi''(x) \geq c_1 > 0$ であることから，それぞれにおいて $|\Phi'(x)| \geq c > 0$ となることによる．最終的に (9) の右辺の第 2 項は，実際 $\eta(y)$ を微分可能として

$$\int_{\alpha}^{\beta} e^{-s\frac{\Phi''(x_0)}{2} y^2} y\eta(y)\, dy$$

の形をもつことがわかる．ここで，これを再び部分積分により

$$-\frac{1}{s\Phi''(x_0)} \int_{\alpha}^{\beta} \frac{d}{dy}\left(e^{-s\frac{\Phi''(x_0)}{2} y^2}\right) \eta(y)\, dy$$

と書いて評価することができ，$O(1/|s|)$ であることがわかる． ∎

命題 2.2 の特別な場合である s が純虚数 $s = it$, $t \to \pm\infty$ のときには，しばしば独立して扱われることがある；この場合における論法は，通常は**停留位相**の方法として引用される．$\Phi'(x_0) = 0$ となる点 x_0 は，**臨界点**と呼ばれる．

最初の応用は，スターリングの公式として与えられる，ガンマ関数 Γ の漸近挙

動に関するものである.この公式は,負の実軸を含まない,複素平面における任意の扇形において有効である.任意の $\delta > 0$ に対して $S_\delta = \{s : |\arg s| \leq \pi - \delta\}$ とおき,$\log s$ により,負の実軸に沿って截断された平面における対数の主分枝を表すものとする.

定理 2.3 $s \in S_\delta$ で $|s| \to \infty$ のとき,

(11) $$\Gamma(s) = e^{s \log s} e^{-s} \frac{\sqrt{2\pi}}{s^{1/2}} \left(1 + O\left(\frac{1}{|s|^{1/2}} \right) \right)$$

である.

注意 少し余分に労力をかけることにより,誤差項は $O(1/|s|)$ にまで改良され,実際 $1/s$ による完全な漸近展開を得ることができる;問題 2 を見よ.また,(11) から $\Gamma(s) \sim \sqrt{2\pi} s^{s-1/2} e^{-s}$ が導かれるが,これはしばしばスターリングの公式として引用される形であることに注意しておく.

定理を証明するために,まず (11) を右半平面において示す.この公式は $\text{Re}(s) > 0$ である限り成立し,さらに,原点の近傍 (仮に $|s| < 1$ とする) を除外すれば,誤差項はその閉半平面上で一様であることを示そう.これを見るため,まず $s > 0$ から初めて

$$\Gamma(s) = \int_0^\infty e^{-x} x^s \frac{dx}{x} = \int_0^\infty e^{-x + s \log x} \frac{dx}{x}$$

と書く.変数変換 $x \mapsto sx$ を施せば,上の式は $\Phi(x) = x - 1 - \log x$ として

$$\int_0^\infty e^{-sx + s \log sx} \frac{dx}{x} = e^{s \log s} e^{-s} \int_0^\infty e^{-s\Phi(x)} \frac{dx}{x}$$

に等しくなる.解析接続によりこの恒等式は引き続き成立し,$\text{Re}(s) > 0$ のときに

$$I(s) = \int_0^\infty e^{-s\Phi(x)} \frac{dx}{x}$$

として

$$\Gamma(s) = e^{s \log s} e^{-s} I(s)$$

を得る.ここで

(12) $$I(s) = \frac{\sqrt{2\pi}}{s^{1/2}} + O\left(\frac{1}{|s|} \right), \qquad \text{Re}(s) > 0 \text{ に対して}$$

を見れば十分である.まず,$\Phi(1) = \Phi'(1) = 0$,$0 < x < \infty$ である限り $\Phi''(x) = 1/x^2 > 0$,かつ $\Phi''(1) = 1$ であることを見よ.これより Φ は凸で,$x = 1$ で最

小値をとり，正値である．

ラプラスの方法の複素数版である命題 2.2 を，この状況において適用する．ここで臨界点は $x_0 = 1$ であり，$\psi(x) = 1/x$ である．便宜上，区間 $[a, b]$ は $[1/2, 2]$ に選ぶ．このとき，$\int_a^b e^{-s\Phi(x)} \psi(x)\, dx$ に対して漸近挙動 (12) を得る．残っているのは，$[0, 1/2]$ および $[2, \infty)$ での積分に対応する誤差項を評価することである．すでにここまで非常に役立ってきた部分積分の手法が，ここにおいても適用される．実際，$\Phi'(x) = 1 - 1/x$ であるので，

$$\int_\varepsilon^{1/2} e^{-s\Phi(x)} \frac{dx}{x} = -\frac{1}{s}\int_\varepsilon^{1/2} \frac{d}{dx}\left(e^{-s\Phi(x)}\right) \frac{dx}{\Phi'(x)x}$$

$$= -\frac{1}{s}\left[\frac{e^{-s\Phi(x)}}{x-1}\right]_\varepsilon^{1/2} - \frac{1}{s}\int_\varepsilon^{1/2} e^{-s\Phi(x)} \frac{dx}{(x-1)^2}$$

を得る．$\varepsilon \to 0$ のときに $\Phi(\varepsilon) \to +\infty$ であり，かつ $|e^{-s\Phi(x)}| \leq 1$ であることに注意して，極限をとって

$$\int_0^{1/2} e^{-s\Phi(x)} \frac{dx}{x} = \frac{2}{s} e^{-s\Phi(1/2)} - \frac{1}{s}\int_0^{1/2} e^{-s\Phi(x)} \frac{dx}{(x-1)^2}$$

であることがわかる．

よって左辺は，半平面 $\operatorname{Re}(s) \geq 0$ において $O(1/|s|)$ となる．

積分 $\int_2^\infty e^{-s\Phi(x)} \frac{dx}{x}$ も，$\int_2^\infty (x-1)^{-2}\, dx$ が収束することに注意すれば同様に扱われる．

これらの評価は一様であるから，(12) したがって (11) は $\operatorname{Re}(s) \geq 0, |s| \to \infty$ に対して証明される．

$\operatorname{Re}(s) \geq 0$ から $\operatorname{Re}(s) \leq 0, s \in S_\delta$ へと移行するために，以下の $\log s$ の主分枝に関する事実を書き記しておく：$\operatorname{Re}(s) \geq 0, s = \sigma + it, t \neq 0$ である限り，

$$\log(-s) = \begin{cases} \log s - i\pi, & t > 0 \text{ のとき,} \\ \log s + i\pi, & t < 0 \text{ のとき.} \end{cases}$$

よって，$G(s) = e^{s \log s} e^{-s}$, $\operatorname{Re}(s) \geq 0$, $t \neq 0$ として

(13) $$G(-s)^{-1} = \begin{cases} e^{s\log s} e^{-s} e^{-si\pi}, & t > 0 \text{ のとき,} \\ e^{s\log s} e^{-s} e^{si\pi}, & t < 0 \text{ のとき} \end{cases}$$

である．次に，

(14) $$\Gamma(s)\Gamma(-s) = \frac{\pi}{-s \sin \pi s}$$

が，$\Gamma(s)\Gamma(1-s) = \pi/\sin\pi s$ という事実と $\Gamma(1-s) = -s\Gamma(-s)$ (第6章の定理1.4と補題1.2を見よ) とから得られる．(13) と (14) を組合せ，大きな s に対して $(1+O(1/|s|^{1/2}))^{-1} = 1+O(1/|s|^{1/2})$ となる事実を合わせることにより，(11) を扇形全体 S_δ にまで拡張することができ，それによって定理の証明が完結する．

3. エアリー関数

エアリー関数は，まず光学において，より正確には焦線の近くでの光の彩度の解析において登場した；これは積分の漸近挙動の研究における初期の重要な例であったし，その後も引き続き他の多くの問題において登場し続けている．エアリー関数 Ai は

(15) $$\mathrm{Ai}(s) = \frac{1}{2\pi}\int_{-\infty}^{\infty} e^{i(x^3/3+sx)}\,dx, \qquad s\in\mathbb{R}$$

により定義される．$|x|\to\infty$ のときに被積分関数が急激に振動するため，積分は収束し s の連続関数を表していることを最初に見ることにしよう．実際，

$$\frac{1}{i(x^2+s)}\frac{d}{dx}\left(e^{i(x^3/3+sx)}\right) = e^{i(x^3/3+sx)}$$

に注意し，それゆえ $a \geq 2|s|^{1/2}$ のときには，積分 $\int_a^R e^{i(x^3/3+sx)}dx$ は

(16) $$\int_a^R \frac{1}{i(x^2+s)}\frac{d}{dx}\left(e^{i(x^3/3+sx)}\right)dx$$

と書くことができる．ここで部分積分してから $R\to\infty$ としてもよく，これにより積分は一様収束し，その結果 $\int_a^\infty e^{i(x^3/3+sx)}dx$ も $|s|\leq a^2/4$ で連続となることがわかる．同じ議論が $-\infty$ から $-a$ までの積分に対しても成立し，$\mathrm{Ai}(s)$ に関するわれわれの主張が示される．

$\mathrm{Ai}(s)$ に対するより深い洞察が，(15) における積分路を変形することにより得られる．最良の積分路の選び方は後のほうで示されるが，さしあたり，(15) の積分において x 軸を平行な直線 $L_\delta = \{x+i\delta, x\in\mathbb{R}\}$, $\delta > 0$ に置き換えるやいなや，事態が劇的に改善されることに注意しておこう．

実際，コーシーの定理を $f(z) = e^{i(z^3/3+sz)}$ に対して，図3で示される長方形上で適用してもよい．

図 3　直線 L_δ と積分路 γ_R.

L_δ の上で $f(z) = O(e^{-\delta x^2})$ であるが，一方，長方形の垂直な辺の上で $f(z) = O(e^{-yR^2})$ であることがわかる．したがって，$R \to \infty$ のとき $\int_0^\delta e^{-yR^2} dy \to 0$ であることから，

$$\mathrm{Ai}(s) = \frac{1}{2\pi} \int_{L_\delta} e^{i(z^3/3 + sz)}\, dz$$

がわかる．ここで，各複素数 s ごとに評価 $f(z) = O(e^{-\delta x^2})$ が引き続き成立し，よって積分の (急速な) 収束により，$\mathrm{Ai}(s)$ は s の整関数として拡張される．

次に，$\mathrm{Ai}(s)$ が微分方程式

(17) $$\mathrm{Ai}''(s) = s\mathrm{Ai}(s)$$

をみたすことに注意する．この単純かつ自然な方程式が助けとなって，エアリー関数がいたるところに存在し得ることが説明される．(17) を証明するには

$$\mathrm{Ai}''(s) - s\mathrm{Ai}(s) = \frac{1}{2\pi} \int_{L_\delta} (-z^2 - s) e^{i(z^3/3 + sz)}\, dz$$

を見よ．しかし $-(z^2 + s)e^{i(z^3/3 + sz)} = i\dfrac{d}{dz}\left(e^{i(z^3/3 + sz)}\right)$ であるから，$f(z) = e^{i(z^3/3 + sz)}$ が L_δ に沿って $|z| \to \infty$ とすると零になることより

$$\mathrm{Ai}''(s) - s\mathrm{Ai}(s) = \frac{i}{2\pi} \int_{L_\delta} \frac{d}{dz}(f(z))\, dz = 0$$

となる．

さて，われわれの主要な問題である，大きな (実の) 値 s に対する $\mathrm{Ai}(s)$ の漸近挙動に目を向けよう．微分方程式 (17) から，s の正負によって $|s|$ が大きいときのエアリー関数の挙動が異なることが予想される．これを見るために，方程式を類似の簡単な

(18) $$y''(s) = Ay(s)$$

と比較してみることにするが，ここで A は大きな定数で，正の s を考えるときには A を正にとり，もう一方の場合を考えるときには A を負にとる．(18) の解はもちろん $e^{\sqrt{A}s}$ と $e^{-\sqrt{A}s}$ であり，$A > 0$ ならば，$s \to \infty$ としたときに1番目のものは急速に増大し，2番目のものは急速に減少する．(16) に従って部分積分をしてみると一目でわかることだが，$\mathrm{Ai}(s)$ は $s \to \infty$ としたときに有界にとどまっている．よって $e^{\sqrt{A}s}$ との比較は捨て去るべきで，この場合 $\mathrm{Ai}(s)$ が急速に減少していることは想像するに難くない．$s < 0$ のときには，(18) で $A < 0$ にとる．このときには指数関数 $e^{\sqrt{A}s}$ および $e^{-\sqrt{A}s}$ は振動し，それゆえ，$\mathrm{Ai}(s)$ は $s \to -\infty$ のときにある種の振動的性質をもっているであろうと推測される．

定理 3.1 $u > 0$ とする．$u \to \infty$ のとき

(i) $\mathrm{Ai}(-u) = \pi^{-1/2} u^{-1/4} \cos\left(\dfrac{2}{3} u^{3/2} - \dfrac{\pi}{4}\right)(1 + O(1/u^{3/4}))$.

(ii) $\mathrm{Ai}(u) = \dfrac{1}{2\pi^{1/2}} u^{-1/4} e^{-\frac{2}{3} u^{3/2}}(1 + O(1/u^{3/4}))$.

1番目の場合を考察するため，$s = -u$ での値を定義する積分において $x \mapsto u^{1/2} x$ と変数変換する．これにより

(19) $$I_-(t) = \frac{1}{2\pi} \int_{-\infty}^{\infty} e^{it(x^3/3 - x)}\, dx$$

として

$$\mathrm{Ai}(-u) = u^{1/2} I_-(u^{3/2})$$

が得られる．さて，$\Phi(x) = \Phi_-(x) = x^3/3 - x$ として

$$I_-(s) = \frac{1}{2\pi} \int_{-\infty}^{\infty} e^{-s\Phi(x)}\, dx$$

と書き，s が純虚数であることから，この場合には停留位相の方法となるところの命題 2.2 を適用しよう．$\Phi'(x) = x^2 - 1$ ゆえ，二つの臨界点 $x_0 = \pm 1$ が存在することに注意せよ；$\Phi''(x) = 2x$ であることを見よ；また $\Phi(\pm 1) = \mp 2/3$ であることも見よ．

(19) における積分範囲を，それぞれが一つの臨界点を含む二つの区間 $[-2, 0]$ と $[0, 2]$，およびそれらの外側の二つの区間 $(-\infty, -2]$ および $[2, \infty)$ とに分解する．

さて，区間 $[0, 2]$ に対して命題 2.2 を $s = -it$, $x_0 = 1$, $\psi = 1/2\pi$, $\Phi(1) = -2/3$, $\Phi''(1) = 2$ の場合に適用すれば，(8) を考慮することにより，そこからの寄与が

$$\frac{1}{2\sqrt{\pi}}e^{-i\frac{2}{3}t}\left(\frac{1}{(-it)^{1/2}}+O\left(\frac{1}{|t|}\right)\right)$$

であることがわかる．同様に $[-2,0]$ の部分の積分からの寄与は

$$\frac{1}{2\sqrt{\pi}}e^{i\frac{2}{3}t}\left(\frac{1}{(it)^{1/2}}+O\left(\frac{1}{|t|}\right)\right)$$

である．

最後に，これらの外側の部分の積分を考察する．まず

$$\int_{-\infty}^{-2} e^{it\Phi(x)}\,dx = \lim_{N\to\infty}\int_{-N}^{-2} e^{it\Phi(x)}\,dx$$
$$= \lim_{N\to\infty}\frac{1}{it}\int_{-N}^{-2}\frac{d}{dx}\left(e^{it\Phi(x)}\right)\frac{dx}{\Phi'(x)}$$

であるが，ここで $\Phi'(x) = x^2 - 1$ である．部分積分により，これは $O(1/|t|)$ となる．$[2,\infty)$ 上の積分も同様に取り扱われる．これら四つの部分からの寄与を合わせて，それらを恒等式 $\mathrm{Ai}(-u) = u^{1/2}I_-(u^{3/2})$ に代入することにより，定理の (i) の結論[1] が証明される．

定理の (ii) の結論を取り扱うために，積分 (15) の $s=u$ の場合において $x \mapsto u^{1/2}x$ と変数変換する．これにより，

(20) $$I_+(s) = \frac{1}{2\pi}\int_{-\infty}^{\infty} e^{-sF(x)}\,dx$$

および $F(x) = -i(x^3/3 + x)$ として，$u > 0$ に対して

$$\mathrm{Ai}(u) = u^{1/2}I_+(u^{3/2})$$

が得られる．さて，$s \to \infty$ のときには (20) の被積分関数は再び急速に振動するが，ここでは前の場合とは違って，$x^3/3 + x$ の導関数が零にならないことより実軸上には臨界点が存在しない．(以前用いたように) 部分積分を繰り返すことにより，実際に積分 $I_+(s)$ が $s \to \infty$ のときに早く減少することがわかる．しかし，この減少の仕方の厳密な性質および位数はどのようなものであろうか？ この問題に答えるには，(20) に内在している打ち消し合いを細かく考慮に入れる必要があり，これを上での方法により実行することは実現可能であるようには思えない．

よりよい方法は，ベッセル関数の漸近挙動において用いられた指導原理に従う

---

[1] この結論のもう一つの導き方が，エアリー関数とベッセル関数との関係からの帰結として与えられる．以下の問題3を見よ．

ことであり，(20) においてその上で積分している直線を，そこでは $F(z)$ の虚部が零になるような積分路にまで変形する；こうすることにより，ラプラスの方法すなわち命題 2.1 を適用して，$I_+(s)$ の $s \to \infty$ における真の漸近挙動を見つけることが期待される．

そのアイデアを，$F(z)$ がただ正則であることのみを仮定した，より一般的な状況において記しておこう．ここで示唆された手法に従って，積分路 Γ を以下が成立するように探し出す：

(a)　Γ 上 $\mathrm{Im}\,(F) = 0$.
(b)　$\mathrm{Re}\,(F)$ は Γ 上のある点 z_0 において最小値をとり，またこの関数は $\mathrm{Re}\,(F)$ の Γ に沿った 2 階導関数が z_0 において真に正であるという意味において非退化である．

条件 (a) および (b) から，もちろん $F'(z_0) = 0$ が導かれる．もし，上でのように $F''(z_0) \neq 0$ ならば，z_0 を通る直交する 2 本の曲線 Γ_1 および Γ_2 が存在して，$F|_{\Gamma_i}$ が $i = 1, 2$ に対して実で，$\mathrm{Re}\,(F)$ を Γ_1 に制限したものは z_0 で最小値をもち，$\mathrm{Re}\,(F)$ を Γ_2 に制限したものは z_0 で最大値をもつようにできる (第 8 章の練習 2)．それゆえ，もともとの積分路を $\Gamma = \Gamma_1$ に変形することを試みる．z_0 において関数 $-\mathrm{Re}\,(F(z))$ が鞍点をもち，この点を出発して道 Γ_1 に沿って進むことにより，この関数の最大の減少を得ることができることから，この手法は通常**最速降下法**と呼ばれている．

われわれが扱う特別な場合，$F(z) = -i(z^3/3 + z)$ へと戻ろう．
$$\begin{cases} \mathrm{Re}\,(F) = x^2 y - y^3/3 + y, \\ \mathrm{Im}\,(F) = -x^3/3 + xy^2 - x \end{cases}$$
に注意する．$F'(z) = -i(z^2 + 1)$ も見て，$F'(z_0) = 0$ となる二つの非実数臨界点 $z_0 = \pm i$ が求まる．$z_0 = i$ に選ぶとき，この点を通過し，その上で $\mathrm{Im}\,(F) = 0$ となる 2 本の曲線は
$$\Gamma_1 = \{(x, y) : y^2 = x^2/3 + 1\} \quad \text{および} \quad \Gamma_2 = \{(x, y) : x = 0\}$$
である．Γ_2 上では，関数 $\mathrm{Re}\,(F)$ は明らかに点 $z_0 = i$ において最大値をとり，よって，この曲線は捨て去ることにする．われわれは $\Gamma = \Gamma_1$ と選ぶことにするが，これは双曲線の一つの分枝であり，$y = (x^2/3 + 1)^{1/2}$ で表される；これは放射線 $z = re^{i\pi/6}$，および $z = re^{i5\pi/6}$ に無限遠において漸近する．図 4 を見よ．

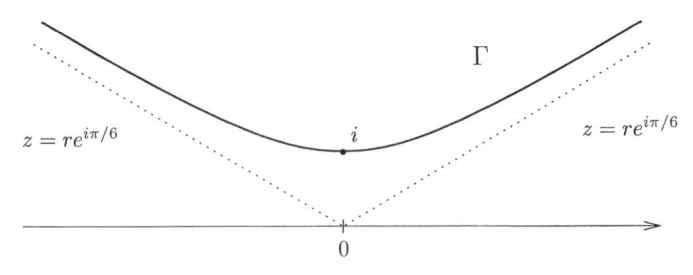

図4 最速降下曲線.

次に
(21) $$\frac{1}{2\pi}\int_{-\infty}^{\infty}e^{-sF(x)}\,dx = \frac{1}{2\pi}\int_{\Gamma}e^{-sF(z)}\,dz$$
を見る．この恒等式は，コーシーの定理を $e^{-sF(z)}$ に対して適用することにより正当化されるが，そこでの積分路 Γ_R は四つの切片からなる弓形にとる：実軸と Γ でその半径 R の円周の内側にある部分，およびこの円周における実軸と Γ を結ぶ二つの円弧．この領域内においては $x \to \pm\infty$ のとき $e^{-sF(z)} = O(e^{-cyx^2})$ であるから，二つの円弧の部分からの寄与は $O\left(\int_0^{\pi}e^{-cR^2\sin\theta}\,d\theta\right) = O(1/R)$ となり，$R \to \infty$ として (21) が示される．

さて，Γ 上では $y^2 = x^2/3 + 1$ であることより，
$$\Phi(x) = \mathrm{Re}\,(F) = y(x^2 - y^2/3 + 1) = \left(\frac{8}{9}x^2 + \frac{2}{3}\right)(x^2/3 + 1)^{1/2}$$
がわかる．また，Γ 上 $dz = dx + i\,dy = dx + i(x/3)(x^2/3 + 1)^{-1/2}dx$ を得る．よって，$\Phi(x)$ が偶関数で，一方で $x(x^2/3 + 1)^{-1/2}$ が奇関数であることを考慮して，
(22) $$\frac{1}{2\pi}\int_{\Gamma}e^{-sF(z)}\,dz = \frac{1}{2\pi}\int_{-\infty}^{\infty}e^{-s\Phi(x)}\,dx$$
となる．次に，$u \to 0$ のとき $(1+u)^{1/2} = 1 + u/2 + O(u^2)$ であることから
$$\Phi(x) = \left(\frac{8}{9}x^2 + \frac{2}{3}\right) + \frac{2}{3}\frac{1}{2}\frac{x^2}{3} + O(x^4) = x^2 + \frac{2}{3} + O(x^4)$$
および $\Phi''(0) = 2$ に注意する．ここで命題 2.1 を適用して，(22) の右辺の主要部は，c をある小さな正の定数として，
$$\frac{1}{2\pi}\int_{-c}^{c}e^{-s\Phi(x)}\,dx$$

であるものとして評価する．$\Phi(0) = 2/3$, $\Phi''(0) = 2$, かつ $\psi(0) = 1/2\pi$ であるので，この項からの寄与は

$$e^{-\frac{2}{3}s}\left[\frac{1}{2\pi^{1/2}}\frac{1}{s^{1/2}} + O\left(\frac{1}{s}\right)\right]$$

である．$\int_c^\infty e^{-s\Phi(x)}\,dx$ の項は $e^{-2s/3}\int_c^\infty e^{-c_1 sx^2}\,dx$ により押さえられるが，これは $c > 0$ であれば，直ちにある $\delta > 0$ に対して $O(e^{-2s/3}e^{-\delta s})$ となる．同様の評価が，$\int_{-\infty}^{-c} e^{-s\Phi(x)}\,dx$ に対しても成立する．すべてを合わせて

$$I_+(s) = e^{-\frac{2}{3}s}\left[\frac{1}{2\pi^{1/2}}\frac{1}{s^{1/2}} + O\left(\frac{1}{s}\right)\right], \qquad s \to \infty \text{ のとき}$$

となり，これで求めていたエアリー関数に対する漸近挙動 (ii) が得られた．

4. 分割関数

この付録において詳述された手法の最後の実例として，第 10 章で議論された分割関数 $p(n)$ に対する応用を示しておこう．注目すべきハーディ–ラマヌジャンの漸近公式に対し，その主要項を引き出すことにする．

定理 4.1 p により分割関数を表すならば，
(i) $K = \pi\sqrt{\frac{2}{3}}$ として，$n \to \infty$ のとき $p(n) \sim \dfrac{1}{4\sqrt{3}n}e^{Kn^{1/2}}$．
(ii) より正確な主張として

$$p(n) = \frac{1}{2\pi\sqrt{2}}\frac{d}{dn}\left(\frac{e^{K(n-\frac{1}{24})^{1/2}}}{\left(n - \frac{1}{24}\right)^{1/2}}\right) + O(e^{\frac{K}{2}n^{1/2}}).$$

注意 平均値の定理から，$\left(n - \dfrac{1}{24}\right)^{1/2} - n^{1/2} = O(n^{-1/2})$ となることを見よ；よって $e^{K(n-\frac{1}{24})^{1/2}} = e^{Kn^{1/2}}(1 + O(n^{-1/2}))$ となり，したがって $n \to \infty$ のとき $e^{K(n-\frac{1}{24})^{1/2}} \sim e^{Kn^{1/2}}$ である．もちろん，明らかに $\left(n - \dfrac{1}{24}\right)^{1/2} \sim n^{1/2}$ であり，特に (ii) から (i) が得られる．

まず最初に，より一般的な状況において，列 $\{F_n\}$ の漸近挙動がいったいどのようにその母関数 $F(w) = \displaystyle\sum_{n=0}^\infty F_n w^n$ の解析的性質から導かれるのかについて議

論しよう．簡単のため $\sum_{n=0}^{\infty} F_n w^n$ は単位円板をその収束円としてもつものと仮定すれば，以下の発見的方法により原理を説明することができる：F_n の漸近挙動は F の単位円周上での「特異性」の位置と性質とから決定され，各特異性からの漸近公式における寄与の大きさは，その特異性の「位数」と符合している．

　この原理が明白であり，かつ正当化可能なことを示すとても単純な例として，F がより大きな円板上で有理型であるが，円周上に特異点をただ一つもち，それが点 $w = 1$ における位数 r の極である場合を考えよう．そのとき，ある $r-1$ 次多項式 P が存在して，ある $\varepsilon > 0$ に対して $n \to \infty$ のときに $F_n = P(n) + O(e^{-\varepsilon n})$ となる．実際，$\sum_{n=0}^{\infty} P(n) w^n$ は，$F(w)$ の $w = 1$ の近くでの良い近似である；それは F の極の主要部である (問題 4 も見よ)．

　分割関数に対してはその解析はこの例ほど単純ではないが，上で主張されている原理は，適当な解釈のもとでやはり適用可能である．このことに取り組もう．

　第 10 章，定理 2.1 で示された公式
$$\sum_{n=0}^{\infty} p(n) w^n = \prod_{n=1}^{\infty} \frac{1}{1 - w^n}$$
を思い出そう．この恒等式から，母関数が単位円板において正則であることがわかる．以下において，$w = e^{2\pi i z}$, $z = x + iy$ および $y > 0$ ととることにより，単位円板から上半平面へと移行しておくと便利であろう．それゆえ
$$f(z) = \prod_{n=1}^{\infty} \frac{1}{1 - e^{2\pi i n z}}$$
および
(23) $$p(n) = \int_{\gamma} f(z) e^{-2\pi i n z} \, dz$$
とおくとき，
$$\sum_{n=0}^{\infty} p(n) e^{2\pi i n z} = f(z)$$
となる．ここで γ は上半平面上の線分で，$\delta > 0$ として $-1/2 + i\delta$ と $1/2 + i\delta$ をつなぐものである；高さ δ は後で n を用いて固定される．

　さらに進めて，まず積分 (23) における主要な寄与はどの部分からくるのかを，$f(x + iy)$ の $y \to 0$ のときの相対的な大きさを用いて見てみよう．f は $z = 0$ の近くで最も大きくなることに注意する．それは，$|f(x + iy)| \leq f(iy)$ であり，さら

に係数 $p(n)$ が正であるという事実に鑑みて, $f(iy)$ は y が減少するにつれて増大することからわかる. あるいはまた, f を表す積において現れる各因子 $1-e^{2\pi inz}$ は $z\to 0$ とすれば零になるが, 同じことが実軸上の (1 を法とした) 他の任意の点に対しても成り立つ. よって, 上で考察した単純な例の類似として, 初等関数 f_1 で $z=0$ において f の挙動の多くと一致するものを探し, (23) において f を f_1 で置き換えることを試みよう.

まさにここがとても幸運な点なのであるが, 母関数は単にデデキントのエータ関数
$$\eta(z) = e^{\frac{i\pi z}{12}} \prod_{n=1}^{\infty}(1-e^{2\pi inz})$$
の変形に過ぎない. これより明らかに
$$f(z) = e^{\frac{i\pi z}{12}}(\eta(z))^{-1}$$
である (ついでながら, 上で現れる分数 $1/12$ は, $p(n)$ の漸近公式において分数 $1/24$ が現れる理由を説明している).

η は関数等式 $\eta(-1/z) = \sqrt{z/i}\,\eta(z)$ をみたすので (第 10 章の命題 1.9), それより

(24) $$f(z) = \sqrt{z/i}\,e^{\frac{i\pi}{12z}}e^{\frac{i\pi z}{12}}f(-1/z)$$

が導かれる. また, z を適当に制限して $z\to 0$ とすれば $\operatorname{Im}(-1/z)\to\infty$ となり,

(25) $$f(z) = 1 + O(e^{-2\pi y}), \qquad z = x+iy, \quad y\geq 1$$

であるから, 急速に $f(-1/z)\to 1$ となることに注意する. よって, 母関数 $f(z)$ を ($z=0$ において) 良く近似している関数として $f_1(z) = \sqrt{z/i}\,e^{\frac{i\pi}{12z}}e^{\frac{i\pi z}{12}}$ をとり ((24) より),

$$\begin{cases} p_1(n) = \int_\gamma \sqrt{z/i}\,e^{\frac{i\pi}{12z}}e^{\frac{i\pi z}{12}}e^{-2\pi inz}\,dz, \\ E(n) = \int_\gamma \sqrt{z/i}\,e^{\frac{i\pi}{12z}}e^{\frac{i\pi z}{12}}e^{-2\pi inz}(f(-1/z)-1)\,dz \end{cases}$$

として
$$p(n) = p_1(n) + E(n)$$
と書くのは自然である.

まず誤差項 $E(n)$ について考えることにし, その際 γ としては, 高さが n で表

わされる具体的なものをとることにする．$E(n)$ を評価する際，その被積分関数を絶対値に置き換えて，$z \in \gamma$ ならば $z = x + iy$ かつ $\mathrm{Re}\,(i/z) = \delta/(\delta^2 + x^2)$ であることより

(26) $$\left| \sqrt{z/i}\, e^{\frac{i\pi}{12z}} e^{\frac{i\pi z}{12}} e^{-2\pi i n z} \right| \leq c e^{2\pi n \delta} e^{\frac{\pi}{12} \frac{\delta}{\delta^2 + x^2}}$$

であることに注意する．一方，$f(-1/z) - 1$ に対しては二通りの評価をすることができる．第一に，(25) において z を $-1/z$ で置き換えることにより

(27) $$|f(-1/z) - 1| \leq c e^{-2\pi \frac{\delta}{\delta^2 + x^2}}, \qquad \frac{\delta}{\delta^2 + x^2} \geq 1 \text{ のとき}$$

が得られる．第二に，関数等式 (24) により，$y \leq 1$ のときには $|f(z)| \leq f(iy) \leq C e^{\frac{\pi}{12y}}$ であることがわかるので，$|x| \leq 1/2$ であるから $\frac{\delta}{\delta^2 + x^2} \leq 1$ のとき

(28) $$|f(-1/z) - 1| \leq O\left(e^{\frac{\pi}{12} \frac{\delta^2 + x^2}{\delta}} \right) = O\left(e^{\frac{\pi}{48\delta}} \right)$$

となる．

したがって，$E(n)$ を定義している積分において，$\frac{\delta}{\delta^2 + x^2} \geq 1$ のときには (26) と (27) を用い，$\frac{\delta}{\delta^2 + x^2} \leq 1$ のときには (26) と (28) を用いる．$2\pi > \pi/12$ であるから，前者からは $O\left(e^{2\pi n \delta}\right)$ の寄与がわかる．後者からは $O\left(e^{2\pi n \delta} e^{\frac{\pi}{48\delta}}\right)$ の寄与が得られる．よって，$E(n) = O\left(e^{2\pi n \delta} e^{\frac{\pi}{48\delta}}\right)$ であり，δ を右辺が最小になるように，すなわち $2\pi n \delta = \frac{\pi}{48\delta}$ にとる；これは $\delta = \frac{1}{4\sqrt{6}\, n^{1/2}}$ にとることを意味し，誤差項に関する求めていた大きさ

$$E(n) = O\left(e^{\frac{4\pi}{4\sqrt{6}} n^{1/2}} \right) = O\left(e^{\frac{K}{2} n^{1/2}} \right)$$

を得る．

主要項 $p_1(n)$ に目を向けてみよう．後での計算を簡単にするため，積分路 γ を「改良」して 2 本の小さな線分の端を付け加える；それらは，$-1/2$ と $-1/2 + i\delta$ をつなぐ線分，および $1/2$ と $1/2 + i\delta$ をつなぐ線分のことである．この新しい積分路を γ' と呼ぶことにする（図 5 を見よ）．

（p_1 を定義する積分において）この 2 本の付け加えられた線分上では $\sqrt{z/i}\, e^{\frac{i\pi}{12z}}$ は $O(1)$ であるので，この修正部分からの寄与は $O(e^{2\pi n \delta}) = O(e^{\frac{2\pi}{4\sqrt{6}} n^{1/2}}) = O(e^{\frac{K}{4} n^{1/2}})$ であり，これは許される誤差よりもずっと小さいものであり，それゆえ $E(n)$ に組込んでもかまわないことに注意する．よってさらに記号を導入することを避け，積分路 γ を γ' で置き換えたものとして $p_1(n)$ を書き直す，すなわち

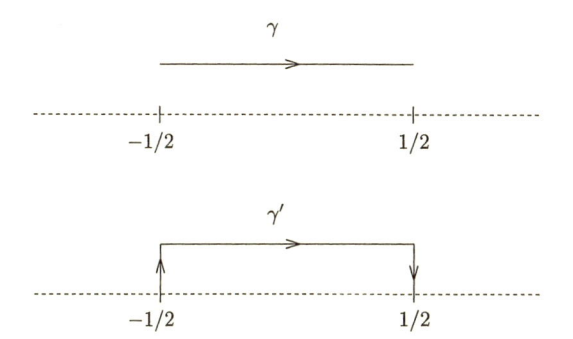

図5 γ と改良された積分路 γ'.

(29) $$p_1(n) = \int_{\gamma'} \sqrt{z/i}\, e^{\frac{i\pi}{12z}} e^{\frac{i\pi z}{12}} e^{-2\pi i n z}\, dz$$

とする.

次に, (29) に現れる指数関数の三つ組に対して変数変換 $z \mapsto \mu z$ を施して, それらを組合せた形が

$$e^{Ai\left(\frac{1}{z}-z\right)}$$

となるように単純化しよう. これは, 二条件 $A = 2\pi\mu\left(n - \frac{1}{24}\right)$ および $A = \frac{\pi}{12\mu}$ のもとで実現されるが, これは

$$A = \frac{\pi}{\sqrt{6}}\left(n - \frac{1}{24}\right)^{1/2} \quad \text{および} \quad \mu = \frac{1}{2\sqrt{6}}\left(n - \frac{1}{24}\right)^{-1/2}$$

を意味している. この変数変換を施して, $F(z) = i(z - 1/z)$, $s = \frac{\pi}{\sqrt{6}}\left(n - \frac{1}{24}\right)^{1/2}$ とおけば,

(30) $$p_1(n) = \mu^{3/2} \int_\Gamma e^{-sF(z)} \sqrt{z/i}\, dz$$

となる. ただし曲線 Γ(図6を見よ) は, 三つの線分 $[-a_n, -a_n + i\delta']$, $[-a_n + i\delta', a_n + i\delta']$, および $[a_n + i\delta', a_n]$ の和である; $\Gamma = \mu^{-1}\gamma'$ と書くことができる. ここで, $a_n = \frac{1}{2}\mu^{-1} = \sqrt{6}\left(n - \frac{1}{24}\right)^{1/2} \approx n^{1/2}$ であり, 一方 $n \to \infty$ のとき $\delta' = \delta\mu^{-1} = \frac{2\sqrt{6}}{4\sqrt{6}\, n^{1/2}}\left(n - \frac{1}{24}\right)^{1/2} \sim 1/2$ である.

最速降下法を積分 (30) に適用しよう. その際, $F(z) = i(z - 1/z)$ が上半平面において一つの(複素数)臨界点 $z = i$ をもつことに注意する. さらに, i を通過

図6 曲線 Γ.

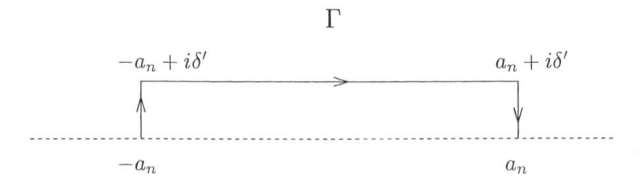

しその上では F が実数であるような 2 本の曲線とは：F が $z=i$ で最大値をとるが捨て去ることにする虚軸，および F が $z=i$ で最小値をとる単位円周のことである．そこでコーシーの定理を用いて，Γ 上の積分を最終的な曲線 Γ^* 上の積分に置き換えるが，それは線分 $[-a_n, -1]$, $[1, a_n]$, および -1 と 1 をつなぐ上半円周とからなる曲線である．

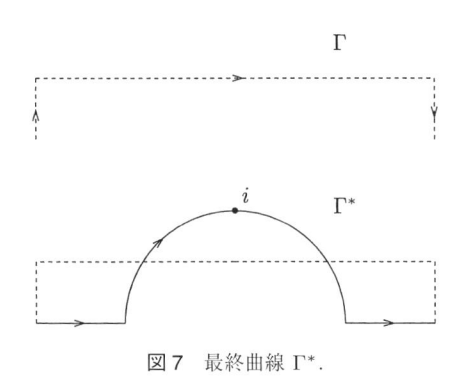

図7 最終曲線 Γ^*.

それゆえ

$$p_1(n) = \mu^{3/2} \int_{\Gamma^*} e^{-sF(z)} \sqrt{z/i}\, dz$$

を得る．実軸上では指数関数の絶対値が 1 であるため，線分 $[-a_n, -1]$ および $[1, a_n]$ からの寄与は相対的にかなり小さく，よって被積分関数は $\sup\limits_{|z|\leq a_n} |z|^{1/2}$ で押さえられ，これよりこの 2 項は $O(a_n^{3/2} \mu^{3/2}) = O(1)$ となる．

最後に主要項である半円周上の積分に移るが，向きは図のようにとる．ここで，$z = e^{i\theta}$, $dz = ie^{i\theta} d\theta$ と書く．$i(z - 1/z) = -2\sin\theta$ であるから，これにより

$$-\mu^{3/2} \int_0^\pi e^{2s\sin\theta} e^{i3\theta/2} \sqrt{i}\, d\theta$$

$$= \mu^{3/2} \int_{-\pi/2}^{\pi/2} e^{2s\cos\theta}(\cos(3\theta/2) + i\sin(3\theta/2))\,d\theta$$

となる．

命題 2.1 すなわちラプラスの方法を適用する際，$\Phi(\theta) = -\cos\theta, \theta_0 = 0$ にとり，よって $\Phi(\theta_0) = -1$，$\Phi''(\theta_0) = 1$ であり，$\psi(\theta) = \cos(3\theta/2) + i\sin(3\theta/2)$ に選んで $\psi(\theta_0) = 1$ となる．したがって，上の式からの寄与は

$$\mu^{3/2} e^{2s} \frac{\sqrt{2\pi}}{(2s)^{1/2}} \left(1 + O(s^{-1/2})\right)$$

となる．さて，$s = \dfrac{\pi}{\sqrt{6}} \left(n - \dfrac{1}{24}\right)^{1/2}$，$\dfrac{2\pi}{\sqrt{6}} = \pi\sqrt{\dfrac{2}{3}} = K$ および $\mu = \dfrac{\sqrt{6}}{12}\left(n - \dfrac{1}{24}\right)^{-1/2}$ であるので，

$$p(n) = \frac{1}{4n\sqrt{3}} e^{Kn^{1/2}}(1 + O(n^{-1/4}))$$

となり，定理の最初の結論は示された．

より厳密な結論 (ii) を得るために，これまでの道筋を再びたどり，鍵となる積分をかなり精密に評価するためのもう一工夫をする．$p_1(n)$ を，(29) で $\gamma' = \gamma'_n$ 上の積分としたものにより定義して，

$$p_1(n) = \frac{d}{dn} q(n) + e(n)$$

と書くが，ここで

$$q(n) = \frac{1}{2\pi} \int_{\gamma'} (z/i)^{-1/2} e^{\frac{i\pi}{12z}} e^{\frac{i\pi z}{12}} e^{-2\pi i n z}\,dz$$

であり，$e(n)$ は n に関する導関数を求める際の，積分路 $\gamma' = \gamma'_n$ の変形による項である．コーシーの定理により，これが $O(e^{2\pi n\delta})$ で押さえられることを見るのは容易であり，すでに見たように $O(e^{\frac{K}{4}n^{1/2}})$ であるから誤差項に取り込んでもよい．$q(n)$ を解析するには前と同様に進み，まず変数変換 $z \mapsto \mu z$ を施して，それからそれにより得られる積分路 Γ を Γ^* に置き換える．その結果，$F(z) = i(z - 1/z)$，$s = \dfrac{\pi}{\sqrt{6}}\left(n - \dfrac{1}{24}\right)^{1/2}$ および $\mu = \dfrac{1}{2\sqrt{6}}\left(n - \dfrac{1}{24}\right)^{-1/2}$ として

(31) $$q(n) = \frac{\mu^{1/2}}{2\pi} \int_{\Gamma^*} e^{-sF(z)} (z/i)^{-1/2}\,dz$$

を得る．

さて，積分路 Γ^* における 2 本の線分 $[-a_n, -1]$ および $[1, a_n]$ は，F が実軸上で純虚数であることから $\dfrac{d}{dn}q(n)$ に対しては害を及ぼさない．実際，それらは $O(a_n^{1/2}\mu^{1/2}) = O(1)$ となる項である．

(31) の主要な部分は，半円周上の積分から生ずる項である．よって，$z = e^{i\theta}$，$dz = ie^{i\theta}\,d\theta$，および $i(z - 1/z) = -2\sin\theta$ とすることにより，これは

$$-\frac{\mu^{1/2}}{2\pi}\int_0^\pi e^{2s\sin\theta}e^{i\theta/2}i^{3/2}\,d\theta$$

$$= \frac{\mu^{1/2}}{2\pi}\int_{-\pi/2}^{\pi/2} e^{2s\cos\theta}(\cos(\theta/2) + i\sin(\theta/2))\,d\theta$$

$$= \frac{\mu^{1/2}}{2\pi}\int_{-\pi/2}^{\pi/2} e^{2s\cos\theta}\cos(\theta/2)\,d\theta$$

に等しくなるが，ここで積分 $\displaystyle\int_{-\pi/2}^{\pi/2} e^{2s\cos\theta}\sin(\theta/2)\,d\theta$ が，被積分関数が奇関数であるために零であるという事実を用いている．

今 $\cos\theta = 1 - 2(\sin\theta/2)^2$ であるから，$x = \sin(\theta/2)$ とおくことにより上の積分が

$$\frac{\mu^{1/2}e^{2s}}{\pi}\int_{-\frac{\sqrt{2}}{2}}^{\frac{\sqrt{2}}{2}} e^{-4sx^2}\,dx$$

となることがわかる．しかしながら

$$\int_{-\frac{\sqrt{2}}{2}}^{\frac{\sqrt{2}}{2}} e^{-4sx^2}\,dx = \int_{-\infty}^{\infty} e^{-4sx^2}\,dx + O\left(\int_{\frac{\sqrt{2}}{2}}^{\infty} e^{-4sx^2}\,dx\right)$$

$$= \frac{\sqrt{\pi}}{2s^{1/2}} + O(e^{-2s})$$

であり，また

$$\frac{d}{ds}\left(\int_{-\frac{\sqrt{2}}{2}}^{\frac{\sqrt{2}}{2}} e^{-4sx^2}\,dx\right) = \frac{d}{ds}\left(\frac{\sqrt{\pi}}{2s^{1/2}}\right) + O(e^{-2s})$$

となる．すべての誤差項を合わせれば，

$$p(n) = \frac{d}{dn}\left(\mu^{1/2}\frac{e^{2s}}{\pi}\frac{\sqrt{\pi}}{2s^{1/2}}\right) + O(e^{\frac{K}{2}n^{1/2}})$$

がわかる．$s = \dfrac{\pi}{\sqrt{6}}\left(n - \dfrac{1}{24}\right)^{1/2}$，$\mu = \dfrac{\sqrt{6}}{12}\left(n - \dfrac{1}{24}\right)^{-1/2}$，および $K = \pi\sqrt{\dfrac{2}{3}}$ であるから，これは

$$p(n) = \frac{1}{2\pi\sqrt{2}} \frac{d}{dn}\left(\frac{e^{K(n-\frac{1}{24})^{1/2}}}{\left(n-\frac{1}{24}\right)^{1/2}}\right) + O(e^{\frac{K}{2}n^{1/2}})$$

であり，定理は証明された．

5. 問題

1. η を無限回微分可能な関数で，ある有限区間に台をもち，0 の近くの x に対しては $\eta(x) = 1$ であるものとする．このとき，$m > -1$ かつ $N > 0$ ならば，$\mathrm{Re}(s) \geq 0$, $|s| \to \infty$ に対して

$$\int_0^\infty e^{-sx} x^m \eta(x)\, dx = s^{-m-1} \Gamma(m+1) + O(s^{-N})$$

である．

(a) まず，$-1 < m \leq 0$ の場合を考える．

$$\int_0^\infty e^{-sx} x^m (1 - \eta(x))\, dx = O(s^{-N})$$

を見れば十分で，これは $e^{-sx} = (-1)^N s^{-N} \left(\dfrac{d}{dx}\right)^N (e^{-sx})$ であることから，部分積分を繰り返し行うことによって示される．

(b) これを任意の m にまで拡張するには，$k-1 < m \leq k$ となる k を見つけ，

$$\int_0^\infty \left[\left(\frac{d}{dx}\right)^k (x^m)\right] e^{-sx} \eta(x)\, dx = c_{k,m} s^{-m+k-1} + O(s^{-N})$$

と書いて部分積分を k 回行え．

2. 以下は，スターリングの公式をより精密化したものである．実定数 $a_1 = 1/12$, $a_2, \cdots, a_n, \cdots$ で，任意の $N > 0$ に対し

$$\Gamma(s) = e^{s\log s} e^{-s} \frac{\sqrt{2\pi}}{s^{1/2}} \left(1 + \sum_{j=1}^N a_j s^{-j} + O(s^{-N})\right), \quad s \in S_\delta \text{ のとき}$$

となるものが存在する．これは，命題 1.3 のかわりに問題 1 の結果を用いることにより証明される．

3. ベッセル関数とエアリー関数は，以下のベキ級数展開をもち：

$$J_\nu(x) = \left(\frac{x}{2}\right)^\nu \sum_{m=0}^\infty \frac{(-1)^m \left(\frac{x^2}{4}\right)^m}{m!\,\Gamma(\nu + m + 1)},$$

$$\mathrm{Ai}(-x) = \frac{1}{\pi} \sum_{n=0}^{\infty} \frac{x^n}{n!} \sin(2\pi(n+1)/3) 3^{n/3-2/3} \Gamma(n/3+1/3).$$

(a) これより，$x > 0$ のとき

$$\mathrm{Ai}(-x) = \frac{x^{1/2}}{3}\left(J_{1/3}\left(\frac{2}{3}x^{3/2}\right) + J_{-1/3}\left(\frac{2}{3}x^{3/2}\right)\right)$$

を確かめよ．

(b) 関数 $\mathrm{Ai}(x)$ は増大度 $3/2$ の整関数に拡張される．

[ヒント：(b) を示すには (a) を用いるか，またはそのかわりに第 5 章の問題 4 を Ai のベキ級数に対して適用せよ．第 4 章，問題 1 とも比較せよ．]

4. $F(z) = \sum_{n=0}^{\infty} F_n w^n$ は閉単位円板を含むある領域において有理型であるものとし，また F の極はその単位円周上の点 $\alpha_1, \cdots, \alpha_k$ においてのみ存在し，それらの位数をそれぞれ $r_1, \cdots, r_k$ とする．このとき，ある $\varepsilon > 0$ に対して，

$$F_n = \sum_{j=1}^{k} P_j(n) + O(e^{-\varepsilon n}), \qquad n \to \infty \text{ のとき}$$

が成り立つ．ここで，

$$P_j(n) = \frac{1}{(r_j - 1)!}\left(\frac{d}{dw}\right)^{r_j-1}[(w-\alpha_j)^{r_j} w^{-n-1} F(w)]_{w=\alpha_j}$$

である．各 P_j は，$P_j(n) = A_j(\alpha_j^{-1}n)^{r_j-1} + O(n^{r_j-2})$ の形であることに注意せよ．

これを証明するには，留数の公式 (第 3 章，定理 1.4) を用いよ．

5.* われわれの $p(n)$ に対する漸近公式の導き方における一つの欠点として，$f_1(z) = \sqrt{z/i}\, e^{\frac{i\pi}{12z}} e^{\frac{i\pi z}{12}}$ が母関数 $f(z)$ の $z = 0$ の近くでの良い近似となっているにもかかわらず，実軸上の他の点の近くにおいては，f_1 は微分可能だが f はそうではないことから良い近似とはなっていないという事実があげられる．

しかしながら，変換法則 (24) および恒等式 $f(z+1) = f(z)$ を用いることにより，以下の (24) の一般化を導くことができる：p/q が有理数でその最も小さな形 (したがって p と q は互いに素) である限り，$pp' \equiv 1 \mod q$ として

$$f\left(z - \frac{p}{q}\right) = w_{p/q}\sqrt{\frac{zq}{i}}\, e^{\frac{i\pi}{12zq^2}} e^{-\frac{i\pi z}{12}} f\left(-\frac{1}{zq^2} - \frac{p'}{q}\right)$$

となる．ここで $w_{p/q}$ は適当な 1 の 24 乗根である．この公式から，f の $z = p/q$ における近似である，類似物 $f_{p/q}$ が導かれる．これより各 p/q において，$p(n)$ の漸近公式における

$$c_{p/q}\frac{1}{2\pi\sqrt{2}}\frac{d}{dn}\left(\frac{e^{\frac{K}{q}\left(n-\frac{1}{24}\right)^{1/2}}}{\left(n-\frac{1}{24}\right)^{1/2}}\right)$$

の形の寄与が得られる．適当な修正を施すことにより，$[0, 1)$ 内のすべての真分数 p/q に関する和をとってできる級数は実際に収束し，$p(n)$ を表す正確な公式となる．

付録B：単連結性とジョルダンの曲線定理

> ジョルダンは実関数論の先駆者の一人であった．彼は解析のこの分野に有界変動関数という非常に重要な概念を導入した．有名度においてそれに勝るとも劣らないものが，平面を二つの異なった領域に分割するジョルダン曲線と呼ばれている曲線の研究である．また私たちは，集合の測度に関する彼の重要な結果の恩恵も被っている．その結果は現代の多くの研究に繋がっているものである．
>
> ——E. ピカール，1922

　単連結という概念は，複素解析における多くの基礎的かつ基本的な結果の土壌となるものである．この重要な概念の意義を明確に理解してもらうため，この付録では単連結集合の性質について詳しいことをまとめておいた．単連結という概念と密接に関連しているものに単純閉曲線で囲まれる「内側」という概念がある．ジョルダンの定理は，この「内側」が数学的に厳密に定義され，さらに単連結になるというものである．ここではこの定理を特に曲線が区分的に滑らかな場合に証明をする．

　第3章の定義を思い起こしてみるとわかるように，ある領域 Ω が単連結であるとは，Ω 内の二つの曲線が同一の端点をもつときホモトープになるということである．この定義から次のような重要な形のコーシーの定理を導いた．Ω が単連結であり，$\gamma \subset \Omega$ が任意の閉曲線であるとき，Ω 上の正則関数 f に対して

$$(1) \qquad \int_\gamma f(\zeta)\,d\zeta = 0$$

が成り立つ．ここではこの定理の逆も正しいことを証明しよう．次のことが成り

立つ．

　(I)　領域 Ω が単連結であるのは，正則単連結，すなわち $\gamma \subset \Omega$ が閉曲線で，f が Ω で正則ならば (1) が成り立つとき，かつそのときに限る．

この基本的な同値性は解析的なものであるが，これ以外に単連結性を特徴づける位相的な条件もある．もう少し詳しくいえば，ホモトピーを用いた定義から単連結集合には「穴」があいてないことがわかる．言い換えれば Ω 内の閉曲線で，Ω に属してない点を囲むようなものは存在しないということである．この補足の最初の部分では，これらの直観的な命題が厳密な定理となるようにもしたい．そのため，

　(II)　有界領域 Ω が単連結であるのは，その補集合が連結となるとき，かつそのときに限ることを示す．

　(III)　ある点の周りの回転数を定義し，Ω が単連結であるのは，Ω における曲線で Ω の補集合の点の周りを回転するものが存在しないとき，かつそのときに限ることを示す．

この補足の次の部分では曲線の内側の問題に立ち返って論ずる．主な問いは，与えられた閉曲線 Γ が自分自身と交わることがないとき，つまり単純であるとき，「Γ によって囲まれる領域」ということに数学的に厳密な定義を与えることができるか，ということである．言い換えれば，Γ の内側とは何かということである．自然に考えれば，内側は開集合であり，有界かつ連結であり，さらにその境界が Γ になっているようにしたい．この問題を解決するために，少なくとも曲線が区分的に滑らかである場合には，このような性質をもつ集合がただ一つ存在するという定理を証明する．これはジョルダンの曲線定理の特別な場合である．この定理自身はより一般の連続な単純曲線に対しても正しいものである．この定理を用いたものとして特に，第 2 章でトイ積分路に対して定式化したコーシーの定理を一般化する．

この補足でも第 1 章で便宜上定めた用語法に従い，「曲線」により「区分的に滑らかな曲線」を表すこととする．

1. 単連結の同値な記述

まず初めに (I) について論ずる．

定理 1.1 ある領域 Ω が正則単連結であるのは，Ω が単連結であるとき，かつそのときに限る．

証明 「そのときに限る」という部分は第 3 章の系 5.3 で述べた形のコーシーの定理である．逆を示す．Ω が正則単連結であるとする．$\Omega = \mathbb{C}$ であるときは明らかに単連結である．もし Ω が $\mathbb{C}$ ではないときは，リーマンの写像定理が適用でき (第 8 章での証明の直後の注意を参照)，Ω は単位円板と等角同値である．単位円板は単連結であるから，Ω も同様でなければならない． ∎

次に (II) と (III) について論ずる．すでに述べたように，これらはともに単連結領域に「穴」があいていないことの精確な定式化である．

定理 1.2 Ω が $\mathbb{C}$ 内の有界領域であるとき，Ω が単連結であるのは，その補集合が連結であるとき，かつそのときに限る．

この定理では Ω が有界であることを仮定していることに注意してほしい．もしも有界でないならば，この定理は成り立たない．たとえば無限に伸びた帯領域は単連結であるが，その補集合は二つの連結成分から成っている．しかし補集合を拡張された複素平面，すなわちリーマン球面で考えれば，この定理の結論は Ω が有界であるかそうでないかにかかわらず成り立つ．

証明 Ω^c が連結ならば Ω が単連結であることから証明する．このことの証明は，Ω が正則単連結であることを示せば終わる．そのため，γ を Ω 内の閉曲線とし，f を Ω 上の正則関数とする．Ω は有界であるから，集合[1]

$$K = \{z \in \Omega : d(z, \Omega^c) \geq \varepsilon\}$$

はコンパクトであり，十分小さな ε に対して集合 K は γ を含んでいる．ルンゲの定理 (第 2 章，定理 5.7) を用いるため，まず K の補集合 K^c が連結であることを示す．

---

[1] ここで $d(z, \Omega^c) = \inf\{|z - w| : w \in \Omega^c\}$ は z から Ω^c への距離を表している．

もしそうでないとすると，K^c は二つの互いに交わらない空でない開集合により，たとえば $K^c = \mathcal{O}_1 \cup \mathcal{O}_2$ と表せる．

$$F_1 = \mathcal{O}_1 \cap \Omega^c, \qquad F_2 = \mathcal{O}_2 \cap \Omega^c$$

とおく．明らかに $\Omega^c = F_1 \cup F_2$ である．ここでもし F_1 と F_2 が互いに交わらず，閉集合であり，空でないことを示せれば，Ω^c が連結でないことになるが，これは仮定に矛盾してしまう．$\mathcal{O}_1$ と $\mathcal{O}_2$ は互いに交わらないから，F_1 と F_2 も互いに交わらない．F_1 が閉集合であることを示すために，$\{z_n\}$ をある z に収束するような F_1 内の点列であるとする．Ω^c は閉集合であるから $z \in \Omega^c$ である．また Ω^c は K と有限な距離で離れているから，$z \in \mathcal{O}_1 \cup \mathcal{O}_2$ であることがわかる．いま $z \in \mathcal{O}_2$ ではありえないことを示そう．もし $z \in \mathcal{O}_2$ ならば $\mathcal{O}_2$ が開集合であることより，十分大きな任意の n に対して $z_n \in \mathcal{O}_2$ となっている．しかしこのことは $z_n \in F_1$ と $\mathcal{O}_1 \cap \mathcal{O}_2 = \emptyset$ に反している．それゆえ $z \in \mathcal{O}_1$ であり，したがって F_1 が閉集合であるという示すべきことが得られる．最後に F_1 が空集合でないことを示す．もし F_1 が空集合ならば，$\mathcal{O}_1$ は Ω に含まれる．任意の点 $w \in \mathcal{O}_1$ をとると，$w \notin K$ であるから，ある $z \in \Omega^c$ で，$|w - z| < \varepsilon$ かつ w と z を結ぶ線分が K^c に含まれるようなものが存在する．($\mathcal{O}_1 \subset \Omega$ より) $z \in \mathcal{O}_2$ であるから，線分 $[z, w]$ 上の点で $\mathcal{O}_1$ にも $\mathcal{O}_2$ にも属さないものが存在する．これは矛盾である．もう少し詳しくいえば，

$$t^* = \sup\{\, 0 \leq t \leq 1 : (1-t)z + tw \in \mathcal{O}_2 \,\}$$

とおくと，$0 < t^* < 1$ であり，点 $(1 - t^*)z + t^* w$ は K に属しておらず，$\mathcal{O}_1$ にも $\mathcal{O}_2$ にも属しえない．同様の議論により F_2 に対しても同じ結論が得られ，求める矛盾を導くことができる．よって K^c は連結である．

それゆえルンゲの定理から f は K 上，したがって γ 上で多項式により一様に近似される．ところが多項式 P に対しては $\displaystyle\int_\gamma P(z)dz = 0$ であるから，極限をとって $\displaystyle\int_\gamma f(z)dz = 0$ が得られる． ∎

この定理の逆向きの結果，すなわち Ω が有界かつ単連結ならば Ω^c が連結になることは回転数の概念を用いて導かれる．次に回転数について議論しておく．

回転数

γ を $\mathbb{C}$ 内の閉曲線とし,z を γ 上にない点とする.このとき γ が z の周りを回転する数を,ζ が γ 上を動くときの $\zeta - z$ の偏角の変化を見ることにより計算することができる.γ が z の周りを一周するたびに $(1/2\pi) \arg(\zeta - z)$ は 1 だけ増えたり減ったりする.$\log w = \log|w| + i \arg w$ であることに注意し,γ の出発点を ζ_1,終点を ζ_2 とおけば,次の量

$$\frac{1}{2\pi i}[\log(\zeta_1 - z) - \log(\zeta_2 - z)]$$

により γ が z の周りを回転する回数を正確に計算できることが予想できるだろう.ここで上式は

$$\frac{1}{2\pi i} \int_\gamma \frac{d\zeta}{\zeta - z}$$

に等しい.

この考察から次の定義が導かれる:閉曲線 γ に対して,点 $z \notin \gamma$ の周りの γ の **回転数**とは

$$W_\gamma(z) = \frac{1}{2\pi i} \int_\gamma \frac{d\zeta}{\zeta - z}$$

のことである.しばしば $W_\gamma(z)$ は z の γ に関する指数とも呼ばれる.

たとえば $\gamma(t) = e^{ikt}$,$0 \leq t \leq 2\pi$ は正の方向に k 回 $(k \in \mathbb{N})$ まわる単位円周であるが,このとき $W_\gamma(0) = k$ である.実際,

$$W_\gamma(z) = \begin{cases} k, & |z| < 1, \\ 0, & |z| > 1 \end{cases}$$

が得られる.同様に $\gamma(t) = e^{-ikt}$,$0 \leq t \leq 2\pi$ は負の方向に k 回まわる単位円周であるが,円内の点に対しては $W_\gamma(z) = -k$ であり,円の外側の点に対しては $W_\gamma(z) = 0$ である.

もし γ が正に向き付けられたトイ積分路であるときは

$$W_\gamma(z) = \begin{cases} 1, & z \in \gamma \text{ の内側}, \\ 0, & z \in \gamma \text{ の外側} \end{cases}$$

となることに注意しておく.一般に回転数に関して次のような自然な結果が得られる.

補題 1.3 γ を $\mathbb{C}$ 内の閉曲線とする.

(i) $z \notin \gamma$ ならば $W_\gamma(z) \in \mathbb{Z}$ である.

(ii) z と w が γ の補集合の同一の開連結成分に属するならば $W_\gamma(z) = W_\gamma(w)$ である.

(iii) z が γ の補集合の非有界な連結成分に属するならば $W_\gamma(z) = 0$ である.

証明 (i) が正しいことを示すため,$\gamma : [0,1] \to C$ を曲線の径数を用いた表示とし,
$$G(t) = \int_0^t \frac{\gamma'(s)}{\gamma(s) - z} ds$$
とする.このとき G は連続であり,有限個の点を除いて微分可能で,$G'(t) = \gamma'(t)/(\gamma(t) - z)$ となる.このことから連続関数 $H(t) = (\gamma(t) - z)e^{-G(t)}$ の有限個の点を除いたところでの導関数は零になっていることがわかる.ゆえに H は定数関数でなければならない.$t = 0$ とすると,γ が閉曲線であるから,$\gamma(0) = \gamma(1)$ となり
$$1 = e^{G(0)} = c(\gamma(0) - z) = c(\gamma(1) - z) = e^{G(1)}$$
となっている.したがって $G(1)$ は $2\pi i$ の整数倍でなければならず,求める結果が証明できた.

(ii) を示すには,単に $W_\gamma(z)$ が $z \notin \gamma$ の整数値の連続関数であることに注意すればよい.というのはこれよりこの関数が γ の開連結成分上で定数関数でなければならないからである.

最後に $\lim\limits_{|z| \to \infty} W_\gamma(z) = 0$ であることが示せるから,このことと (ii) を組合せて (iii) を得る. ∎

さて,次に有界単連結集合 Ω という概念を次のように考えることができることを示す.Ω 内の曲線で,Ω^c の点の周りを巻きつくことができるものは存在しない.

定理 1.4 有界な領域 Ω が単連結であるのは,Ω 内の任意の閉曲線と Ω に属さない任意の点 z に対して $W_\gamma(z) = 0$ となるとき,かつそのときに限る.

証明 Ω が単連結であり,$z \notin \Omega$ とすると,$f(\zeta) = 1/(\zeta - z)$ は Ω で正則であり,したがってコーシーの定理から $W_\gamma(z) = 0$ である.

逆向きの主張は Ω^c が連結になることを示せば十分である (定理 1.2).これを背理法により示す.そのため Ω 内のある具体的な閉曲線 γ で,Ω に属さないある点 w に対して $W_\gamma(w) \neq 0$ となるものを構成する.

Ω^c が連結でないと仮定する．このときある互いに交わらない空でない閉集合 F_1, F_2 により $\Omega^c = F_1 \cup F_2$ と表すことができる．この二つの閉集合のうち一つだけが有界でないから，F_1 を有界，したがってコンパクトであるとしてもよい．求める曲線 γ を，適切に正方形を選んで，その和集合の境界の一部として構成する．

補題 1.5 w を F_1 内の任意の点とする．上述の仮定のもとで，平面上の一様な大きさの格子 $\mathcal{G}$ に属するような有限個の閉正方形の族 $\mathcal{Q} = \{Q_1, \cdots, Q_n\}$ で，次の条件をみたすようなものが存在する．

(i) w は Q_1 の内部に属する．
(ii) Q_j と Q_k の内部は $j \neq k$ のとき交わらない．
(iii) F_1 は $\bigcup_{j=1}^{n} Q_j$ の内部に含まれる．
(iv) $\bigcup_{j=1}^{n} Q_j$ は F_2 と交わらない．
(v) $\bigcup_{j=1}^{n} Q_j$ の境界は Ω 内に含まれ，互いに交わらないような単純閉な多角形の周の有限和になっている．

とりあえずこの補題を仮定すれば，定理の証明は容易に完成させることができる．各正方形の境界 ∂Q_j は正の向きに向き付けられているとする．$w \in Q_1$ であり $j > 1$ に対して $w \notin Q_j$ であるから，

$$(2) \qquad \sum_{j=1}^{n} \frac{1}{2\pi i} \int_{\partial Q_j} \frac{d\zeta}{\zeta - w} = 1$$

が成り立つ．$\gamma_1, \cdots, \gamma_M$ を補題の (v) の多角形の周とすると，(2) の積分において，正方形が辺を共有していてそれが反対向きであれば，そこの部分での積分はキャンセルされるので，

$$\sum_{j=1}^{n} \frac{1}{2\pi i} \int_{\gamma_j} \frac{d\zeta}{\zeta - w} = 1$$

が成り立つ．したがって，ある j_0 に対して $W_{\gamma_{j_0}}(w) \neq 0$ となる．閉曲線 γ_{j_0} は Ω の中に完全に含まれ，これにより求める矛盾が導かれた． ∎

補題の証明 F_2 は閉集合であるから，F_1 と F_2 はお互い有限かつ零でない d だけ距離が離れている．平面の一様な格子 $\mathcal{G}_0$ で，それを構成する閉正方形は 1

辺の長さが d より十分小さい，たとえば $< d/100$ であるとし，w はこの格子の中のある閉正方形 R_1 の中心であるとする．$\mathcal{R} = \{R_1, \cdots, R_m\}$ を F_1 と交わるような格子に属するすべての閉正方形からなる族とする．このとき族 $\mathcal{R}$ は補題の性質 (i) から (iv) をみたしている．(v) は以下のような議論により証明する．

$\mathcal{R}$ に属する正方形の境界は正の向き (すなわち反時計回り) の向きが与えられている．$\bigcup_{j=1}^{m} R_j$ の境界は境界辺，すなわち $\mathcal{R}$ に属する隣り合う二つの正方形に共有されない辺の和集合に等しい．同様に境界頂点は境界辺の端点である．境界頂点が「悪い」とは，二つより多い境界辺の端点になっていることである (図1の点 P を見よ)．

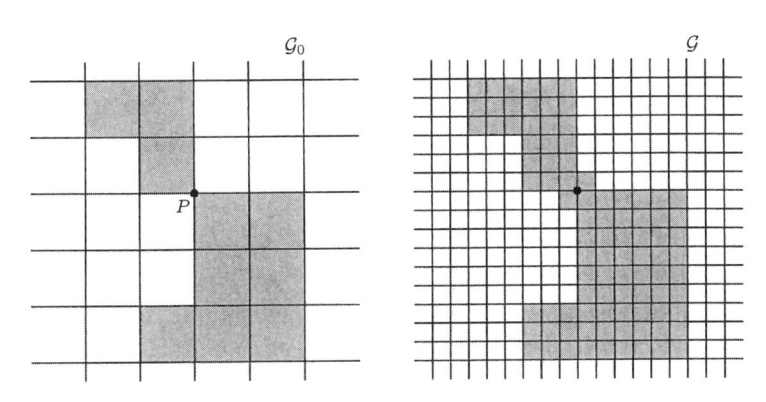

図1 悪い境界頂点の除去．

悪い境界頂点を除去するために，格子 $\mathcal{G}_0$ を細分し，いくつかの正方形を増やすようにする．詳しくいえば，もともとの格子 $\mathcal{G}_0$ に属する正方形をすべて9個の部分正方形に細分して格子 $\mathcal{G}$ を作る．そして $Q_1, \cdots, Q_p$ を格子 $\mathcal{G}$ に属する正方形で，族 $\mathcal{R}$ に属する正方形の部分正方形を表すものとする (特に $p = 9m$ である)．ただしここで Q_1 を $w \in Q_1$ となるように選ぶ．このとき，悪い境界頂点の近くの有限個の正方形を $\mathcal{G}$ に加えて，その結果得られる族 $\mathcal{Q} = \{Q_1, \cdots, Q_n\}$ が悪い境界頂点をもたないようにすることができる (図1参照)．

明らかに $\mathcal{Q}$ は性質 (i) から (iv) をみたしているが，これがさらに (v) をみたしていることを示す．実際，$[a_1, a_2]$ を $\bigcup_{j=1}^{n} Q_j$ の境界辺で，a_1 から a_2 に向かうように向き付けられているものとする．a_2 は三つの異なる可能性を考えれば，別のある境界辺 $[a_2, a_3]$ の始点になっていることがわかる．このように続けて，境

界辺の列 $[a_1, a_2], [a_2, a_3], \cdots, [a_n, a_{n+1}], \cdots$ を作ることができる．しかし境界辺の総数は有限個であるから，ある n とある $m > n$ に対して $a_n = a_m$ でなければならない．そこで $a_n = a_m$ となる最小の m をとり，それをたとえば $m = m'$ とおく．このとき，もし $n > 1$ であれば，$a_{m'}$ は少なくとも三つの境界辺の端点になっている．すなわち $[a_{n-1}, a_n], [a_n, a_{n+1}], [a_{m'-1}, a_{m'}]$ であるから，$a_{m'}$ は悪い境界頂点である．$\mathcal{Q}$ はそのような境界頂点をもたないようにしてあるので，結局 $n = 1$ でなければならず，したがって $a_1, \cdots, a_{m'}$ で作られる多角形は閉かつ単純であることがわかる．この操作を繰り返すことができ，$\mathcal{Q}$ が性質 (v) をみたしていることがわかり，補題 1.5 の証明が完了する． ■

これでようやく定理 1.2 の証明を完成させることができる．つまり Ω が有界かつ単連結であれば，Ω^c が連結であることを示すことができる．これを見るには，すでに Ω^c が連結でない場合，ある曲線 $\gamma \subset \Omega$ とある点 $w \notin \Omega$ で $W_\gamma(w) \neq 0$ となるようなものを構成したことに注意すればよい．これは Ω が単連結であるという仮定に反している．

2. ジョルダンの曲線定理

以下の定理の主張では，曲線が区分的に滑らかであることを仮定しているが，証明では以下の曲線 Γ_ε のように連続性しか保障されないような曲線を扱っていることに注意してほしい．

次の二つの定理が本節の主結果である．

定理 2.1 Γ を平面内の単純で区分的に滑らかな曲線とする．このとき，Γ の補集合は境界が Γ の開連結集合である．

定理 2.2 Γ を平面内の区分的に滑らかな単純閉曲線であるとする．このとき Γ の補集合は二つの交わらない開連結成分からなる．その一つは有界な単連結領域である．それを Γ の**内側**といい，Ω で表す．もう一つの成分は非有界であり，それを Γ の**外側**といい，$\mathcal{U}$ により表す．さらに Γ に適切な向きを入れることにより

$$W_\Gamma(z) = \begin{cases} 1, & z \in \Omega, \\ 0, & z \in \mathcal{U} \end{cases}$$

となる.

注意 これら二つの定理は曲線が区分的に滑らかであるという仮定を落とした一般的な場合にも成り立つ. しかしその場合は, 証明はより難しくなる. ただ応用上は多くの場合, 区分的に滑らかという制限された設定でも十分に役立つ.

上記の定理の帰結の一つとして, コーシーの定理を次のような形で述べることができる.

定理2.3 f を単純閉曲線 Γ の内側 Ω で正則な関数とする. このとき, Ω 内の任意の閉曲線 η に対して
$$\int_\eta f(\zeta)d\zeta = 0.$$

定理2.1の証明のアイデアを大まかに要約すると次のようになる. Γ の補集合は開集合であるから, それが弧状連結であることを示せば十分である (第1章, 練習5). z と w を Γ の補集合に属し, これらをある曲線で結べるものとする. もしこの曲線が Γ と交わるならば Γ に近い点 z' と w' をとり, まず z と z' ならびに w と w' を Γ と交わらない曲線で結ぶ. それから z' と w' を Γ と「平行」な曲線で結ぶ. ただし必要ならば端点は回り込むようにする.

したがって鍵となるのは, Γ に「平行」な連続曲線の族を構成することである. もし γ が Γ の滑らかな部分のパラメトリゼーションとすると, γ は連続微分可能で, $\gamma'(t) \neq 0$ である. さらにベクトル $\gamma'(t)$ は Γ に接している. したがって $i\gamma'(t)$ は Γ に直交している. もし Γ が単純ならば新しい曲線 $\gamma(t) + i\varepsilon\gamma'(t)$ が Γ と「平行」な曲線となる. 詳細を以下に述べる.

次の三つの補題と二つの命題において, Γ_0 は滑らかで単純な曲線であるとする. 滑らかな曲線 Γ_0 を弧長による径数で表示したものを γ とすると, すべての t に対して $|\gamma'(t)| = 1$ である. すべての滑らかな曲線は弧長による径数化ができる.

補題2.4 Γ_0 を単純で滑らかな曲線とし, 弧長により $\gamma : [0, L] \to \mathbb{C}$ と径数化されているものとする. 任意の実数 ε に対して, Γ_ε を
$$\gamma_\varepsilon(t) = \gamma(t) + i\varepsilon\gamma'(t), \qquad 0 \leq t \leq L$$
なる径数化により定義された連続曲線とする. このときある $\kappa_1 > 0$ で, $0 < |\varepsilon| < \kappa_1$ をみたす ε に対しては $\Gamma_0 \cap \Gamma_\varepsilon = \emptyset$ となるようなものが存在する.

証明 まず局所的にこの補題を証明する．s, t が $[0, L]$ に属するならば，

$$\begin{aligned}\gamma_\varepsilon(t) - \gamma(s) &= \gamma(t) - \gamma(s) + i\varepsilon\gamma'(t) \\ &= \int_s^t \gamma'(u)du + i\varepsilon\gamma'(t) \\ &= \int_s^t [\gamma'(u) - \gamma'(t)]\,du + (t - s + i\varepsilon)\gamma'(t).\end{aligned}$$

γ' は $[0, L]$ 上で一様連続であるから，ある $\delta > 0$ が存在し，$|x - y| < \delta$ ならば $|\gamma'(x) - \gamma'(y)| < 1/2$ となる．特に $|s - t| < \delta$ ならば

$$|\gamma_\varepsilon(t) - \gamma(s)| > |t - s + i\varepsilon|\,|\gamma'(t)| - \frac{|t - s|}{2}.$$

γ は弧長により径数化されているから，$|\gamma'(t)| = 1$ であり，したがって a, b が実数のときに $2|a + ib| \geq |a| + |b|$ であることを用いれば

$$|\gamma_\varepsilon(t) - \gamma(s)| > |\varepsilon|/2$$

を得る．このことから $|t - s| < \delta$ かつ $\varepsilon \neq 0$ ならば $\gamma_\varepsilon(t) \neq \gamma(s)$ であることが示される．

この補題の証明を完了させるために，次のような議論を行う (この議論のための図 2 を参照).

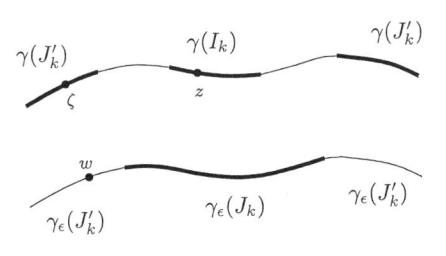

図 2　命題 2.4 の証明の参考図．

$0 = t_0 < \cdots < t_n = L$ を $[0, L]$ の分割で，すべての k に対して $|t_{k+1} - t_k| < \delta$ をみたすものとする．

$$I_k = \{t : |t - t_k| \leq \delta/4\}, \qquad J_k = \{t : |t - t_k| \leq \delta/2\}$$

とし

$$J'_k = \{t : |t - t_k| \geq \delta/2\}$$

とする．これまでに $\varepsilon \neq 0$ に対しては

(3) $$\gamma(I_k) \cap \gamma_\varepsilon(J_k) = \varnothing$$

となることを証明した．Γ_0 は単純であるから，コンパクト集合 $\gamma(I_k)$ と $\gamma(J_k')$ の間の距離 d_k は真に正である．ここで次のことを示しておく．

(4) $$|\varepsilon| < d_k/2 \text{ ならば } \gamma(I_k) \cap \gamma_\varepsilon(J_k') = \varnothing.$$

実際，$z \in \gamma(I_k)$ かつ $w \in \gamma_\varepsilon(J_k')$ ならば J_k' に属する s を $w = \gamma_\varepsilon(s)$ となるようにとれる．$\zeta = \gamma(s)$ とおく．三角不等式から

$$|z - w| \geq |z - \zeta| - |\zeta - w| \geq d_k - |\varepsilon| \geq d_k/2$$

であり，主張が示された．最後に $\kappa_1 = \min_k d_k/2$ とする．このとき (3), (4) より $0 < |\varepsilon| < \kappa_1$ ならば $\Gamma_0 \cap \Gamma_\varepsilon = \varnothing$ となり，求めることが示された．∎

次に述べる二つの補題は，曲線のある内点に近い点は，その曲線を平行移動させたものの一つに属することを示すものである．ここで曲線の内点というのは，開区間 $(0, L)$ 内の t により表される点 $\gamma(t)$ のことを意味する．定理 2.2 で定めた「内側」の点と混乱しないようにしてほしい．

補題 2.5 z を滑らかな曲線 Γ_0 に属さない点とし，さらにその曲線の端点よりは内点に近いものとする．このとき z はある $\varepsilon \neq 0$ に対する Γ_ε に属する．

より精確にいえば，もし z_0 が Γ_0 の点で，z に最も近く，かつ開区間 $(0, L)$ 内のある t_0 に対して，$z_0 = \gamma(t_0)$ となっているならば，ある $\varepsilon \neq 0$ に対して，$z = \gamma(t_0) + i\varepsilon\gamma'(t_0)$ である．

証明 t_0 のある近傍内の t に対して γ が微分可能であることから，

$$z - \gamma(t) = z - \gamma(t_0) - \gamma'(t_0)(t - t_0) + o(|t - t_0|)$$

が成り立っている．$z_0 = \gamma(t_0)$ は z から Γ_0 への距離を最小にすることから，

$$|z - z_0|^2 \leq |z - \gamma(t)|^2$$
$$= |z - z_0|^2 - 2(t - t_0)\operatorname{Re}\left([z - \gamma(t_0)]\overline{\gamma'(t_0)}\right) + o(|t - t_0|)$$

である．$t - t_0$ は正または負の値をとるから，$\operatorname{Re}([z - \gamma(t_0)]\overline{\gamma'(t_0)}) = 0$ でなければならない．もしそうでないならば，上記の不等式は t が t_0 に近いときに成り立たなくなる．したがって，ある実数 ε で $[z - \gamma(t_0)]\overline{\gamma'(t_0)} = i\varepsilon$ となるものが存在する．$|\gamma'(t_0)| = 1$ より $\overline{\gamma'(t_0)} = 1/\gamma'(t_0)$ であり，それゆえ $z - \gamma(t_0) = i\varepsilon\gamma'(t_0)$ が得られる．よって証明が完了した．∎

z と w が Γ_0 の内点に近く, ある 0 でない実数 ε と η に対して $z \in \Gamma_\varepsilon$, $w \in \Gamma_\eta$ であるとする. もしも ε と η が同符号であるとき, z と w は同じ側にあるという. そうでない場合は, z と w は反対側にあるという. ここで注意しておきたいことは, Γ_0 の両側[2]を定義しようとしているのではなく, Γ_0 の近くに 2 点が与えられたときに, それらが「同じ側」にあるか「反対側」にあるかを判断しているだけだということである. しかも「同じ側」か「反対側」かという条件がお互いに背反していることを示すものは何もない.

大まかにいえば, 同じ側にある点は, ほとんど直接的に Γ_0 に「平行」な曲線で結ぶことができ, 一方, 反対側にある点はさらに Γ_0 の端点の一つを周り込む必要がある.

まず初めに Γ_0 の同じ側にある点について考察する.

命題2.6 A と B を単純で滑らかな曲線 Γ_0 の二つの端点とする. K をコンパクト集合で

$$\Gamma_0 \cap K = \varnothing \quad \text{または} \quad \Gamma_0 \cap K = \{A\} \cup \{B\}$$

のいずれかをみたすものとする. $z \notin \Gamma_0$ と $w \notin \Gamma_0$ が Γ_0 の同じ側にあり, K よりも Γ_0 の内点に近く, また Γ_0 の端点よりも Γ_0 の内点に近いものとする. このとき, z と w は $K \cup \Gamma_0$ の補集合内のある連続曲線により結ぶことができる.

この補題では, K を特に定めていないが, ジョルダンの曲線定理の証明では K を適切なものに選ぶことになる.

証明 $z_0 = \gamma(t_0)$, $w_0 = \gamma(s_0)$ が Γ_0 の内点で, それぞれ z と w に最も近いものとすると, 前補題より

$$z = \gamma(t_0) + i\varepsilon_0 \gamma'(t_0), \qquad w = \gamma(s_0) + i\eta_0 \gamma'(s_0)$$

と表される. ただしここで ε_0 と η_0 は同符号である. これが正であると仮定してもよい. また $t_0 \leq s_0$ と仮定してもよい.

補題の仮定から z と z_0 を結ぶ線分, そして w と w_0 を結ぶ線分は K と Γ_0 の補集合に完全に含まれることがわかる. それゆえ, すべての十分小さな $\varepsilon > 0$ に対して, z と w をそれぞれ

---

[2] 訳注:内側と外側.

$$z_\varepsilon = \gamma(t_0) + i\varepsilon\gamma'(t_0), \qquad w_\varepsilon = \gamma(s_0) + i\varepsilon\gamma'(s_0)$$

と結ぶことができる．図 3 を参照．

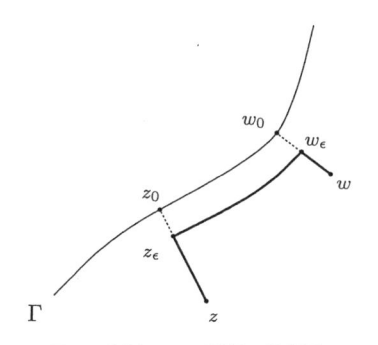

図 3 命題 2.6 の証明の参考図．

最終的には，ε を補題 2.4 における κ_1 よりも小さくなるように選び，さらに K から z_0 と w_0 の間にある Γ_0 の部分，すなわち $\{\gamma(t) : t_0 \leq t \leq s_0\}$ までの距離よりも小さくとると，Γ_ε の対応した部分，つまり曲線 $\{\gamma_\varepsilon(t) : t_0 \leq t \leq s_0\}$ は z_ε と w_ε を結んでいる．しかもこの曲線は K と Γ_0 の補集合に含まれている．これで命題が証明された． ∎

Γ_0 の反対側の点を結ぶためには，次に述べる準備的な結果が必要である．それは端点の周りを回りこむのに必要十分な場所があることを保証するものである．

補題 2.7 Γ_0 を単純で滑らかな曲線とする．ある $\kappa_2 > 0$ をとって，$z = \gamma(L) + \varepsilon e^{i\theta}\gamma'(L)$, $-\pi/2 \leq \theta \leq \pi/2$, $0 < \varepsilon < \kappa_2$ と表される点からなる集合 N が Γ_0 と交わらないようにできる．

証明 ここでの議論は補題 2.4 の証明で与えたものと同様である．まず
$$\gamma(L) + \varepsilon e^{i\theta}\gamma'(L) - \gamma(t) = \int_t^L [\gamma'(u) - \gamma'(L)]\,du + (L - t + \varepsilon e^{i\theta})\gamma'(L)$$
であることに注意する．δ を $|u - L| < \delta$ ならば $|\gamma'(u) - \gamma'(L)| < 1/2$ となるように選ぶ．このとき，$|t - L| < \delta$ ならば
$$\left|\gamma(L) + \varepsilon e^{i\theta}\gamma'(L) - \gamma(t)\right| \geq |\varepsilon|/2$$
が成り立つ．したがって $L - \delta \leq t \leq L$ ならば $\gamma(t) \notin N$ である．結局，κ_2 を終点 $\gamma(L)$ から曲線の残りの部分，すなわち $\gamma(t), 0 \leq t \leq L - \delta$ までの距離より小

さくとれば，証明が終了する．

結局 Γ_0 の反対側に位置しうる点に対する場合に命題 2.6 に相当する結果を示すことができる．

命題 2.8 A を単純で滑らかな曲線の一つの端点とし，K をコンパクト集合で
$$\Gamma_0 \cap K = \varnothing \quad \text{または} \quad \Gamma_0 \cap K = \{A\}$$
のいずれかをみたすものとする．$z \notin \Gamma_0$ と $w_0 \notin \Gamma_0$ が K よりも Γ_0 に近く，また Γ_0 の端点よりも Γ_0 の内点に近いものとする．このとき，z と w は $\Gamma_0 \cup K$ の補集合に完全に含まれるような連続曲線により結ぶことができる．

議論は命題 2.6 の証明のそれと同様なので，概略を述べるに留める．z と w が反対向きにあり，$A = \gamma(0)$ の場合を考えれば十分である．まず点
$$z_\varepsilon = \gamma(t_0) + i\varepsilon\gamma'(t_0) \quad \text{と} \quad w_\varepsilon = \gamma(s_0) - i\varepsilon\gamma'(s_0)$$
を点
$$z'_\varepsilon = \gamma(L) + i\varepsilon\gamma'(L) \quad \text{と} \quad w'_\varepsilon = \gamma(L) - i\varepsilon\gamma'(L)$$
と結べる．このとき z'_ε と w'_ε は補題 2.7 に記した「半近傍」N の中で結ぶことができる．ここで $t_0 \leq s_0$ の場合，$|\varepsilon|$ を $\{\gamma(t) : t_0 \leq t \leq L\}$ から K への距離よりも小さく，さらに補題 2.4, 2.7 の κ_1, κ_2 よりも小さくとらなければならない．

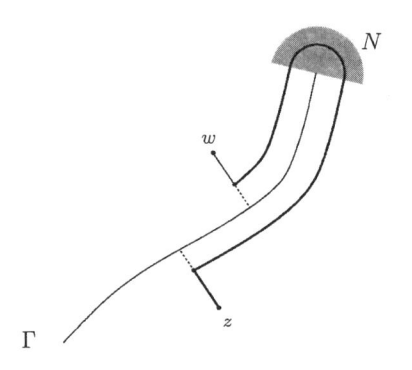

図 4 命題 2.8 の証明の参考図．

定理 2.1 の証明

Γ を単純で区分的に滑らかな曲線とする．

まず集合 $\mathcal{O} = \Gamma^c$ の境界がちょうど Γ になっていることを証明する．明らかに $\mathcal{O}$ は開集合であり，その境界は Γ に含まれている．さらに Γ が滑らかな部分の点は $\mathcal{O}$ の境界にも属する (たとえば補題 2.4 による)．$\mathcal{O}$ の境界は閉でなければならないから，それは Γ と一致している．

$\mathcal{O}$ が連結であることは，Γ を構成する滑らかな曲線の数に関する帰納法を用いる．まず Γ が単純かつ滑らかであるとする．Z と W を Γ 上にない任意の 2 点とする．Λ を Z と W を結ぶ滑らかな曲線で，Γ の端点を通らないものとする．もしも Λ が Γ と交わるならば，それは内点で交わる．したがって，Γ と交わらないような Λ の部分曲線により，点 Z は，Γ のいずれの端点よりも Γ の内部に近いような点 z と結ぶことができる．同様にして W は Γ の補集合の中で，Γ のいずれの端点よりも Γ の内部に近いある点 w と結ぶことができる．命題 2.8 (ただし K は空集合とする) から z と w が Γ の補集合内のある連続曲線により結べることがわかる．まとめると，Γ の補集合内の任意の 2 点が結べ，帰納法の最初のステップが証明された．

定理が $n-1$ 個の滑らかな曲線から構成される区分的に滑らかな曲線の場合に証明されたとする．Γ が n 個の滑らかな曲線から作られているとすると

$$\Gamma = K \cup \Gamma_0$$

と表せる．ただしここで，K は引き続いてつながっている $n-1$ 個の滑らかな曲線の和集合で，Γ_0 は滑らかな曲線とする．特に K はコンパクトで，Γ_0 とその端点のうちの一つとだけ交わる．帰納法の仮定から Γ の補集合内の任意の 2 点 Z と W は K とは交わらないようなある曲線により結ぶことができる．さらにこの曲線が Γ_0 の両端点を通らないと仮定することができる．もしこの曲線が Γ_0 の内点と交わるならば，命題 2.8 を適用して定理を証明することができる．　∎

定理 2.2 の証明

Γ を区分的に滑らかな単純閉曲線とする．まず Γ の補集合が多くとも二つの成分からなることを証明する．

Γ を含むような十分大きな円板の外部にある点 W を固定し，$\mathcal{U}$ により Γ の補集合に完全に含まれるような連続曲線により W と結べるような点全体からなる集合を表す．明らかに $\mathcal{U}$ は開集合であり，$\mathcal{U}$ 内の任意の 2 点は W を中継点として結ぶことができるので連結である．いま

$$\Omega = \Gamma^c - \mathcal{U}$$

とおく．示すべきことは Ω が連結になることである．このため K を Γ のある滑らかな部分 Γ_0 を Γ から抜いて得られた曲線とする．ジョルダン弧定理[3]より，任意の点 $Z \in \Omega$ と W を K とは交わらないある曲線 Λ_Z により結ぶことができる．$Z \notin \mathcal{U}$ であるから，Λ_Z は Γ_0 とその内点のうちの一つと交わらなければならない．それゆえ 2 点 $z, w \in \Lambda_Z$ を Γ_0 の両端点よりも近く選んで，Z と z を結ぶ Λ_Z の部分曲線と W と w を結ぶ Λ_Z の部分曲線が Γ の補集合に完全に含まれるようにできる．このとき点 z と w は Γ_0 の反対側にある．なぜならば，もしそうでないとすると，命題 2.6 を適用することができ，Γ の補集合に含まれる曲線によって Z と W を結ぶことができる．しかしこのことは $Z \notin \mathcal{U}$ であることに矛盾する．さて，もし Z_1 が Ω 内の別の点とすると，これに対しても同様に選んだ点 z_1 と w_1 は Γ_0 の反対側になければならない．さらに z と z_1 は Γ_0 と同じ側になければならない．なぜならばもしそうでないとすると，z と w_1 は同じ側にあり，Z と W を Γ に交わらないように結ぶことができ，$Z \notin \mathcal{U}$ に反する．したがって，命題 2.6 より点 z と z_1 は Γ の補集合に含まれる曲線によって結ぶことができ，したがって Z と Z_1 が同じ連結成分に属することがわかる．

ここまでのところで，Γ^c が多くとも二つの成分を含んでいることが証明されただけで，まだ Ω が空集合でないことは保証されていない．Γ^c がちょうど二つの成分からなることを示すには，(補題 1.3 により) Γ に対して異なる回転数をもつ点が存在することを証明すれば十分である．実際，Γ の反対側にあるような点は回転数が 1 だけ異なることを証明しよう．これを示すため，Γ の滑らかな部分に属する点 z_0 を一つ固定する．それを $z_0 = \gamma(t_0)$ とする．$\varepsilon > 0$ とし，

$$z_\varepsilon = \gamma(t_0) + i\varepsilon\gamma'(t_0), \qquad w_\varepsilon = \gamma(t_0) - i\varepsilon\gamma'(t_0)$$

と定義する．これまでの考察から Γ の同じ側にある点は同じ連結成分に属している．したがって

$$\triangle = |W_\Gamma(z_\varepsilon) - W_\Gamma(w_\varepsilon)|$$

はすべての小さな $\varepsilon > 0$ に対しては定数である．

まず

---

[3] 訳注：定理 2.1 のこと．

$$\left(\frac{\gamma'(t)}{\gamma(t)-z_\varepsilon} - \frac{\gamma'(t)}{\gamma(t)-w_\varepsilon}\right) = \frac{2i\varepsilon\gamma'(t_0)\gamma'(t)}{[\gamma(t)-\gamma(t_0)]^2 + \varepsilon^2\gamma'(t_0)^2}$$

と表せることに注意する.

$$\gamma'(t) = \gamma'(t_0) + [\gamma'(t) - \gamma'(t_0)]$$
$$= \gamma'(t_0) + \psi(t)$$

とおくと, $t \to t_0$ のとき $\psi(t) \to 0$ である. これを分子に用い, 分母については $\gamma'(t_0) \neq 0$ であり,

$$[\gamma(t)-\gamma(t_0)]^2 + \varepsilon^2\gamma'(t_0)^2 = \gamma'(t_0)^2[(t-t_0)^2 + \varepsilon^2] + o(|t-t_0|)$$

であることに注意して, これらを合わせると, 次のことを得る.

$$\left(\frac{\gamma'(t)}{\gamma(t)-z_\varepsilon} - \frac{\gamma'(t)}{\gamma(t)-w_\varepsilon}\right) = \frac{2i\varepsilon}{(t-t_0)^2 + \varepsilon^2} + E(t)$$

ただしここで誤差項 $E(t)$ は次のことをみたす. 与えられた $\eta > 0$ に対して, ある $\delta > 0$ を $|t - t_0| \leq \delta$ ならば

$$|E(t)| \leq \eta\frac{\varepsilon}{(t-t_0)^2 + \varepsilon^2}$$

となるようにとれる. さて

$$\triangle = \frac{1}{2\pi i}\int_{|t-t_0|\geq\delta}\left(\frac{\gamma'(t)}{\gamma(t)-z_\varepsilon} - \frac{\gamma'(t)}{\gamma(t)-w_\varepsilon}\right)dt$$
$$+ \frac{1}{2\pi i}\int_{|t-t_0|<\delta}\left(\frac{2i\varepsilon}{(t-t_0)^2 + \varepsilon^2} + E(t)\right)dt$$

となっている. 1 番目の積分は, $\varepsilon \to 0$ とすると 0 に収束する. 2 番目の積分において, $t - t_0 = \varepsilon s$ と変数変換をし, また

$$\frac{1}{\pi}\int_{-\rho}^{\rho}\frac{ds}{s^2+1} = \frac{1}{\pi}[\arctan s]_{-\rho}^{\rho} \to 1, \qquad \rho \to \infty$$

に注意する. すると $\varepsilon \to 0$ のとき

$$|\triangle - 1| < \eta$$

を得る. ゆえに $\triangle = 1$ である. したがって Γ^c がちょうど二つの連結成分をもつことがわかる. このうちの一つのみが非有界であり, それは $\mathcal{U}$ であるが, Γ のこの成分に関する回転数は 0 でなければならない. 先の結果から, 曲線の向きを必要なら逆にすれば, 有界成分 Ω に属する点の回転数は恒等的に 1 となる. また, これまで示してきたことから, Γ の滑らかなところの点はどちらの成分の点に

よっても近づけられ，したがって Γ は Ω と $\mathcal{U}$ の両方の境界であることがわかる．

証明の最後の段階として，曲線の内側，すなわち有界成分 Ω が単連結であることを示す．定理 1.2 より Ω^c が連結であることを示せば十分である．もしこれが連結でないとすると，互いに交わらない空でない閉集合 F_1, F_2 により

$$\Omega^c = F_1 \cup F_2$$

となっている．

$$\mathcal{O}_1 = \mathcal{U} \cap F_1, \qquad \mathcal{O}_2 = \mathcal{U} \cap F_2$$

とおく．明らかに $\mathcal{O}_1$ と $\mathcal{O}_2$ は交わらない．もし $z \in \mathcal{O}_1$ ならば $z \in \mathcal{U}$ であり，z を中心とする十分小さな任意の円板は $\mathcal{U}$ に含まれる．もしそのようなすべての円板が F_2 と交わるならば，F_2 が閉であることより，$z \in F_2$ である．しかしながら F_1 と F_2 は交わっていないので，このようなことは起こりえない．このことから $\mathcal{O}_1$ が開集合であることがわかる．同様の議論で $\mathcal{O}_2$ が開集合であることもわかる．最後に $\mathcal{O}_1$ が空でないことを示す．もしも空ならば，F_1 は Γ に含まれ，$\mathcal{U}$ は F_2 に含まれる．任意に $z \in F_1$ をとる．これは Γ に属する．いま z を中心とする任意の円板は $\mathcal{U}$ と交わる．したがって F_2 とも交わる．しかし F_2 は閉で，かつ F_1 とは交わらないから，これより矛盾が得られる．同様の議論により，

$$\mathcal{U} = \mathcal{O}_1 \cup \mathcal{O}_2,$$

ここで $\mathcal{O}_1, \mathcal{O}_2$ は互いに交わらない空でない開集合であることが証明される．これは $\mathcal{U}$ が連結であることに反する．これにより区分的に滑らかな曲線に対するジョルダンの曲線定理の証明が終了した． ∎

2.1 コーシーの定理の一般形に対する証明

定理 2.9 関数 f が区分的に滑らかな単純閉曲線 Γ とその内側を含むようなある開集合上で正則であるとき，

$$\int_\Gamma f = 0$$

である．

$\mathcal{O}$ により，Γ とその内側 Ω を含み，f が正則になっているようなある開集合を表す．証明のアイデアは，Ω 内の閉曲線 Λ で，Γ に非常に近く，$\int_\Gamma f = \int_\Lambda f$ が成り立つようなものを構成することである．こうすれば，f は単連結開集合 Ω で

正則であるから，右辺の積分は 0 になる．Λ は次のように構成する．Γ の滑らかな部分の近くでは曲線 Λ は本質的には補題 2.4 における Γ_ε である．Γ の滑らかな部分をつなぐ点の近くでは，Λ として円弧を用いる．

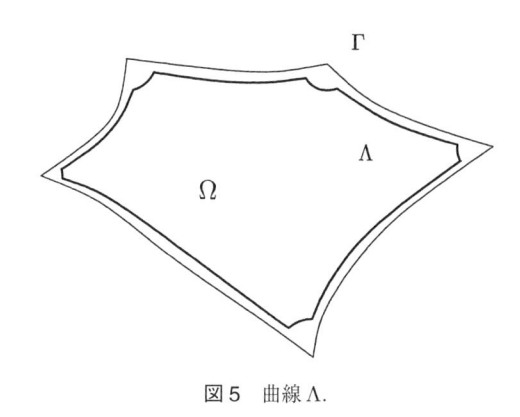

図 5　曲線 Λ.

この接合のための弧を見出すため，次の準備的な結果が必要である．

補題 2.10　$\gamma : [0, 1] \to \mathbb{C}$ を滑らかな単純曲線とする．このとき十分小さな任意の $\delta > 0$ に対して，中心 $\gamma(0)$, 半径 δ の円周 C_δ は γ とちょうど 1 点で交わる．

証明　$\gamma(0) = 0$ としてよい．$\gamma(0) \neq \gamma(1)$ であるから，明らかに十分小さな任意の $\delta > 0$ に対して，C_δ は γ と少なくとも 1 点で交わる．もしも補題の結論が偽であるとすると，0 に収束するような正数列 δ_j で，方程式 $|\gamma(t)| = \delta_j$ が少なくとも二つの解をもつようなものが存在することがわかる．平均値の定理を $h(t) = |\gamma(t)|^2$ に適用すると，正数列 t_j で $t_j \to 0$ かつ $h'(t_j) = 0$ となるものが得られる．したがってすべての j に対して

$$\gamma'(t_j) \cdot \gamma(t_j) = 0$$

が成り立つ．しかしながら，この曲線は滑らかであるから，

$$\gamma(t) = \gamma(0) + \gamma'(0)t + t\varphi(t) \quad \text{かつ} \quad \gamma'(t) = \gamma'(0) + \psi(t)$$

ただしここで $|\varphi(t)| \to 0, |\psi(t)| \to 0, t \to 0$ である．このとき，$\gamma(0) = 0$ に注意すると $\gamma'(t) \cdot \gamma(t) = |\gamma'(0)|^2 t + o(|t|)$ であることがわかる．滑らかな曲線の定義から，$\gamma'(0) \neq 0$ であるから，以上の議論より，十分小さな任意の t に対して

$$\gamma'(t)\cdot\gamma(t)\neq 0$$

である．これにより求めていた矛盾が得られた．∎

コーシーの定理の証明に戻ろう．ε を十分小さくとり，Γ との距離が $<\varepsilon$ であるような点からなる集合 $\mathcal{U}$ が $\mathcal{O}$ に含まれるようにする．

次に $P_1,\cdots,P_n$ を Γ の滑らかな部分曲線を接合している点を順に表したものとする．このとき $\delta<\varepsilon/10$ を十分小さくとれば，中心 P_j，半径 δ の円 C_j が Γ とちょうど 2 点で交わるようにできる (これは前補題を使えば示せる)．C_j 上のこれらの二つの点は円 C_j を二つの弧に分けている．このうち一つはその内部が Ω の中に含まれている (それを $\mathcal{C}_j$ と表す)．これを示すには，次のことを想起しておけば十分である．P_j を終点とするような Γ の滑らかな部分を径数づけたものを γ とするとき，十分小さな任意の ε' に対して補題 2.4 の径数づけられた曲線 $\gamma_{\varepsilon'}$ と $\gamma_{-\varepsilon'}$ が Γ の反対側にあり，円 C_j と交わっている．これまでの構成から，中心 P_j，半径 2δ の円板 D_j^* は $\mathcal{U}$ に含まれるから，したがって $\mathcal{O}$ に含まれる．

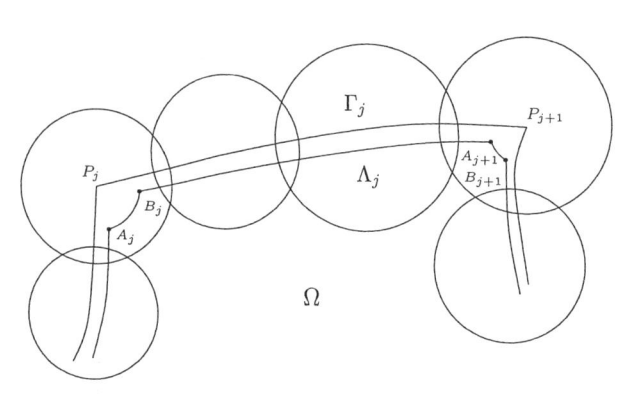

図 6　曲線 Λ の構成．

Λ を構成しよう．それにあたっては第 3 章，定理 5.1 の証明と同様の議論をして，$\int_\Gamma f=\int_\Lambda f$ を証明する．そのため，円板からできた鎖 $\mathcal{D}=\{D_0,\cdots,D_K\}$ で，各円板が $\mathcal{U}$ に含まれ，その和集合が Γ を含み，$D_k\cap D_{k+1}\neq\emptyset$，$D_0=D_K$ であり，しかもすべての D_j^* がこの鎖 $\mathcal{D}$ の一部となっているようなものを考える．P_j と P_{j+1} を結んだ Γ の滑らかな部分曲線を Γ_j と表す．補題 2.4 より，Ω ならび

に鎖を構成する円板の和集合に含まれるような連続曲線 Λ_j を, $\mathcal{C}_j$ 上の点 B_j と $\mathcal{C}_{j+1}$ 上の点 A_{j+1} を結べるように作れる (図 6 を見よ). Γ_j は 1 回連続微分可能ということしか仮定していなかったので, Λ_j は滑らかとは限らない. しかしこの連続曲線を必要ならば折れ線で近似することにより, Λ_j は区分的に滑らかであると仮定してよい. さらに A_{j+1} と B_{j+1} は $\mathcal{C}_{j+1}$ の弧により結べる. 以下同様に, この操作を続けて, 閉曲線であり, Ω に含まれるような区分的に滑らかな曲線 Λ が得られる.

f は円板の族 $\mathcal{D}$ に含まれる各円板上で原始関数をもつから, 第 3 章, 定理 5.1 の証明と同様の議論で, $\int_\Gamma f = \int_\Lambda f$ が示される. Ω は単連結であるから, $\int_\Lambda f = 0$ が得られ, 結局

$$\int_\Gamma f = 0$$

が導かれる.

注と文献

本書で取り上げたテーマの多くに関して, Saks-Zygmund [34], Ahlfors [2], Lang [23] は有用な文献である.

緒言
引用はリーマンの学位論文 [32] からのものである.

第 1 章
引用は Borel の本 [6] からの意訳である.

第 2 章
引用はコーシーの論文 [7] からの抜粋である.
単位円板内の正則関数の自然境界に関連した結果は Titchmarsch [36] にある.
問題 5 の普遍関数の構成は G. D. Birkhoff と G. R. MacLane による.

第 3 章
引用はコーシーの論文 [8] の一節の翻訳である.
問題 1 と単射正則写像 (単葉関数) に関連する他の結果は Duren [11] にある.
問題 5 で導入したコーシー積分についてより詳しいことは Muskhelishvili [25] も参照.

第 4 章
引用は Wiener[40] からのものである.
練習 1 における議論は D.J.Newman により見出された ([4] を見よ).
ペイリー–ウィーナーの定理は [28] が初出であるが, さらなる一般化は Stein-Weiss [35] の中に見出すことができる.

ボレル変換 (問題 4) に関する結果は Boas [5] にある．

第 5 章

引用は，K. ワイエルシュトラスから S. コワレフスカヤへの手紙のドイツ語文の一節からの訳である．[38] 参照．

ネヴァンリンナ理論の古典的な文献は彼自身の本 R.Nevanlinna [27] である．

第 6 章

ゼータ関数に対する解析接続と関数方程式のいくつかの別証明は Titchmarsh [37] 第 2 章にある．

第 7 章

引用は Hadamard [14] からのものである．ゼータ関数の臨界領域上の零点に関するリーマンの主張は，彼の論文 [33] からとってきた一節である．

また本文で与えた素数定理の証明に関連した事柄は Ingham [19] の第 2 章と Titchmarsch [37] の第 3 章にある．素数分布の (ゼータ関数の解析学的な性質を使わない)「初等的な」解析はチェビシェフにより先鞭がつけられ，素数定理のエルデシュ–セルバークの証明で頂点を極めた．Hardy-Wright [17] の XXII 章を参照．

問題 2 と 3 の結果は Ingham [19] の第 4 章に載っている．問題 4 については，Estermann [13] を参照．

第 8 章

引用は Christoffel [9] からのものである．

等角写像の体系的な議論として Nehari [26] がある．

リーマンの写像定理に対する歴史と問題 7 の詳細は Remmert [31] により知ることができる．

正則関数の境界挙動 (問題 6) に関する結果は Zygmund [41] の第 XIV 章にある．

ポアンカレ計量と複素解析の相互の関連の入門的事項は，Ahlfors [1] にある．シュヴァルツ–ピックの補題と双曲性に関する発展的な結果については，Kobayashi [21] を見よ．

ビーベルバッハ予想について詳しいことは，Duren [11] の第 2 章, Hayman [18]

第 9 章

引用は Poincaré [30] からもってきたものである.
問題 2, 3, 4 は Saks-Zygmund [34] による.

第 10 章

引用は Hardy [16] の第 IX 章によるものである.

テータ関数の理論, 楕円関数のヤコビの理論の系統的な解説は Whittaker-Watson [39] の第 21 章, 第 22 章にある.

第 2 節. 分配関数に関するより詳しいことは Hardy-Wright [17] の第 XIX 章を見よ.

第 3 節. 2 個または 4 個の平方数の和に関する定理のより標準的な証明は Hardy-Wright[17] の第 XX 章にある. 本書で述べたアプローチは, $k \geq 5$ に対する k 個の平方数の和による表現に関する公式を得るために Mordell-Hardy [15] により展開されたものである. $k = 8$ の特別な場合は問題 6 にある. $k \leq 4$ に関しては, そこでの方法が破綻をきたす. なぜならば, 対応する「アイゼンシュタイン級数」が絶対収束しないからである. 本書では, この困難を「規定外」アイゼンシュタイン級数を用いることにより避けた. $k = 2$ の場合は, 全く異なる構成が必要になる. $\mathcal{C}(\tau)$ を中心に据えた解析はこの問題のさらなる新しい側面である.

三つの平方数の和に関する定理 (問題 1) は Landau [22] 第 1 巻, 第 4 章にある.

付録 A

引用はエアリーの論文 [3] の付録からとってきたものである.

停留位相のラプラスの方法と最速降下法に関する系統的な解説は Erdélyi [12] と Copson [10] を見よ.

分割関数のより改良された漸近挙動は Hardy [16] の第 8 章に見出すことができる.

付録 B

引用はジョルダンの論文集 [20] にあるピカールの文章からとってきたもので

ある.

区分的に滑らかな曲線に対するジョルダンの曲線定理の証明は Pederson [29] によるが，これは Saks-Zygmund [34] にある折れ線に対する証明を改造したものである.

連続曲線に関するジョルダンの定理の証明には，代数的トポロジーの概念が用いられる．Munkres [24] を見よ.

参考文献

[1] L.V.Ahlfors. *Conformal Invariants.* McGraw-Hill, New York, 1973.
[2] L. V. Ahlfors. *Complex Analysis.* McGraw-Hill, New York, third edition, 1979.
(訳：L.V. アールフォルス，複素解析，笠原乾吉訳，現代数学社，1982)
[3] G.B.Airy. On the intensity of light in the neighbourhood of a caustic. *Transactions of the Cambridge Philosophical Society*, 6:379–402, 1838.
[4] J.Bak and D.J.Newman. *Complex Analysis.* Springer-Verlag, New York, second edition, 1997.
[5] R.P.Boas. *Entire Functions.* Academic Press, New York, 1954.
[6] E.Borel. *L'imaginaire et le réel en Mathématiques et en Physique.* Albin Michel, Paris, 1952.
[7] A.L.Cauchy. Mémoires sur les intégrales définies. *Oeuvres complètes d'Augustin Cauchy, Gauthier-Villars, Paris,* Iere Série(I), 1882.
[8] A.L.Cauchy. Sur un nouveau genre de calcul analogue au calcul infinitesimal. *Oeuvres complètes d'Augustin Cauchy, Gauthier-Villars, Paris,* IIeme Série(VI), 1887.
[9] E.B.Christoffel. Ueber die Abbildung einer Einblättrigen, Einfach Zusammenhängenden, Ebenen Fläche auf Einem Kreise. *Nachrichten von der Königl. Gesellschaft der Wissenschaft und der G.A.Universität zu Göttingen*, pages 283–298, 1870.
[10] E.T.Copson. *Asymptotic Expansions*, volume 55 of *Cambridge Tracts in Math. and Math Physics.* Cambridge University Press, 1965.
[11] P.L.Duren. *Univalent Functions.* Springer-Verlag, New York, 1983.
[12] A.Erdélyi. *Asymptotic Expansions.* Dover, New York, 1956.
[13] T.Estermann. *Introduction to Modern Prime Number Theory.* Cambridge University Press, 1952.
[14] J.Hadamard. *The Psychology of Invention in the Mathematical Field.* Princeton University Press, 1945.
(訳：ジャック・アダマール，数学における発明の心理 [新装版]，伏見康治訳，みすず書房，2002)
[15] G.H.Hardy. On the representation of a number as the sum of any number of squares,

and in particular five. *Trans. Amer. Math. Soc,* 21:255–284, 1920.
[16] G.H.Hardy. *Ramanujan.* Cambridge University Press, 1940.
[17] G.H.Hardy and E.M.Wright. *An introduction to the Theory of Numbers.* Oxford University Press, London, fifth edition, 1979.
(訳：G.H. ハーディ, E.M. ライト, 数論入門 I, II, 示野信一・矢神毅訳, シュプリンガー・ジャパン, 2001)
[18] W.K.Hayman. *Multivalent Functions.* Cambridge University Press, second edition, 1994.
[19] A.E.Ingham. *The Distribution of Prime Numbers.* Cambridge University Press, 1990.
[20] C.Jordan. *Oeuvres de Camille Jordan,* volume IV. Gauthier-Villars, Paris, 1964.
[21] S.Kobayashi. *Hyperbolic Manifolds and Holomorphic Mappings.* M.Dekker, New York, 1970.
[22] E.Landau. *Vorlesungen über Zahlentheorie,* volume 1. S.Hirzel, Leipzig, 1927.
[23] S.Lang. *Complex Analysis.* Springer-Verlag, New York, fourth edition, 1999.
[24] J.R.Munkres. *Elements of Algebraic Topology.* Addison-Wesley, Reading, MA, 1984.
[25] N.I.Muskhelishvili. *Singular Integral Equations.* Noordhott International Publishing, Leyden, 1977.
[26] Z.Nehari. *Comformal Mapping.* McGraw-Hill, New York, 1952.
[27] R.Nevanlinna. *Analytic functions.* Die Grundlehren der mathematischen Wissenschaften in Einzeldarstellung. Springer-Verlag, New York, 1970.
[28] R.Paley and N.Wiener. *Fourier Transforms in the Complex Domain,* volume XIX of *Colloquium publications.* American Mathematical Society, Providence, RI, 1934.
[29] R.N.Pederson. The Jordan curve theorem for piecewise smooth curves. *Amer. Math. Monthly,* 76:605–610, 1969.
[30] H.Poincaré. L'Oeuvre mathématiques de Weierstrass. *Acta Mathematica,* 22, 1899.
[31] R.Remmert. *Classical Topics in Complex Function Theory.* Springer-Verlag, New York, 1998.
[32] B.Riemann. Grundlagen für eine Allgemeine Theorie der Functionen einer Veränderlichen Complexen Grösse, *Inauguraldissertation, Göttingen, 1851,* Collected Works, Springer-Verlag, 1990.
(訳：複素一変数関数の一般論の基礎, リーマン論文集, 足立恒雄・杉浦光夫・長岡亮介編訳, 朝倉書店, 2004)
[33] B.Riemann. Ueber die Anzahl der Primzahlen unter einer gegebenen Grösse. *Monat. Preuss. Akad. Wissen.,* 1859, Collected Works, Springer-Verlag, 1990.
(訳：与えられた限界以下の素数の個数について, リーマン論文集, 足立恒雄・杉浦光夫・長岡亮介編訳, 朝倉書店, 2004)

[34] S.Saks and Z.Zygmund. *Analytic Functions*. Elsevier, PWN-Polish Scientific, third edition, 1971.
[35] E.M.Stein and G.Weiss. *Introduction to Fourier Analysis on Euclidean Spaces*. Princeton University Press, 1971.
[36] E.C.Titchmarsh. *The Theory of Functions*. Oxford University Press, London, second edition, 1939.
[37] E.C.Titchmarsh. *The Theory of the Riemann Zeta-Function*. Oxford University Press, 1951.
[38] K.Weierstrass. *Briefe von Karl Weierstrass an Sofie Kowalewskaja 1871-1891*. Moskva, Nauka, 1973.
[39] E.T.Whittaker and G.N.Watson. *A Course in Modern Analysis*. Cambridge University Press, 1927.
[40] N.Wiener. "R.E.A.C.Paley - in Memoriam". *Bull. Amer. Math. Soc.*, 39:476, 1933.
[41] A.Zygmund. *Trigonometric Series,* volume I and II. Cambridge University Press, second edition, 1959. Reprinted 1993.

記号の説明

右側のページ番号は，記号または表記法が最初に定義あるいは使用されたページを示している．$\mathbb{Z}$, $\mathbb{Q}$, $\mathbb{R}$, $\mathbb{C}$ は通常どおりそれぞれ整数全体，有理数全体，実数全体，複素数全体のなす集合を表す．

$\mathrm{Re}(z)\ \mathrm{Im}(z)$	実部と虚部	2
$\arg z$	z の偏角	4
$\lvert z\rvert,\ \overline{z}$	絶対値と複素共役	3, 3
$D_r(z_0),\ \overline{D}_r(z_0)$	半径 r, 中心 z_0 の開円板と閉円板	6, 6
$C_r(z_0)$	半径 r, 中心 z_0 の円	6
$D,\ C$	一般的な円板と円周	6
$\mathbb{D}$	単位円板	6
$\Omega^c,\ \overline{\Omega},\ \partial\Omega$	Ω の補集合，閉包，境界	6, 7, 7
$\mathrm{diam}(\Omega)$	Ω の直径	7
$\dfrac{\partial}{\partial z},\ \dfrac{\partial}{\partial \overline{z}}$	微分作用素	13
$e^z,\ \cos z,\ \sin z$	複素指数関数，三角関数	14, 16
γ^-	逆向きの径数付け	20
$O,\ o,\ \sim$	ランダウの記号，漸近的に等しい	24
$\triangle$	ラプラシアン	28
$F(\alpha,\beta,\gamma;z)$	超幾何級数	29
$\mathrm{res}_z f$	留数	76
$P_r(\gamma),\ \mathcal{P}_y(x)$	ポアソン核	66, 78
$\cosh z,\ \sinh z$	双曲線余弦，双曲線正弦	81, 83
$\mathbb{S}$	リーマン球面	87
$\log,\ \log_\Omega$	対数	99, 98
$\hat{f}(\xi)$	フーリエ変換	112
$\mathfrak{F}_a,\ \mathfrak{F}$	帯状領域で緩やかに減少する関数のなす族	114, 113

S_a, $S_{\delta,M}$	水平な帯	114, 161
ρ, ρ_f	増大度	139
E_k	既約因子	147
ψ_α	ブラシュケ因子	154
$\Gamma(s)$	ガンマ関数	161
$\zeta(s)$	リーマン・ゼータ関数	169
ϑ, $\Theta(z|\tau)$, $\theta(\tau)$	テータ関数	170, 285, 286
$\xi(s)$	クシー関数	171
J_ν	ベッセル関数	176
B_m	ベルヌーイ数	179
$\pi(x)$	x を超えない素数の個数	183
$f(x) \approx g(x)$	漸近的な関係	183
$\psi(x)$, $\Lambda(n)$, $\psi_1(x)$	チェビシェフの関数	190, 190, 191
$d(n)$	n の約数の数 (個数)	201
$\sigma_a(n)$	n の約数の a 乗の和	201
$\mu(n)$	メビウス関数	201
$\text{Li}(x)$	$\pi(x)$ の近似	203
$\mathbb{H}$	上半平面	209
$\text{Aut}(\Omega)$	Ω の自己同型全体の集合	220
$\text{SL}_2(\mathbb{R})$	特殊線形群	223
$\text{PSL}_2(\mathbb{R})$	射影特殊線形群	225
$\text{SU}(1,1)$	1 次分数変換のなす群	259
Λ, Λ^*	格子と原点を除いた格子	265, 270
$\wp$	ワイエルシュトラスの楕円関数	272
$E_k(\tau)$, $E_2^*(\tau)$	アイゼンシュタイン級数	276, 308
$F(\tau)$, $\widetilde{F}(\tau)$	規定外アイゼンシュタイン級数とその裏	280, 310
$\Pi(z|\tau)$	三重積	288
$\eta(\tau)$	デデキントのエータ関数	294
$p(n)$	分割関数	295
$r_2(n)$	n を二平方の和で表す方法の総数	299
$r_4(n)$	n を四平方の和で表す方法の総数	299
$d_1(n)$, $d_3(n)$, $\sigma_1^*(n)$	約数関数	300, 300, 307
$\text{Ai}(s)$	エアリー関数	331
$W_\gamma(z)$	回転数	352

381

索引

第I巻にも関連事項があるものは，数字 (I) に続けてその箇所を記載してある．

アーベルの定理　28
$\mathbb{R}^2$ における内積　25
アイゼンシュタイン級数
　　規定外　281
アイゼンシュタイン級数　276
アダマールの因数分解定理　148
アダマールの公式　16
イェンセンの公式　136, 154
位相　326 ; (I) 3
1 次分数関数
　　変換　210
一点コンパクト化　88
ウォリスの乗積公式　156, 175
エアリー関数　331
エグゾースチョン　228
円周
　　正の向き　21
　　負の向き　21
オイラー
　　積　184 ; (I) 250
　　定数　168 ; (I) 269
　　余弦関数と正弦関数に関する公式　16
黄金比　313

開円板　6
開写像　90
開写像定理　91
解析関数　10, 19
解析接続　52
回転　211, 220 ; (I) 178
回転数　352
開被覆　7
鍵穴のトイ積分路　40
拡大 (写像)　260
カスプ　304

カゾラティ–ワイエルシュトラスの定理　85
関数
　　エアリー Ai　331
　　開写像　91
　　解析的　10, 19
　　ガンマ Γ　161 ; (I) 166
　　最小値　9
　　最大値　9
　　指数型　113
　　整　9, 135
　　正則　9
　　ゼータ ζ　169 ; (I) 96, 156, 167, 249
　　楕円　267
　　調和　28 ; (I) 20
　　二重周期　264
　　複素微分可能　10
　　分割　295
　　ベータ　176
　　ベッセル　29, 176, 322
　　有理型　86
　　緩やかに減少　112 ; (I) 132, 180, 296
　　レギュラー　10
　　連続　8
　　ワイエルシュトラスの $\wp$ (ペー)　272
関数等式
　　η の　294
　　ゼータ ζ　169
　　テータ ϑ　170 ; (I) 156
　　ガンマ関数　161 ; (I) 166
　　$1/\Gamma$ に対する乗積公式　167

擬–双曲的距離　253
基本平行四辺形　265
基本領域　305
逆
　　規定外アイゼンシュタイン級数　281
　　向き　20
既約因子　147

次数　147
共形　256
極　74
　　位数あるいは重複度　75
　　単純　75
　　無限遠点　86
極限点　7
局所全単射　250
曲線　20；(I) 101
　　区分的に滑らかな　20
　　単純　20；(I) 101
　　端点　20
　　長さ　22；(I) 101
　　滑らか　20
　　閉　20；(I) 101
　　ホモトープ　93
虚部 (複素数)　2

クシー関数　171
グリーン関数　219
グルサの定理　34, 64

原始関数　23

コーシーの積分公式　47
コーシーの定理
　　円板上の　39
　　区分的に滑らかな曲線に対する　366
　　単連結領域　97
コーシーの不等式　47
コーシー–リーマンの方程式　13
コーシー列　5；(I) 23
五角数　297
孤立特異点　73

最速降下法　335
最大値の原理　92
削除近傍　74
三角関数　16；(I) 35
三重積公式 (ヤコビ)　288
算術–幾何平均　262
三線補題　133

$\mathbb{C}$ におけるエルミート内積　25；(I) 71
軸
　　虚　2
　　実　2
自己同型　220

円板の　222
　　上半平面の　223
指数型　113
指数関数　14
実部 (複素数)　2
射影特殊線形群　225, 318
シュヴァルツ
　　鏡像原理　58
　　補題　219
シュヴァルツ–クリストッフェル積分　237
シュヴァルツ–ピックの補題　253
周期平行四辺形　266
集合
　　開　6
　　境界　7
　　コンパクト　7
　　直径　7
　　凸　107
　　内部　6
　　閉　6
　　閉包　7
　　星形　107
　　有界　7
収束円　16
収束半径　16
主要部　75
除去可能な特異点　83
　　無限遠点　86
ジョルダン弧定理　364
ジョルダンの曲線定理　356
　　区分的に滑らかな単純閉曲線　356
真性特異点　85
　　無限遠点における　86
振幅　326；(I) 3
真部分集合　226

推移的に作用　222
スターリングの公式　326, 345

整関数　9, 135
正規族　226
正弦関数に対する乗積公式 ($\sin \pi z$ に対する)　144
正則関数　9
正則連結　233
成分　26
ゼータ関数 ζ　169；(I) 96, 156, 167, 249

ゼータ関数の自明な零点　186
截線平面　96
全順序　25

双曲的
　　距離　258
　　長さ　258
増大度(整関数)　139
素数定理　183
外側　356

対称原理　57
対数
　　主分枝　99
　　分枝あるいは葉　98
代数学の基本定理　49
楕円関数　267
　　位数　268
楕円関数の位数　268
楕円積分　235, 248
多角形領域　240
単位円板　6
単純曲線　20
単連結　95, 232, 350

チェビシェフの ψ 関数　190
超幾何級数　29, 177
調和関数　28 ; (I) 20

ディリクレ問題　215, 218
　　帯領域　215 ; (I) 171
　　単位円板　217 ; (I) 20
停留位相　328
テータ関数　120, 155, 170, 286 ; (I) 156
デデキントの η(エータ)関数　294

トイ積分路　39
　　向き　39
等角
　　写像　207
　　多角形上への写像　233
　　同値　207
同値なパラメーター付け　20
等方的　256
特殊線形群　224

二重周期関数　264

ネストされた集合　7

ハーディの定理　131
ハーディ–ラマヌジャンの漸近公式　337
パラメータ付けられた曲線
　　区分的に滑らか　19
　　滑らか　19
半周期　273
バンプ関数　(I) 163

ビーベルバッハの予想　261
ピカールの小定理　156
ピタゴラス数　299

フィボナッチ数列　313 ; (I) 122
フーリエ
　　級数　101 ; (I) 34
　　反転公式　116 ; (I) 141
　　変換　112 ; (I) 134, 136, 182
複素数
　　共役　3
　　極形式　4
　　虚部　2
　　実部　2
　　純虚数　2
　　絶対値　3
　　偏角　4
複素微分可能　10
不動点　253
部分求和公式　28 ; (I) 60
フラグメン–リンデレーフの原理　124, 130
ブラシュケ
　　因子　26, 154
　　積　158
プリングスハイムの補間公式　158
フレネル積分　63
分割関数　295

閉円板　6
平均値の性質　102 ; (I) 152
平方数の和
　　二平方　300
　　八平方　320
　　四平方　307
ベータ関数　176
ペーリー–ウィーナーの定理　122
ベキ級数　14
　　収束円　16

収束半径　16
展開可能　19
ベッセル関数　29, 176, 322 ; (I) 199
ベルヌーイ
　　数　179, 181 ; (I) 96, 168
　　多項式　181 ; (I) 97
偏角の原理　90

ポアソン核
　　上半平面　79, 113 ; (I) 150
　　単位円板　66, 108, 217 ; (I) 37, 55
ポアソン積分公式　45, 66, 108 ; (I) 57
ポアソンの和公式　118 ; (I) 155, 157, 166, 175
ポアンカレ計量　258
母関数　295
ホモトープ曲線　93

ミッターク゠レフラーの定理　157

メリン変換　177

モジュラー性
　　アイゼンシュタイン級数のモジュラー性　276
　　群　276
モレラの定理　52, 68
モンテルの定理　226

約数関数　279, 300, 307 ; (I) 269

有理型
　　拡張された複素平面　86

余接 (部分分数)　144

ラプラシアン　28 ; (I) 20, 150, 186
ラプラスの方法　322, 326

リーマン
　　仮説　186
　　球面　88
　　写像定理　226
立体射影　88
リューヴィルの定理　49, 267

留数　75
留数の公式　78

領域　8
　　多角形　240
臨界点　328
臨界領域　185

ルーシェの定理　90
ルンゲの近似定理　59, 69

零点　73
　　位数あるいは重複度　74
　　単純　74
零点の重複度あるいは位数　74
レギュラー関数　10
連結
　　開集合　8
　　弧状　25
　　成分　26
　　閉集合　8
連鎖律
　　正則関数の　11
　　複素変数版　27

ローラン級数展開　109

ワイエルシュトラス積　148
ワイエルシュトラスの近似定理　59 ; (I) 54, 63, 145, 165

●訳者紹介

新井仁之（あらい・ひとし）
1959年神奈川県横浜市に生まれる．1982年早稲田大学教育学部理学科数学専修卒業．1984年早稲田大学大学院理工学研究科修士課程修了．現在は早稲田大学教育・総合科学学術院教授．理学博士．専攻は実解析学，調和解析学，ウェーブレット解析．

杉本　充（すぎもと・みつる）
1961年富山県南砺市に生まれる．1984年東京大学理学部数学科卒業．1987年筑波大学大学院数学研究科中退．現在は名古屋大学大学院多元数理科学研究科教授．理学博士．専攻は偏微分方程式論．

髙木啓行（たかぎ・ひろゆき）
1963年和歌山県海南市に生まれる．1985年早稲田大学教育学部理学科数学専修卒業．1991年早稲田大学大学院理工学研究科修了．信州大学理学部教授．理学博士．専攻は関数解析学．2017年11月逝去．

千原浩之（ちはら・ひろゆき）
1964年山口県下関市に生まれる．1990年京都大学工学部航空工学科卒業．1995年京都大学大学院工学研究科博士後期課程研究指導認定退学．現在は琉球大学教育学部教授．工学博士．専攻は偏微分方程式論．

ふくそかいせき
複素解析　　　　　　　　　　　　　　　　　　　　プリンストン解析学講義 II

2009年6月30日　第1版第1刷発行
2024年6月20日　第1版第7刷発行

著　者　……………………　エリアス・M. スタイン，ラミ・シャカルチ
訳　者　……………………　新井仁之・杉本　充・髙木啓行・千原浩之 ©
発行所　……………………　株式会社　日本評論社
　　　　　　　　　　　　　〒170-8474　東京都豊島区南大塚 3-12-4
　　　　　　　　　　　　　電話：03-3987-8621［営業部］　　https://www.nippyo.co.jp
企画・制作　………………　亀書房［代表：亀井哲治郎］
　　　　　　　　　　　　　〒264-0032　千葉市若葉区みつわ台 5-3-13-2
　　　　　　　　　　　　　電話＆FAX：043-255-5676
印刷所　……………………　三美印刷株式会社
製本所　……………………　牧製本印刷株式会社
装　幀　……………………　駒井佑二
ISBN 978-4-535-60892-4　　Printed in Japan

プリンストン解析学講義Ⅰ
フーリエ解析入門
エリアス・M・スタイン＋ラミ・シャカルチ[著]
新井仁之・杉本 充・髙木啓行・千原浩之[訳]

解析学の基本的アイデアや手法を有機的に学ぶための画期的入門書。プリンストン大学の講義から生まれたシリーズの第1巻。全4巻。　◆A5判／定価4,620円(税込)

プリンストン解析学講義Ⅲ
実解析　測度論, 積分, およびヒルベルト空間
エリアス・M・スタイン＋ラミ・シャカルチ[著]
新井仁之・杉本 充・髙木啓行・千原浩之[訳]

プリンストン大学の講義から生まれた画期的な教科書・入門書シリーズの第3巻。実解析に関する広範な題材を有機的に、濃密に学ぶ。　◆A5判／定価5,500円(税込)

これからの微分積分
新井仁之[著]

高校の微積分からの接続と大学1年の線形代数に配慮し、学生からの質問や教科書には書きにくいコメントも随所に入った丁寧なテキスト。◆A5判／定価3,300円(税込)

ルベーグ積分講義[改訂版]
新井仁之[著]　ルベーグ積分と面積0の不思議な図形たち

面積とはなんだろうかという基本的な問いかけからはじめ、ルベーグ測度、ハウスドルフ次元を懇切丁寧に記述し、さらに掛谷問題を通して現代解析学の最先端の話題までをやさしく解説した。　◆A5判／定価3,190円(税込)

入門複素解析15章
熊原啓作[著]

虚数(複素数)がなぜ大切かという基本から、複素関数論の世界をわかりやすく丁寧に解説した教科書・独習書。大学半期の授業に最適。　◆A5判／定価2,640円(税込)

日本評論社
https://www.nippyo.co.jp/